现代城市规划丛书

城市规划社会调查方法

李和平　李　浩　编著

中国建筑工业出版社

图书在版编目(CIP)数据

城市规划社会调查方法 / 李和平,李浩编著. —北京：
中国建筑工业出版社,2004 (2022.8重印)
(现代城市规划丛书)
ISBN 978-7-112-07023-7

Ⅰ. 城⋯ Ⅱ. ①李⋯②李⋯ Ⅲ. 城市规划—社会调查—调查主法 Ⅳ. TU984

中国版本图书馆 CIP 数据核字(2004)第 122895 号

本书是我国第一部系统阐述城市规划社会调查理论与方法的著作。全书共分上、中、下三篇，分别介绍城市规划社会调查的基本原理、方法、程序等，并结合具体的实例进行评析。本书具有理论性、方法性、实用性和知识性的特点，既可供城市规划设计、管理和研究部门的技术人员阅读，也可供从事城市科学研究的科研人员和政府决策部门的公务人员参考，同时，可作为高等院校城市规划专业的教学参考用书。

责任编辑：王玉容
责任设计：郑秋菊
责任校对：王金珠 刘玉英

现代城市规划丛书
城市规划社会调查方法
李和平 李 浩 编著

*

中国建筑工业出版社出版、发行（北京西郊百万庄）
各地新华书店、建筑书店经销
天津翔远印刷有限公司印刷

*

开本：787×1092毫米 1/16 印张：21¾ 字数：522千字
2004年12月第一版 2022年8月第十四次印刷
定价：35.00元
ISBN 978-7-112-07023-7
(12977)

版权所有 翻印必究
如有印装质量问题，可寄本社退换
（邮政编码 100037）

序 1

很高兴读到李和平、李浩编著的《城市规划社会调查方法》一书。这是我国第一本系统阐述有关城市规划社会调查理论、方法问题的著述。对于从事城市规划工作的专业技术人员、大学有关专业的师生、主管部门的负责同志以及广大读者都有一定的参考价值。

本书从一般社会调查的意义、作用、历史发展到现代的调查方法，结合城市规划的性质特点，特别就如何针对城市这个特定对象进行社会调查作了全面的论述，充分说明了对城市社会进行调查研究，既是作好城市规划的重要前提，也是进行科学规划的重要方法。

城市是一个物质实体，更重要的是一个人类集聚在一起，生活居住和从事各种活动（包括经济的、文化的、科学技术的、教育的等等）的场所。人类聚居在一起就不可避免地发生着相互的联系，从而构成一个复杂的城市社会。认识每个具体城市的过去和现在，预测它的未来，找出它现在存在的主要问题，研究解决问题的对策和明确它的发展方向，是城市规划的重要任务。解决这个任务的办法，首先是对城市进行社会调查。本书介绍了城市规划社会调查的原理和方法体系、逻辑过程以及调查类型、五种主要的调查方法等都是非常重要和实用的。

城市规划的社会调查不是社会调查的全部。它是特定的，为做好城市规划而服务的。它和所有的调查工作一样，不是为调查而调查，而是为一定的目的而调查。它不能只是收集一堆资料和数据，而是为了研究和解决一定的问题。因此，类型的方法、抓重点问题的方法、抽样的方法等，是经常需要采用的。

调查要结合研究。研究必须有正确的思维方法，那就是去伪存真，由表及里，从客观的事实中发现规律，而不是带着主观主义的"框框"去研究问题。说到底，就是要坚持辩证唯物主义和历史唯物主义的观点。最近，党中央提出的科学发展观，就是指导我们进行城市规划社会调查研究的重要方针和正确的价值观。

邹德慈

2004 年 10 月 15 日
于北京

序 2

本世纪初的20年是我国社会经济发展的重要战略机遇期,这20年也是我国城市建设发展和城市规划学科发展的关键时期。当前,城市规划工作正受到全国上下前所未有的关注和重视。城市规划工作具有综合性、政策性、前瞻性和长期性等基本特性,在城市规划的制定与实施过程中,需要协调与处理近期和远期、需要和可能、局部和整体等多方面的关系,这一方面赋予了城市规划在城市建设与发展中的"龙头"地位,也决定了城市规划科学化和现代化发展的必然趋势。因此,加强城市规划方法论方面的研究和实践,对于改进城市规划工作以及推动城市规划学科发展等,具有重要意义。

"方法"一词见于《墨子·天志》,原为量度方形之法,后转意为知行的办法、门路、程序等。在现代意义上,"方法"可以理解为人们认识自然及获取科学知识的程序和过程,或者是特定的科学门类所使用的或对其来说恰当的探究问题的程序、途径、手段、技巧或模式等。在科学的发展与创造过程中,往往也伴随着科学方法的创新。也可以讲,一切理论的探索,归根结底也是方法的探索,田园城市理论、卫星城镇理论和有机疏散思想等现代城市规划理论的产生与发展,也验证了这一认识。

社会调查方法是城市规划方法论的重要内容之一,城市规划的社会调查是认识城市的重要手段,是做好城市规划工作的重要基础,也是每一个城市规划工作者必备的基本功。对于城市规划师来说,提高对城市规划社会调查方法的认识和学习,了解城市规划社会调查工作的任务、原理、工作特点、内容和方法,培养联系实际、求实、求是的作风和良好的职业道德,树立正确的城市发展观和科学的规划方法论等,都有着重要的意义。

本书作者李和平、李浩同志,通过自己从事城市规划工作的教学、科学研究和生产实践,结合学习社会学等相关学科的理论、方法,对城市规划社会调查工作与方法的经验、体会等进行了较为系统的总结,编著完成《城市规划社会调查方法》一书。相信本书的正式出版,对改进城市规划行业的工作方法、提高城市规划师的职业道德、完善城市规划专业教育的课程设置、提高教学质量等,将会产生良好的作用,对广大城市规划工作者和城市规划爱好者都将有所裨益。

2004年9月12日于重庆大学

前　言

城市规划是对一定时期内城市的经济和社会发展、土地利用、空间布局以及各项建设的综合部署、具体安排和实施管理❶。城市规划是建设城市和管理城市的基本依据，是国家对城市发展实施调控的基本手段❷。伴随着我国社会经济发展和人民生活水平的提高，社会主义市场经济体制不断健全与完善，城市规划的调控作用日益得到体现，上至政府领导，下至普通公民，全社会正在兴起一场重视、参与城市规划的浪潮。面对城市规划的"第三个春天"，城市规划自身也面临着进一步走向现代化、科学化的巨大挑战。

我国现代城市规划学科的发展起源于建筑学，而从当前国际城市规划学科发展的潮流来看，城市规划作为一门新型学科，必然面临从工程学或建筑学，向以建筑规划为主，文、理、工、法等多学科综合的交叉发展。城市规划教育必须涉及现代城市规划的自然、技术（工程）、经济等多门类学科，在知识结构上包括基础理论、应用基础理论和应用技术（方法）等基本方面❸。

规划是一种科学的预测，它是为有关单位、部门和地区制定发展政策服务的，因而在国外有时也将其称为"公共政策"（public policy）❹。公共政策在一定意义上讲，是由一系列法律、法规条例组成的为公民和政府所接受的决策性方案和措施。从这个层面上讲，城市规划则是由公众、政府与规划技术人员相互配合及结合所形成的公共政策。这一政策制定与实施的结果是否科学、民主、高效、透明，在很大程度上取决于城市规划自身的理论、方法、技术手段、管理机制等综合保障体系的科学、民主、高效、透明。

城市规划是一门实践性的学科，解决实践中的问题，或者说理论的社会功能，在规划界有更高的要求❺。城市规划方案的制定和实施管理过程中，始终离不开信息的反馈和问题的裁决。解决问题作为城市规划的一项认知价值，使得发现问题、分析问题和解决问题的过程，亦即城市规划的社会调查工作，建构着城市规划理论与实践的沟通桥梁，并进一步影响和决定着城市规划的成败与实效。也因此，建构现代、科学的城市规划社会调查理论与方法，为城市规划的发展奠定坚实的科学基础，有着深刻的理论必要和紧迫的现实需求。

为此，我们开展了针对城市规划社会调查的原理、方法和实践经验等的探索研究和总结工作。当然，这其中我们也积极学习和借鉴了哲学、社会学、新闻学、统计学、心理学和计算机科学等其他多种学科的理论知识和方法经验。学科的高度分化和渗透融合，正是

---

❶ 参见：GB/T 50280—98 城市规划基本术语标准．北京：中国建筑工业出版社，1998．

❷ 《国务院关于加强城市规划工作的通知》(1996-05-08)中要求："切实发挥城市规划对城市土地及空间资源的调控作用，促进城市经济和社会协调发展"。

❸ 参见：顾朝林编著．城市社会学．南京：东南大学出版社，2002．P1．

❹ 参见：[美]约翰·M·利维著．现代城市规划．孙景秋等译．北京：中国人民大学出版社，2003．P1．

❺ 参见：张兵著．城市规划实效论．北京：中国人民大学出版社，1998．P11．

当今世界科学发展的总趋势。仅仅依靠建筑学或工程技术等的发展，城市规划在客观上已经难以承担起研究、认识、反映整个城市客观世界的任务，必须吸收新鲜的血液，而包含社会调查方法在内的哲学和社会科学的知识理论和方法体系，正是城市规划的成长所需要的一种新鲜血液。

本书的撰写力求体现理论性、实用性、知识性和方法性的特点，从内容的组织结构上，本书主要包括三大部分：城市规划社会调查基本原理、城市规划社会调查方法、城市规划社会调查实例评析。我们希望，本书的编辑出版，能够为高等城市规划院校的专业教学提供一本城市规划社会调查方法的教材参考用书（适用课程有：城市社会学、城市规划系统工程学、城市研究专题、社会调查研究方法、规划设计与综合社会实践、毕业设计等），为广大城市规划与设计及城市规划管理人员提供一本工具书，也为城市规划的公众参与奉献一本科普读物。

本书由李和平主持编著，李浩负责书稿起草工作，最后由两人共同对书稿进行修改和定稿。本书的编著、出版工作，得到了邹德慈院士、黄光宇教授、张兴国教授、赵万民教授、蒋勇高级规划师等的大力支持，得到了重庆大学和中国建筑工业出版社有关领导的热情帮助，特在此一并致以衷心的感谢。

"文无定式、法无定理"，城市规划社会调查并没有固定的模式，本书所谓城市规划社会调查方法，仅是开展城市规划社会调查活动的一些一般方法和经验总结，特别是书中的不少示例尚不够完善和经典，仅供读者学习参考。由于我们的水平有限，时间仓促，缺点和错误之处在所难免，恳请广大读者给予批评指正！

李和平　李　浩

2004 年 8 月于山城重庆

目 录

序 1
序 2

上篇 城市规划社会调查基本原理

第一章 社会调查与城市规划 ·· 3
第一节 城市社会学与社会调查 ·· 4
一、社会与社会现象的特征 ·· 4
二、社会学与城市社会学 ··· 5
三、社会调查的基本概念 ··· 6
第二节 社会调查的历史发展 ·· 8
一、社会调查在西方社会的发展 ··· 8
二、社会调查在中国的历史发展 ··· 11
三、社会调查的发展趋势 ··· 15
第三节 社会调查与城市规划 ·· 16
一、社会调查与城市规划的内在关联 ··································· 16
二、城市规划学科发展的宏观环境 ····································· 17
三、城市规划社会调查的发展条件 ····································· 19

第二章 城市规划社会调查概述 ·· 22
第一节 城市规划社会调查的概念 ··· 23
一、城市规划 ··· 23
二、城市规划社会调查的基本概念 ····································· 23
三、城市规划社会调查的主要特点 ····································· 24
第二节 城市规划社会调查的任务和功能 ······························ 25
一、城市规划社会调查的任务 ·· 25
二、城市规划社会调查的功能 ·· 26
第三节 城市规划师社会调查的素质要求和组织原则 ············· 27
一、城市规划师的社会调查素质要求 ·································· 27
二、城市规划社会调查的组织原则 ····································· 30

第三章 城市规划社会调查原理 ·· 32
第一节 城市规划社会调查的方法体系 ·································· 33
一、城市规划社会调查的理论基础 ····································· 33

二、城市规划社会调查的方法体系 ………………………………………………… 35
　第二节　城市规划社会调查的逻辑过程 ……………………………………………… 37
　　一、归纳与演绎 …………………………………………………………………… 37
　　二、科学研究的逻辑方法 ………………………………………………………… 38
　　三、城市规划社会调查的逻辑过程 ……………………………………………… 39
　第三节　城市规划社会调查的一般程序 ……………………………………………… 39
　　一、准备阶段 ……………………………………………………………………… 39
　　二、调查阶段 ……………………………………………………………………… 39
　　三、研究阶段 ……………………………………………………………………… 40
　　四、总结阶段 ……………………………………………………………………… 40

第四章　城市规划社会调查的基本类型 …………………………………………………… 42
　第一节　城市规划社会调查的类型划分 ……………………………………………… 43
　　一、广义的划分 …………………………………………………………………… 43
　　二、按照城市规划的工作内容划分 ……………………………………………… 43
　　三、按照社会调查对象划分 ……………………………………………………… 44
　　四、按照社会调查目的划分 ……………………………………………………… 44
　　五、按照社会调查内容划分 ……………………………………………………… 44
　　六、按照社会调查时间划分 ……………………………………………………… 44
　第二节　普遍调查 ……………………………………………………………………… 45
　　一、普遍调查的概念 ……………………………………………………………… 45
　　二、普遍调查的方式 ……………………………………………………………… 45
　　三、普遍调查的程序 ……………………………………………………………… 45
　　四、普遍调查的原则 ……………………………………………………………… 46
　　五、普遍调查的优缺点 …………………………………………………………… 46
　第三节　典型调查 ……………………………………………………………………… 47
　　一、典型调查的概念 ……………………………………………………………… 47
　　二、典型调查的步骤 ……………………………………………………………… 47
　　三、典型调查的原则 ……………………………………………………………… 48
　　四、典型调查的优缺点 …………………………………………………………… 49
　第四节　个案调查与重点调查 ………………………………………………………… 49
　　一、个案调查的概念 ……………………………………………………………… 49
　　二、个案调查的步骤 ……………………………………………………………… 50
　　三、个案调查的特点 ……………………………………………………………… 50
　　四、重点调查的概念 ……………………………………………………………… 51
　　五、重点调查、个案调查和典型调查的区别 …………………………………… 51
　第五节　抽样调查 ……………………………………………………………………… 52
　　一、抽样调查的概念 ……………………………………………………………… 52
　　二、随机抽样的具体方法 ………………………………………………………… 57

三、非随机抽样的具体方法 ··· 64
　　四、样本规模和抽样误差 ··· 65
　　五、抽样调查的优缺点 ··· 66

第五章　社会测量和社会指标 ··· 67
第一节　社会测量 ··· 68
　　一、社会测量的概念 ··· 68
　　二、社会测量的特点 ··· 69
　　三、社会测量的层次 ··· 69
第二节　社会指标与社会指标体系 ··· 70
　　一、社会指标 ··· 70
　　二、社会指标体系 ··· 72
　　三、社会指标体系的创建 ··· 74
　　四、社会指标体系的评价——以南京市可持续发展指标体系为例 ················· 77
第三节　主观社会指标的测量 ··· 80
　　一、主观社会指标 ··· 80
　　二、总加量表 ··· 81
　　三、社会距离量表 ··· 83
　　四、语义差异量表 ··· 84

中篇　城市规划社会调查方法

第六章　城市规划社会调查前期准备 ······································· 87
第一节　城市规划社会调查选题 ··· 88
　　一、选题的意义 ··· 88
　　二、选题的原则 ··· 89
　　三、选题的方法 ··· 89
第二节　城市规划社会调查的理论准备 ····································· 94
　　一、进行初步探索 ··· 94
　　二、提出研究假设 ··· 95
第三节　城市规划社会调查的人员组织 ····································· 97
　　一、组建调查队伍 ··· 97
　　二、调查人员素质培训 ··· 99
　　三、物质技术准备 ··· 99

第七章　城市规划社会调查方案制定 ······································· 101
第一节　调查方案设计 ··· 102
　　一、调查方案设计的意义 ··· 102
　　二、调查方案设计的内容 ··· 102
　　三、调查方案设计的原则 ··· 104

第二节 调查指标设计 ·· 105
   一、调查指标的概念 ·· 105
   二、调查指标的设计原则 ······································ 106
   三、调查指标的设计方法 ······································ 106
   四、调查指标的定义方法 ······································ 106
第三节 社会调查的信度和效度评价 ································ 113
   一、社会调查的信度和效度 ···································· 113
   二、信度和效度的关系 ·· 115
   三、调查方案的可行性研究 ···································· 116

第八章 城市规划社会调查的主要方法 ·································· 118
第一节 文献调查法 ·· 119
   一、文献调查法的概念 ·· 119
   二、文献的收集方法 ·· 119
   三、文献信息的记录与分析 ···································· 124
   四、文献调查法的优缺点 ······································ 125
第二节 实地观察法 ·· 129
   一、实地观察法的概念 ·· 129
   二、实地观察法的实施 ·· 131
   三、实地观察的记录技术 ······································ 133
   四、实地观察的误差 ·· 143
   五、实地观察法的优缺点 ······································ 144
第三节 访问调查法 ·· 151
   一、访问调查法的概念 ·· 151
   二、被访问者心理分析 ·· 152
   三、访问调查过程 ·· 153
   四、访问调查的实施 ·· 157
   五、访问调查法的优缺点 ······································ 161
第四节 集体访谈法 ·· 167
   一、集体访谈法的概念 ·· 167
   二、集体访谈法的种类 ·· 167
   三、集体访谈法的实施 ·· 168
   四、集体访谈法的特殊形式 ···································· 170
   五、集体访谈法的优缺点 ······································ 171
第五节 问卷调查法 ·· 172
   一、问卷调查法的概念 ·· 173
   二、调查问卷的结构 ·· 176
   三、问卷调查的问题 ·· 178
   四、问卷调查的回答 ·· 180

五、问卷调查的编码 ·· 184
　　六、问卷调查法的实施 ·· 184
　　七、问卷调查法的优缺点 ·· 186

第九章　城市规划社会调查资料整理与分析 ····························· 190
第一节　社会调查资料整理 ·· 191
　　一、调查资料整理的意义 ·· 191
　　二、文字资料整理方法 ·· 192
　　三、数字资料整理方法 ·· 192
　　四、问卷资料整理方法 ·· 194
　　五、数据清理方法 ·· 194
第二节　社会调查资料统计分析 ······································ 195
　　一、统计分析的目的 ·· 195
　　二、统计分析的层次 ·· 198
　　三、单变量统计分析 ·· 198
　　四、双变量与多变量统计分析 ·· 203
　　五、社会调查统计分析软件 ·· 208
　　六、Excel 的统计分析功能 ·· 209
第三节　社会调查资料理论分析 ······································ 217
　　一、理论分析的作用 ·· 217
　　二、比较法和分类法 ·· 218
　　三、分析法和综合法 ·· 220
　　四、矛盾分析法 ·· 220
　　五、系统分析法 ·· 222
　　六、因果关系分析法 ·· 222
　　七、结构—功能分析法 ·· 223

第十章　城市规划社会调查报告写作 ··································· 225
第一节　社会调查报告的内容 ·· 226
　　一、社会调查报告的特点 ·· 226
　　二、社会调查报告的类型 ·· 227
　　三、社会调查报告的内容 ·· 228
第二节　社会调查报告的写作 ·· 234
　　一、社会调查报告的草拟 ·· 234
　　二、社会调查报告的修改 ·· 239
　　三、社会调查报告的版面编排 ·· 240
　　四、社会调查报告写作中的常见问题 ·································· 242
第三节　社会调查工作的总结 ·· 244
　　一、社会调查报告的评估 ·· 244

二、社会调查工作的总结 …………………………………………………… 246
　　三、社会调查成果的应用 …………………………………………………… 247

下篇　城市规划社会调查实例评析

实例一　对三峡库区"棚户现象"的调查 …………………………………… 253
　　第一部分　调查报告（摘要） …………………………………………… 253
　　第二部分　评析 …………………………………………………………… 265
　　　一、值得肯定的地方 …………………………………………………… 265
　　　二、存在的不足 ………………………………………………………… 266

实例二　对重庆国有破产企业土地处置情况的调查 ……………………… 268
　　第一部分　调查报告（摘要） …………………………………………… 268
　　第二部分　评析 …………………………………………………………… 279
　　　一、值得肯定的地方 …………………………………………………… 279
　　　二、存在的不足 ………………………………………………………… 280

实例三　对北京虎坊路社区老年人生活状况的调查 ……………………… 281
　　第一部分　调查报告（摘要） …………………………………………… 281
　　第二部分　评析 …………………………………………………………… 295
　　　一、值得肯定的地方 …………………………………………………… 295
　　　二、存在的不足 ………………………………………………………… 295

附录
　　附录一　随机数表 ………………………………………………………… 299
　　附录二　标准正态分布表 ………………………………………………… 302
　　附录三　工人调查表 ……………………………………………………… 303
　　附录四　反对本本主义 …………………………………………………… 308
　　附录五　武汉市居民生活质量调查问卷 ………………………………… 313

图表索引 ……………………………………………………………………… 321
主题索引 ……………………………………………………………………… 324
主要参考文献 ………………………………………………………………… 327

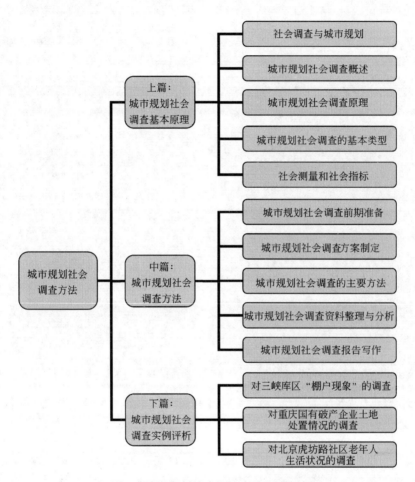

图1 城市规划社会调查方法研究框架

上 篇
城市规划社会调查基本原理

第一章 社会调查与城市规划

社会调查作为搜集和处理社会信息的一种基本方法和技术手段,在社会科学、城市科学及其他领域得到了普遍的重视和应用。伴随着社会调查学的形成和社会调查活动的专业化发展,社会调查方法也逐渐地被城市规划领域的理论和实践工作所普遍重视和强化应用,这是城市规划作为实践性学科的本质和特点所决定的,是城市规划走向现代化和科学化发展的需要。

图2为第一章框架图。

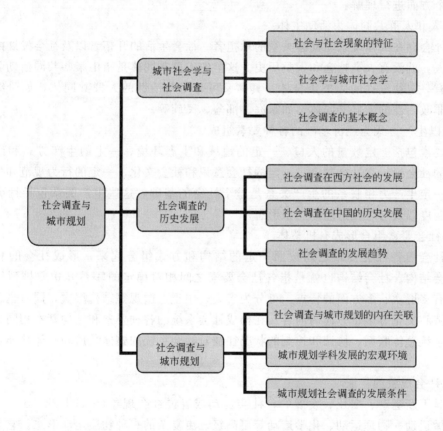

图2 第一章框架图

第一节 城市社会学与社会调查

一、社会与社会现象的特征

（一）社会

在我国古籍中，"社"是指土地神，《礼记·祭法》中记载"共工氏之坝九州岛也，其子曰后土，能平九州岛，故祀以为社"。"会"则是指聚集、集合、集会，后又转意为组织、团体等概念，如商会、工会等。"社会"一词最早出现于唐代的古籍中，《旧唐书·玄宗本纪》中即有"村间社会"的说法，这是最早的"社"、"会"两字连用，指的是人们为了祭神而聚合到一起，"社会"就逐渐演变为泛指人们在一定地方聚集起来，从事某种活动，或者表示志同道合者所结成的组织或团体。关于社会(Community)的概念，我们可以从以下三个方面进行理解：

1. 以人和人群共同体为活动主体

人是社会存在的体现者、社会关系的承担者、社会生活的开拓者以及社会发展的推动者，没有人，就没有人类社会和人类历史。这里的人群共同体是指由某些共同活动联结起来的、具有一定稳定性的人类集合体，具体又可分为政治性的人群共同体，如阶级、政党，以及非政治性的人群共同体，如家庭、部落、民族等。

2. 由以生产方式为经济基础的各种要素组成

这些要素包括一定数量的人口、一定的地域和生态环境、一定的生产方式和经济结构、一定的社会组织和社会制度、一定的社会意识和社会文化、一定的行为规范和生活方式等。与一定生产力相联系的生产关系是整个社会的基础，这些生产关系包括社会的政治、法律制度以及与之相适应的意识形态。

3. 各社会要素组合形成有机整体

组成社会的各社会要素之间按照一定的结构和方式组合起来，形成社会的有机整体——社会结构。社会结构也就是指各社会要素之间相对稳定的联系方式或排列组合方式，它具有多层次、多方面的特点，可分为宏观、中观、微观等结构层次，同时也包含有政治、经济和文化等多个方面的内容。在构成社会系统的各种要素和结构基本相同的情况下，社会系统总体联系、协调和控制的状况往往对社会系统的整体性质和整体功能具有决定性作用。

（二）社会现象的特征

社会是不断运动、变化、发展的，社会运动或者说社会现象(Social Phenomenon)是一种比机械运动、物理运动、化学运动等更高级、更复杂的一种物质运动形态。它具有以下特点：

1. 主观意识性

社会领域的一切现象都是有目的、有意识的人和人群共同体的活动，因此，人们往往将社会生活当作纯主观的东西，也往往用人们的意志、愿望、性格、心理状态等主观因素去解释和阐明各种社会现象。

2. 发生的偶然性

由于社会生活中的每个人及其他各社会要素的愿望、行动所存在的差异性和矛盾冲突，造成了社会领域内的一种无意识、无预期目的的一种存在状态。以人的思想和行动为例，人的思想即行动的目的往往是预期的，但是行动的结果却往往不是预期的。社会现象的这一特点导致了一部分人的"宿命"思想，或者称之为"积极的行动、消极的思想"❶。

3. 复杂多变性

社会现象的产生和社会运动结果的连锁反应、历史发展的制约因素纷繁复杂，以及人们的意识形态的差异等共同造就了各种社会要素或社会现象之间错综复杂的联系。加之科学技术迅猛发展带动社会结构和社会组织迅速发展，从而导致社会要素的高速流动性和社会发展变化规律的瞬息万变。

4. 不确定性

由于客观事物本身的不确定性、不明晰性和人们认识的不完全性，使得人们对于许多社会现象的认识往往呈现出高度模糊状态。人们对于社会现象的"真假难辨"、"善恶难分"、"情人眼中出西施"等皆源于此。

二、社会学与城市社会学

（一）社会学

社会学(Sociology)是研究社会的整体结构及其运行规律的社会科学❷，是社会科学中的一门独立的基础性学科。它所要回答的主要问题是：一个个具体而分散的个人是如何结成复杂的社会的？这个复杂的社会又是如何运动、变化和发展的，其有何规律可循？等等。社会学注重对于社会结构及其运行规律的深入研究：前者的目的主要在于揭示社会要素和社会单位是如何构成特定的社会有机体，以及是如何形成特定的社会秩序等，从而帮助人们科学地认识和解释社会现象之间的关联性，以及特定社会现象的状况、特征及其形成原因；后者的目的则在于认清规律、利用规律更好地指导人们的实践活动，促进社会的良性运行与协调发展，也即促使社会的经济基础与上层建筑、物质文明与精神文明、物质生产与人口生产、社会生产与人民生活、经济发展与社会进步等方面都能够相互处于高度适应状态，从而最大限度地减少社会发展过程中内部与外部的体制消耗，促进社会的持续、快速、健康和协调发展。

（二）城市社会学

城市社会学(Urban Sociology)是运用社会学的理论对社会中特殊的结构性单位——城市系统进行研究的产物。所谓城市社会学，就是运用社会学的基本理论，对城市系统的社会结构、空间要素及发展规律等进行认识、描述、解释和预测，研究针对各种城市社会问题的解决途径，促进城市系统的持续、快速、健康和协调发展，进而推动全社会共同进步的学科。城市社会学在总体上属于社会学的应用研究，它是分科社会学的一种（表1）。

---

❶ 这里是指"少想多做"之意，也就是做事的目的性不能太强，人们应当积极地去努力做好任何事情，而却不应当看重这些事情的结果和个人得失。

❷ 参见，吴增基等主编．现代社会学．上海：上海人民出版社，1997．P3．

城市社会学与各分科社会学的分类关系表　　　　　　　　　　　表1

	分科内容	分科社会学名称
社会学	对与社会密切关联的自然环境进行的社会学研究	天文社会学、地理社会学、气候社会学、生态社会学、灾害社会学等
	对社会某一特定领域进行的社会学研究	政治社会学、经济社会学、文化社会学、教育社会学、军事社会学、劳动社会学等
	对社会的某一特定结构性单位进行的社会学研究	城市社会学、乡村社会学、家庭社会学、组织社会学等
	对社会某种特定规范进行的社会学研究	伦理社会学、道德社会学、民俗社会学、宗教社会学、法律社会学等
	对社会的特定人群进行的社会学研究	老年社会学、中年社会学、青年社会学、儿童社会学、妇女社会学、残疾人社会学等
	……	……

所谓分科社会学就是运用社会学所提供的基本理论，对某一类社会现象和社会问题作专门的社会学研究，而形成的社会学分支学科，因此又可称为分支社会学。社会学研究一向关注于各种社会现象之间的关系，而城市社会学则更加注重对于社会现象发生影响的各种要素进行综合分析，其主要关注的是城市生活的本质、现状和发展，着重分析的是各种城市社会问题。一般来说，城市往往是作为社会的中心而存在的，与乡村相比，城市的政治、经济、文化和教育都更加发达，同时与之相适应的便是城市居民的异质性比较突出，自主性比较强烈，生活节奏比较快捷，各种越轨行为也比较多，因此，城市社会学所面对的城市社会问题和社会矛盾也就众多而且繁杂。

（三）城市社会学的发展

一般认为，城市社会学发端于19世纪末的欧洲❶。那时，在工业革命和城市化浪潮的席卷之下，欧洲城市中出现了大量的社会问题，而新问题往往也是新学术的生长点，城市社会学便应运而生。我国城市社会学学科意识的萌芽，可以追溯到20世纪初叶，当时的李景汉、陈达、陶孟和、杨开道、许世廉、史国衡等许多学者都曾针对城市社会生活的某些方面进行过严谨的探究。1929年世界书局出版了吴景超编写的《都市社会学》，这是我国学者所编写的第一本城市社会学教材。而在"国民政府教育部"于1944年修订的"全国高校社会学系课程设置"中，城市社会学已经成为当时我国社会学系的必修课程之一。

解放后，由于受到前苏联的影响等原因，有关城市社会学的研究在中国内地曾一度中断。20世纪70年代末以来，我国的城市规划学者、城市社会学者密切关注我国城市的现实状况和未来发展，也积累了大量的研究成果。目前，我国城市社会学的应用领域也相当广泛，南京大学顾朝林教授编著的《城市社会学》一书中针对城市社会学在城市规划领域的应用进行了较为详尽的叙述，其内容主要包括：面向社会发展的城市规划、城市社会隔离研究、城市社会整合、城市社区建设和管理、城市更新、规划的公众参与、城市管治，等等❷。

三、社会调查的基本概念

（一）对于社会调查的不同认识

---

❶ 参见：许英编著. 城市社会学. 济南：齐鲁书社，2002. P1。
❷ 参见：顾朝林编著. 城市社会学. 南京：东南大学出版社，2002. P25～36。

社会调查是人们有目的地认识社会现象的一种自觉活动。由于每项社会调查活动所涉及的知识范围和内容与其他社会调查活动之间总是存在着差异，因此人们对于社会调查的认识和理解也不尽相同：在社会调查的名称方面，国外通常的称谓是"调查方法"（Survey Method）或"调查研究方法"（Survey Research Method），而国内则通常叫做"社会调查方法"或"社会调查研究方法"；在社会调查的知识体系构成方面，国内学者通常将文献法、观察法、访问法、问卷法、实验法等并列作为社会调查中搜集资料的几种方法，而国外学者在社会调查中所指的资料搜集方法则仅仅指问卷法和访问法；在社会调查的调查方式方面，国内学者通常将社会调查分为普遍调查、典型调查、抽样调查和个案调查等四种基本类型，而国外学者所说的社会调查则通常仅仅只是抽样调查而已；……。

上述关于对社会调查的名称、知识体系、调查方式等的不同认识，进一步影响了人们对社会调查的定义的不同解释。有的学者把社会调查定义为"对生活在特定地理、文化或行政区域中的人的事实进行系统的收集"❶；有的学者把社会调查定义为"运用有目的地设计的询问方法搜集社会资料的过程"❷；也有的学者把社会调查定义为"运用观察、询问等方法直接从社会生活中了解情况，收集事实和数据，它是一种感性认识活动"❸；……按照这些理解，社会调查仅是一种收集资料的活动或过程，与社会调查研究是不同的概念。另外，也有一些学者则认为社会调查是对社会现象的完整的认识过程，它既包括收集资料的过程，又包括分析和研究资料的过程。例如把社会调查定义为"人们运用特定的方法和手段，从社会现实中收集有关社会事实的信息资料，并对其作出描述和解释的一种自觉的社会认识活动"❹。社会调查"是一种采用自填式问卷或结构式访问的方法，系统地、直接地从一个取自总体的样本那里收集量化资料，并通过对这些资料的统计分析来认识社会现象及其规律的社会研究方式"❺；社会调查"是指对某一地区的社会现象、社会问题或社会事件，用实际调查的手段，取得第一手材料，用以说明或解释所要了解的各种事实及其发生的原因和相互关系，并提供解决线索的一种科学方法"❻；……。从多年来我国所出版的有关社会调查的论著来看，多数都倾向于不对社会调查和社会调查研究这两个概念作出严格的区分，根据城市规划的学科特点，本书也持这一看法。

（二）社会调查的概念

本书中所介绍的社会调查，可以称之为一种重要的社会学研究方法。美国社会学家肯尼斯·D·贝利（Kenneth·D·Bailey）认为，"社会研究（Social Research）就是搜集那些有助于我们回答社会各方面的问题，从而使用我们得以了解社会的资料"❼。我国社会学者风笑天认为，社会研究是"一种由社会学家、社会科学家以及其他一些寻求有关社会世界中各种问题的答案的人们所从事的一种研究类型"❽。社会学研究方法在社会学的发展和

---

❶ 参见：[英]邓肯·米切尔主编．新社会学辞典．蔡振扬等译．上海：上海译文出版社，1987．P338。
❷ 参见：国际社会学百科全书．四川人民出版社，1989．P639。
❸ 参见：吴增基等主编．现代社会调查方法．上海：上海人民出版社，2003．P1。
❹ 参见：吴增基等主编．现代社会调查方法．上海：上海人民出版社，2003．P2。
❺ 参见：风笑天著．现代社会调查方法．武汉：华中科技大学出版社，2001．P4。
❻ 参见：吴增基等主编．现代社会调查方法．上海：上海人民出版社，2003．P2。
❼ 参见：[美]肯尼斯·D·贝利著．现代社会研究方法．许真译．上海：上海人民出版社，1986．P3。
❽ 参见：风笑天著．社会学研究方法．北京：中国人民大学出版社，2001．P2。

应用中占据着特殊的重要地位,因为如果没有一套科学的研究方法,社会学将无法发展。

本书中所指的社会调查是社会调查与研究的简称。所谓社会调查(Survey Research),就是指人们有目的地通过对社会事物和社会现象的考察、了解和判断、分析、研究,来认识社会事物和社会现象的本质及其发展规律的一种自觉活动。在这里,"调"具有计算、算度的意思,"查"是指寻找、检索、查究、查核、考查,"研"包含细磨、审察的意思,"究"则在于穷尽、终极、彻底推求、追根究底。社会调查与研究是一种有目的、有意识的自觉认识活动。其中"调查"主要是通过对客观事物的考查、查核和计算、算度来了解客观事实真相的一种感性认识活动;而"研究"则重点在于对感性材料进行审察、追究和理论分析,以求得认识社会现象本质及其发展规律的一种理性认识活动。社会"调查"与"研究"是密不可分的,是一个过程的两个不同阶段。调查是研究的基础,研究是调查的归属,没有理性认识作为指导的调查是盲目的、毫无意义的,没有感性认识作为基础的研究则是空洞的、不切合实际的。

(三)社会调查的目的

社会调查的直接目的是为了了解社会,认识社会现象的本质及其发展规律。而社会调查的根本目的在于根据社会发展的需要,运用科学的调查方法,通过有组织、有计划地搜集、整理和分析、研究社会现象的有关资料,发现问题,分析问题,解决问题,为认识社会和改造社会服务,具体表现在以下方面:

1. 建立科学的社会理论指导社会实践

任何社会实践活动都需要有一定的社会理论作为行动的指南,乃至纲领,而社会理论的形成和发展,则是建立在对客观事物规律性的深入的、广泛的认识基础之上的,这种社会理论也只有经过反复的社会调查研究与社会实践运用,才能够逐渐地更加符合客观实际。

2. 制定有效的政策措施解决社会问题

任何社会调查都是人们有目的、有意识的活动,都是有针对性的,是为了解答一定的理论问题或应用问题为目的的。社会调查首先是发现问题,然后是对问题的描述、分析和解释,最后提出解决问题的政策性建议。社会调查的现实意义在于能为制定正确的方针、政策,为采取有效的社会措施和解决现实中存在的各种社会问题提供可靠的依据。

3. 在实践中检验理论政策,监察实际工作

任何理论都不可能是绝对的真理,任何政策和计划也不可能完全符合社会的实际情况,即使是那些通过调查研究活动所制定出来的政策和计划也会存在着这样那样的一些不足之处,政策和计划在具体实施和操作过程中也可能会出现各种偏差。因此,在政策和计划的实践过程中,必须要有针对性地进行调查研究,借以检验和检测政策和计划的执行情况,并根据实际情况对政策和计划及时地不断进行修改和完善。

第二节 社会调查的历史发展

一、社会调查在西方社会的发展

(一)西方社会社会调查的产生

从社会历史发展的角度来看,社会调查古已有之,如古罗马帝国曾明文规定,各户的

人口、土地、牲畜和家奴每5年调查一次，并根据拥有财富的多少将居民划分为贫富6个等级。但是，作为一种大规模的社会工作和认识社会的专业方法，西方社会的社会调查则是在西方资产阶级革命之后发展起来的❶。

西方社会的社会调查活动产生于18～19世纪的西欧，主要的诱发因素是资本主义制度下日益严重的社会问题，即"社会病态"：一方面资本主义社会生产力得到了迅速发展，财富迅速积累，物质文明日益进步；而另一方面，社会贫穷迅速升级，阶级对抗日益加剧，失业、疾病、吸毒、卖淫、杀人等社会现象泛滥，破坏机器、集会、罢工、示威游行、武装起义等不断发生……为了解决这些社会问题，探求社会改造的道路，各个阶级的学者和社会活动家进行了许多社会调查，并在此基础上逐渐形成了较为系统化和学科化的社会调查方法。

18～19世纪西欧的社会历史条件，特别是哲学和社会科学的发展进步，为近代社会调查的产生和发展提供了现实可能性，法国启蒙思想家孟德斯鸠（1689～1755年）、卢梭（1712～1778年）等的社会政治观点，英国哲学家培根（1561～1626年）的经验论，法国社会学家孔德（1798～1857年）的实证论，以及德国哲学家马克思（1818～1883年）、恩格斯（1820～1895年）的辩证唯物主义和历史唯物主义等等，为各个阶级、各个派别的社会调查提供了重要的系统化、科学化的理论基础和指导思想。

（二）社会调查在西方社会的发展

社会调查在西方的发展主要包括三种类型：行政性社会调查、学术性社会调查和应用性社会调查。行政性社会调查主要是政府或议会为了有效管理国家和社会而进行的调查，如英国和法国自1801年开始的定期人口普查，比利时的犯罪调查，德国的国计调查等。学术性社会调查主要是统计学、经济学、社会学等方面的学者为了进行学术研究而作的社会调查，如比利时的数理统计学创始人亚道尔夫·凯特勒（1796～1874年）所作的人口调查和犯罪调查，法国经济学家弗雷德里克·黎伯莱（1806～1882年）开展家计调查而作的《欧洲工人》，英国统计学家查理士·布思（1840～1916年）开展社区研究所作的《伦敦人民的生活和劳动》等。应用性社会调查则是由不同类型的调查主体根据各自需要而开展的社会调查，其具体又包括社会改良调查、民意调查和市场调查等。社会改良调查是一些社会改良家、慈善家或学者为改良某些社会问题而开展的调查。如英国慈善家约翰·霍华特（1726～1790年）为改良监狱管理制度而进行社会调查所作的《英伦和威尔士的监狱情况以及外国监狱的初步观察和报告》。民意调查是一些报刊和调研机构为了解民意而进行的调查，如美国的《文学文摘》、日本大阪的《每日新闻》等机构都曾进行过民意调查，1935年由乔治·盖洛普创办的"美国民意测验所"则是最为著名的民意测验机构。市场调查主要是一些企业、商业性调研机构和政府商贸部门为了解市场行情、预测市场变化而进行的调查，如美国柯底斯出版公司商业调查部经理派林对大量百货商店进行了访问调查，他所编写的《销售机会》则被推崇为市场调查的先驱。

（三）马克思、恩格斯、列宁与社会调查

伟大革命导师马克思、恩格斯和列宁非常重视社会调查活动，马克思、恩格斯更是社

---

❶ 参见：李晶主编．社会调查方法．北京：中国人民大学出版社，2003. P12．

会调查实践的典范。马克思从青年时代起就关注于社会调查活动，1842年他任《莱茵报》主编时，曾实地地考察了摩塞尔地区的农民状况，撰写出《关于林木盗窃法的辩护》和《摩塞尔记者的辩护》，揭露了普鲁士政府压迫人民的真相，猛烈抨击了普鲁士的社会制度。1845年7~8月，马克思在恩格斯的陪同下到英国的伦敦、曼彻斯特去直接考察英国的经济生活、政治生活和工人运动。1866年，马克思为工人阶级状况调查提出了最初的调查提纲——《普遍的劳动统计大纲》，并在对日内瓦代表大会议程的建议中提出依据调查大纲对工人阶级状况进行调查。1880年4月，即马克思逝世的前3年，他应法国社会主义者的请求亲自编写了著名的《工人调查表》❶，这份调查表分四部分，约100个问题，是马克思所设计的最完整的、最有代表性的一份调查提纲。它的发表不仅为工人生活状况调查提供了一个强有力的依据，而且对于启发工人群众的阶级觉悟，引导工人阶级反抗资产阶级的斗争等，都起到了巨大的推动作用。

恩格斯一生也十分重视社会调查活动，在青年时期，1839年3~4月，19岁的恩格斯发表了他的第一篇文章《乌培河谷来信》，根据自己的观察和研究，恩格斯在文章中清晰地描述了宗教神秘主义在乌培河谷的各个社会生活领域的渗透，愤怒谴责了虔诚主义的反理性性质和资产阶级的残酷行径。这篇文章实际上也是恩格斯所作的的第一篇调查报告。1842年11月~1844年8月，恩格斯在英国的曼彻斯特生活了21个月，在此期间他经常深入到工人和工人住宅区参观访问，通过深入的社会调查，年仅25岁的恩格斯写出了长达22万字的《英国工人阶级状况》一书。这本书不仅是恩格斯的第一部专著，也是他最有代表性的社会调查研究文献。1844年8~9月，恩格斯和马克思在巴黎会见以后，两人多次在一起进行社会调查。恩格斯在巴黎逗留期间，在马克思的帮助下考察了法国的工人运动。直到晚年，恩格斯仍然十分重视社会调查，他在1884年所发表的《家庭、私有制和国家的起源》一书中，不仅分析和借鉴了摩尔根的调查资料，而且补充了他自己所掌握的许多调查材料。

列宁是在马克思主义的指引下走上革命道路的，为了将马克思主义应用于俄国，进而发展马克思主义，列宁在一生中做了许多社会调查研究工作。1893年，列宁对农村进行调查后撰写了他的第一部著作《农民生活中的新的经济变动》。1894年以后，列宁在工人中开展调查工作，并通过对广大工人、农民的直接观察和访问来了解俄国社会的实际情况。1896年，列宁在被流放期间，一方面通过他在当地的两个农民朋友研究了西伯利亚的农村，另一方面还通过对583本书籍的文献调查，于1899年写成了《俄国资本主义的发展》一书。这本书是列宁对19世纪末俄国社会情况的一个最详尽的调查报告，是列宁主义形成的一块重要基石。它从根本上批判了民粹派认为俄国没有资本主义的理论，为列宁制定俄国革命战略奠定了理论基础。1900年7月~1917年4月，在流亡生活期间，列宁把社会调查的视野扩展到了西欧，考察了西欧各国的社会情况，特别是工人阶级的生活情况。十月革命胜利以后，列宁把社会调查的重要性提高到了一个新的高度。1918年5月，列宁在《关于社会主义社会科学院》一文中说，"首要任务之一是组织一系列的社会调查"。列宁经常深入到工厂、农村作调查，同时也非常重视接待来访者，特别是认真听取来访的工人和农民的意见……总之，没有列宁对社会基层情况的深入调查研究，也就不

---

❶ 见附录三：工人调查表。

可能有列宁主义的形成和俄国新经济政策的诞生。

对于马克思、恩格斯、列宁等的社会调查活动，毛泽东这样评价："马克思、恩格斯、列宁、斯大林之所以能够作出他们的理论，除了他们的天才条件之外，主要地是他们亲自参加了当时的阶级斗争和科学实验的实践，没有这后一个条件，任何天才也是不能成功的"❶。

二、社会调查在中国的历史发展

（一）中国古代的社会调查

我国的社会调查萌芽于原始社会末期。传说早在大禹治水时期就曾作过人口调查和户口调查，据《后汉书》记载："禹平水土，立九州，计民数"，查明当时人口数量为1350多万人。据《易·系辞下》记载："上古结绳而治，后世圣人易之以书契"，这里的"结绳"和"书契"，都是对当时重大社会事件的记载……这些可以被认为是中国古代社会调查的雏形。

作为一种自觉的认识活动，中国古代的社会调查真正起源于奴隶社会初期。社会调查产生的诱发因素，在于奴隶社会新的生产关系的产生发展和维护奴隶主阶级利益及其统治的需要：一方面，阶级、国家、战争等一系列新的社会现象的出现，使得奴隶主阶级为了维护统治，抵御外族入侵或实施对外扩张，需要征集兵员，派使徭役，收纳赋税，因此产生了对于人口、土地等社会资源进行调查的客观需要；另一方面，社会分工和生产力的发展，剩余农产品的出现，文字的发明和脑力劳动的产生，同时也为针对社会现实问题和具体情况而进行的社会调查活动提供了现实可能。

中国古代的社会调查，一方面是统治阶级剥削和压迫劳动人民的重要工具，另一方面也是治理国家、改良社会和发展学术的基本手段。春秋初期齐国的政治家管仲认为，主持朝廷政事必须重视对社会情况的调查，《管子》一书中的《问》篇，列举了对社会情况进行调查所需要提出并要求回答的65个主要问题，其内容涉及当时的经济、政治、军事、社会等各个方面，约有46个问题是需要具体数据才能回答的定量问题，它是世所罕见的最古老、最全面的社会调查提纲。

《问》篇（《管子》第二十四篇）

凡立朝廷，问有本纪。爵授有德，则大臣兴义；禄予有功，则士轻死节；上帅士以人之所戴，则上下和；授事以能，则人上功；审刑当罪，则人不易讼；无乱社稷宗庙，则人有所宗；无遗老忘亲，则大臣不怨；举知人急，则众不乱。行此道也，国有常经，人知终始，此霸王之术也。

然后问事，事先大功，政自小始。问死事之孤，其未有田宅者有乎？问少壮而未胜甲兵者，几何人？问死事之寡，其饩廪何如？问国之有功大者，何官之吏也？问州之大夫也，何里之士也？今吏，亦何以明之矣？问刑论有常以行，不可改也，今其事之久留也何

---

❶ 参见：毛泽东．实践论：论认识和实践的关系——知和行的关系，1937年7月。
资料来源：http://www2.scut.edu.cn/party-sch/llyd/yzxx/sjl.htm

若？问五官有度制，官都其有常断，今事之稽也何待？问独夫、寡妇、孤寡、疾病者，几何人也？问国之弃人何族之子弟也？问乡之良家，其所牧养者，几何人矣？问邑之贫人债而食者，几何家？问理园圃而食者，几何家？人之开田而耕者，几何家？士之身耕者，几何家？

问乡之贫人，何族之别也？问宗子之收昆弟者，以贫从昆弟者，几何家？余子仕而有田邑，今入者，几何人？子弟以孝闻于乡里者，几何人？余子父母存，不养而出离者，几何人？士之有田而不使者，几何人？吏恶何事？士之有田而不耕者，几何人？身何事？君臣有位而未有田只，几何人？外人之来从而未有田宅者，几何家？国子弟之游于外者，几何人？贫士之受责于大夫者，几何人？官贱行书，身士以家臣自代者，几何人？官承吏之无田气而徒理事者，几何人？群臣有位事官大夫者，几何人？外人来游，在大夫之家者，几何人？乡子弟力田为人率者，几何人？国子弟之无上事，衣食不节，率子弟不田弋猎者，几何人？男女不整齐，乱乡子弟者有乎？问人之贷粟米有别券者，几何家？

问国之伏利，其可应人之急者，几何所也？人之所害于乡里者，何物也？问士之有田宅，身在陈列者，几何人？余子之胜甲兵有行伍者，几何人？问男女有巧伎，能利备用者，几何人？处女操工事者，几何人？冗国所开口而食者，几何人？问一民有几年之食也？问兵车之计几何乘也？牵家马、轭家车者，几何乘？处士修行，足以教人，可使帅众莅百姓者，几何人？士之急难可使者，几何人？

工之巧，出足以利军伍，处可以修城郭、补守备者，几何人？城粟军粮，其可以行几何年也？吏之急难可使者，几何人？大夫疏器：甲兵、兵车、旌旗、鼓铙、帷幕、帅车之载，几何乘？疏藏器：弓弩之张、衣夹铗、钩弦之造、戈镂之紧，其厉何若？其宜修而不修者，故何视？而造修之官，出器处器之具，宜起而未起者何待？乡师车辎造修之具，其缮何若？工尹伐材用，无于三时，群材乃植而造器定，冬，完良备用必足。人有余兵，轨陈之行，以慎国常。十简稽帅马牛之肥腾，其老而死者，皆举之。其就山薮林泽食荐者几何？出入死生之会几何？

若夫城郭之厚薄，沟壑之浅深，门闾之尊卑，宜修而不修者，上必几之守备之伍。器物不失其具，淫雨而各有处藏。问兵官之吏、国之豪士，其急难足以先后者，几何人？夫兵事者，危物也，不时而胜，不义而得，未为福也。失谋而败，国之危也，慎谋乃保国。问所以教选人者何事？问执官都者，其位事，几何年矣？所辟草莱，有益于家邑者，几何矣？所封表以益人之生利者，何物也？所筑城郭，修墙闭，绝信道，厄阙，深防沟，以益人之地守者何所也？所捕盗贼，除人害者几何矣？

制地君曰：理国之道，地德为首。君臣之礼，父子之亲，覆育万人。官府之藏，强兵保国，城郭之险，外应四极，具取之地。而市者，天地之财具也，而万人之所和而利也，正是道也。民荒无苟，人尽地之职，一保其国。各主异位，无使逸人乱普，而德营九军之亲。关者，诸侯之陬隧也，而外财之门户也，万人之道行也。明道以重告之：征于关者，勿征于市；征于市者，勿征于关；虚车勿索，徒负勿入，以来远人，十六道同身。外事谨，则听其名，视其色，是其事，稽其德，以观其外，则无敢于权人，以困貌德。国则不惑，行之职也。问于边吏曰：小利害信，小怒伤义，边信伤德厚，和构四国，以顺貌德，后乡四极。令守法之官曰：行度必明，无失经常。

资料来源：http://www.imwar.2u.com.tw/Book/O-3-001-02.htm。

军事家孙武非常重视对敌我双方情况的调查了解，提出所谓"知己知彼者，百战不殆"的观点。《孙子兵法》指出："故明君贤将，所以动而胜人，成功出于众者，先知也"，"先知者不可取于鬼神，不可象于事，不可验于度，必取于人，知敌之情者也"。意指成功的关键在于先知，而先知的办法就是向"知敌之情者"进行"访问"和"调查"。社会改革家商鞅认为，对重要的社会情况的数量进行调查是关系到国家强弱兴衰的重大问题。《商君书》指出："强国知十三数：竟内仓口之数、壮男壮女之数、老弱之数、官士之数、以言说取食者之数、利民之数、马牛刍藁之数。欲强国，不知国十三数，地虽利、民虽众，国愈弱至削"。史学家司马迁早年游踪遍及南北，到处考察民情风俗，搜集了许多传说和资料，还曾出使巴、蜀和昆明等地，并随汉武帝四出巡幸，作过许多社会调查，这也正是他的名著《史记》被誉为"信史"、"实录"的一个重要原因……总之，在中国古代，我们的祖先已经形成了重视对社会实际情况进行实地调查的良好传统。

（二）中国 20 世纪以来的社会调查

中国进入 20 世纪以后，随着帝国主义的入侵和西方科学文化的东进，西方发达国家的社会调查也逐渐传入中国，一批在中国任教的外籍教授、学者和传教士开始在中国运用近代方法进行社会调查，如美国传教士史密斯（1845～1932 年）对山东农民生活和农村状况进行广泛调查后发表了《中国农村生活》的专著。上海沪江大学美籍教授古尔普于1918～1919 年曾两次带领学生到广东潮州的凤凰村进行调查，并著有《华南乡村生活》一书等等。

20 世纪 20 年代后，中国学者开始独立地进行社会调查，中国的社会调查活动也重新走向本土化。1926 年，中国学术界出现了两个著名的社会调查机构，一个是北京的由陶孟和、李景汉两位教授主持的中华教育文化基金董事会社会调查部，后改称为社会调查所；另一个则是南京的由陈翰笙教授主持的国立中央研究院社会科学研究所社会学组。这期间比较著名的社会调查有：陶孟和教授 1930 年的《北平生活费用之分析》，李景汉教授 1929 年的《北京郊外乡村家庭》和 1933 年的《定县社会概况调查》，陈翰笙教授 1930 年的《中国的地主和农民》和 1939 年的《工业资本和中国农民》等。李景汉教授在通过对定县以县为范围所进行的大型社会调查之后，还出版了《实地社会调查方法》一书。

中国共产党非常重视社会调查，中国共产党"从它一开始，就是一个以马克思列宁主义的理论为基础的党"[1]，中国共产党人在革命实践的基础上，经过长期的、卓有成效的社会调查，最终完成了把马克思主义同中国革命的具体实践结合起来的伟大创举。党的十一届三中全会以后，党和国家的领导人反复强调实事求是、调查研究的极端重要性，社会各部门、各单位、各方面的人士开始广泛重视社会调查活动，中国的社会调查因此得到了迅速的发展。特别是 1978 年以后，各级党政领导机关或部门单位等都组织了许多规模空前的社会调查，例如全国规模的平反冤假错案调查，农业生产责任制调查，全国农业资源调查，工人阶级状况调查，第三、四、五次全国人口普查[2]，全国工业普查，全国城镇房

---

[1] 参见：毛泽东著作选读．北京：人民出版社，1986，下册．P590。
[2] 第一次全国人口调查的时间是 1953 年 6 月 30 日，第二次全国人口调查的时间是 1964 年 6 月 30 日。

屋普查，全国残疾人抽样调查，全国第三产业调查等等。这些内容丰富的社会调查，对于拨乱反正、弄清中国国情和建设有中国特色的社会主义等，都起到了很大的推动和促进作用。

（三）毛泽东、费孝通与社会调查

伟大革命领袖毛泽东同志毕生都非常重视社会调查的理论和实践活动。早在湖南第一师范读书时，毛泽东就经常利用假期到工厂、农村进行社会调查，1917年暑假，他用一个月时间步行对长沙、宁乡、安化、益阳等地的广大农村进行过社会调查，他调查的重要内容之一是注重对中国国情的调查研究。毛泽东在1920年3月14日写给学友周世钊的信中说："吾人如果要在现今的世界稍尽一点力，当然脱不开'中国'这个地盘。关于这地盘内的情形，似不可不加以实地的调查及研究"❶。正是在这种思想指导下，毛泽东暂时放弃了出国勤工俭学的计划，留在国内对中国国情作调查研究。第一、二次国内革命战争时期是毛泽东社会调查实践最频繁、最活跃、成果最丰富的时期，1926年3月，毛泽东写出了《中国社会各阶级的分析》一文。1927年3月毛泽东实地考察了湘潭、湘乡、衡山、醴陵、长沙五县的情况，写成了《湖南农民运动考察报告》。这两篇社会调查研究报告科学地阐明了中国社会的性质，正确地分析了中国社会各阶层的状况，从而得出了农民问题是中国革命的基本问题这一科学结论。1930年，毛泽东为解决武装斗争、土地革命和根据地建设等重大问题，亲自到寻乌、兴国、木口村、才溪乡、长岗乡等地进行了仔细的调查研究，撰写出《中国的红色政权为什么能够存在?》、《井冈山的斗争》、《寻乌调查》、《兴国调查》、《长岗乡调查》、《才溪乡调查》等一系列调查研究报告，创造性地解决了实行工农武装割据，以农村包围城市的中国革命道路问题。1930年5月，毛泽东撰写了《调查工作》一文❷。《调查工作》是毛泽东最早的系统论述调查研究思想及马克思主义认识论的专著，不仅凝聚了调查研究思想的精华，也丰富了马克思主义的认识论和方法论，初步形成了毛泽东思想的调查研究理论即实事求是、群众路线、独立自主的三个基本点。抗日战争时期，毛泽东对社会调查的指导思想和方法进行了概括和总结，发表了《〈农村调查〉的序言和跋》、《改造我们的学习》、《关于农村调查》等文章。这一时期毛泽东的社会调查理论已被全党所接受，1941年8月1日，党中央作出了《关于社会调查的决定》，对全党同志提出了开展社会调查的具体要求，使社会调查成为中国共产党工作方法的一大法宝。新中国成立后，毛泽东仍然重视社会调查工作，1956年他在听取了许多部门的汇报和查阅了大量材料之后，完成了《论十大关系》一文，为我国的社会主义建设指明了方向。1961年为纠正浮夸之风，毛泽东又提出了大兴社会调查研究之风的要求……。

著名社会学家、人类学家费孝通教授是近现代中国社会调查中有重要影响的人物，是中国学者中开创社会调查一代新风的杰出代表。费孝通教授毕生重视社会调查，尤其重视社区的比较研究，并将社会学、人类学方法运用于中国的社会经济调查。在赴英留学之前，他在自己的家乡开弦弓村进行了一个多月的社会调查，随后于1939年出版了《江村

---

❶ 参见：新民学会资料. 北京：人民出版社，1980. P63。

❷ 经毛泽东亲自审订，《调查工作》以《反对本本主义》为名在1964年出版的《毛泽东著作选读》中公开发表。见附录四：反对本本主义。

经济》（又名《中国农民的生活》）。该书被他的导师马林诺夫斯基誉为"人类学实地调查和理论工作发展中的一个里程碑"。1938年回国后，费孝通继续在内地农村开展社会调查，研究农村、工厂、少数民族地区的各种不同类型的社区，于1943年出版了《禄村农田》。在云南期间，费孝通与张之毅合作进行社会调查，于1946年撰写出《乡村中国》一书。1957年费孝通第二次到江村进行调查，并在《新观察》上发表了《重访江村》一文。1981年他又第三次访问了江村。1982年开始，随着社会调查与研究活动的范围的逐步扩大，费孝通把调查研究的重点放到了作为农村政治、经济和文化中心的小城镇上，1983年发表了第一篇小城镇研究报告《小城镇大问题》。他深入地探讨了中国的小城镇问题，认为小城镇的建设和发展关系到生产力和人口的分布、城乡结构和农村现代化、城市化等系列问题，他发表了一系列的小城镇研究文章，对我国小城镇的健康发展起到了重要的指导作用。

三、社会调查的发展趋势

从社会发展的角度来看，随着世界范围内新的经济、政治、社会、文化和信息等的发展进步，社会调查也面临着新的发展趋势。

（一）科学化

社会调查的方法日益程序化、规范化、数量化和精确化，社会调查方法变得越来越丰富，越来越科学。特别是法国社会学家迪尔凯姆（1858～1917年）所创立的研究假设—经验检验—理论结论的实证程序，美国社会学家斯托福（1900～1960年）和拉扎斯菲尔德（1901～1976年）关于社会统计调查及变量关系分析方法的研究等，对社会调查方法的规范化和定量研究等起到了重大的推动作用。

（二）广泛化

社会调查活动日益广泛化：社会调查活动的主体日益扩散，社会调查主体由国家、政府或专家学者逐渐扩散到党政群团、工农商学等各行业、各单位、每个实际工作者和理论工作者。社会调查的内容也日益多样，现代社会生活的每一个领域如政治、经济、文化、科技等，以及人们生活的每一个方面，都已经成为社会调查活动的重要研究内容。社会调查的范围也日益扩大，现代社会调查，尤其是抽样调查，往往在整个地区、整个部门，或者跨地区、跨部门，甚至在全国以至国际的范围内进行。

（三）现代化

近代以前的社会调查，基本上都是采用手工方式进行的，每次调查都是由调查者本人或以一个主持人为中心，带领一批助手亲自到现场进行观察或访问，记录资料、整理资料和分析资料的方式也大都是手工的。而在现代社会，随着科学技术的迅猛发展，照相机、录音机、绘图仪、电话、计算器、摄影机等新型工具在社会调查中得以广泛应用，社会调查的效率和质量因此得到了很大提高。电子计算机的普遍推广和信息网络技术的发展应用等，更促使社会调查进入一个全新的发展阶段，以往的大规模抽样调查等难以计算的统计分析等，现在可以凭借计算机的高速运算而得到及时、准确的结果，整个社会调查的工作程序、组织方式、标准化和规范化程度以及问卷设计、调查设计等都随之发生了深刻变化……这些共同促成了社会调查的现代化发展趋势。

第三节 社会调查与城市规划

一、社会调查与城市规划的内在关联

(一)社会调查是城市规划作为实践性学科的本质要求

从现代城市规划的发展历史和我国城市规划的经验看,上百年来,调查研究始终是国内外城市规划所采取的一项基本方法。这是城市规划学科兼有社会科学性质的特点所决定的。城市规划的调查研究不仅是规划编制程序上数据搜集清单所列举的必要内容,更重要的是城市社会的调查,对民意的调查,对城市发展历程的调查,从城市的过去、现在,把握城市发展规律,科学展望和预测未来发展[1]。只有通过准确、翔实的社会调查,摸清社会现状及其需求内容,才能为科学进行城市规划提供前提、依据和保证。

城市规划是一门实践性的学科,城市规划的实践性不止为"做规划"和实施规划的活动,不止为应用规划科学技术解决城市问题的活动,而极为重要的却极易被忽视的是,城市规划实践还意味着实践者(规划师)的一种生存状态,它包括主观对客观环境作用的判断以及意识中批判性的自我反应,它密切地影响着"做规划"、"实施规划"、"应用科学技术"的实际意义[2]。城市规划实践在很大程度上影响和决定着城市规划的成与败。城市规划是决策——实施的连续统一体,城市规划实践中的问题或者说城市规划自身的问题伴随着城市规划实践的全过程,因此对于这些问题并不是说仅仅依靠一般的"城市理论"或"规划理论"的指导就可以解决,它在本质上必然呼唤和要求着规划实践过程中的一种过程控制理论和方法,亦或称之为城市规划的一种科学管理理论和工作方法。城市规划社会调查的理论和方法也正是城市规划实践所必备的决策模型、过程控制理论及城市规划科学工作方法的其中一种。

"理论的基础是实践,又转过来为实践服务。判定认识或理论之是否真理,不是依主观上觉得如何而定,而是依客观上社会实践的结果如何而定。真理的标准只能是社会的实践……通过实践而发现真理,又通过实践而证实真理和发展真理。从感性认识而能动地发展到理性认识,又从理性认识而能动地指导革命实践,改造主观世界和客观世界。实践、认识、再实践、再认识"[3]。在城市规划的理论研究与实践工作之间,城市规划社会调查活动建构着两者相互沟通的重要桥梁(图3):一方面,城市规划社会调查

图3 社会调查方法建构着城市规划理论与实践沟通的重要桥梁

是一项基础性工作内容,它广泛地影响和推动着城市规划的理论工作不断地推陈出新和发展进步;而在另一方面,城市规划的理论创新工作自然也反过来对城市规划社会调查理论

---

[1] 参见:中国城市规划学会秘书处编印.中国城市规划学会2002年年会论文集,2003.P14.
[2] 参见:张兵著.城市规划实效论.北京:中国人民大学出版社,1998.P196~197.
[3] 参见:毛泽东.实践论:论认识和实践的关系——知和行的关系.
资料来源:http://www.cj888.com/book/zhengzhi/mao/002.htm.

与方法的发展完善,以及城市规划实践的具体工作等的有效开展等,形成有效的监督和检验,在此基础上再发展、再进步,三者之间的关系正是这样密切关联、相互促进和相互影响的。

(二)社会调查是城市规划科学化和现代化发展的需要

近年来,城市规划备受我国各级政府和广大人民群众的重视,各地城市规划主管部门纷纷从建设管理部门中独立出来。城市规划学科的发展也顺理成章,现实的需求成为推动城市规划发展的强大动力,城市规划教育在这种迅猛变化着的社会背景下显得力不从心与尴尬。一方面,在我国,城市规划工作和城市规划专业教育存在着明显的重设计轻管理的倾向,在城市规划的政策研究、经济分析、协调管理、执法意识乃至于社会调查、统计分析等方面的能力的培养明显不足❶。另一方面,单就城市规划编制与设计工作的本身而言,设计人员的社会调查能力、分析综合能力、理论创新能力明显不足,加之现实工作中城市规划工程项目繁多,经济利益的驱使也常常使得城市规划的现代化、科学化发展成为一句空话。

我国城市规划学科的发展脱胎于建筑学,由于我国目前尚处于城市化的快速发展阶段,在大规模城市建设工程的任务压力下,对于规划师进行物质形态规划的技能培养仍然是当前我国规划和建设实际工作的需要,所以要有较强的建筑和市政工程的基础知识。但是,纵观西方发达国家的城市规划学科发展,其具有普遍性的共同规律,即是城市规划应加强对城市建设和发展的引导和调控作用。就整体而言,我国城市规划工作偏重于微观技术层面,多采取"扩大的建筑设计"的方法,忽视宏观社会、经济以及政策层面的研究。随着改革开放的深入和市场经济体制的完善,城市规划的社会、经济、管理等多方面知识的提高和加强,成为当前城市规划科学发展和走向现代化的重要课题。

城市规划的现代化深刻地受到城市全球化、空间市场化、信息网络化和全球城市化等的影响和制约。伴随当前我国城市建设的飞速发展,传统城市规划在理论和方法上滞后于时代,日渐暴露出一些问题,如规划控制体系在实施和开发管理层面上出现了功能缺失,致使城市开发处于失控状态;城市规划目标的可行性没有经过严格和科学的论证,规划目标与实际需求不相配套等。出现这些问题的一个重要原因就是城市规划自身缺乏有效的应变调节措施。城市规划作为一项社会实践,是在一定的政治、经济、社会背景及过程中运作的。作为意识形态上层建筑的城市规划和作为具体实务操作的城市规划之间,必须通过一定的联系来保证两者的结合。在城市规划日益走向现代化的今天,城市规划的可行性研究、规划决策、运作实施等的阶段和过程,迫切需要不断地纠正偏差,增加城市规划的社会调查活动来作为运作实施—可行性研究的反馈机制,使城市规划成为一个动态循环的科学过程。

二、城市规划学科发展的宏观环境

(一)当今世界学科发展的总趋势

学科的高度分化与渗透、融合是现代科学发展的总趋势。无论是自然科学还是社会科学都是以客观世界为研究对象的。为了研究上的方便与需要,人们创立了一门门学科,分别研究客观世界的某一部分、某一侧面或某一层面。但是客观世界又是一个整体,其各个

---

❶ 参见:陈秉钊.世纪之交对中国城市规划学科及规划教育的回顾和展望.城市规划汇刊.1999(1),1~4。

部分、各个侧面及各个层面密切关联,仅仅研究和认识了"枝叶",并不等于研究、认识了"整个树",也就是说,仅仅凭借单一的学科,已经难以承担起研究、认识和反映整个客观世界的任务。这就有必要在学科之间建立联系,在学科之间的边缘领域进行探索,使之互相交叉、影响、渗透和融合,从而创立新的边缘学科,同时也充实和发展原有学科本身❶。在这种发展趋势下,城市规划的发展必然存在着与哲学和社会科学交叉发展的趋势。党的十六大报告指出,"坚持社会科学和自然科学并重,充分发挥哲学社会科学在经济和社会发展中的重要作用"❷,城市规划科学研究工作者也肩负着繁荣和发展哲学社会科学的历史责任,城市规划社会调查正是在这一总趋势下将城市规划学与社会调查学❸交叉发展的产物。

(二)城市科学与社会科学的重叠与交叉发展

城市科学是以城市为主要研究对象的,城市规划尤其如此。社会科学则是以整个社会为研究对象的,它在研究任何一种社会现象、社会过程或社会问题时,总是联系多种有关的社会因素以至于自然因素来加以考察。如果将社会系统划分为城市系统和乡村系统,那么城市系统将是社会科学研究中最重要的、乃至是最主要的研究对象。这是因为,社会科学研究的是以人为核心的社会活动及社会现象,而城市则是人类对自然环境干预最强烈、活动最频繁的一种人居环境。以我国为例,在目前城市化水平还比较低的情况下,全部设市城市的建成区大约只占国土面积的0.2%,却容纳了人口总量的16%左右、运输和零售商业的50%左右、用电量的60%左右、工业产值的70%左右、利税的80%左右,几乎所有的高等教育都在城市市区❹……这也就是说,社会科学与城市科学乃至城市规划,在研究对象和研究内容等重要方面存在着重要的重叠、交叉和接近(图4)。"他山之石、可以攻玉",虽然社会科学和城市科学是不同的概念,但是社会科学的发展和研究却应当十分关注城市科学的动向,城市科学的发展和研究,也必须积极吸收和借鉴社会科学的一切优秀成果,事实上,社会科学、城市科学与城市规划的理论研究与实践工作已经如此,三者在客观上形成了一种互相交融、共谋发展的良好态势。在这个意义上,哲学社会科学的繁荣和发展以及城市科学与社会科学的交叉发展,在宏观上也诱导着城市规划的理论与实践活动对于社会调查工作的重视与强化。

图4 城市科学与社会科学的重要重叠与交叉发展

---

❶ 参见:张骏德,刘海贵著.新闻心理学.上海:复旦大学出版社,2003.P1。
❷ 参见:江泽民.全面建设小康社会,开创中国特色社会主义事业新局面——在中国共产党第十六次全国代表大会上的报告.资料来源:http://202.84.17.28/csnews/20021118/300508.asp。
❸ 社会调查已经发展形成为一门新兴学科——社会调查学,详见:水延凯等编著.社会调查教程.北京:中国人民大学出版社,2003.P18。
❹ 参见:周一星著.城市地理学.北京:商务印书馆,1995。转引自:中国城市规划学会,全国市长培训中心.城市规划读本.北京:中国建筑工业出版社,2002.P3。

三、城市规划社会调查的发展条件

(一) 社会调查学的发展成熟

伴随着社会科学的发展,社会调查逐渐地由一种观察和思维的方法而发展、成熟和演变,成为社会科学领域内的一门独立的方法性学科——社会调查学(the Subject of Survey Research)❶,它可以简要地定义为"关于人们自觉认识社会的理论、方法和过程的科学"❶。社会调查学作为一门学科,也具有自己的研究对象、知识体系和学科特点。它的研究对象就是社会调查活动本身,研究的首要任务在于正确说明社会调查的理论基础、科学阐述社会调查的指导思想,社会调查和研究的各种方法、一般程序或过程等成为社会调查学研究的主要内容。社会调查学具有自己完整的知识体系和丰富的内容,包括了社会调查的对象和任务、目的和意义、理论基础和指导思想、起源和历史发展、一般程序和主要环节、基本类型和主要方法、主要手段和技术等等。随着社会的不断发展与进步,社会调查学也将进一步得到丰富、发展和完善。

(二) 社会调查的专业化发展

受到社会调查的科学化、广泛化和现代化的发展趋势所影响,社会调查活动日益呈现出专业化的发展趋势,主要表现在两个方面:首先,各个社会调查主体单位的调查机构和人员日益专业化,如各级党政群团所组织的调研处(科)、各高等院校的社会调查研究中心、各科研机构的情报所(室)、各新闻出版单位的群众工作部和新闻信息中心、各类型企业和商业机构等的市场调查或商业调查部门等等;其次,独立的营利性调查研究机构不断涌现和日益扩大,如美国的兰德、斯坦福、哈里斯、塞林格等若干全国性的调研机构,美国民意调查所则成为在20多个国家设有分支机构的跨国公司,在中国比较著名的调研机构如中国社会调查事务所、零点调查公司、北京奥丁市场调查有限公司、西安三维市场调研有限公司、中南社会调查研究所、广州亚太公司等。社会调查的专业化发展进一步促进了社会调查的规范化、集约化、实用化、顾问化、多元化、国际化以及技术的现代化,为城市规划社会调查的重视和发展提供了有利的条件。

综上所述,城市规划的社会调查工作是一项极为重要的具体工作,城市规划的发展必须重视和强化社会调查工作。李德华先生主编的《城市规划原理》(第三版)一书中对社会调查工作做出了强调:"调查研究是城市规划的必要的前期工作,必须要弄清城市发展的自然、社会、历史、文化的背景以及经济发展的状况和生态条件,找出城市建设发展中拟解决的主要矛盾和问题。没有扎实的调查研究工作,缺乏大量的第一手资料,就不可能正确地认识对象,也不可能制定合乎实际、具有科学性的规划方案。实际上,调查研究的过程也是城市规划方案的酝酿过程,必须引起高度的重视"。"调查研究也是对城市从感性认识上升到理性认识的必要过程,调查研究所获得的基础资料是城市规划定性、定量分析的主要依据。城市的情况十分复杂,进行调查研究既要有实事求是和深入实际的精神,又要讲究合理的工作方法,要有针对性,切忌盲目繁琐"❷。

两院院士吴良镛先生曾指出"对于学生来说,基础理论知识学习与实践动手能力的

---

❶ 参见:水延凯等编著.社会调查教程.北京:中国人民大学出版社,2003.P18。
❷ 参见:李德华主编.城市规划原理.第三版.北京:中国建筑工业出版社,2001.P46。

培养都是必不可少的，要培养创造性思维。既要高瞻远瞩，又要关心现实问题，保持对新生事物的敏感，特别要有热爱祖国、服务社会、繁荣人居的志愿和抱负"❶。中国工程院院士邹德慈先生在《论城市规划的科学性和科学的城市规划》一文中，指出城市规划的科学性主要表现在"正确的指导思想"、"科学的规划内容"和"科学的规划方法"等方面，而"科学的规划方法"的首要一点便是"调查研究的方法"，"科学的规划方法和科学的规划内容同等重要……关于科学的规划方法，有以下三个要点：（1）调查研究的方法……调查研究的具体方法和手段已不断更新（包括运用红外遥感、地理信息系统、网络系统等），但其作为基本的方法并没有变化……"❷。同济大学陈秉钊先生曾说过："科学决策的前提是调查和研究……为了提高决策的质量，通常邀请各方面有关的专家进行研讨和咨询，但这种研讨会和咨询会，必须在会前进行充分的调查分析，并（在）提供较为详细的调查分析报告的基础上才可能获得可靠的结论"❸。重庆大学黄光宇先生则指出社会调查活动"加强大学生与社会的接触，增强联系实际综合应用所学专业知识的能力，培养为人民服务的思想感情，增强社会责任感，这是十分有意义的事，应该坚持做下去"❹。

尽管社会调查工作在城市规划领域的应用目前仍不成熟，相关的理论和方法尚未形成严谨的科学体系，本书名称也仅用"城市规划社会调查方法"，而非"城市规划社会调查学"，但可以预言的是，城市规划社会调查理论研究与实践运用的未来发展必将最终促成一门新兴交叉学科——"城市规划社会调查学❺（the Subject of Urban Planning Survey Research）"的形成。社会调查及城市规划社会调查学的形成过程，简单地概括为图5、图6、图7、图8。

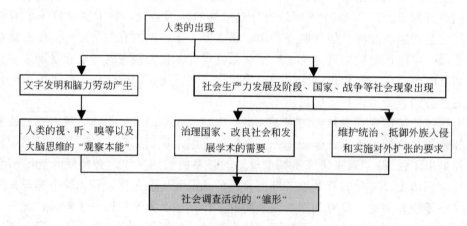

图5 社会调查的产生过程

---

❶ 参见：吴良镛著．人居环境科学导论．北京：中国建筑工业出版社，2002．P215。
❷ 参见：邹德慈．论城市规划的科学性和科学的城市规划．城市规划．2003（2）．P79。
❸ 参见：陈秉钊著．当代城市规划导论．北京：中国建筑工业出版社，2003．P118。
❹ 参见：黄光宇著．山地城市学．北京：中国建筑工业出版社，2002．P144。
❺ 城市规划社会调查学的定义可以理解为：关于城市规划社会调查的理论、方法、技术和实施过程等的科学。

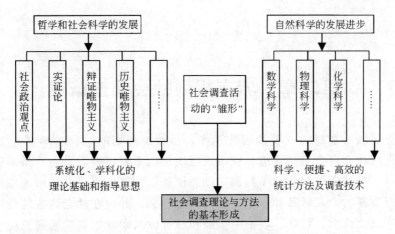

图6 社会调查学的萌芽阶段

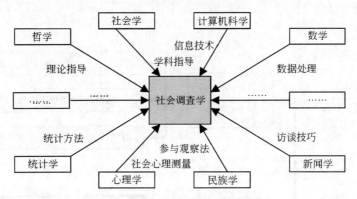

图7 社会调查学的发展成熟

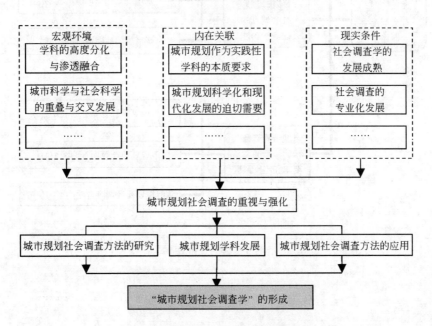

图8 城市规划社会调查的发展预测

第二章 城市规划社会调查概述

　　社会调查是城市规划的一项基础性工作，是城市规划的一种科学研究方法和规划方法。城市规划的社会调查是科学进行城市规划决策的重要依据，是高质量编制城市规划方案的重要保证，是城市规划公众参与及"动态调控"的基本手段。城市规划师开展社会调查活动应具有良好的个人修养和一定程度的信息敏感，并应在社会调查的具体实施过程中坚持效益、客观、科学、系统、理论与实践相结合以及职业道德等原则。

　　图9为第二章框架图。

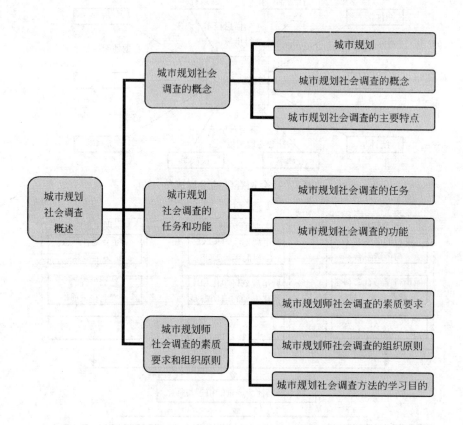

图9　第二章框架图

第一节 城市规划社会调查的概念

一、城市规划

（一）城市

城市是指一定数量的非农人口和非农产业的集聚地，是人类聚落的一种形式，是一种有别于乡村的更高级的人类居住和社会组织形式，它占据着人类地球上的较小面积，却积聚了世界范围内的大多数人口和社会经济活动。一方面，城市是人类物质财富和精神财富生产、积聚、传播和扩散的中心，在整个人类社会的经济、政治和文化等方面占据重要地位，它在促进城市经济发展的同时也创造了丰富多彩的城市文明；另一方面，城市人口高密度的聚落方式和城市发展本身也带来了失业、贫困、住房紧张、交通阻塞、环境恶化、犯罪猖獗等一系列的城市社会问题。

（二）城市规划

规划是一种对未来的预测、安排和谋划，城市规划(Urban Planning)即是对一定时期内城市的经济和社会发展、土地利用、空间布局以及各项建设的综合部署、具体安排和实施管理❶。城市是一个极为复杂而且处于动态变化之中的巨系统，城市规划是城市政府对于城市发展过程进行调控的重要手段之一。城市规划既是一门科学，也是一项政府职能，又是一项社会活动。积极探索城市发展的客观规律，妥善运用城市规划的宏观调控手段，是合理引导城市发展和科学管理城市的重要途径。

城市规划工作在总体上可以分为规划制定和规划实施管理两个阶段。城市规划的制定又包含编制和审批两个工作内容。规划的实施管理，除了对城市性质、规模、布局等宏观管理之外，还包括日常实行的建设用地规划管理、建设工程规划管理和监督检查等。规划制定是规划实施管理的前提和基础，而规划实施管理则是规划制定的保障和城市规划价值作用的体现。规划的编制要求体现出规划的科学性和可操作性，规划的实施管理即对土地、空间资源利用和建设活动实施调控，保证规划的合理性和合法性。科学性和合法性要求的是城市规划方法的科学性和严肃性，而可操作性和合理性则惟有广泛深入的社会调查得以体现。

二、城市规划社会调查的基本概念

所谓城市规划社会调查(Urban Planning Survey Research)，是指有目的有意识地对城市生活中的各种城市社会要素、城市社会现象和城市社会问题，进行考察、了解、分析和研究，以认识城市社会系统、城市社会现象和城市社会问题的本质及其发展规律，进而为科学开展城市规划的研究、设计、实施和管理等提供重要依据的一种自觉认识活动。对于城市规划社会调查的基本概念，可以从以下几个方面进行理解：

（一）一项城市规划的基础性工作内容

---

❶ 参见：中华人民共和国建设部.GB/T 50280—98 城市规划基础术语标准.北京：中国建筑工业出版社，1998。

与城市规划相关的任何研究、设计、实施和管理等工作和活动,都离不开城市规划的社会调查工作,其调查研究的成果是城市规划设计、决策及管理的重要前提和依据。

(二)一项科学认识和研究活动

城市规划社会调查是针对城市生活中的各种社会现象,发现问题、分析问题、研究问题,进而寻求改造城市社会、建设城市社会的途径、方法的一种科学认识方法和科学研究活动。社会调查不仅要研究以人和人群共同体为重点的各种社会要素和社会现象,而且要重点研究以城市生产和生活方式为基础的城市社会结构,尤其是要重点研究对城市系统的整体本质和整体功能具有决定作用的城市总体联系、总体协调和总体控制有关的各种社会问题。例如,我国当前在加速城市化进程中所不断涌现的各种城市病,如贫富差距、环境恶化、资源枯竭、失业、犯罪等城市社会问题,都可以、并必须借助于城市规划社会调查的方法和技术手段进行分析研究,并通过及时、合理、具体的城市规划及管理政策等予以解决。

(三)一种城市规划的规划和策划方法

凡事预则立,不预则废。进行城市建设活动要首先进行城市规划,而开展城市规划及管理工作同样也要开展"规划或策划",这种"规划或策划"的方法就包含着城市规划的社会调查工作。邹德慈先生在《论城市规划的科学性和科学的城市规划》一文中,将"调查研究的方法"归纳为首要的"科学的规划方法",指出"科学的规划方法和科学的规划内容同等重要"❶。城市规划社会调查是一种科学的工作方法,它以城市规划相关理论和社会调查学理论方法作为指导,具体推动城市规划工作的有效开展和城市规划学科的发展进步。城市规划社会调查工作在完成对社会现象和社会问题的调查、分析、研究及解决的同时,也对城市规划自身的工作方法、理论和技术手段提出新的要求,进而推动城市规划学科的发展进步。

(四)促进城市规划的公众参与得以实现的根本途径

城市规划是一项社会运动或者社会活动,《不列颠百科全书》中关于城市规划和建设的条目指出:"城市规划与改建的目的,不仅仅在于安排好城市形体——城市中的建筑、街道、公园、公用设施及其他的各种要求,而且,最重要的在于实现社会与经济目标。城市规划的实现要靠政府的运筹,并需运用调查、分析、预测和设计等专门技术"。城市规划不是城市规划技术人员的专利,不是政府部门的专利,而是由公众、政府与规划技术人员相互结合,形成的公共政策❷。作为一项公共政策,广泛、深入的公众参与是城市规划科学性的重要保证,公众参与的有效方式主要包括深度访谈、问卷调查、规划展示、公众听证会(座谈会)、专题系列讲座等❸,而这些有效的公众参与方式在很大程度上就是城市规划的社会调查工作内容。

三、城市规划社会调查的主要特点

(一)方法性

---

❶ 参见:邹德慈.论城市规划的科学性和科学的城市规划.城市规划.2003(2).P79。
❷ 参见:[美]约翰·M·利维著.现代城市规划.孙景秋等译.北京:中国人民大学出版社,2003.P2。
❸ 参见:赵民,赵蔚编著.社区发展规划——理论与实践.北京:中国建筑工业出版社,2003.P87。

所谓方法就是工具和手段,一般可以分为认识方法和工作方法两大类。城市规划社会调查主要是一种认识方法,同时也是一种工作方法。城市规划社会调查具有重要的理论基础作为指导思想,但其重在方法,它是为城市规划的理论研究、政策研究等提供手段和工具的方法性科学(关于城市规划社会调查的理论基础和方法体系,本书将在第三章中予以讲述)。方法性特点决定了城市规划社会调查活动的灵活性,例如对于同一城市社会现象和城市社会问题开展调查研究,我们可以采取不同的方法和技术手段,而在采取不同的方法和技术手段进行社会调查的具体过程中,城市规划社会调查的方法和技术手段也在实践运用中得到比较、检验、调整,获得完善和发展,从而保持其旺盛的生命力。

(二)实践性

城市规划社会调查的实践性是指在社会调查的整个过程中离不开人的实践活动。社会调查必须要深入到实际的社会生活中去,从社会生活中直接获取第一手资料。社会调查的研究课题往往来自于现实社会,其研究结果又是为了服务于现实社会,因此城市规划社会调查具有鲜明的现实性,社会调查的方法和技术也具有极强的操作性。实践性决定了城市规划社会调查活动必须坚持理论和实践相结合的原则,深入到现实的社会生活中去开展工作。

(三)综合性

城市规划社会调查的综合性主要体现在以下三个方面:①城市规划社会调查的研究视野具有综合性,社会调查研究总是放开视野、综观全局的,即使是研究社会生活中的具体现象,也应注重从该现象与其他现象的相互关系中去把握它和认识它,因为任何孤立的、片面的认识事物方法都不是城市规划社会调查的正确方法。②城市规划社会调查在运用知识方面具有综合性,城市规划社会调查不仅涉及城市规划单一学科的知识,而且涉及到哲学、社会学、经济学、政治学、心理学、新闻学、统计学、逻辑学、计算机科学、写作知识等多学科、多领域的知识。③城市规划社会调查在研究方法上具有多样性,城市规划社会调查可以运用普遍调查、典型调查、个案调查、重点调查、抽样调查等多种类型,以及文献调查法、实地观察法、访问调查法、集体访谈法、问卷调查法等各种具体方法,以及绘图、录音、摄像、电脑处理、统计分析等多种技术手段。

第二节 城市规划社会调查的任务和功能

一、城市规划社会调查的任务

城市规划社会调查的根本任务在于揭示各种城市社会事物、城市社会现象和城市社会问题的真相及其发展变化的规律性,并进而寻求改造城市社会的途径和方法。由于城市规划社会调查活动的具体目的不尽相同,其具体任务也有所侧重:有的侧重于反映客观社会事实;有的侧重于对城市社会现象做出科学的解释,并探求其发展变化的规律性;有的则侧重于在探求城市社会现象发展变化的规律性的基础上开展对策研究。

(一)认识任务——描述状况

了解和描述社会现象的状况,是人们对这一社会现象进行深入认识的基础。一些以了解国情和民意为主要目的的社会调查,如城镇普查、城市规划民意调查、房地产市场调查等,都是以客观地反映社会事实为主要任务的。这些调查活动,必须收集调查对象的有关事实材料,并对这些材料进行去粗取精、去伪存真的加工整理,从而将调查对象的有关情况如实地再现出来,这就是城市规划社会调查的认识任务。以描述状况为主要任务的社会调查,取得成功的关键在于社会调查所采用的调查方法要科学,社会调查者所持的态度和立场要客观,只有这样,才能够透过错综复杂的城市社会表象,如实地揭示出它的本来面目。

(二)理论任务——解释原因

许多城市规划社会调查活动,仅仅揭示社会事实真相还不够,还要在此基础上分析该社会现象产生的原因,揭示它的本质以及发展变化的规律性,这就是城市规划社会调查的理论任务。它包括检验与修正原有的理论和提出新的理论两个方面。这类以科学解释城市社会现象为主要任务的社会调查活动,除了要有科学的调查方法和客观的态度、立场以外,正确的理论指导在其中起着关键性的作用。只有用正确的理论作指导,才能对纷繁复杂的城市社会现象做出正确的判断与解释,才能够透过城市社会事物的表象正确地揭示城市社会事物的本质及其发展变化规律。随着统计分析方法的进一步完善,社会调查在探究城市社会现象之间关系及发展变化规律性方面的作用也将越来越强大。

(三)实践任务——对策研究

有些城市规划社会调查活动的任务不仅仅要客观地反映城市社会事实、探求城市社会事物发展的内在规律性,而且要在此基础上作较系统的对策研究,这就是社会调查的实践任务。例如城市规划社会调查活动要为党和政府合理进行城市发展预测、有效编制城市规划、科学进行城市规划决策以及制定城市规划的具体管理政策措施等提供参考意见,为解决城市社会问题和城市发展问题提供对策,等等。这类以系统的对策研究为主要任务的城市规划社会调查除了科学的调查方法、客观的态度和立场、正确的理论指导以外,尤其要注意社会调查所提交的对策建议必须与调查材料以及调查结论有着合理的逻辑关系,同时要重视考虑所提对策及政策建议的现实可操作性。

上述城市规划社会调查的认识任务、理论任务和实践任务等三项任务,是环环相扣、层层递进的,后一项任务必须在前一项任务完成的基础上才能顺利进行。这也就是说,描述状况是解释原因和对策研究的基础,解释原因同时又是对策研究的基础。

二、城市规划社会调查的功能

(一)科学进行城市规划决策的重要依据

城市规划决策是指决策主体针对城市规划过程中已经发生、正在发展和将要发生的问题,收集信息、判断性质、选择方案、制定政策的活动过程[1]。正确地制定政策和规划决策离不开社会调查,因为正确的政策应该以"现实"的事件,而不是以"可能"的事件为依据,要了解"现实"的事件,就必须进行社会调查。正确政策的制定、完善和实施过程,就是不断进行社会调查的过程。城市规划的科学决策和科学管理的程序,包括目标阶段、信息阶段、设计阶段、评估阶段、选择阶段、执行阶段和回馈阶段等,都离不开社会信息的搜集、处理和反馈,离不开针对具体的社会情况的调查研究。因此可以讲,城市规

---

[1] 参见:雷翔著.走向制度化的城市规划决策.北京:中国建筑工业出版社,2003.P4.

划社会调查是城市规划科学决策和科学管理的重要条件，离开了科学的社会调查就谈不上科学的决策和管理。

（二）高质量编制城市规划方案的重要保证

城市规划编制是城市规划工作的重要内容，高质量的城市规划编制成果是高质量地建设好城市和高水平地管理好城市的重要前提和基础。而城市规划的编制即规划设计涉及政治、社会、经济、地理、环境等多种制约因素，必须通过科学高效的社会调查工作，实地考察规划对象多方面的现状和特点，进行综合研究论证，才能为合理进行规划设计提供科学依据。没有深入广泛的社会调查工作作为保证，城市规划设计成果或流于形式，或"好看不好用"，最终会导致"纸上画画、墙上挂挂、不如领导嘴里一句话"的结果。

（三）城市规划公众参与及"动态调控"的基本手段

贯穿于城市规划全部理论、方法、方针、政策的核心理念，就是维护社会公众的利益。近几十年来，在民主化潮流日益发展的情况下，公众参与城市规划的论证、咨询和决策，已经越来越广泛和深入，逐渐成为城市规划的一种重要方法。但是，由于个人角色及价值观念的差异，人们参与城市规划的意见回馈大多集中于自己个人的得失判断和片面理解，其有关意见很难直接地为城市规划设计及决策所用。为了更好的实现公众参与，可以灵活改变公众参与的具体形式，比如培养一批具有一定的城市规划知识背景和社会调查能力的人员，作为一种"中介"或"桥梁"，或者称其为"赤脚规划师"。通过他们的社会调查，将人民群众的个体意见搜集整理，科学地转变为能够有效地为城市规划设计和决策等工作所利用的意见和建议。

城市规划是一个动态变化的过程，在城市规划的实施过程中，影响城市建设和发展的各种因素总是不断发展变化的。对此，有些问题在城市规划的制定阶段虽已经有所预料，但是应对措施不尽完善，有些则还没有预料到，城市规划的实施必然会面对许多新情况、新问题。城市规划在实施过程中作适当的局部调整，不仅是可能的，而且是需要的。在城市规划实施中，必须通过社会调查的方法，坚持科学的态度，采取科学的方法，提出针对问题的切实可行的应对方案。只有科学认真的社会调查工作，真实地反映城市规划实施工作所存在的具体矛盾和问题，才能保证规划调整，即城市规划"动态调控"的严肃性、科学性和稳定性。

第三节　城市规划师社会调查的素质要求和组织原则

一、城市规划师的社会调查素质要求

（一）调查人员的个人修养

1. 思想作风修养

社会调查是一项特殊的意志活动。在社会调查活动过程中，城市规划师必须表现出相应的意志力品质，包括社会调查意志的自觉性、持续性和自制力等。有了自觉性，才能在社会调查活动中具有明确的目的性，充分认识社会调查行动的价值和意义，使自己服从于社会的需要和要求，即使个人有所牺牲，也要坚定、勇敢地克服困难，排除艰险，直至达到目的；有了持续性，调查者才能够坚持不懈地、长时间保持旺盛的精力和坚定的毅力投身社会调查活动；有了自制力，才能使城市规划师善于控制和支配自己的情感与行动，并表现出应有的忍耐力，迫使自己排除各方面困难和干扰，顺利完成各项社会调查任务。

2. 工作作风修养

社会调查要靠"七分跑、三分写"，进行社会调查工作的城市规划师是"特殊的流浪汉"，这些话虽有一定的片面性，但却形象地概括和说明了社会调查工作的特殊性和艰苦性，在某种程度上，社会调查活动是要靠汗水和血水来完成的。特别是以揭露、批评为主要目的的社会调查活动，难免会触犯忌讳，难免会引起波澜或遭受打击，但是如果没有冒险和牺牲精神，就不可能见他人所不见、言他人所不言。乐于吃苦、敢冒风险、勇于作出必要的牺牲、能够接受长时间的不规则的艰苦工作，这应当是城市规划师进行社会调查活动的良好工作作风修养的重要体现。此外，由于社会调查工作的具体实施特点，城市规划师的工作作风修养也包括注意培养自己的乐群性和集体协作能力，这样既有利于和社会的交流，也有利于调查人员之间的团结协作、互助友爱，形成开展城市规划社会调查工作的整体合力和战斗力。

3. 综合知识修养

城市规划社会调查者是社会活动家，对社会的接触面极为广泛，必须具有较好的综合知识修养，以便于同社会各阶层人士交谈，提高社会调查的工作效率。城市规划师的知识修养中，理论知识修养是最重要的，社会调查能否较好地发现问题，分析问题和解决问题，能否抓住事物的特点和事物的本质，根本上取决于城市规划师的理论修养和政策水平。而且还应当注意理论联系实际，坚持用唯物辩证法、实事求是和"实践是检验真理的唯一标准"等的观点，自觉地、经常地总结自己的社会调查实践经验，同时结合实践体会进一步加深对有关城市规划理论和实践的认识及理解。除加强城市规划专业理论知识的学习以外，城市规划师还应当加强对于社会学、统计学、经济学、法学以及宪法、法律和规定等社会调查活动所涉及到的、多方面的、多层次的知识的了解和学习，以增强自己的综合知识修养。

(二) 社会调查的信息敏感

从根本上来讲，城市规划社会调查活动就是要从社会现实中去搜集各种各样的有价值的信息，这就需要城市规划师的对于信息敏感的培养和提高。信息敏感(Information Sensitive)是指城市规划师善于在纷繁复杂的社会现象中，迅速发现和准确判断社会调查的信息线索、那些能够构成社会调查的基本事实以及预见其可能产生的社会调查意义和社会作用的能力。它在某种程度上是一种职业敏感和社会责任感，是城市规划师长期从事城市规划社会调查实践工作的经验和结晶。社会调查的信息敏感既是一种综合性的判断能力和反应能力，又是一种敏捷思维能力，其培养的关键在于城市规划社会调查实践。

1. 信息敏感的特征

信息敏感是城市规划师判断某些事实在全局中的地位以及在事物发展阶段中影响大小的能力。这就要求城市规划师对全局情况了如指掌，对事物发展的趋势有所认识，要求城市规划师尽可能多地接触实际，熟悉实际工作的发展。信息敏感也是城市规划师在同类事实中迅速判断哪个事实重要、哪个事实次要以及哪个事实无关紧要的能力，以及以小见大，见微识著，从看似无关紧要的事实中发现其社会调查价值的能力。这就是说，城市规划师要能够从社会事实中去发现事实的新鲜性、重要性、显著性、接近性，甚至趣味性。

2. 信息敏感的培养途径

社会调查的信息敏感需要城市规划师在长期的调查实践中不懈地努力和总结提高。这就需要城市规划师应努力做到：①加强理论修养和政策修养，能够正确地判断事实本身所具有的社会意义。为了鉴别和选择那些对实际工作有利、对人民群众有利的事实，城市规划师必须努力学习并掌握辩证唯物主义等理论，认真学习并领会党的纲领、路线、方针、政策，并在社会调查中体现党的方针政策。②经常深入社会，熟悉社会实际，熟悉社会实际工作的发展变化，从社会大众的情绪、愿望、要求、呼声等出发，以此锻炼和提高自己的信息敏感。③积极地学会分析比较，有比较才有鉴别，有比较分析才能够抓住事物的特点。④广博的知识、丰富的资料和广泛的信息渠道等也有助于社会调查信息敏感的培养……。所谓"养兵千日、用兵一时"，城市规划师应在社会生活的每时每刻，从点滴小事做起，多学、多问、多听、多看、多想，注意发现和积累广博的社会科学和自然科学知识，从而切实增强自己对社会调查的信息敏感。

（三）社会调查的情感培养

情感（Emotion）是城市规划社会调查活动中的一个重要元素，城市规划师应当培养自我的情感魅力，学会在社会调查活动中恰当"用情"。情感培养同时也是增强城市规划师开展社会调查工作的责任感的根本途径。

1. 情感是构成社会交往与调查交流的重要基因

社会调查中的活动交往和调查交流是需要情感的，情感尤其是谈话的重要基因。要使被调查者开启"话匣子"，积极主动配合调查工作，需要城市规划师投入大量的情感，即所谓"以情动人"。在特殊情况下，比如在一般的提问不能奏效时，则需要城市规划师采用激问、错问等特殊手段，在谈话中穿插一定强度的刺激措施，调动被调查者的情感，以促使社会调查取得成功。

2. 情感是融洽社会调查气氛的关键桥梁

在以访问调查等方式进行的社会调查中，情感是人际关系的核心心理成分，良好的人际关系就是调查者和被调查者双方的情感共鸣，它是访问调查得以顺利、成功进行的重要因素。如果在访问调查中碰到接待冷漠、态度生硬的调查对象，造成调查气氛一时沉闷或紧张，城市规划师不应当予以回避，而应当认识到情感上的冷漠和对立只是暂时的，是可以转化的，关键看自己能否主动接近，接近是否得法，或者说是否有"逢山开路、遇水搭桥"的本领，这就需要城市规划师用情感去打动被调查者，架设社会调查的双方之间相互沟通的桥梁，从而化生为熟，化冷为热，化干戈为玉帛。

3. 情感是城市规划师开展社会调查的内在动力

人们完成某一项任务，存在被动接受和主动争取两种不同情况。这二者的工作难易和最终效果是截然不同的。城市规划社会调查活动尤其如此，这是由社会调查活动本身的特点所决定的，因为大部分的社会调查工作其活动的主体角色就是城市规划师本人。城市规划师的事业心和责任感离不开情感，社会调查活动的每一项细小工作也都需要情感的驱使。因此，对于所有的社会调查工作，包括文献调查、网络调查等在内，调查者的积极性如何，主观能动性是否得到充分体现等，都直接影响到社会调查工作的成败。简单一点来讲，在社会调查活动中恰当"用情"，就是要时刻问自己一句：这件事情，我是否尽心尽力了？

二、城市规划社会调查的组织原则

开展社会调查活动时必须遵守一些基本原则,这些原则是开展社会调查的基本规范,它涉及到怎样进行社会调查和怎样使用社会调查方法才是正确的、合理的和有效的等。概括起来,城市规划社会调查的组织原则主要包括以下几点:

(一)效益原则

社会调查活动是对社会现象进行反复实践、反复认识的一个复杂过程。一次社会调查是否能达到认识社会现象和解决社会问题的最终目的,在很大程度上取决于该项社会调查活动的效益。社会调查的效益性原则就是要求城市规划师在社会调查过程中努力做到:①注重社会调查的时效性,否则时过境迁,社会调查结论就会失去解决社会问题的作用。②注意对社会调查总体程序和具体步骤进行科学的设计与安排,合理组织调配调查人员和调查经费,否则,社会调查的过程就会拖延,无法完成社会调查的任务。③注意调查方法的优选,无论是调查的基本方法、调查的具体方法、在调查中使用的各种调查工具及其使用的技术,都要从发挥社会调查的最大功能和最大效益出发,依据具体情况,因人、因事、因地、因时制宜,灵活地选用最优、最合适的调查方法,不能生搬硬套。否则,即使社会调查方法本身是科学的,但是由于选择的方法或应用的技术不合适,同样不会取得好的结果。

(二)客观原则

社会现象是客观存在,不以个人意志为转移的。社会调查的客观性原则就是要求社会调查的真实、准确。社会调查是在一定的历史条件和社会环境中进行,调查对象又是多因素、多变化的社会系统。同时,人的认识能力有限,掌握的真实情况也有局限性,加之调查对象有意无意地隐瞒真情或弄虚作假等原因,都会直接或间接影响社会调查的真实性。另外,人们在社会调查中观察事物的尺度和工具常常不是统一的或标准化的,也会影响社会调查的准确性。因此,在社会调查中必须坚持客观性原则,坚持真实、准确的社会调查,要努力做到"四不惟":不惟上级领导机关或某个权威人士的意图而取舍事实;不惟书本上已有的结论或框框所禁锢;不惟大多数人的看法所左右;不惟个人所固有的观念所转移。

(三)科学原则

科学性主要是指研究活动及其结论的实证性和逻辑性。社会调查的科学性原则就是要求社会调查的结论具有逻辑性和实证性。在城市规划社会调查中,从描述客观事实到得出调查结论,都需要经过正确的逻辑推理。科学的调查结论所依据的事实应当是全面的、具有内在逻辑联系的,而不是个别的或偶然的。例如,由资本主义国家的城市化水平普遍比社会主义国家高这一事实,得出"资本主义制度比社会主义制度优越"的结论,就是一种推理错误,因为它没有考虑到历史条件等其他因素。换句话说,制度不是影响城市化水平的惟一因素。此外,科学的调查结论必须能够经受实践的检验。这就是说,调查结论必须来自对客观世界的深入考察,应当是以明确的方式来表达的,而不是含糊的、模棱两可的语言叙述事物之间的联系。在社会调查中,要采取科学的方式方法,还应当注意系统地收集资料,全面地分析资料,清晰地反映事物的真实状况。

(四)系统原则

系统是世界上一切事物所普遍具有的一种根本属性和存在方式。城市社会是一个包含多种构成要素和构成方式、彼此相互联系的特殊的复杂系统。城市规划社会调查的系统性原则，就是要求在进行社会调查时，要用全面的、整体的和联系的观点去认识社会现象，将所研究的社会现象分解，然后对各种复杂的联系进行分析和综合，注意社会调查的多方面角度与分析研究的多维向思路相结合，从总体联系上把握城市社会系统或其子系统的结构、特点、功能、作用机制、运行方式、发展规律等等，从而完整地、全面地认识各种城市社会现象和城市社会问题。在城市规划社会调查中，尤其应当注意要防止"只见树木，不见森林"或"只见森林，不见树木"等认识方法上的错误。

（五）理论与实践相结合的原则

社会调查必须以现有的理论为指导，但是，这种指导不能是带着"框框"，而应当是以现有理论作为参照系，以所调查到的事实材料来检验理论或发展理论。理论如果不在社会实践中应用和检验，就会成为教条。坚持理论与实践相结合的原则，就是要求在社会调查中防止"经验主义"和"教条主义"两种错误倾向。经验主义是开中药铺式地罗列现象，而不作任何理论分析；教条主义是以一些空洞的原理或信条来解释现象。毛泽东对这两种倾向都作过批评，指出："一切实际工作者必须向下作调查。对于只懂得理论不懂得实际情况的人，这种调查工作尤有必要，否则他们就不能将理论和实际相联系"。❶ 当然，在理论研究中，应当允许理论超出经验事实，因为理论是对经验的抽象和概括，它高于经验。但是应当注意，这样建立的新理论只是未经验证的假说，它需要在实践中进行系统的检验。

（六）职业道德原则

社会调查作为一种认识活动，是一项严密细致的工作，同其他实际工作一样，具有一定的行为准则和道德规范。城市规划师的社会调查研究工作的职业道德，是对城市规划师开展调查研究工作的科学态度、工作作风和专业素养等方面的要求与规范。在城市规划社会调查活动中，城市规划师要有实事求是、认真严谨的态度，要不断提高自己的综合素质和水平，具体要做到：①客观、全面、本质地看待和分析各种问题，克服主观性、片面性和表面性。②深入社会、深入群众、深入生活，坚持走群众路线。③尊重被调查者的权益，不能损害他们的利益和名誉。④在调查中要不畏艰苦，不怕麻烦，具有刻苦、勤奋的作风。⑤要采取谦虚、谨慎的态度，与被调查者建立相互信任、相互合作乃至互相帮助的友好关系。⑥具备一定的城市规划专业知识和社会调查研究能力，努力扩充自我的知识结构。

---

❶ 参见：毛泽东.毛泽东农村调查文集.北京：人民出版社，1982.P17.

第三章 城市规划社会调查原理

作为一项科学的认识活动,城市规划社会调查具有自己的理论基础和指导思想。城市规划社会调查的过程,不是简单的搜集资料和加工资料的过程,而是要依据一定的程序,运用特定的方法和手段,收集和分析有关的社会真实材料,并科学地对其作出描述、判断、解释乃至推理的过程。能否理解和领会城市规划社会调查理论基础和指导思想的本质内涵,能否严格地遵循科学的程序和方法,是城市规划社会调查活动能否取得成功的关键所在。

图10为第三章框架图。

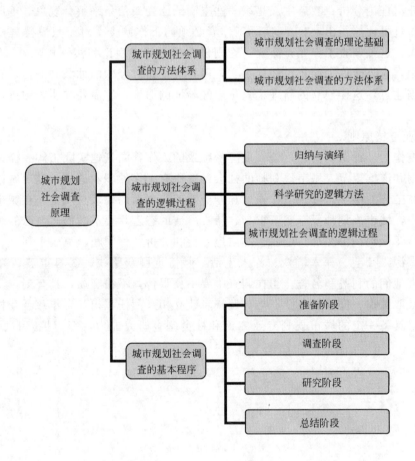

图10 第三章框架图

第一节　城市规划社会调查的方法体系

一、城市规划社会调查的理论基础

任何社会调查都是以一定的世界观和方法论为理论指导的,科学的城市规划社会调查,必须以科学的世界观和方法论——辩证唯物主义和历史唯物主义,以及相关的城市规划理论与方法作为自己的理论基础(Theories Foundation)。辩证唯物主义和历史唯物主义的内容极其丰富,其中辩证唯物主义和历史唯物主义的认识论、群众路线和实事求是的思想对城市规划社会调查具有特别重要的指导意义。

（一）辩证唯物主义和历史唯物主义的认识论

城市规划社会调查是一种科学的认识活动。辩证唯物主义和历史唯物主义的认识论(Epistemology)认为,人类的认识活动有三个不可缺少的要素,即认识主体、认识客体和认识过程。作为科学认识活动的城市规划社会调查也有三个不可缺少的要素:调查主体(Inquirer)、调查客体(Object)和调查过程(Process)。①城市规划社会调查的调查主体就是调查者本身。调查者一定的世界观、人生观和价值观,以及一定的知识水平、实践经验、社会意识和心理特征等等,构成了调查者所特有的社会素质。②城市规划社会调查的调查客体就是调查对象。它既包含社会生活中的物质现象,即社会生活中客观存在的一切事物,也包含社会生活中的精神现象,即人们的思想、情感、态度、愿望、心理特征等等。调查主体(调查者)和调查客体(调查对象)之间的关系,是在调查实践基础上的反映者和被反映者的关系。调查主体对调查客体的反映,不是照镜子式的纯客观的、消极的、被动的反映,而是调查主体的主观素质参与到其中的积极的、能动的反映。调查主体的主观素质和工作状况对于调查结果往往具有决定性的作用。调查客体独立于调查主体,是调查主体的反映对象,并制约着调查结果。被调查的事物是客观存在的事物,它发展到什么程度,调查主体才可能认识到什么程度,这种制约作用是客观的、不以调查主体的意志为转移的。而当调查客体是被调查的人时,调查主体对社会现象的认识在很大程度上是受被调查者的社会素质和合作程度所制约……,总而言之,调查主体对调查客体的反映,是在调查实践基础上的能动的反映,是调查主体和调查客体相互作用的结果。调查主体的主观素质和工作状况对调查结果具有主导性、决定性作用,调查客体的实际状况也对调查结果具有不同程度的制约作用。③城市规划社会调查的过程,就是在调查实践基础上,从搜索材料、研究材料到形成调查结论,再从调查结论到实践应用的辩证运动过程。就每一次社会调查的具体过程而言,它可以分为两个大的阶段:第一阶段是从搜集调查材料到形成调查结论的阶段,即在调查实践基础上,从感性认识到理性认识的阶段;第二阶段是从调查结论到城市规划实践的阶段,即评估调查结论、应用和检验调查结论、发展调查结论的阶段。人类的认识运动总是遵循着实践、认识、再实践、再认识这种形式不断反复和无限发展的,作为科学认识方法的城市规划社会调查,也必将随着人类认识的进步而不断发展。

（二）实事求是思想

城市社会系统是一种特殊的物质运动形式,它的发展规律是客观的、不以人的主观意志为转移的,要正确认识城市社会系统及其发展变化规律,就必须从社会的实际情况出发,坚持实事求是的观点。实事求是(Practical and Realistic)是辩证唯物主义和历史唯物主义的基本原则,是马克思主义、毛泽东思想和邓小平理论的基本原则,也是科学进行城市规划社会调查的重要理论基础和根本指导思想。毛泽东指出:"'实事'就是客观存在着的一切事物,'是'就是客观事物的内部联系,即规律性,'求'就是我们去研究"❶。在城市规划社会调查中,要坚持实事求是思想,就必须克服形形色色的主观主义思维方法。具体地说,就是要努力做到:①不"惟上",即不能为了迎合上级领导机关或某些权威人士的意图,去任意剪裁或歪曲客观事实。②不"惟书",即不能为书本上已有的结论或过时的框框架架所禁锢。③不"惟众",即不能"随大流"、为多数人不符合客观实际的看法所左右。④不"惟己",即不能以自己的看法为转移、害怕否定自己的不符合实际的观点。⑤不"惟法",即不能为已不符合实际或不利于生产力发展的某些法律、法规的条款所束缚。总之,要坚持实事求是思想,必须尊重事实,崇尚实践,与时俱进,勇于创新,排除一切主观主义因素的干扰。

(三)群众路线

从群众中来、到群众中去的群众路线(Mass Course),是辩证唯物主义和历史唯物主义的基本观点,也是一种科学的规划方法和工作方法,是科学的城市规划社会调查的重要理论基础和指导思想。城市规划社会调查作为科学规划方法和工作方法有两个基本要点:首先是到群众中去做调查,将群众中分散的、无系统的意见搜集起来,经过研究,化为集中的系统的意见,形成调查的结论;其次是通过调查研究,将调查结论与当地的实际情况相结合,化为群众的意见,贯彻到群众的实际行动中去,并通过群众的实践来检验调查结论、发展调查结论。从群众中来的过程是调查研究的过程,到群众中去的过程也是调查研究的过程。在城市规划社会调查中坚持群众路线,就是要相信群众,依靠群众,虚心向群众学习,这就必须有一套优良的调查作风。具体来讲,城市规划师应当努力做到:①要有深入的作风。一定要深入基层,深入群众,深入到社会生产和实际工作的第一线去进行调查,绝不能认为走出了工作室、听取了有关汇报、查看了相关资料就算是深入了群众。②要有谦虚的作风。一定要有眼睛向下的兴趣和决心,要有满腔的热情和求知的渴望,要有甘当小学生、甘于放下架子的精神。③要有艰苦奋斗的作风。生活上要艰苦,无论到什么地方做调查,都要与群众同甘共苦,绝不能搞特殊化;工作上要艰苦,就是要不怕困难,不怕挫折,不怕劳累,不怕遭冷眼,受冷遇,坐冷板凳。④要有勤奋的作风。一定要脚勤、眼勤、口勤、手勤、脑勤;要勤于调查,勤于记录,勤于思考,勤于研究。坚持走群众路线的观点,就是要对人民群众负责,全心全意地为人民服务。为人民服务是群众观点的集中体现,也是城市规划社会调查的最终目的和根本指导思想。全心全意为人民服务,是城市规划师的一切言论和行动的最高准则,也是进行科学的城市规划社会调查的根本保证。

(四)城市规划理论与方法

城市规划社会调查工作同样离不开相关的城市规划理论与方法的支撑和指导:①任何城市规划社会调查课题的提出,都必须以一定的城市规划理论知识为前提,没有有关的理论知识,就不可能提出具有较高理论价值和实际应用价值的研究课题,也不可能使调查研

---

❶ 参见:毛泽东选集.北京:人民出版社,1991.第三卷.P801.

究活动沿着一个既定的方向顺利前进。例如，围绕城市规划的公众参与这一课题的调查研究，就必须具有一定的城市规划公众参与这方面的理论知识。②在社会调查资料的收集和分析过程中，调查研究者的城市规划学科理论知识、思想观点始终在起着支配作用，决定着调查材料的取舍以及对社会事实材料的解释等。③城市规划理论与方法是城市规划社会调查与研究的归宿，城市规划社会调查更高层次的目的和任务在于，通过描述各种城市社会事物和城市社会现象，并解释、揭示其内在的本质联系及发展变化规律，检验、修正原有的城市规划理论和方法，从而提出改革的对策建议，乃至发展新的城市规划理论与方法。

二、城市规划社会调查的方法体系

城市规划社会调查作为一种科学的规划方法和工作方法，关键在于城市规划社会调查的正确立场、观点和方法，以及科学的途径、手段和程序。城市规划社会调查不仅只是一种随意地收集和分析社会资料的认识活动，而是要依据一定的程序，运用特定的方法和手段，广泛收集和深入分析有关的社会事实材料，并对各种城市社会事物和城市社会现象作出正确的描述和解释。其方法体系主要包括三个层面：方法论、基本方法、程序和技术（图11）。

（一）方法论

方法论（Methodology）是关于人们认识世界和改造世界的根本方法的理论，是城市规划社会调查方法体系中最高层次的方法，是指导人们如何有效地运用城市规划社会调查的基本方法、程序和技术去认识事物的基本原则。城市规划社会调查的方法论主要包括马克思主义哲学理论和方法、城市规划理论与方法以及其他学科的理论和方法：①科学的社会调查应以马克思主义哲学理论和方法为指导，马克思主义的唯物辩证法是正确的世界观和科学的方法论的统一。唯物辩证法的根本点是一切从实际出发，理论联系实际，实事求是。城市规划社会调查的过程，应当是一个反映客观城市社会事物的本来面目，透过现象看本质，用联系的观点、发展的观点分析客观事物的过程。城市规划社会调查的结论应当能经受住实践的检验。马克思主义的唯物辩证法是社会调查方法论的核心，并为城市规划社会调查工作提供了立场、观点和方法。在社会调查中，只有坚持唯物辩证法的观点，才能客观地、全面地、发展地、本质地考察一切社会现象。②城市规划理论与方法以及其他学科的理论和方法，如逻辑方法、数学方法、系统方法、信息方法、控制方法和因果分析法等，是各种专门方法的概括和总结，在某种程度上是哲学方法的具体化和特殊化，在城市规划社会调查中也具有方法论的意义。

（二）基本方法

基本方法是城市规划社会调查中间层次的方法，是在城市规划社会调查的某一阶段中使用的具体方法，主要包括调查资料的方法和研究资料的方法：①在调查阶段要使用的各种确定调查单位和搜集资料的方法比较繁多，主要包括普遍调查、典型调查、个案调查、重点调查、抽样调查等基本类型，以及文献调查法、实地观察法、访问调查法、集体访谈法、问卷调查法等。②在研究阶段使用的各种研究资料的方法，包括统计分析方法和理论分析方法。统计分析的方法主要有单变量统计分析、双变量统计分析和多变量统计分析。理论分析方法主要有比较法和分类法、分析法和综合法、矛盾分析法、因果关

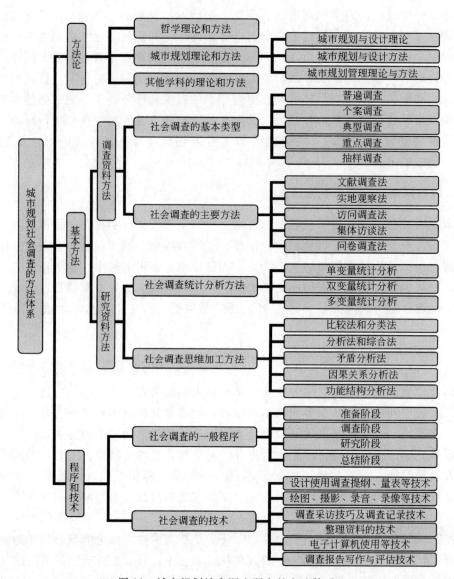

图 11 城市规划社会调查研究的方法体系

系分析法、功能结构分析法等。一般说来,调查阶段使用的各种方法,其城市规划学科的特征和个性比较明显,比如实地观察中的调查图示方法是其他学科的社会调查活动较少地使用的方法,而在研究阶段使用的方法其所属学科非常广泛,是多种学科方法的交叉和汇合。

(三)程序和技术

程序和技术是社会调查中最低层次的方法,主要包括社会调查的一般程序和使用调查工具的各种技术。社会调查的程序是指社会调查全过程相互联系的行动顺序和具体步骤,一般可分为四个阶段,即准备阶段、调查阶段、研究阶段和总结阶段,每个阶段具有各自不同的任务。调查过程中所使用的调查工具及其技术包括很多:设计和使用提纲、问卷、卡片、表格的技术;使用记录、录音、录像工具的技术;整理资料的技术;使用计算机及相关软件的技术;撰写、评估调查报告的技术;等等。

城市规划社会调查的方法论、基本方法、程序和技术是相互联系，相互制约，有机地联系在一起的。每一项社会调查都必须在一定的方法论指导下，使用某些基本方法，利用适当的调查工具和技术，并按一定的程序进行。在整个方法体系中，方法论是基础和统帅，决定着调查研究的方向和价值，决定着具体方法和技术的选择。而调查研究的具体实施有赖于具体方法和技术的运用，具体方法和技术的发展变化又反过来促进方法论的发展变化。正是这三个层次在相互联系和相互制约中的不断发展和完善，才使得城市规划社会调查方法构成一个严密的科学体系。

第二节 城市规划社会调查的逻辑过程

城市规划社会调查必须依靠科学的程序和方法，建立在逻辑和观察这两大支柱上，才能全面系统地掌握被调查对象的有关材料，从中找出规律性的东西。作为一项科学的认识活动，城市规划社会调查研究的原理和一般过程是与科学研究的原理和基本过程相一致的。为了全面认识和掌握社会调查研究的原理和一般过程，我们有必要首先了解科学研究的逻辑原理。

一、归纳与演绎

归纳和演绎是科学研究中经常用到的基本逻辑思维方法，在科学研究中，归纳和演绎是相互结合的，离开这两种逻辑思维的方法，科学就不会产生，也不会发展。

（一）归纳

归纳（Induce）推理是从事实中概括出一般原理的推理形式和思维方法，即从经验观察出发，通过对大量客观现象的描述，概括出现象的共同特征或一般属性，由此建立理论来说明观察到的各种具体现象或事物之间的必然的、本质的联系。归纳推理主要由推理前提和结论两部分组成，前提是由若干个已知的个别事实组成，结论则是从前提中通过逻辑推理而获得的一般原理，是普遍性的陈述或判断。它用公式可表示为：如果对某事物（S）中的很多对象进行观察时发现，所有这些被观察的对象都具有某种属性（P），那么，可推论出这一事物的全部对象也具有某种属性（P）。归纳推理是用来整理事实材料，从中得出普遍规律或结论的一种基本方法。人们在经验中接触到的客观事物，是个别的、具体的东西，只有对其进行归纳概括，才能获得关于某种事物的一般性认识，进而把握这一类事物的共同本质和规律性，从而正确地指导实践活动。因此，归纳推理在科学创造和发现方面具有不可替代的作用，它以已知的科学事实作为前提，经过推理概括而扩展认识成果，形成新的科学思想。

归纳推理也有其局限性。它是从个别事实出发上升到一般原理，因此只有在个别事实丰富到已包含了同类事物的全体时，概括出的一般结论才确定可靠。当考察的对象范围十分广泛乃至无限时，人们往往只能对其部分对象进行研究，并作出结论，此时归纳推理的前提与所得结论之间的联系就不一定是必然的，一旦发现了一个事实不具有这样的结论，这个结论也就成了问题，甚至可能被全部推翻。因而，通过归纳推理很难建立起一种具有普遍意义的理论。

（二）演绎

演绎（Deduce）推理是从一般性前提引出个别性结论的推理形式和思维方法，即从一般理论或普遍法则出发，依据这一理论推导出一些具体的结论（假设），然后再将它们应用于具体的现象和事物，并在应用过程中对原有的理论进行验证。演绎推理是由前提、逻辑规则和结论三个部分构成的逻辑原理，前提是已知的一般性判断，逻辑规则是推理中应遵循的形式结构，结论是由前提按照一定逻辑规则推导出来的判断。演绎推理中最常用的推理规则是演绎三段论，它的基本形式是：

大前提：所有 X 都是 Y；

小前提：X；

结　论：所以是 Y。

演绎推理是一种必然性的推理方法，只要前提正确并遵循了逻辑规则，得出的结论就是可靠的。演绎推理在人们认识过程中有着巨大的作用，通过演绎推理可以为研究提供启示性线索，使之朝正确方向前进，演绎推理还可以为认识的合理性提供严密的逻辑论证。例如伽利略就是运用演绎推理，成功地反驳了亚里士多德关于物体从高空下落的快慢与其重量成正比的论断。

当然，演绎推理也有它的局限性，如果作为大前提的一般原理本身是错误的，那么由它推导出的结论也可能是错误的，这样的结论就不可能有效地解释具体现象。并且，由单纯的演绎推理不可能发现一般理论中的错误，必须将其与观察结合起来，通过观察的事例来发现理论的错误之处。

演绎推理与归纳推理在思维过程中的方向和作用是不同的。正如恩格斯指出的那样："归纳和演绎，正如分析和综合一样，是必然相互联系着的。不应当牺牲一个而把另一个捧到天上去，应当把每一个都用到该用的地方，而要做到这一点，就只有注意它们的相互联系、它们的相互补充。"❶

二、科学研究的逻辑方法

科学研究是一个由简单到复杂、由低级到高级，通过已知探索未知，逐渐深化接近客观真理的过程。单纯用归纳推理或单纯用演绎推理，都不足以建立任何一门科学理论，一切科学的真理都是归纳和演绎在对立中相统一的结果。

科学研究的逻辑方法（Logic Method）是假设演绎法，又称"试错法"。它是由归纳推理和演绎推理构成的，克服了单纯归纳或单纯演绎的局限性。假设演绎法首先从问题出发，为解答问题而提出尝试性的理论假说或研究假设，然后通过大量的观察来检验假说。如果假说与观察到的事实不相符，就要修改原来的理论，提出新的理论假说，再进行新的观察，直到得出满意的结论。

假设演绎法的基本过程是：①从一个现象中发现问题。②根据已有的一般性认识推演出假设。③通过观察归纳来检验假设。④得出满意的解释。科学研究就是这样周而复始地进行，始终处于演绎与归纳的无限循环之中。科学研究从问题出发，提出尝试性的假说，再通过实践检验应用，不断发展认识，逐渐接近客观真理。根据假设演绎法的基本过程及当代科学发展的特点，我们可以把科学研究的整个过程展示如下：

---

❶ 参见：恩格斯．自然辩证法．北京：人民出版社，1971．P206。

问题→调研观察→理论分析→实践检验→建立理论体系。

三、城市规划社会调查的逻辑过程

城市规划社会调查研究的逻辑过程，实际上就是人们的认识和实践过程。毛泽东在《实践论》中指出："认识的过程，第一步，是开始接触外界事情，属于感觉的阶段。第二步，是综合感觉的材料加以整理和改造，属于概念、判断和推理的阶段。只有感觉的材料十分丰富（不是零碎不全）和合于实际（不是错觉），才能根据这样的材料造出正确的概念和理论来……理论的东西之是否符合于客观真理性这个问题，在前面说的由感性到理性之认识运动中是没有完全解决的，也不能完全解决的。要完全地解决这个问题，只有把理性的认识再回到社会实践中去，应用理论于实践，看它是否能够达到预想的目的……斯大林说得好：'理论若不和革命实践联系起来，就会变成无对象的理论，同样，实践若不以革命理论为指南，就会变成盲目的实践'"。❶

城市规划社会调查并不仅仅只是一种随意地搜集和分析社会资料的认识活动，能否严格地遵循科学的程序和方法是其能否取得成功的关键所在。科学研究的逻辑方法和过程符合人类认识世界的客观规律，因此它对城市规划社会调查研究有科学的指导意义，但是我们并不能简单地模仿照搬，城市规划社会调查也有其自身特点和发展历程，社会调查研究更多是从归纳和观察入手，偏重于了解和描述客观现象，解答实际问题。正因为有这样的一些特点，我们应当根据客观认识规律，以科学研究的方法和过程为指导，制定出科学的社会调查研究的工作程序。

第三节 城市规划社会调查的一般程序

按照社会调查的过程和具体任务的不同，城市规划社会调查的一般程序大体可以分为四个阶段，即准备阶段、调查阶段、研究阶段和总结阶段。

一、准备阶段

准备阶段是城市规划社会调查的决策阶段，是社会调查工作的真正起点。准备阶段工作开展的好坏，直接影响到整个社会调查的效果，因此必须舍得花大力气，认真做好这个阶段的工作。具体说来，这个阶段的主要任务包括：选择调查研究课题，进行初步探索，提出研究假设，设计调查方案，以及组建调查队伍（调查小组）等。其中，正确选择调查课题是搞好社会调查工作的重要前提，认真进行初步探索、明确提出研究假设是做好设计和调查工作的必要条件，科学设计调查方案是社会调查工作成功的关键步骤，慎重组建调查队伍则是顺利完成调查任务的组织保证。

二、调查阶段

调查阶段是指按照调查设计的具体要求，采取适当的方法做好现场调查工作。这一阶

---

❶ 参见：毛泽东. 实践论：论认识和实践的关系——知和行的关系，1937 年 7 月。
资料来源：http://www2.scut.edu.cn/party_sch/llyd/yzxx/sjl.htm。

段必须做好外部协调和内部指导工作：①外部协调主要包含两个方面：一是紧紧依靠被调查地区或单位的组织，努力争取他们的支持和帮助，尽可能在不影响或少影响他们正常工作的前提下，合理安排调查任务和调查工作进程；二是必须密切联系被调查的全部对象，努力争取他们的理解和合作，要学会尽可能与被调查者交朋友，决不做损害他们利益或感情的事情，决不介入他们的内部矛盾，并在可能的情况下给予他们必要的帮助。②内部协调主要是指，在调查阶段的初期应帮助调查人员尽快打开工作局面，注重调查人员的实战训练和调查工作的质量。在调查阶段的中期，应注意及时总结交流调查工作经验，及时发现和解决调查中出现的新情况、新问题，并采取得力措施加强后进单位或薄弱环节的工作，促进调查工作的平衡发展。在调查阶段的后期，应鼓励调查人员坚持把工作继续完成，对调查数据的质量进行严格检查和初步整理，以利于及时发现问题和做好补充调查工作。调查阶段是获取大量第一手资料的关键阶段，由于调查人员接触面广，工作量大，情况复杂，变化迅速，所以这一阶段的实际问题最多，指挥调度也最困难。

三、研究阶段

研究阶段是城市规划社会调查的深化、提高阶段，是从感性认识向理性认识转化的阶段。这一阶段的任务主要包括：审查整理资料、统计分析和理论分析。①审查资料是指对社会调查的文字数据、数字数据和图片等进行全面复核，区别真假和精粗，消除资料中存在的假、错、缺、冗现象，以保证资料的真实、准确和完整。整理资料是指对资料进行初步加工，使之条理化、系统化，并以集中、简明的方式反映调查对象的总体状况。②统计分析是指运用统计学的原理和方法来研究社会现象的数量关系，借助电子计算机和统计软件等处理数据，揭示事物的发展规模、水平、结构和比例，说明事物的发展方向和速度等，为进一步理论分析提供准确、系统的数据。③理论分析就是运用形式逻辑和辩证逻辑的思维方法，以及城市规划的科学理论和方法，对审查、整理后的文字数据和统计分析后的资料进行分析研究，得出理论性结论。

四、总结阶段

总结阶段是城市规划社会调查的最后阶段，是社会调查工作最终成果的形成阶段。总结阶段的主要任务是撰写调查报告、评估和总结调查工作。调查报告是调查研究成果的集中体现，是对社会调查工作质量及其成果的最重要总结。调查工作的评估和总结包括调查报告的评估、调查工作的总结和调查成果的应用等等。总结阶段是社会调查工作服务于社会的阶段，对于深化对社会的认识、展示社会调查的成果、发挥社会调查的社会价值、提高调查研究者社会调查研究的水平和能力等，都具有重要意义。

总之，城市规划社会调查的上述四个阶段，是相互联系、相互交错在一起的，它们共同构成了城市规划社会调查活动的完整工作过程，舍去任何一个阶段，社会调查工作都将无法顺利进行。当然，由于人们的认识行为遵循"实践——认识——再实践——再认识"的形式循环往复前进，故而社会调查也应该遵循"调查——研究——再调查——再研究"这样反复循环的过程(图12)。

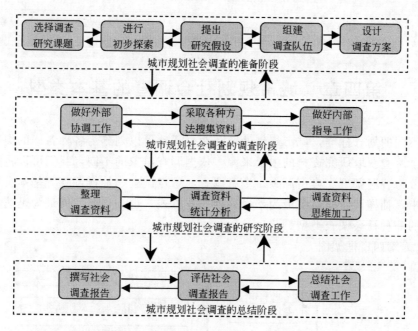

图 12 城市规划社会调查的一般程序

第四章 城市规划社会调查的基本类型

按照不同的划分标准，城市规划的社会调查活动可以划分为各种各样的类型，而调查对象是社会调查获取研究资料的主要来源。依据调查对象的不同，我们可以将城市规划社会调查划分为普遍调查、典型调查、个案调查、重点调查、抽样调查等基本类型。在这些基本类型中，抽样调查是组织最为严谨一种调查方式，也是目前发展最为迅速、未来应用最为广泛的一种社会调查类型。

图13为第四章框架图。

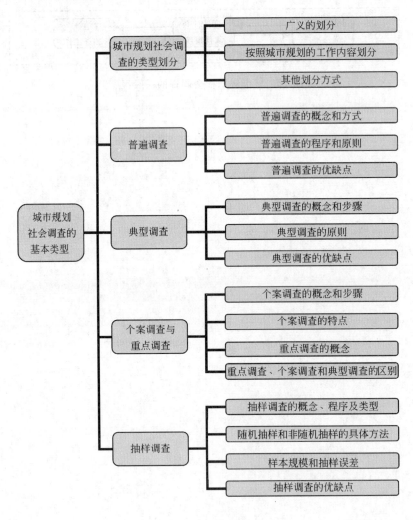

图13 第四章框架图

第一节 城市规划社会调查的类型划分

由于调查研究的目的、内容、要求、调查对象、调查范围、调查研究的阶段特征等多方面存在差异，城市规划社会调查的类型就不同，具体所采取的调查方法也不同。我们可以从不同角度，按照不同标准将其划分为各种不同类型。每一种类型的城市规划社会调查都具有自身的特点和各自的优缺点，它们在调查方式、方法、程序、适用范围等方面也有所不同。通过确定适当的社会调查类型，有利于实现社会调查的目的，也有利于积极有效地制定具有针对性的调查方案，并确定具体的调查对象、调查方法和调查程序等。

一、广义的划分

城市规划社会调查在广义上可分为"走马观花"和"下马看花"两种基本类型。所谓"走马观花"，比喻对事物做匆忙、粗浅的了解，即到基层或单位走走，看看，听听，问问，议议。例如城市规划师在进行重大项目的规划设计之前可以选择国内外的成功案例进行实地的参观考察和学习，各地规划管理部门之间的访问交流，大学生利用节假日进行的文化、科技、卫生"三下乡"社会实践活动等，都属于"走马观花"的社会调查形式。毛泽东说："大略的调查和研究可以发现问题，提出问题，但是还不能解决问题。要解决问题，还需作系统的周密的调查工作和研究工作"❶。这里所指的"系统的周密的调查工作和研究工作"则是指"下马看花"式的社会调查工作，具体是指有计划有目的地进行系统周密的调查和研究：调查前要进行周密策划，调查时要采取科学方法，调查后要对资料进行鉴别、整理和分析研究，最后还要形成调查报告的最终成果。以下的各种分类都是针对"下马看花"式的社会调查工作而言。

二、按照城市规划的工作内容划分

从城市规划的工作内容来看，城市规划社会调查可以分为以下类型：①从属于城市规划理论研究的社会调查。人们常说："实践出真知"。社会调查研究的过程，既是了解真实情况的过程，又是概念、判断的形成过程和推理过程。当今世界上各种城市规划理论的形成和发展，都是这些理论的创始人和继承者在社会实践的基础上进行大量调查研究的结果。②从属于城市规划编制的社会调查。这一类型的社会调查工作实际上就是搜集规划对象或规划区域的各种社会、经济、历史和环境等资料，为城市规划项目的规划与设计提供参考和依据的一项工作。从城市规划与设计的实际工作情况来看，不少规划人员未能认识到社会调查工作的重要性，所做出的不少规划方案或者不符合实际，好看不好用，或者反复修改，浪费了人力物力。也有的规划人员在规划设计过程中仅仅把社会调查工作当作一道过场，搞形式主义，因此也就缺少对社会调查工作的预先策划、科学组织和结论研究，这将直接导致规划方案可操作性的缺失。③从属于城市规划决策及管理的社会调查。城市规划制定、实施和调整过程中很多问题的决策，涉及到近期利益与长远利益、局部利益与全局利益等重大关系，必须在充分的调查研究基础上进行科学决策。④服务于城市规划公

---

❶ 参见：毛泽东著作选读．北京：人民出版社，1986．下册，P516。

众参与的社会调查。作为一项公共政策,城市规划应当也必须反映广大人民群众的愿望和呼声,但是由于价值观念、知识水平的差异,人民群众很难直接参与城市规划的具体工作,这就需要一定的城市规划人员或社会调查人员(也可称之为"赤脚规划师")作为中介,进行城市规划的(民意、愿望)上传(方针、政策)下达。

三、按照社会调查对象划分

按照社会调查的对象,城市规划社会调查可分为全面调查和非全面调查。全面调查又可称为普遍调查或普查,是指对调查对象总体的全部成员逐一进行调查。非全面调查是指对调查对象总体中的一部分成员进行的调查,如典型调查、重点调查、个案调查、抽样调查等。普遍调查、典型调查、重点调查、个案调查、抽样调查的知识内容将在本章的以下几节进行专门介绍。

四、按照社会调查目的划分

按照社会调查的目的,城市规划社会调查可以分为应用性社会调查和学术性社会调查。应用性社会调查是指为解决当前实际工作中存在的某些具体问题而进行的调查,例如为解决某道路交通拥挤问题而进行的道路交通流量调查,为了解房地产开发的市场需求而进行的社区居民选择住宅户型等的意愿调查等。学术性社会调查则是指以学术研究为主要目的而进行的调查,旨在解答城市规划各领域中的理论问题,例如关于城镇化发展的社会调查、城乡一体化调查等。这种调查不是为了解决当时、当地的具体问题,而是要通过社会调查与研究活动的最终成果及其理论价值和社会意义等,间接地对城市社会系统或城市规划学科的发展产生影响。

五、按照社会调查内容划分

按照社会调查的内容,可以分为综合性调查和专题性调查。综合性调查内容比较丰富、广泛,例如为全面了解某一社区的基本情况所开展的社会、经济、人口等的综合调查,编制城市总体规划之前对城市交通、建筑、市政、环境、产业等多方面所进行的全面调查等。专题性调查内容比较专一、集中,例如城市交通专项调查、城市工业用地专题调查、城市文化建设专题调查等。

六、按照社会调查时间划分

按照社会调查的时间,城市规划社会调查可以分为一次性调查、经常性调查和追踪调查:①一次性调查是指只进行一次的调查,某一具体问题得到解决之后就不再进行调查了,如针对城市居民过马路难的情况进行的调查,在城市居民过马路难的这一具体问题得以解决以后就没有必要再进行同样的调查了。②经常性调查包括周期性调查、阶段性调查和不定期调查等。周期性调查,例如针对工作日和周末等周期变化对某一城市广场内的居民活动情况进行调查等;阶段性调查,例如为了了解某一住宅小区的建设过程,选择策划论证、旧房拆迁、工程开工、工程竣工、居民入住等多个阶段分别进行调查等;不定期调查,例如规划局不定期对建设项目的建设情况进行抽查调研等。③追踪调查是指在不同时期对同一调查对象进行的连续调查,可分为周期性追踪调查和不定期追踪调查两种。周期性追踪调查，例如根据河流的季节落差变化，对滨江地带的生态环境及人群活动进行追踪调查等；不定期追踪调查，例如新闻媒体单位针对某一城市乞丐问题所开展的不定期调查和报道等。一次性调查属于静态调查，经常性调查和追踪调查则属于动态调查。

第二节 普 遍 调 查

一、普遍调查的概念

普遍调查（General Research）简称普查，就是为了掌握被调查对象的总体状况，针对调查对象的全部单位逐个进行的调查，也叫全面调查或整体调查。普查是全面了解社会情况的重要方法，如全国人口普查、全国经济普查等。对于一个国家来讲，普查一般都是对某些重大国情、国力的项目进行的调查。对于一个部门、地区或单位来讲，普查也是正确认识本部门、本地区、本单位的基本情况，科学制定发展规划的重要方法。由于涉及到城市的各个行业、各个部门等，城市总体规划编制的社会调查工作在一定意义上具有普遍调查的性质。

二、普遍调查的方式

普查有两种方式，一种是填写报表，即由上级制定普查表，由下级根据已经掌握的资料进行填报，如国家统计部门每年进行的国民经济和社会发展状况普查。另一种方式是直接登记，即组织专门普查机构，派出调查人员，对调查对象进行直接登记，如全国人口普查和工业普查等。城市总体规划的社会调查和基础资料搜集工作可以结合这两种方式进行，在现场踏勘调研之前将需要调查的有关数据、统计表格及其他资料清单提供给当地政府——城市总体规划的组织部门，由当地政府根据要求填报有关调查资料，初步完成这项任务之后，规划设计单位再派出规划人员亲自赴现场踏勘，并根据已经搜集的资料情况进行有针对性的社会调查。

三、普遍调查的程序

（一）准备工作

普遍调查在准备阶段的一般步骤是：

(1) 建立统一的领导与组织机构。

(2) 制定和颁布普查方案，如确定普查对象、单位、项目和时间等。普查项目应进行详细分类，并附加说明和计算方法等。

(3) 配备和训练普查人员。

(4) 普查的物质条件准备工作，包括印制普查文件、设计和印制普查表格、配备电子计算机等各种工具。

(5) 普查试点，修正调查方案及工作细则。

(6) 宣传动员，组织各级普查领导机构、普查工作人员和人民群众，通过广播、电视、报纸等各种媒介，宣传普查的意义、作用和方法，争取社会各方面力量的积极配合。

（二）调查登记

调查登记是普查中最关键的一项工作，直接关系到普查的成败和效果，具体做法是：

(1) 普查登记。由调查员上门访问登记或请被调查者到登记站登记。

(2) 复查核实。对于登记中出现的错误,由调查员根据专门编制的检查细则分组、分类复查,或者采用群众审查或讨论的办法,发现并予以纠正。

(3) 普查质量的抽样检查。在每个普查区随机抽取一定比例的调查对象作为样本进行核查。

(4) 手工汇总主要数据。如人口普查中的总人口、性别、民族、文化程度等。

(5) 编码。把普查表上所列项目按照编码规定注明数字代码。

(6) 将普查表集中到普查资料库。

(三) 汇总整理及统计分析

根据系统工程学理论进行总体设计,按照统一规定的工作流程、质量控制标准和电子计算机数据处理系统等,对普查登记所取得的调查资料进行汇总、整理和统计分析。

(四) 颁布普查结果

根据汇总整理及统计分析的成果,进行总结归纳,得出结论,并向社会公布。

四、普遍调查的原则

由于普遍调查所涉及的人员众多,调查对象广泛,组织工作相当复杂和繁琐,在选择使用普遍调查的方式时应注意做到:

(一) 严密的组织领导

普查需要有一个强有力的普查组织领导机构,以保证和指导普查工作的顺利开展。以编制城市总体规划的社会调查与基础资料搜集工作为例,城市政府的负责人,或者是城建、规划工作的分管领导,应担任社会调查工作的领导和总指挥,负责调查活动的组织实施和矛盾协调,城市各部门及单位也应明确其责任领导和具体的工作人员,从而形成一个严密的工作系统,保证社会调查活动的高效率、高质量完成。

(二) 普查项目和指标应集中统一

普查主要是了解社会的某一方面情况或者全部的基本情况,普查项目并非越多越好,普查项目的设置应尽可能简单明了,应对每一个普查项目的概念、操作方式、计算公式等明确说明。对调查人员应当进行严格培训和周密组织,以保证调查的准确性。

(三) 严格的时间要求

普查标准时间必须同一,以尽可能地减少或者避免调查误差。普查的现场登记时间选择必须恰当,一般选择普查对象流动较少和便于现场登记工作的时间。例如 2000 年第 5 次全国人口普查的现场登记工作在 11 月份进行,秋高气爽、自然灾害较少、各类人口流动较少,是进行现场登记的最佳时间。普查的现场登记工作应尽可能迅速地完成,因为社会变化极其迅速,登记时间越长,调查误差就越大,比如第 5 次全国人口普查仅仅用了 10 天。

(四) 按照一定的周期进行

普查工作应尽可能按照一定的周期进行,使得普查资料具有连续性、可比性,便于对历次普查资料进行对比研究,从而发现社会现象的发展趋势及其规律,同时也有利于提高普查资料的利用率和使用价值。

五、普遍调查的优缺点

普遍调查的优点是所搜集的调查范围广,调查对象多,调查资料全面,资料标准化程度和准确性较高,调查误差最小,调查结论普遍性较强。普遍调查的缺点在于工作量大,调查成本和代价较高,组织工作比较复杂。同时,普遍调查的时效性较弱,所取得的资料,一般是对某种社会现象在一定时点上的总量和结构状况的调查。另外,由于调查内容受到限制,普遍调查只能调查最基本、最重要的项目,很难对有关问题进行深入研究,因此应用范围较窄,适应性较小,只适于对有关全局性的基本情况进行普查。为了减少这些缺点的不良影响,增强城市规划的针对性和地方性,具有普遍调查意义的城市总体规划的社会调查和基础资料搜集工作应当结合其他的社会调查方式同时进行,以做到对城市规划建设与发展情况的全面了解与重点把握。

第三节 典型调查

一、典型调查的概念

典型调查(Typical Research)是在对调查对象进行了初步分析的基础上,从调查对象中恰当选择具有代表性的单位作为典型,并通过对典型进行周密系统的社会调查来认识同类社会现象的本质及其发展规律的方法。这种方法也就是毛泽东所说的"解剖麻雀"的方法。世界上的一切事物,都是一般和个别、共性和个性的统一。列宁说过:"个别一定与一般相联而存在。一般只能在个别中存在,只能通过个别而存在"。[1] 人们对客观事物的认识,总是由个别到一般,由个性到共性,再由一般到个别,由共性到个性这样不断循环往复和向前发展的。典型调查方法的原理是通过对有代表性的个别典型单位的了解,推及对同类事物和现象的认识,正是这一人类认识规律的具体体现。马克思以英国为典型揭示了资本主义社会的一般规律,他在《资本论》初版的序言中指出:"我要在本书研究的,是资本主义生产方式以及和它相适应的生产关系和交换关系。到现在为止,这种生产方式的典型地点是英国。因此,我在理论阐述上主要用英国作为例证"。[2]

因为典型调查具有一定的科学依据,又具有方便灵活等特点,所以今天仍然是一种重要的社会调查类型。同时也由于抽样调查和定量分析等的方法、技术尚未在城市规划领域普及,典型调查也是目前城市规划理论研究与实践工作中应用得最为广泛的一种调查方法。

二、典型调查的步骤

(一) 初步研究

进行典型调查之前,首先应当对调查总体进行面上的初步研究,根据调查任务的需要和要求,通过查找文献资料、听取介绍汇报和实地观察等手段,对将要被调查和研究的事物进行粗略的分析,为下一步选择典型作准备。

(二) 选择典型

在前一阶段科学分析的初步研究基础上,根据调查目的将研究对象进行科学分类,然

---

[1] 参见:列宁选集.北京:人民出版社,1995.第2卷,P558。
[2] 参见:马克思恩格斯全集.北京:人民出版社,1963.第23卷,P8。

后分别选择适当的典型进行调查。在总体各单位发展较平衡的情况下，选择一个或几个具有代表性的典型即可；而当总体单位较多，各单位彼此差异比较大时，须将总体按照研究问题的有关标志进行分类，划分为若干个类型组，再从各类型组中找出有代表性的单位作为典型进行调查，这样可以减少各单位的差异程度，提高所调查的典型的代表性程度。

（三）深入调查

根据调查目的，设计出详尽和操作性较强的调查提纲、调查表格或调查问卷。深入社会实际及典型单位，通过采取实地观察、访问调查、集体访谈等具体方法进行深入调查，全面、详细地占有第一手资料，并注意尽可能地搜集到所有与调查目的有关的各种数字资料，以备分析之用。

（四）适当推论

对社会调查资料进行细致的整理分析和理论分析，并适当作出推论。典型调查所获取的资料往往十分丰富，然而却又显得十分庞杂，容易让人看得眼花缭乱，不知所措，这就需要对所搜集到的各种资料进行认真、深入的整理，去粗取精，去伪存真，接着由表及里、由浅入深地开展统计分析、理论分析和总结工作，并得出适当的推论。

三、典型调查的原则

选择典型调查作为调查方式时，应注意几个问题：

（一）正确选取典型

能否正确地选择典型是决定典型调查成败的关键所在。典型是同类事物中最具代表性的事物，代表性越强，典型性越强。正确地选择典型，必须坚持实事求是的态度，保证典型的客观性和真实性；必须坚持发展的观点，根据不断发展变化的实际情况选择具有新的代表性的典型；必须根据调查目的和调查要求有重点、有针对性地选择某一方面的典型。选择典型必须在对事物和现象做出通盘了解的基础上，综合分析，对比研究，从事物的总体上和相互联系中分析有关社会现象及其发展趋势。对于复杂的事物应该选择多层次、多类型的典型，可以择高选点、择中选点、择低选点，也可以择优选点、择平选点、择劣选点等等，通过有规律的多点对比调查，有利于客观地反映事物发展的总体水平，提高典型调查结论的科学性。

恰当地选择典型，应当根据社会调查的不同目的有针对性地进行：当调查的研究目的是探讨事物发展的一般规律或了解一般情况时，应选取能够反映同类事物的一般发展水平的单位作为典型；当调查的研究目的是总结推广先进经验时，就应当选取一些先进单位、先进人物作为典型；而当调查的研究目的是为了帮助后进单位总结教训时，就应当选取那些后进单位作为典型。

在选择典型时，应坚决抵制两种错误倾向：一种错误倾向是调查者对调查对象的总体状况既不作任何了解，又不作任何分析，就随意抽取一个或几个单位作为典型；另外一种错误倾向是以社会调查为"幌子"，借"典型调查"之名去实现其他的个人目的，比如调查者仅仅凭借自己的主观好恶去挑选典型，或者先有结论，再去寻找所谓"合适的"典型，把自我的个人观点变成普遍的调查结论……。这些不正当行为和不良的社会现象，既有失公平，又抹杀了典型调查的"科学性"，将会给社会调查工作造成恶劣的社会影响。

（二）定性分析和定量分析、调查和研究相结合典型调查主要是定性调查，单纯依靠定性分析，其认识往往不完整、不准确。我们不仅要全面了解典型各个方面的实际情况，而且要分析研究社会现象的具体成因，要揭示事物的本质及其发展规律，探索解决问题的途径和方法。因此，必须加强对调查资料和相关问题的分析研究工作，要将定性分析和定量分析、调查和研究有效结合起来，把认识问题和探索解决问题的方法结合起来，以提高调查、分析及结论的科学性和准确性。

（三）慎重对待调查结论的适用范围

典型总是受到时间和空间等因素的局限和制约的，一定范围内的典型一般只能适用于某一具体的范围，也就是说，每一个典型都具有其特定的代表范围，一种典型只能代表一类，其调查结论只能用以说明它所能代表的特定总体。因此，必须严格区分哪些是代表同类事物中的具有普遍意义的东西，哪些是由典型本身的特殊条件、特殊环境的影响和制约所形成的只具有特殊意义的东西，必须严格对各部分结论的适用范围作出科学的说明等。

四、典型调查的优缺点

（一）典型调查的优点

典型调查是对调查对象中个别或少数单位所进行的调查，是调查者针对有目的、有意识地选择典型对象所进行的调查，是与被调查者直接接触的面对面调查，是比较系统、深入的调查。因此，它的优点在于：①典型调查一般都能够获得比较丰富的、真实可靠的第一手资料。②典型调查便于把调查和研究结合起来，有利于探索解决社会问题的思路和方法。③典型调查的成本较低，花费人、财、物较少。④同时，典型调查的适应性也比较强，在城市规划领域的各种社会调查课题中都具有较为广泛的用途。

（二）典型调查的局限性

典型调查的缺点在于：①典型调查较多地反映出调查者的主观意志，难以避免调查者的主观随意性，调查者的态度、素质和调查能力等将直接影响和决定典型调查的质量和水平，典型调查的调查结论的客观公正受到一定制约。②典型调查的调查对象的代表性比较有限。③典型调查的结论中，普遍意义和特殊意义的适用范围难以科学、准确地界定。④典型调查主要是定性分析为主，较难以进行总体的定量研究。

第四节 个案调查与重点调查

一、个案调查的概念

个案（Individual Cases）一词源于医学，指的是一个具体的病例，而社会调查中的个案既可以是一个人、一个群体、一个社区，也可以是一个事件、一个过程，或者社会生活中的一个单位。个案调查（Individual Research）又叫个别调查或个案研究，是指为了解决某一具体问题，对特定的个别对象所进行的调查，通过较详尽地了解个案的特殊情况，以及它与社会其他各方面的错综复杂的影响和关系，进而提出有针对性的解决对策。个案调查所依据的是一般与个别的对立统一原则，即社会事物的一般性寓于特殊性之中，并通过特殊性表达出来。

个案调查可以积累广泛而深入的个案资料，可以再现关于个案的系统完整的、真实可靠的面貌；可以为调查者获得第一手的直观资料，让调查者走出思想理论的框架，从生动的社会生活中获得更多的体验和灵感；也可以通过对个别事物和现象的深入了解与分析，有针对性地提出解决问题的方案。总之，个案调查首先关注个案本身的内在解释力，在必要的情况下才会考虑其代表性。它以个案调查的材料为基础进行思考，并以此思考为基础来建构起具有个案材料解释力度的理论框架，然后将此理论框架予以扩展，就有可能通过许多个案调查形成具有类别性质的理论特征的分析框架。

二、个案调查的步骤

（一）确定个案

个案调查的第一步就是要根据调查课题的目的及调查者的具体条件来选择个案。选择个案时要注重对个案的熟悉程度，调查者对个案越熟悉就会越便于研究，越有利于接近和分析研究对象。但是对个案的熟悉也将会难以克服调查者对社会现实所故有的特定看法，尤其是自己长期所形成的"思维定式"。选择个案比较理想的情况是调查者和个案彼此不认识，这样就容易进入社会调查的研究状态，被调查者也尽可以放心地向一位"陌生人"袒露心扉，也就有利于调查研究的灵感和创造力的获得。

（二）与研究对象建立良好的信任关系

个案调查不仅受到调查者个人因素的影响，而且在很大程度上受到调查者与被调查者之间关系的影响。在个案调查中，研究的问题和方法都是根据调查者与被调查者的关系演变而来，具体的个案调查过程，实际上也就是调查者与被调查者之间关系的建立、改善和维持的过程，因此也要特别重视与研究对象建立良好的信任关系。

（三）收集资料

在收集资料时应注意，要尽可能全面地收集与个案有关的各种资料，包括著作、日记、信函、报刊、会议记录、档案、地方志等，以及能够用来说明被调查者的个性特征和行为方式的一切资料，同时也要细致、深入地掌握尽可能多的历史资料。收集资料时还应注意，所得到的资料最好能够证明所调查的问题，并且可以相互印证，因为个案调查并不着眼于对事物现象的描述，而是着眼于事物及现象之间的因果关系。

（四）分析研究

对所收集到的资料进行整理、分析和研究，为解决实际问题作准备或提出解决对策，或者为进一步的理论建构打下基础。分析和研究资料时，调查者要注意站在被调查者的立场上去思考问题，尽量用第三者的眼光去观察和分析，以确保被调查者与调查者在理解某一问题时的思想一致性。

三、个案调查的特点

（一）个案调查的特点

个案调查的特点主要体现在：①个案调查对特定的调查对象的调查研究较为具体、深入和细致，体现在纵向上即要求对调查对象作出历史的研究，进行较详细的过程分析，以弄清其来龙去脉，具体而深入地把握个案的全貌，一般情况下还应当进行追踪调查，以掌握其变化发展规律。②个案调查在调查时间、活动安排等方面具有一定的弹性，研究者可采取的方法也比较多种多样，例如观察、访问、文献等调查方式，可以灵活掌握和运用。

③个案调查对社会现象的考察具有很高的深度和扎实性,其探讨范围虽然狭窄,但由于它的调查比较透彻,有关资料极为丰富,因此还常常用来弥补定量分析研究的不足。

(二)个案调查的应用

个案调查是一种行之有效的社会调查方法,运用这种方法可以较为详尽、彻底地了解个案的特殊情况,以及它与其他社会现象错综复杂的影响和关系,从而提出社会问题的解决依据。个案调查方式适用于社会、经济活动的调查,尤其是应用于对各种社会经济现象的探索性研究中。通过对在社会经济活动中起着各种不同作用的社会团体的个案调查,可以掌握其内在的规律和发展趋势,例如城市建设项目的个案研究、老年人社区的个案研究等。由此可以认识各类人员的生活、心理特征和社会需要等问题,有利于有关部门有的放矢地开展工作。此外,个案调查还广泛应用于对社会生活中的各种城市社会问题进行专门性的调查研究中,以把握有关问题的性质、作用、现状和发展趋势,消除社会变革和城市化发展进程中的各种障碍,促进社会协调发展。例如我们可以采取个案调查的方式对城市乞丐、犯罪、吸毒、交通事故等问题进行深入细致的调查,以利于有关部门采取措施,妥善加以解决,从而维护社会安定团结。

四、重点调查的概念

重点调查(Pivotal Research)是对某种社会现象比较集中的、对全局具有决定性作用的一个或几个重点单位所进行的调查。这里的重点,主要是指量的方面。重点调查需要调查的单位不多,调查成本不大,却能了解到对全局具有决定性影响的基本情况,因此是一种具有广泛用途的调查类型。例如,为了了解某地城市规划部门管理人员的整体实力水平,只要对该城市的规划局进行重点调查,就可以掌握其大致状况;为了解全国城市规划专业教育的发展水平,只需要对同济大学、清华大学、重庆大学、东南大学、天津大学等高校的城市规划专业教育情况进行重点调查即可,等等。

五、重点调查、个案调查和典型调查的区别

重点调查、个案调查的调查对象只是一个或者几个单位,在这一点上它与典型调查有相似之处,但是三者又具有明显的区别:①典型调查是选择同类事物中具有代表性的单位作为调查对象。重点调查则是选择同类事物中具有集中性的单位作为调查对象。个案调查的调查对象是特定的、不可替代的,不存在选择问题。②典型调查的主要目的是认识同类事物的本质及其发展规律,即主要是定性调查。重点调查的主要目的是对某种社会现象总体的数量作出基本估计,即主要是定量调查。而个案调查的主要目的在一般情况下都是就事论事,要解决的是特定的具体问题,不存在探索规律的问题。③典型调查和个案调查只能是面对面直接的和个别的调查。而重点调查则可以是直接调查,也可以是通过电话、问卷、表格等方式进行的间接调查,等等(表2)。

典型调查、重点调查和个案调查的比较 表2

类　　别	典　型　调　查	重　点　调　查	个　案　调　查
调查对象选择标准	同类事物中具有代表性的单位	同类事物中具有集中性的单位	特定的、不可替代的,不存在选择问题

续表

类别	典型调查	重点调查	个案调查
调查目的	认识同类事物的本质及其发展规律	对某种社会现象总体的数量状况作出基本估计	解决某一具体问题，就事论事，不存在探索规律问题
定性或定量	定性	定量	定性或定量
调查方法	直接调查(面对面进行)	直接调查或者间接调查(以电话、问卷、表格等方式进行)	直接调查(面对面进行)
举例	通过对河南、山东等地农业生产力发展水平的调查，了解全国的农业生产力发展水平和状况等	通过对东北三省和西南重庆等老工业基地国有工业企业破产数量的调查，掌握全国老工业基地国有工业企业破产数量的基本情况等	解决某一纠纷进行的调查，对某一城镇或地区进行规划设计前进行的调查等

第五节 抽样调查

不少情况下，社会调查工作没有必要也不可能对调查对象的全体都进行调查研究，往往只是选择其中一部分作为调查对象。这就遇到了选择什么样的部分来作为调查对象，这一部分中包含的个体有多少以及用何种方法进行选择，所选择的部分与调查对象总体之间是何种关系等等一系列的问题。这也就需要对抽样调查的方法进行了解和掌握。

一、抽样调查的概念

(一)抽样作用及概率原理

1. 抽样作用

抽样的概念是向人们提供一种"由部分认识总体"的途径和手段，其作用和意义可以用"一叶知秋"这一词语形象地说明。在人们的日常生活中，抽样的基本思想和逻辑被自觉或不自觉地运用，比如我们在做菜时从一大锅汤中舀出来一勺尝一尝就知道整锅汤的味道如何，医生从我们的身上抽取少量的血液就知道我们全身的血液情况，等等。抽样方法被应用到社会调查活动中，也就是用较少的元素或个体，去代表、反映总体的情况，它是一种选择调查对象的程序和方法，简单地讲就是从总体中选取部分代表整体的过程。从这个意义上说，抽样调查虽然不是一种全面调查，但是在某种意义却可以达到全面调查的效果。

2. 概率原理

科学的抽样调查都是按照概率原理的随机原则进行抽取样本的。要解释事件的随机性与事件发生的概率之间的直接关系，可以简单地用投掷硬币的例子进行说明：尽管每一次具体的投掷(随机抽样)只会有一种结果，或者说出现某一种情况(正面或反面)的概率为100%，但是若干次不同的投掷结果(抽样结果)，却总是趋于两种情况出现的次数各为50%，即趋向于两种不同结果本身所具有的概率，或者说趋向于总体内在结构中所蕴含着的随机事件的概率。所谓随机原则，或者称为机会均等原则，指的是在抽取样本时，要使总体中的每一个个体都具有同等的机会被选中，而不受调查者主观意识的影响。投掷硬币的例子告诉我们，各种随机事件的背后存在着事件发生的客观概率，正是这种概率决定着随机事件的发展变化规律。遵循随机原则是为了保证被抽取的样本对总体具有一定的代表性，以便准确地推断总体。概率抽样之所以能够保证样本对总体的代表性，其原理就在于它能够很好地按照总体内在结构中所蕴含的各种随机事件的概率来构成样本，使样本成为总体的缩影。

（二）抽样调查的基本概念

抽样调查是在现代统计学和概率论的基础上发展起来的一种调查方法，是对普遍调查、典型调查等的逻辑补充和发展。所谓抽样调查就是指从全体被研究对象（总体）之中，按照一定的方法抽取一部分调查对象作为代表（样本），并以对样本调查的结果来推论全体被研究对象的一种调查方式。这里首先要明确以下几个概念：

1. 总体

总体（Population）通常是指根据一定的研究目的和要求所确定的调查对象全体所构成的集合。例如，当我们要调查研究某一城市的居民的家庭生活质量时，这个城市所有的居民家庭就构成了我们所研究的总体，而其中的每一户家庭都是总体中的一个元素（Element）。一个总体中所包含的元素数目常常用字母 N 表示。

2. 样本

样本（Sample）是指按照一定方法从调查总体中抽取出来进行调查的部分对象的集合。当然，从一个总体中可以抽取若干个不同的样本，每一个被抽到的个体或单位就是一个样本。样本中的元素数目通常用字母 n 表示。

3. 抽样

抽样（Sampling）是指从组成某个总体的所有元素的集合中，按照一定方式选择或抽取一部分元素（总体的一个子集）的过程。例如我们对某一个有 2000 户居民家庭的社区进行调查研究，从这 2000 户（总体）中按照一定方式抽取 80 户来作为我们的调查样本的过程就是抽样。

4. 抽样单位

抽样单位（Sampling Unit）是指抽样过程中使用的基本单位。它可以是调查对象的某种集合，也可以是最终调查对象。在上例中，抽样的单位就是户。但是，如果我们是对单个人的情况进行调查，而不是对一户一户的家庭进行调查，我们也可以从 2000 户家庭中抽取 100 人作为调查的样本，这时，抽样单位就是人了。

5. 抽样框

抽样框（Sampling Frame）是指抽样过程中使用的所有抽样单位的名单，又可称为抽样范围。从 2000 户家庭中抽取 80 户作为调查样本时，这 80 户的名单就是调查的抽样框；从 2000 户家庭中抽取 100 人作为调查的样本时，这 100 人的名单就是调查的抽样框。

6. 变量

变量（Variable）是一组互斥的属性特征集合，如建筑层数、建筑质量、建筑面积等。某总体的要素可以用要素在某个变量上的各种属性分布进行描述。我们通常试图描述某个变量的属性在总体中的分布，例如我们可以通过考察不同建筑面积在某住宅小区（总体成员）中的相对频数来描述该小区总体中的建筑面积分布情况。变量必须具有变异性，这与常量相反。

7. 参数值

参数值(Parameter)也称总体值。它是关于总体中某一变量的综合描述，或者说是总体中所有元素的某种特征的总和数量表现。统计分析中最常见的是总体中某一变量的平均数，如某社区的平均每户人口数、户均住宅建筑面积等。它们分别是该社区这一总体在平均每户人口数、户均住宅建筑面积等变量上的综合描述。需要特别说明的是，参数值只有对总体中的每一个元素都进行调查或测量之后才能够得到。

8. 统计值

统计值(Statistic)也称样本值。它是关于样本中某一变量的综合描述，或者说是样本中所有元素的某种特征的综合数量表现。统计值是根据样本的情况计算出来的，是相应的总体的参数值的估计值。例如，样本平均数是通过调查样本中的每一个元素后计算出来的，是关于总体平均数的估计值，二者是一一对应的。参数值通常用希腊字母表示，统计值通常用罗马字母表示，例如总体平均数用 μ 表示，样本平均数用 $\overline{X}$ 表示。

参数值和统计值之间存在着一个重要的区别：参数值是确定不变的、惟一的，并且通常情况下是未知的；而统计值则是变化的，即对于同一个总体来说，根据不同的样本所得到的统计值是有差别的。同时，对于任何一个特定的样本来说，统计值是已知的，只要通过计算就能够得到，从样本的统计值来推论总体的参数值，正是抽样调查的一项重要内容。

9. 置信度

置信度(Confidence Level)又称置信水平。指的是总体参数值落在样本统计值某一区间内的概率，或者说是总体参数值落在样本统计值某一区间中的把握性程度。它反映的是抽样的可靠性程度。例如假定通过调查得出某市主城区居民家庭的户均住房建筑面积在 $(83\pm5\%)m^2$ 的置信度为 95%，指的是总体参数值（理论上的户均住房建筑面积）落在样本统计值某一区间($83\pm5\%$)的概率是 95%，或者说，我们有 95% 的把握认为该市主城区居民家庭的户均住房建筑面积在 $83m^2$ 正负 5% 的范围内。

10. 置信区间

上面介绍置信度时所讲到的"某一区间"（正负 5%）就是置信区间(Confidence Interval)，它是指在一定的置信度下，样本统计值与总体参数值之间的误差范围。置信区间是某个统计值的扩展，增大置信区间可以使我们的置信度提高。如上例中我们可以说有大于 95%（如 98%）的把握认为户均住房建筑面积的统计值将落在总体参数值（理论上的户均住房建筑面积）的大于正负 5% 的范围内。置信区间反映的是抽样的精确性程度，置信区间越大，即误差范围越大，抽样的精确性程度就越低，反之，置信区间越小，即误差范围越小，抽样的精确性程度就越高。

11. 抽样分布

抽样分布(Sample Distributing)是根据概率的原则而成立的理论分布，显示出我们在从一个总体中不断抽取样本时各种可能会出现的样本统计值的分布情况。通俗一点来讲，例如我们在对 1000 位成年男性进行身高测量时，会发现身高特别高和身高特别低的男性都占极少数，绝大多数的成年男性都在中间（比如 170cm，见图 14）附近。我们在对某一城市居民家庭的住房面积进行调查时，也会发现大部分的住房面积都集中在某一区间范围内，住房面积特别小和特别大的住房家庭仅仅占极少数，等等。这些调查分布的累积情况,可以用统计图形象地表示,会发现中间最高,往两边递减,这就是所谓的正态分布(图15)。

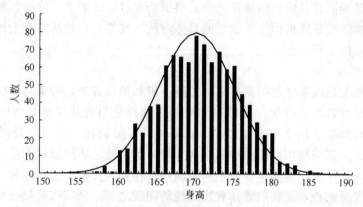

图14 成年男子身高测量的正态分布情况
资料来源:王文中编著.Excel在统计分析中的应用.北京:中国铁道出版社,2003.P36。

由于平均数的抽样分布是正态分布,其平均数的次数就是正态曲线下的面积。根据概率统计理论,正态分布曲线下的任何部分的面积是可以用数学方法推算的,因此任何两个数值之间的样本平均数次数所占的比例是可以求得的。如图所示,约有68.26%的样本平均数在"$\mu \pm SE$"(SE为标准误差,即标准差)这两个数值的范围内,我们也可以说约有95.46%的样本统计值落在总体参数值正负两个标准差范围内("$\mu \pm 2SE$"),或者99.74%的样本统计值将落在总体参数值正负3个标准差范围内。我

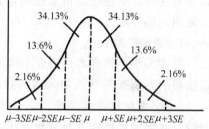

图15 正态分布图
资料来源:风笑天著.现代社会调查方法.武汉:华中科技大学出版社,2001.P58。

们正是在这种意义上来说明置信度和置信区间的关系,而统计推论也是根据抽样分布的原理进行的。只要我们采用的是随机抽样方法,就可以根据抽样分布,用样本的数值来推断总体的情况。

(三)抽样的程序

抽样的一般程序:

1. 设计抽样方案

设计抽样方案(即调查决策)——对调查总体、抽样方法、抽样误差、样本规模等有关问题设计出具体目标和操作方案。这需要从调查课题的客观需要、调查对象和调查者的实际可能出发,设计出科学、合理的抽样方案。

2. 界定调查总体

界定总体就是在具体的抽样之前,首先对从中抽取样本的总体情况(如范围和界限等)作出明确的界定,对调查对象总体的内涵和外延作出明确定义。这一步程序是由抽样调查的目的所决定的,样本必须取自明确界定后的总体,样本中所得到的结果,也只能推广到这种最初的已经作出明确界定的总体的范围中。

3. 选择抽样方法

各种不同的抽样方法都具有自身的特点和适用范围，因此，对于具有不同的研究目的、不同的范围、不同对象和不同客观条件的社会调查研究来讲，所适用的抽样方法也不一样。这就需要我们在具体实施抽样之前，根据研究目的的要求，依据各种抽样方法的特点，选择随机抽样或非随机抽样等抽样的具体方法。注意，凡是从数量上推断总体的抽样调查都应采取随机抽样方法。

4. 编制抽样框

编制抽样框就是依据已经明确界定的总体范围和抽样方法，搜集总体中全部抽样单位的名单，并通过对名单进行统一编号来建立起供抽样使用的抽样框。抽样框是抽样的基础，必须把所有抽样单位全部编制进去。如果抽样是分阶段、分层次开展的，则每一阶段、每一层次都应该编制相应的抽样框。例如对某市主城区居民家庭生活质量进行抽样调查，就要形成区、社区、楼栋等3个不同层次的抽样框。在抽样工作过程中，形成一个适当的抽样框经常是调查者面临的最具有挑战性的问题之一。例如在对某一传统街区的建筑进行调查时，经常会出现一户有多处住房的情况，或者很多居民同住在一个门牌号中，容易造成重复或者遗漏，违背随机抽样的概率原则。准确的抽样框应包含两个涵义：完整性和不重复性。完整性是指不遗漏总体中的任何一个个体；不重复性是指任何一个个体不能重复列入抽样框。

5. 确定样本大小

样本大小是指样本中所含个体的数量的多少。样本的大小不仅影响自身的代表性，还直接影响到调查的费用和人力的投入。我们确定样本大小的原则就是"代价小、代表性高"，主要考虑精确度要求、总体性质、抽样方法以及人财物等客观条件的制约等。样本的数目起码能够供作资料分析使用，对于同质性强的总体，其样本差异不大，选择样本可以小一点，而对于异质性高的总体则要选择大一点的样本。

6. 抽取调查样本

按照设计的抽样方法，从抽样框中抽取一个个的抽样单位，构成样本。依据抽样方法的不同和对调查对象的了解情况，实际的抽样工作既可能在研究者到达实地之前完成，也可能需要到达实地后才能完成。当研究的总体规模较大，且采取多阶段抽样方式时，就需要边抽样边调查。到实地进行抽样时，则往往是直接由调查人员按照预先制定好的抽取原则、操作方式和具体方法执行。例如在抽取居民家庭时，往往事先抽好居民委员会，然后在现场根据事先制定的具体操作方式"3层以上楼房按单元，一单元抽3户；3层以下按排，30m左右一排抽3户。两种抽样都采取简单随机抽样的方法，每个调查人员随身带30张写好号码的小纸片装在口袋中，摸到什么号码就抽取所对应的家庭"，调查人员就可以一边抽样一边调查了。

7. 评估样本质量

一般情况下，样本的抽出并不是抽样的结束，完整的抽样还应当包括样本抽出后对样本进行的评估工作，即对样本主要特征分布情况与总体主要特征分布情况进行对比和评估。样本质量的评估分为前评估和后评估。前评估是指抽样之后、调查之前的评估。通过前评估如发现样本质量不高，可采取重新抽样办法来提高抽样质量，如无法实施前评估，则只有采取后评估，即在调查之后再进行评估。评估样本质量的基本方法是：将可得到的反映总体中某些重要特征及其分布的资料，与样本中同类指标的资料进行比较，若二者差别很小,可认为样本质量较高,代表性较大,如果二者差别十分明显,那么样本的质量和代表性就一定不会很高。

（四）抽样的类型划分

抽样的方法可以分为两大类:一类是依据概率理论,按照随机原则选择样本,完全不带有调查者的主观意识,称之为随机抽样或概率抽样;另一类是依据研究任务的要求和对调查对象的分析,主观地、有意识地在研究对象的总体中进行选择,称之为非随机抽样或非概率抽样。随机抽样和非随机抽样又可分为多种具体的细类(图16)。在抽样调查中,应根据调查研究的目的和调查对象的特点,灵活选择适用的抽样方法。

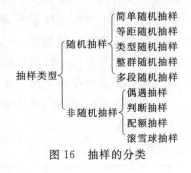

图16 抽样的分类

二、随机抽样的具体方法

随机抽样（Random Sampling）又称概率抽样,是指以概率论原理为基础,按随机原则抽取样本的抽样方法。所谓随机原则即机会均等原则,即抽样框中每一抽样单位都有被抽取的同等可能性。常用的随机抽样方法有:

（一）简单随机抽样

简单随机抽样（Simple Random Sampling）又叫做纯随机抽样,是基本的概率抽样,其他种类的概率抽样都可以看成是它所派生出来的。简单随机抽样对总体单位不作任何人为的分类、组合,而是按照随机原则直接抽取样本。其实际操作方法有:

1. 抽签或抓阄法

首先编制抽样框,并给总体的各单位编号,然后按照抽签或抓阄的方法抽取规定数量的样本。例如对一排商业门面进行调查时,先把各个门面进行编号,将这些号码写在一张张小纸条上,然后放入一个容器,如纸盒、口袋中,搅拌均匀后从中任意抽取,直到抽够预定的样本数目。这样由抽中的号码所组成的代表单位就称为一个随机样本。

2. 随机数表法

所谓随机数表(见本书附录一),就是由一些任意的数字毫无规律地排列而形成的数字表,每一个数字号码在表上出现的机会在长时间内平均起来都是一样的。数字号码如果随便让它出现,会有一定的循环性,但是数学家用一套公式把这些数字一一列出,这时它们（在表中）出现时就不会有循环性。

使用随机数表的具体做法是:第一步,编制抽样框,给每一个抽样单位确定一个顺序号码。第二步,根据样本数量选用合适的随机数表,如样本数量在10000以下可采用4位数随机数表,如在1000以下可采用3位数随机数表或者4位数随机数表的前3位数或后3位数,也就是根据编号最大数的位数确定所使用随机数表中的若干数字(随机数表的每一行、每一列都可与相邻的行、列进行任意组合,生成1、2、3、4等不同位数的数字列表)。第三步,抽取随机数表中的任何一行、任何一列的一个数字作为第一个样本号码。第四步,按照任意确定的规则,从第一个样本号码向任何一个方向(上、下、左、右)数过去(通常我们习惯采用先向下再向右的顺序),逐个查出与样本单位顺序号码相符合的号码作为样本,直到数量满足为止,凡是不符合编号范围的数字一律舍弃(见表3)。

使用随机数字表选取样本时会出现这样的问题，就是一个样本有可能出现多次，例如在随机数表中选择的数字有可能同一个数字出现了两次，有两种处理办法：一种办法是在选取样本时遇到同样的数字就跳过去（即舍弃同样的数字），样本数仍然抽够所需数量，这种方法称为不放回抽样或不重复抽样；另一种办法是放回抽样或称为重复抽样，同一数字被两次计入样本，导致实际选出的样本数小于所需样本数。由于放回抽样的误差相对较大，我们常常采用不放回抽样。

为了解居民住房情况，拟从某社区620户中抽取9户进行调查。

首先按照居民的门牌号号码的先后顺序编号为001～620，见本书附录一的随机数表，表3为部分摘录。

随机数表的使用示例　　　　　　　　　　　　　　　　表3

10 09 73 25 33	76 52 01 35 86	34 67 35 48 76	80 95 90 91 17	39 29 27 49 45
37 54 20 48 05	64 89 47 42 96	24 80 52 40 37	20 63 61 04 02	00 82 29 16 65
08 42 26 89 53	19 64 50 93 03	23 20 90 25 60	15 95 33 47 64	35 08 03 36 06
99 01 90 25 29	09 **37 67** 07 15	**38 31 13** 11 65	88 67 67 43 97	04 43 62 76 59
12 80 79 99 70	80 **15 73** 61 47	64 03 23 66 53	98 95 11 68 77	12 17 17 68 33
66 06 57 47 17	34 **07 27** 68 50	36 69 73 61 70	65 81 33 98 85	11 19 92 91 70
31 06 01 08 05	45 **57 18** 24 06	35 30 34 26 14	86 79 99 74 39	23 40 30 97 32
85 26 97 76 02	02 **05 16** 56 92	68 66 57 48 18	73 05 38 52 47	18 62 38 85 79
63 57 33 21 35	05 **32 54** 70 48	90 55 35 75 48	28 46 82 87 09	83 49 12 56 24
73 79 64 57 53	03 **52 96** 47 78	35 80 83 42 82	60 93 52 03 44	35 27 38 84 35
98 52 01 77 67	14 **90 56** 86 07	22 10 94 05 58	60 97 09 34 33	50 50 07 39 98
11 80 50 54 31	39 **80 82** 77 32	50 72 56 32 48	29 40 52 42 01	52 77 56 78 51
83 45 29 96 34	06 **28 89** 80 83	13 74 67 00 78	18 47 54 06 10	68 71 17 78 17
88 68 54 02 00	86 **50 75** 34 01	36 76 66 79 51	90 36 47 64 93	29 60 91 10 62
99 59 46 73 48	37 51 76 49 69	91 82 60 89 28	93 78 56 13 68	23 47 83 41 13

从上表来看，两个号码为一组，平均相邻的五个小组为一大组，但使用时不受其限制，可任意组成2、3、4、5、6位数等。样本数量620，是3位数，我们需要随机数表的任意3列或3行。假设我们任意选择了第4行、第13列的数字"3"为第一个样本号码，按照自上而下、自左至右的顺序进行抽取，顺序得到的样本号（上表中加粗的数字）为376、157、072、571、051、325、529、(905)、(808)、288、507。由于本次抽样的编号范围是001～620，括号内的数字905、808舍弃不用，编号分别为376、157、072、571、051、325、529、288、507所对应的9户居民就是本次我们采用随机数表的简单随机抽样方法得到的样本。

简单随机抽样是随机抽样的理想类型，没有偏见，简单易行，而且在从随机样本的抽取到对总体进行判断时，有一套健全的规则。但是它主要适用以下几种情况：第一，总体不大，总体的单位数量过大时编制抽样框等不可能方便完成；第二，对调查对象的情况了解很少；第三，抽到的单位比较分散时也不影响调查工作；第四，总体单位的排列没有秩序。

（二）等距随机抽样

等距随机抽样（Isometry Random Sampling）又称机械随机抽样或系统随机抽样。即首先编制抽样框，将各抽样单位按一定标志排列编号，然后用总体单位数除以样本单位数求得抽样间隔，并在第一抽样间隔内随机抽取一个号码作为第一个样本，最后按样本间隔等距抽样,直到抽取最后一个样本为止。我国某些农村地区每月"逢2、5、8"的日子赶集(赶场),跟等距随机抽样的道理有点类似。例如在召开城市规划方案的听证会时,我们要从会议现场的90人中抽取出6人进行民意调查,根据总体数量和样本量可求出抽样距离$K=90/6=15$。接着,我们按照会场座位进行编号,并随机从1~10中抽取出第一个样本,假设说我们抽到了4,那么第二个样本就是$4+15=19$,其余几个样本是$19+15=34$,$34+15=49$,$49+15=64$,$64+15=79$,4、19、34、49、64、79这几个编号分别对应的听众就是我们本次抽样调查的样本。值得注意的是,等距随机抽样的重要前提是,总体中个体的排列相对于要研究的变量来讲,应是随机的,即不存在某种与研究变量相关的规则分布。例如上面关于听证会的抽样调查,如果听众的座位是按照对城市规划相关知识的熟悉、关心程度进行的排列,就不能够简单按照座位排列。这种情况下,我们常常采用按照所有听众的姓氏笔画进行排列。

(三)类型随机抽样

类型随机抽样(Type Random Sampling)又称分层随机抽样。就是先将总体各单位按一定标准分成若干类型或层次,然后按照各类型或层次所包含的抽样单位数与总体单位数的比例,确定从各类型中抽取样本单位的数量,最后按照简单随机抽样或等距随机抽样方法从各类型或各层次中抽取样本。例如在上例中,我们可以按照听众的年龄或者听众对城市规划相关知识熟悉、关心程度进行大致的分类,然后再对各类别进行抽样。类型随机抽样的优点是,在不增加样本规模的前提下,降低了抽样误差,提高了抽样的精度,同时便于了解总体内不同层次的情况,便于对总体中不同的层次或类别进行单独研究或进行比较。

采用类型随机抽样的方法时应注意分类标准和比例两个问题。在研究分类的标准时通常采用的原则是:①以调查所要分析和研究的主要变量或相关变量作为分层的标准。如上例按照听众的年龄进行分类,我们就可以分析不同的年龄阶段对于城市规划方案的态度。②以保证各类别内部同质性强、各层之间异质性强、突出总体内在结构的变量作为分类变量。如上例按照听众对城市规划相关知识的熟悉、关心程度进行分类,我们就可以分析城市规划相关知识的熟悉、关心程度对于城市规划方案的态度的影响。③以那些已经有明显层次区分的变量作为分层变量。如上例中也可按照听众的性别、文化程度、职业等进行分类、分层。

(四)整群随机抽样

整群随机抽样(Cluster Random Sampling)又称聚类随机抽样或集体随机抽样。即先将总体各单位按一定标准分成许多小的群体,并将每一个小群体看作一个抽样单位,然后按照随机原则从这些小群体中抽出若干个小群体作为样本,最后对样本小群体中的每一个单位逐个进行调查。整群随机抽样与前几种随机抽样的最大差别在于,它的抽样单位不是单个的个体,而是成群的个体。其对于小群体的抽取方法可以是简单随机抽样、系统随机抽样或类型随机抽样。例如,假设某地区共有80个社区,每个社区都有300户家庭,总共就有24000户家庭,现在要采取整群随机抽样的方法抽取2700户家庭进行调查,就不是直接去抽取一户户的家庭,而是从全地区的80个社区中,采取简单随机抽样、系统随机抽样或类型随机抽样的方法,抽取9个社区,然后由这9个社区的全部家庭构成调查的样本。

采取整群随机抽样的方法，不仅可以简化抽样的过程，更重要的是可以降低调查中收集资料的费用，还能相对地扩大抽样的应用范围。但其缺点在于样本的分布面不广，样本对总体的代表性相对较差。整群随机抽样方法与类型随机抽样方法在具体使用时的区别在于，当某个总体是由若干个有着自然界限和区分的子群(或类别、层次)所组成，同时不同子群相互之间差别很大而每个子群内部的差异不大时，适合用于类型随机抽样的方法；反之，当不同子群相互之间差别不大、而每个子群内部的异质性程度较大时，则特别适合于采用整群随机抽样的方法。

（五）多段随机抽样

多段随机抽样(Multistage Random Sampling)又称多级随机抽样或分段随机抽样。即把从总体中抽取样本的过程分成两个或两个以上阶段进行的抽样方法。在社会调查中，当总体的规模特别大，或者总体分布的范围特别广时，研究者一般采取多段随机抽样的方法抽取样本。多段随机抽样的具体步骤是：①将总体各单位按一定标志分成若干个群体，作为抽样的第1级单位，然后将第1级单位分成若干个小群体，作为抽样的第2级单位，依次类推可分为第3、4级单位。②按照随机原则，先在第1级单位中抽取若干个群体作为第1级的样本，然后再在第1级样本中抽取第2级样本，依次类推可抽出第3、4级样本。调查对象至第几级样本，则称之为几段随机抽样。③对最后抽出的样本单位逐个进行调查。例如我们要对某县县域范围内群众对国家推进城镇化的看法进行调查，需要样本数为500人，就可以先从全县范围内抽取8个乡，再从8个乡中抽取15个村，最后从15个村中抽取500人。即县→8个乡→15个村→500人。

多段随机抽样适用于范围大、总体对象多的情况。由于它不需要总体的全部名单，各阶段的抽样单位数一般较少，因而抽样比较容易进行，但是每级抽样都会产生误差。在同等条件下减少多段随机抽样的误差的方法是，相对增加开头阶段的样本数，而适当减少在最后阶段的样本数。

以上5种随机抽样方法的优缺点见表4。

随机抽样方法优缺点比较 表4

随机抽样方法	优 点	缺 点
简单随机抽样	简单，易行，在抽样过程中完全排除了主观因素的干扰，结果可推广到总体	抽样框不易建立，样本代表性较差，抽样误差较大，样本可能过于分散或集中，仅适用于总体单位数量不多的情况
等距随机抽样	样本分布均匀，代表性强，比较简便易行，抽样误差小于简单随机抽样，不需要抽样框	样本代表性不一定能够保证，要有完整的登记册，总体单位数量不能太多，使用时应避免抽样间隔与调查对象的周期性节奏相重合
类型随机抽样	抽样误差较小或所需样本数量较小，精度高，适用于总体单位数量较多、单位之间差异较大的调查对象	科学分类较难进行，须对总体各单位的情况有较多的了解，费用高
整群随机抽样	易操作，样本单位比较集中，调查工作比较方便，可以节省人、财、物和调查时间	样本分布不均匀，代表性差。在样本数量相同的情况下，较以上方法抽样误差较大
多段随机抽样	综合以上优点，精度较高，成本较低，以最小的人财物和时间获得最佳的调查效果，对总体各单位情况了解程度的要求低，适合于调查总体范围大、单位众多、情况复杂的调查对象	计算复杂，抽样误差较大。抽样阶段越多误差就越大

(六) 户内抽样——"Kish 选择法"

当调查者以家庭为分析单位,以入户访谈的方法收集资料时往往采取多阶段的抽样方法:从某一城市(县)中抽取区(乡)→从区(乡)中抽取街道(村)→从街道(村)中抽取居委会(村民组)→从居委会(村民组)中抽取家庭→从家庭中抽取一个成年人作为访谈对象。经过对这些访谈对象的调查,我们将有关资料用于描述这些家庭的特征或类型等,就不仅需要抽出家庭户,还要进行户内抽样(Sampling within Household)。也就是说,从每户家庭中抽取一个成年人,以构成访谈对象的样本,为了使每户家庭中所有的成年人(比如说18岁以上的人)都具有同等的被选中概率,我们在最后一次抽样即选择每户家庭中的一个成年人时,要用到户内抽样方法,又可称为"Kish 选择法"。KISH 表是美国著名的抽样专家 KISH 创立的一种在确立了户之后如何选择户内家庭成员的方法,其原理与随机数表的原理相一致。"Kish 选择法"的具体做法是:研究者先将调查表分为(编号为)A、B1、B2、C、D、E1、E2、F 8 种,每种表的数目分别占调查表总数的 1/6、1/12、1/12、1/6、1/6、1/12、1/12、1/6,同时印制若干套(每套 8 种)"选择卡"发给调查员,每人 1 套。"选择卡"的形式如表 5。

Kish 选择表 表 5

A 式选择表

如果家庭中 18 岁以上的人口数为	被抽选人的序号为
1	1
2	1
3	1
4	1
5	1
6 人以上	1

B1 式选择表

如果家庭中 18 岁以上的人口数为	被抽选人的序号为
1	1
2	1
3	1
4	1
5	2
6 人以上	2

B2 式选择表

如果家庭中 18 岁以上的人口数为	被抽选人的序号为
1	1
2	1
3	1
4	2
5	2
6 人以上	2

续表

C 式选择表

如果家庭中 18 岁以上的人口数为	被抽选人的序号为
1	1
2	1
3	2
4	2
5	3
6 人以上	3

D 式选择表

如果家庭中 18 岁以上的人口数为	被抽选人的序号为
1	1
2	2
3	2
4	3
5	4
6 人以上	4

E1 式选择表

如果家庭中 18 岁以上的人口数为	被抽选人的序号为
1	1
2	2
3	3
4	3
5	3
6 人以上	5

E2 式选择表

如果家庭中 18 岁以上的人口数为	被抽选人的序号为
1	1
2	2
3	2
4	3
5	5
6 人以上	5

F 式选择表

如果家庭中 18 岁以上的人口数为	被抽选人的序号为
1	1
2	2
3	3
4	4
5	5
6 人以上	6

调查员首先要对每户家庭中的成年人进行排序和编号,排序方法是男在前,女在后,年纪大在前,年纪小在后,如表 6 所示。

"Kish 选择法"家庭内成年人排序表　　　　　　　　　　　　表 6

序　号	性别及年龄特征	序　号	性别及年龄特征
1	年龄最大的男士	n+1	年龄最大的女士
2	年龄次大的男士	n+2	年龄次大的女士
…	…	…	…
n	年龄最小的男士	n+m	年龄最小的女士

接着调查员按照调查表上的编号找出编号相同的那种"选择表",根据家庭人口数目从"选择表"中查出对应的个体的序号,最后对这一序号所对应的那个家庭成员进行访谈。比如某家庭 18 岁以上的成年人共有 5 人:爷爷、奶奶、父亲、母亲、儿子,其排序为:爷爷(1)、父亲(2)、儿子(3)、奶奶(4)、母亲(5)。若调查员抽取的调查表编号为 E1,对应的 Kish 选择表就是 E1 式选择表,人口数为 5 人所对应的序号是 3,即应抽取儿子作为访谈对象。

按照 Kish 选择法抽取被访谈对象的好处,能够保证每户家庭中所有的成年人都具有同等的被选中概率,同时,既可以使研究者收集到样本家庭的资料,又可以收集到由这些被访问者所构成的个人样本的资料。这种资料可以用来描述这一地区所有成年人所构成的总体。

(七) PPS 抽样

以上所介绍的抽样方法有一个共同的特点:总体或子总体的每一个元素都具有同等的被抽中概率。如果每个元素的"规模"或"大小"基本相同或差别不大,这种基于同等概率的抽样是合理的。但是如果各元素的"规模"或"大小"差别较大时,或者元素在总体中的地位不同时,则需要采用不等概率抽样的方法。社会调查中最重要、也是最常用的一种不等概率抽样,称为"概率与元素的规模大小成比例的抽样",简称 PPS 抽样(Sampling with Probability Proportional to Size)。例如在对某老工业基地的所有工业企业进行抽样时,假设要抽取 1000 名职工进行调查,由于企业职工人数相差较大,如果单单按照企业名单进行抽样,职工的被抽取概率就不一样,人口规模大的企业中的职工相对于人口规模小的企业的职工来说被抽中的概率要小得多。为解决这一问题可以采用 PPS 法进行抽样。首先将入选元素即企业排列起来,写出它们的规模,计算出它们的规模在总规模中所占的比例,将它们的比例累计起来,并根据比例的累计数依次写出每一元素所对应的选择号码范围,该范围大小等于元素规模所占的比例,见下表 1、2、3、4 列。然后采用随机数表的方法或系统抽样的方法选择号码,号码所对应的元素入选第一阶段,见下表 5、6 列。最后再从所选样本中进行第二阶段的抽样,也就是从每个被抽中的元素中抽取 50 名职工(表 7)。

表7　用PPS方法抽取第一阶段样本示例

序号	规模	所占比例	累计	选择号码范围	所选号码	入选元素
企业1	3000	15‰	15‰	000～014	012	元素1
企业2	2000	10‰	25‰	015～024		
企业3	16000	80‰	105‰	025～104	048、095	元素2、3
企业4	200	1‰	106‰	105		
企业5	1200	6‰	112‰	106～111		
企业6	6000	30‰	142‰	112～141	133	元素4
企业7	800	4‰	146‰	142～145		
企业8	600	3‰	149‰	146～148	148	元素5
企业9	1400	7‰	156‰	149～155		
企业10	4200	21‰	177‰	156～176	171	元素6
企业…	…	…	…	…		
企业98	400	2‰	988‰	978～987		
企业99	1800	9‰	997‰	988～996	995	元素20
企业100	600	3‰	1000‰	997～999		

参考资料：风笑天著. 现代社会调查方法. 武汉：华中科技大学出版社，2001. P71.

三、非随机抽样的具体方法

在社会调查的很多情况下，由于调查对象的总体边界不清，无法编制随机抽样所应具备的抽样框，或者某些调查研究为了符合研究目的，不得不按照实际需要，而非随机地从总体中抽取少量的有代表性的个体作为样本，这时，严格的随机抽样几乎无法进行，就可以采用非随机抽样的方法。

所谓非随机抽样（Non-random Sampling）又称非概率抽样，就是调查者根据自己的操作方便或主观判断抽取样本的方法。非随机抽样抽选样本的质量，主要取决于调查者的主观状况和各种偶然因素，因而其代表性、客观性较差，样本调查不能从数量上推断总体，但简便、易行，可以获得对于调查对象的大致了解，因而在对代表性要求不高时多被采用。常用的具体方法有：

（一）偶遇抽样

偶遇抽样（Accidental Convenience Sampling）又称方便抽样或自然抽样。调查者根据现实情况，使用对自己最为方便的方式抽选样本，例如将自己在特定时间、特定场合下偶然遇到的对象作为样本进行调查，如在调查城市居民对城市形象的看法时，采访居民所采取的街头随访、拦截式调查、报刊杂志问卷调查等。采用这种方法，研究者所遇到的每一个人都可能成为样本。偶遇抽样的优点是方法简单、方便省力和节省时间；缺点是样本代表性差，有很大偶然性。

（二）判断抽样

判断抽样（Judgmental or Purposive Sampling）又称目的抽样。调查者根据自己对总体的认识和自己的主观判断来抽选样本，可分为印象判断抽样（纯粹凭主观印象抽取样本）和经验判断抽样（根据以往经验和对调查对象的了解来抽取样本）。抽样质量主要取决于调查者的判断能力和对被调查者的了解程度，主观目的性较强。判断抽样的可信度大小与抽样者的专业知识及判断能力的强弱密切相关，抽样误差难以计算，抽样结果的精确度也无法判断。例如对城市居民居住环境质量进行调查时，就可以选择若干的大户型、中户型、小户型及别墅等分别作为样本进行考察等。

（三）配额抽样

配额抽样（Quota Sampling）又称定额抽样。就是先根据总体各个组成部分所包含的抽样单位的比例分配样本数额，然后由调查者在各个组成部分内根据配额的多少采用偶遇抽样或判断抽样方法抽取样本。配额抽样能够用较低的成本获得各类人物、事物或社会现象的样本，比较简便易行、快速灵活。但是使用这种方法必须对总体的性质具有充分的了解，主要依赖于调查者的主观能力，用配额抽样的调查结论来推论总体指标的代表性不强。比如上例中对城市居民居住环境质量进行调查时，就可以进一步根据城市政府公布的大户型、中户型、小户型及别墅比例情况，在确定样本大小时加乘相应的比例数字（假如大户型12%、中户型45%、小户型35%、别墅8%）等。

（四）滚雪球抽样

有时我们由于对调查总体的情况不甚了解，根本无法采取上述各种方法抽取样本，因而只能先找少量的，甚至是个别的调查对象进行调查和访问，然后再通过他们去寻找新的调查对象，这样就像滚雪球一样寻找到越来越多的调查对象，直到达到调查目的为止。由于推荐人对调查对象的特征比随机情景更熟悉，滚雪球抽样（Snowball Sampling）大大增加了接触总体中所需群体的可能性，能够更好地满足抽样对样本的人口统计学和心理统计学的特征要求，在社会调查研究活动中常常采用。例如我们在对外地某范围内的旅游景点进行抽样调查时，如果不知道这些景点的具体情况，就可以先找到在本地旅游局、旅行社工作的人们或曾经去过该区域的一些景点的人们，通过他们的介绍和推荐去了解更多的样本情况（图17）。

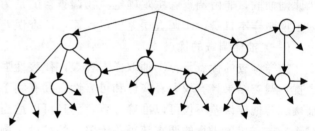

图17　滚雪球抽样示意图

四、样本规模和抽样误差

（一）样本规模

样本规模（Sample Size）又称样本容量，就是指样本数量的多少。确定样本规模，必须考虑抽样的精确度、总体的规模、总体的异质性程度和调查者的人、财、物力和时间等因素。在统计学中，将样本的数量少于或等于30个个体的样本称为小样本，大于或等于50个个体的样本称为大样本❶。在城市规划社会调查研究工作中，一般都应抽取大样本，因为大样本的研究总体和总体异质性均较大。但并非样本规模越大越好，如美国定期进行的民意调查抽样，即使调查总体近1亿人，它的样本通常也不会超过3000人。大多数情

---

❶ 参见：李晶主编．社会调查方法．北京：中国人民大学出版社，2003. P71．

况下，城市规划社会调查研究对样本规模及精确度要求不是很高，调查人员可以凭经验来确定样本数目的大致范围，样本数一般可控制在50～1000之间。表8是经验确定样本数目的大致范围，仅供参考。

经验确定样本数的大致范围表　　　　　　　　表8

总体规模	样本占总体的比例	总体规模	样本占总体的比例
100人以下	50%以上	5000～10000人	15%～3%
100～1000人	50%～20%	1万～10万人	5%～1%
1000～5000人	30%～10%	10万人以上	1%以下

参考资料：李晶主编．社会调查方法．北京：中国人民大学出版社，2003．P71．

（二）样本误差

样本误差（Sample Error）是指抽样估计值与总体参数值之差。抽样误差包含两种：登记性误差即调查过程中由于登记差错而造成的误差。代表性误差即样本各单位的结构不足以代表总体特征而形成的误差。对于特定调查总体而言，在总体标准差（总体成熟）不变的情况下，要减少抽样误差就必须增加样本单位数量，即多抽取一些样本进行调查。在样本单位数确定的情况下，总体各单位标志值离散程度越小，抽样误差就越小，反之则大。

五、抽样调查的优缺点

抽样调查是既不同于普查，又不同于典型调查的另一类调查类型，其主要特点是：①调查对象仅为样本的一部分单位，非全部单位，也非个别或少数单位。②调查样本按照随机原则抽取，非由调查者主观确定。③调查目的是为了从数量上推断总体、说明总体，非为了说明样本自身。④调查误差可以计算，调查误差范围可以控制。

（一）抽样调查的优点

抽样调查的优点是：①抽取样本客观，代表性强。从根本上排除了调查者主观因素的干扰，调查结果具有较大真实性和可靠性。②有利于对总体进行定量研究，推断总体比较准确。③抽样误差不仅可以准确计算，而且可以适当控制。④调查成本低、效率高。通过对部分样本单位进行的调查获得关于整体的结论，调查时效较快。⑤应用范围广泛。

（二）抽样调查的缺点

抽样调查的缺点是：①宜于开展定量研究而不宜于开展定性研究。②对于调查总体尚不清楚、不明晰的调查对象，如正在形成和发展中的事物，很难进行抽样调查。③由于抽样调查的样本单位较多，调查的广度和深度受到很大局限。④需要较多的数学知识和计算机使用能力，对调查者的能力要求较高。

第五章 社会测量和社会指标

作为认识社会现象的活动，城市规划社会调查必然涉及到对所调查研究的社会现象和社会事物进行测量的问题。社会调查资料的获取以及最终社会调查成果的质量，同社会测量的质量都密切相关。社会指标和社会指标体系的设计是城市规划社会调查工作走向可操作性以及进行社会测量的必要阶段，是策划和设计调查方案的重要内容，其中，主观社会指标及其测量则是社会测量和社会指标的重点内容和难点问题。

图 18 为第五章框架图。

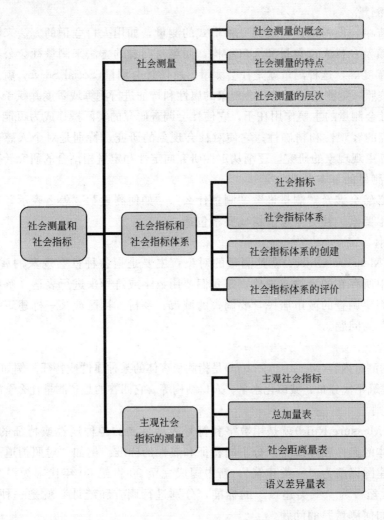

图 18　第五章框架图

第一节 社 会 测 量

一、社会测量的概念

（一）测量

在日常生活中我们对测量并不陌生，如人们用眼睛测量物体的大小、颜色、形状，用耳朵测量各种声音的高低、远近、含义，用鼻子测量各种气体的味道，用皮肤测量周围环境的温度，用米尺、磅秤来测量物体的长短、高低、大小、轻重，用温度计来测量大气或人体的温度，用望远镜来测量宇宙中不同行星之间的距离等。各种各样的测量具有最本质的科学内涵：所谓测量（Measure）就是根据一定的法则，将某种物体或现象所具有的属性或特征用数字或符号表示出来的过程❶。测量的主要作用在于确定一个特定分析单位的特定属性的类别或水平。

（二）社会测量

在社会调查中，同样也进行着另一种形式的测量，如用人口登记的方法来测量一个国家或地区的城镇及乡村人口数量和人口结构，用填写问卷的方法来测量社会公众对于城市规划方案的满意度等，这种测量就是社会测量。所谓社会测量（Social Survey）就是指运用一定测量工具，按照一定测量规则对社会现象的属性和特征进行测算或量度并赋予一定符号或数值的过程。社会测量的主要作用在于，它使社会调查研究的实际操作成为可能，有助于提高社会调查研究的客观性和精确性；它使对社会现象的研究，特别是对个人感受、社会态度、心理状态等主观现象的研究，逐渐从定性研究向定性和定量相结合的研究转变。

（三）社会测量的基本要素

社会测量必然会涉及"测量谁"、"测量什么"、"如何测量"、"怎么表示"等，这就是社会测量的基本要素。社会测量的构成要素包括：

1. 测量客体

测量客体（Measure Object）就是测量的对象，主要是指各种社会现象的属性或特征。它是客观世界中所存在的事物或现象，是我们要用数字或符号来进行表达、解释和说明的对象。例如我们要调查的城市居民，要调查的城市、乡村、社区或某一栋建筑等。它回答的是"测量谁"的问题。

2. 测量内容

社会测量的测量内容（Measure Content）是指测量客体的某种属性或特征。例如某街区的建筑性质结构、建筑年代分布、城市化水平、人口结构等。它回答的是"测量什么"的问题。

3. 测量规则

测量规则（Measure Rule）就是用数字和符号表达事物的各种属性或特征的操作规则，也就是某种具体的操作程序或者区分不同特征和属性的标准。例如"对照街道的建筑的建设年代，按照建国以前为'一类建筑'，新中国成立至20世纪80年代末为'二类建筑'，20世纪90年代至今为'三类建筑'的标准，分别进行调查和统计"就是一种测量法则。它回答的是"如何测量"的问题。

---

❶ 参见：李晶主编．社会调查方法．北京：中国人民大学出版社，2003．P41。

4. 数字和符号

数字和符号主要是用来表示测量结果的工具，例如用"120m^2"这一数字（带有单位）来表示对某一居民家庭的住房建筑面积进行测量的结果。也有一些测量是用文字或符号来表示的，例如用"满意"、"不满意"和"无所谓"来表示人们对某一规划方案的看法，用绘制的剖面图形来表达某街道的高、宽比，等等。数字和符号回答的是社会测量"怎么表示"的问题。

二、社会测量的特点

社会测量与自然科学测量有所不同，自然科学测量的对象大都是客观物质的自然属性，而社会测量的对象则是有目的、有意识、有思想感情的人，他们对测量的合作程度、认知状况往往对测量结果产生较大影响。自然科学测量的对象相对单一和稳定，并且大都具有标准化的仪器或量具、公认的标准和规则，因而具有较强的客观性和准确性，测量误差也比较容易发现和计算。而社会测量的工具、标准和规则在很大程度上取决于调查者的价值取向、知识结构和调查目的，因而其客观性、可重复性、公认性较差，测量误差也较难易发现和计算。

城市规划社会调查工作常常需要我们综合运用自然测量和社会测量的两种手段结合进行，例如用卷尺测量街道的宽度、建筑的高低，按照一定的绘图比例将城市或建筑的空间关系、物质形态等特征表达在图纸上等。马克思说过："一门科学只有在成功地运用了数学时，才算达到了真正完善的地步"[1]，进行有效的社会测量和科学的数量分析，是社会调查活动走向真正科学的完备形态的重要标志。没有测量，就没有对社会现象的定量分析，也就没有现代意义上的城市规划社会调查。

三、社会测量的层次

按照测量对象数量化程度由低到高的顺序，常用的社会测量方法可分为定类测量、定序测量、定距测量、定比测量等四个层次。

（一）定类测量

定类测量（Nominal Measure）又称类别测量或分类测量，是指采用分类的方法，对测量对象的属性和特征的类别加以鉴定的一种测量。例如将某街区的建筑划分为行政办公建筑、工业建筑、居住建筑、商业建筑等各种不同类型。定类测量应遵循的原则是：①定类测量实际上是分类方法，所以必须有两个以上的变量。②各变量之间必须相互排斥，也就是同一个变量只能代表性质或特征相同的事物，只能符合一种类型。③被测定的对象都应该有一个合适的类型，不能够没有归属，也就是类型要穷尽。定类测量是社会测量中最简单、最基本的测量类型，测量水平和测量层次最低。它既不能类比大小，又不能按顺序排列，适合定类测量的统计方法主要有比例、百分比、X^2 检验和列联相关系数等。

（二）定序测量

定序测量（Ordinal Measure）又称顺序测量或等级测量，是指按照某种逻辑顺序对测量对象的等级或顺序等进行鉴定并能表示类别大小的一种测量方法。这种社会测量方法可以把被测定对象的特征和属性按照高低、强弱、大小、多少的程度排列成序。这种排列成序不是人们的主观愿望和随心所欲，而是由测定对象本身固有的特征所决定的，如按照一

---

[1] 参见：吴增基等主编．现代社会调查方法．上海：上海人民出版社，2003．P70。

定标准将居民家庭住房面积分为大户型、中户型和小户型三类(注意这里并不表示具体的面积数字)。定序测量不仅能鉴别类别,而且能指明类别的大小、强弱程度,但是由于定序测量所测定的各个类别之间没有确切的度量单位,不能够进行代数运算,故尚不能确定各个类别间大小、高低和优劣的具体数值。适合定序测量的统计方法主要有中位数、四分位数、等级相关和非参数检验等。

(三)定距测量

定距测量(Internal Measure)又称区间测量,是指对测量对象之间的数量差别或间隔距离的测量,以等距的测量单位去衡量不同的类别或等级间的距离。定距测量不仅能反映社会现象的分类和顺序,而且能反映社会现象的具体数量,计算出它们之间的距离。例如年龄、人口、产值等一切能用某种基本单位表示其数量、计算其距离的指标。适合定距测量的统计方法主要有算术平均值、方差、积差相关、复相关、参数检验等。

(四)定比测量

定比测量(Ratio Measure)又称比例测量,是指对测量对象之间的比例或比率关系的测量。例如我们测量某街道的沿街建筑物的具体高度、某房间大小的具体面积等等。定比测量不仅可以进行加减运算,而且可以进行乘除运算,各种统计方法都可以使用。

上述四个测量层次的数学特性是累进叠加的,具体情况见表9。在社会调查中使用何种测量层次,取决于被测量对象自身的特性、测量的目的和社会调查研究的要求。一般说来,社会调查的精确度要求越高,就应该采用数量化程度较高的测量层次,社会调查的精确度要求不高或不可能获得精确数据的调查,就应采取数量化程度较低的测量层次。

四个社会测量层次的比较表 表9

名称	特点	基本功能	数学特性	适用统计分析方法
定类测量	分类符号	分类、描述	=、≠	百分比、X^2检验、列联相关系数等
定序测量	1. 分类符号 2. 等第顺序	1. 分类 2. 按顺序排列	=、≠ >、<	中位数、四分位数、等级相关、非参数检验等
定距测量	1. 分类符号 2. 等第顺序 3. 差值大小有相等单位	1. 分类 2. 按顺序排列 3. 差值的确定与比较	=、≠ >、< +、−	算术平均值、方差、积差相关、复相关、参数检验等
定比测量	1. 分类符号 2. 等第顺序 3. 差值大小有相等单位 4. 有绝对零点	1. 分类 2. 按顺序排列 3. 差值的确定与比较 4. 比值的确定和比较	=、≠ >、< +、− ×、÷	算术平均值、方差、积差相关、复相关、参数检验、几何平均数等

参考资料:吴增基等. 现代社会调查方法. 上海:上海人民出版社,2003. P74。

第二节 社会指标与社会指标体系

一、社会指标

(一)社会指标的概念

所谓社会指标(Social indicators),是指反映社会事物或社会现象的质量、数量、类别、状态、等级、程度等客观特性和社会成员的感受、愿望、倾向、态度、评价等主观状态的项目。社会生活中的一切社会现象都可以用社会指标来反映,如国内生产总值、人口自然增长率、城市化水平,以及社区安全感、居住满意度等,都是社会调查中常用的社会指标。

(二)社会指标的特点

社会指标具有以下特点:

1. 可感知性或具体性

社会指标不能是抽象的、一般的概念,而必须是具体的或可直接被感知的项目,例如人口、居住面积、绿地率等具体项目指标,以及居住满意度等可以直接被感知的项目指标。

2. 可度量性或计量性

社会指标必须是可以用数字、符号进行量度的项目,例如人均绿地率、人均居住面积等指标可以用数字计量,而居住满意度则可用很满意、基本满意、无所谓、不满意、很不满意等数字或者 A、B、C、D、E 等符号来度量或界定。

3. 代表性或重要性

社会指标必须是对反映某种社会现象具有关键意义或代表性的项目,例如大气环境质量、水环境质量、声环境质量、建成区绿化覆盖率、人均公共绿地面积、自然保护区覆盖率、生物多样性等是能够综合反映自然生态环境良好与否的重要指标。

4. 时间性

社会指标必须是具有明确时间规定的项目,例如人口数量这一指标,就必须具体明确其界定时间。没有具体明确的时间界定,就无法进行调查。

(三)社会指标的功能

社会指标具有多种社会功能,主要包括以下方面:

1. 反映功能

社会指标对社会现象的反映,是以一定的研究假设为指导,具有较强的选择性和浓缩性,力求以有限的社会指标来反映复杂的社会现象。例如我们常常用"一室一厅"、"三室一厅"或者具体的面积大小(如 $80m^2$、$120m^2$)等来作为反映人们的居住质量的一个方面。

2. 监测功能

监测是动态的反映功能,社会指标可以实现对于社会状态或社会计划、社会目标执行情况的监测。例如中国 21 世纪议程管理中心对可持续发展指标体系进行了理论和实践研究,同时针对我国的可持续发展状况实施有效检测。

3. 比较功能

用社会指标来衡量两个或两个以上的认识对象时,就具有了比较功能。比较可以分为横向比较和纵向比较。横向比较有利于认识社会现象的特点和位置。纵向比较有利于认识社会现象的状态和发展趋势,例如我们可以根据城市的可持续发展指标体系,对不同的城市的可持续发展状况作出横向比较,或者对同一城市在不同历史时期的可持续发展状况进行纵向比较等。横向比较有利于了解社会现象的特点和位置,明确它的长处和短处。纵向比较有利于认识社会现象的状态和发展趋势,明确它是在前进、后退或者停滞不前等。

4. 评价功能

社会指标可以对社会现象的客观状态作出评论,对其前因后果进行解释说明,对其利弊得失作出判断。例如我们可以根据统一的生态城市评价标准,对我国城市的发展进行生态评价,判断其是否达到或基本达到生态城市的标准等。

反映、监测、比较本身只能说明社会现象的状态，只有对其状态的结果进行评价，即对它们的客观状态作出评论，对它的前因后果作出解释，利弊得失作出判断，才称得上是对社会现象做出了说明或解释。

5. 预测功能

在社会指标的评价功能的基础上，对社会未来发展趋势进行预先测算，如预测某城市未来20年的人口变化情况及失业率的变化趋势等。预测包括对社会发展进程的预测和对社会问题发生发展的预测等。

6. 计划功能

根据社会指标预测功能的结论对工作目标和具体对策做出安排和部署。例如根据对某一城市的预测结果合理开展城市规划，根据社会生态环境恶化的问题的预测合理安排部署环境污染的治理计划以及改进社会教育活动等。

二、社会指标体系

（一）社会指标体系的概念

所谓社会指标体系(System of Social indicators)，是指根据一定目的、一定理论所设计出来的能够综合反映社会现象的，具有科学性、代表性、系统性和可行性等特点的一组社会指标，例如重庆大学黄光宇教授在《生态城市理论与规划设计方法》一书中所设计的生态城市的综合指标体系(表10)。

生态城市的综合指标体系　　表10

总目标	分目标	准则	指标	单位	参考标准
人与自然和谐可持续发展的人居环境	文明的社会生态	人类及其精神发展健康	1. 人口自然增长率	%	<0.7
			2. 人口平均预期寿命	岁	>75
			3. 每万名职工科技人员数	人	>4000
			4. 公共教育占GDP的比重	%	>2.5
			5. 人均图书占有重	册	>50
			6. 劳动力文化指数	年	>15
			7. 文化支出占生活支出比重	%	>40
			8. 人均每周休闲时间	小时	17
			9. 群众性体育活动参加率	%	70
			10. 人的尊严与权利		得到法律保障
			11. 生态意识普及率	%	95
			12. 不同人群的社会关系		平等、公正、和谐
			13. 基尼指数		<25
		社会服务保障体系完善	14. 每万人商业服务网点数	个	>700
			15. 每万人医生数	人	>80
			16. 人人有适当住房实现率	%	>95
			17. 社会保障普及率	%	>90
			18. 就业率	%	>95
			19. 特殊人群受益率	%	>95
			20. 每10万人刑事案件数	件	<100
			21. 每10万人交通死亡人数	人	<10
		社会管理机制健全	22. 社会政治状况		开放稳定、民主廉洁
			23. 管理监督水平		机构健全、运作高效
			24. 公众参与水平		广泛
			25. 立法水平		完善、健全

续表

总目标	分目标	准则	指标	单位	参考标准
人与自然和谐可持续发展的人居环境	高效的经济生态	经济发展效率高	26. 单位GDP能耗	吨标煤/万元	<0.5
			27. 清洁能源比重	%	>70
			28. 污水处理达标率	%	100
			29. 固体废弃物处理利用率	%	100
			30. 知识产业比重	%	>60
			31. 工业清洁生产实现率	%	>90
			32. 农业生态化生产普及率	%	>90
			33. 环保投资指数	%	>2
		经济发展水平适度	34. 恩格尔系数	%	<12
			35. 人均GDP	万元	>5
			36. 电话普及率	部/百人	>95
			37. 人均电脑拥有率	%	>30
			38. 自来水普及率	%	100
			39. 人均居住面积	平方米/人	>20
			40. 交通设施水平		方便、安全、舒适
			41. 科技进步贡献率	%	>70
			42. 高科技产业产值占GDP的比重	%	>70
			43. 第三产业产值占GDP的比重	%	>70
		经济可持续发展能力强	44. 粮食安全系数	%	>20
			45. 水资源供给水平		适应发展
			46. 能源供给水平		适应发展
			47. 土地供给水平		适应发展
			48. 蔬菜副食生产能力		保持平衡
	和谐的自然生态	自然环境良好	49. 大气环境质量		GB 3095—96
			50. 水环境质量		GB 3838—88
			51. 声环境质量		GB 3096—93
			52. 建成区绿化覆盖率	%	>50
			53. 人均公共绿地面积	平方米/人	>20
			54. 自然保护区覆盖率	%	>5
			55. 自然景观		优美、和谐
			56. 生物多样性		得到保护
		人工环境协调	57. 城乡空间形态与自然的结合		协调
			58. 城乡功能布局		合理
			59. 城乡风貌景观		地域特色独特
			60. 历史地段及其环境		得到有效保护
			61. 建筑空间组合		多样且统一协调
			62. 建筑的物理环境质量		良好
			63. 人工环境的防灾与安全性		良好
			64. 环境设施配置		完善、配套

资料来源：黄光宇，陈勇著．生态城市理论与规划设计方法．北京：科学出版社，2002．P65~P74。

（二）社会指标体系的特点

从上述定义和举例中可以看出，社会指标体系具有以下特点：①目的性，设计社会指标体系必须具有一定目的，要为一定的社会需要服务。②理论性，设计社会指标体系必须以一定的理论作指导。③科学性，设计社会指标体系必须符合客观实际，符合有关科学原理。④代表性，设计社会指标体系必须选择那些最具有代表性的重要指标来组成指标体系。⑤系统性，设计社会指标体系必须使各个社会指标之间具有内在联系，并形成一个完整系统。⑥可行性，设计社会指标体系，必须考虑是否可以获得连续的、具有较高权威性的统计数据，如采取各种国际组织和各国政府的统计数据等。

三、社会指标体系的创建

社会指标体系的创建方式，通常可以划分为两种基本类型：

（一）社会管理型的社会指标体系

社会管理型的社会指标体系通常是政府各行政主管部门为了进行社会管理、规划、预测，在政府各主管部门原有统计指标的基础上，经过科学地加工改造而建立起来的社会指标体系。这类型的社会指标体系的优点在于内容比较全面、系统，实践性和应用性强，获取资料比较容易。但是，这类型的社会指标体系也具有一定的缺点，如它的范围太广，分类太细，重点不够突出，不利于集中反映最迫切和最重要的社会问题，并且往往受到政府政策的制约。这类型的社会指标体系例如由国家统计局社会统计司所制定的中国的社会指标体系（表11）。

中国的社会指标体系　　　　表11

编号	指标集	指标	单位
1	自然环境	(1) 人口密度 (2) 城市建成区面积 (3) 城市人均绿地面积	（人/km²） （km） m²
2	人口与家庭	(1) 总人口 (2) 性别比 (3) 市镇人口占总人口比重 (4) 出生率 (5) 死亡率 (6) 结婚对数 (7) 离婚对数 (8) 平均寿命	万人 以女性为100 ％ ％ ％ 万对 万对 岁
3	劳动	(1) 劳动力资源 (2) 社会劳动者 (3) 社会劳动者占劳动力资源比重 (4) 城镇待业人员 (5) 待业率 (6) 物质生产部门劳动者占社会劳动者比重 (7) 脑力劳动者占社会劳动者比重 (8) 第三产业劳动者占社会劳动者的比重	万人 万人 ％ 万人 ％ ％ ％ ％

续表

编号	指标集	指标	单位
4	居民收入与消费	(1) 居民平均收入 (2) 劳动者平均劳动收入 (3) 职工生活费用价格总数 (4) 居民消费水平 (5) 社会消费品零售额中吃所占比重 (6) 农民生活消费中商品性支出比重 (7) 城乡居民储蓄存款年底余额	元 元 以 X 年为100 元 % % 亿元
5	住房与生活服务	(1) 人均居住面积 (2) 全社会住宅投资总额 (3) 每万人口中零售商业、饮食业、服务业机构数 (4) 每万人口中零售商业、饮食业、服务业人员数 (5) 每万人拥有电话机数 (6) 每万人拥有邮电局数 (7) 每万城市人口拥有公共电、汽车数 (8) 每万城市人口拥有铺设道路面积 (9) 城市自来水用水普及率 (10) 城市煤气普及率 (11) 人均使用长途交通工具次数	m^2 亿元 个 人 部 处 辆 万 m^2 % % 次
6	劳动保险与社会福利	(1) 实行各项劳动保险制度职工人数 (2) 劳动保险费用总额 (3) 退职退休离休职工人数 (4) 社会福利事业单位数 (5) 社会福利事业单位收养人数 (6) 年内摆脱贫困户户数	万人 亿元 万人 个 万人 万户
7	教育	(1) 各级学校个数 (2) 各级学校教师数 (3) 各级学校在校学生数 (4) 各级学校招生数 (5) 各级学校毕业生数 (6) 每万人口大学生数 (7) 学龄儿童入学率 (8) 小学毕业生升学率 (9) 各级成人教育学习人数	个 万人 万人 万人 万人 人 % % 万人
8	科学研究	(1) 自然科学研究机构数 (2) 自然科学研究机构的科技人员数 (3) 全民所有制单位自然科技人员数 (4) 每万人口中自然科技人员数	个 万人 万人 人
9	卫生	(1) 卫生机构数 (2) 卫生机构床位数 (3) 卫生技术人员数 (4) 婴儿死亡率 (5) 新法接生率	万个 万张 万人 % %
10	环境保护	(1) 工业废水排放达标率 (2) 工业废渣综合利用率	% %

续表

编号	指标集	指标	单位
11	文化	(1) 艺术表演团体	个
		(2) 电影放映单位	万个
		(3) 广播电台	座
		(4) 电视台	座
		(5) 公共图书馆	个
		(6) 博物馆	个
		(7) 群众文化馆	个
		(8) 人均看电影次数	次
		(9) 书刊出版印数	亿册(亿份)
12	体育	(1) 等级运动员个数	个
		(2) 举办县级以上运动会次数	次
		(3) 获世界冠军个数	个
		(4) 破世界纪录次数	次
		(5) 达到"国家体育锻炼标准"人数	万人
13	社会秩序与安全	(1) 律师工作者数	人
		(2) 公证人员数	人
		(3) 人民调解委员会数	万个
		(4) 刑事案件发案数	万件
		(5) 交通事故件数	件
		(6) 火灾事件	件
14	社会活动参与	(1) 工会基层组织数	万个
		(2) 工会会员数	万人
		(3) 共青团员数	万人
		(4) 少先队员数	万人
15	生活时间分配	(1) 用于工作和上下班路途时间	
		(2) 用于个人生活必需时间	
		(3) 用于家务劳动时间	
		(4) 用于自由支配时间	

说明：1. 本表是关于我国社会发展的指标体系，由国家统计局社会统计司制定，分15大类，包括1300多个指标，本表中对具体指标未一一列出。

2. 资料引处：顾朝林编著. 城市社会学. 南京：东南大学出版社，2002. P14.

（二）专题研究型的社会指标体系

通常是各种研究机构或学者为研究某一课题，根据一定研究假设独立设计出来的社会指标体系。这种指标体系具有明确的研究假设，重点比较突出，指标量较少，针对性较强，便于说明问题。但是其社会指标的科学性和代表性难以把握，获取有关资料难度较大，需要独立进行调查，耗费的人、财、物较多（表12）。

城市流动指标（居住者的旅程）及其评价　　　　表12

类别	1991年锡耶纳每年每个居住者的旅程(单位：km/n)					
	步行	自行车	公共交通	小汽车	摩托车	总量
工人	58	1	35	116	14	223
学生	19	0	27	16	4	66
总量	77	1	62	132	18	289

参考资料：中国21世纪议程管理中心，中国科学院地理科学与资源研究所编著. 可持续发展指标体系的理论与实践. 北京：社会科学文献出版社，2004. P251.

四、社会指标体系的评价——以南京市可持续发展指标体系为例

（一）社会指标体系的评价方法

由于社会指标所反映的具体内容不同，计量单位存在差异，所以社会指标体系的调查结果不能简单地直接相加，而只能进行综合评价。其常用的方法有：①综合评分法，即在调查每个指标数据的基础上，先确定各个指标的权数和评分标准，然后计算出各个指标的得分和各子系统指标的合计分，最后再计算出社会指标体系全部指标的总计分，并以总计分作为对评价对象的综合评价。②分类法，即根据一个国家或地区经济、社会发展状况进行分类评价的方法。③对比法，就是通过对评价对象经济、社会发展情况与一定标准进行对比评价的方法（表13）。

英国可持续发展指标体系主要指标的发展评价　　　　表13

		自1990年以来的变化	可持续发展战略实施以来的变化
经济			
	H1　国内生产总值（以不变价格计算）	☺	☺
	H2　投资（以当前价格计算）	☺	☺
	H3　就业（就业人数占适龄人口的百分比）	☺	☺
社会			
	H4　贫困和社会歧视	☺	☺
	H5　教育（19岁青年中具有2级职业资质的人所占百分比）	☺	☺
	H6　健康（预期寿命）	☺	☺
	H7　住房	☺	①
	H8　治安（按每十万人口的犯罪人数计）	☹	☹
环境			
	H9　气候变化（温室气体）	☺	☺
	H10　空气质量（空气污染在中度及以上的天数）	☺	☺
	H11　道路交通	☺	☺
	H12　河流水质（河流总长度的百分比）	☺	☺
	H13　野生生物 　　　农田鸟类 　　　森林鸟类	☹	☹ ☺
	H14　土地利用（在已开发土地上新建筑的比例）	☺	☺
	H15　垃圾处理（垃圾利用及管理）	☹	①

注：1. ☺向着目标明显改善；☺无明显改善；☹背离目标明显恶化；①数据不足或缺乏比较。
2. 参考资料：中国21世纪议程管理中心，中国科学院地理科学与资源研究所编著. 可持续发展指标体系的理论与实践. 北京：社会科学文献出版社，2004. P164.

（二）南京市可持续发展指标体系指标结构

南京市城市生态系统可持续发展指标体系是一个由目标层、准则层、领域层和要素层组成的，包括30个指标的层次体系。其中，目标层由标准层加以反映，准则层由领域层

和具体的要素层加以反映。目标层：可持续发展度作为目标层的综合指标，用来衡量城市生态系统可持续的水平、能力和协调度。准则层包括可持续发展水平(B1)、可持续发展力度(B2)和可持续发展协调度(B3)。领域层由9个指标组成。要素层由30个指标组成，其中4项为综合指标，其余为单项指标(表14)。

南京市城市生态系统可持续发展指标体系 表14

目标层	准则层	领域层	要素层
可持续发展度 (A)	发展水平 (B1)	经济发展水平(C1)	经济效益指数(D1) 国民经济总产值(D2) 经济开放度(D3) 产业多样性指数(D4)
		社会发展水平(C2)	恩格尔系数(D5) 失业率(D6) 城市生活设施水平(D7)
		环境质量状况(C3)	大气环境质量(D8) 城市地面水质量(D9) 饮用水源水质达标率(D10) 噪声污染状况(D11)
	发展力度 (B2)	社会经济增长(C4)	人口自然增长率(D12) 科教文卫投入比重(D13) 固定资产投资(D14) 人均收入(D15)
		城市生态建设(C5)	城市污水处理率(D16) 新建城区绿化覆盖率(D17) 城市气化率(D18)
		环境污染控制(C6)	工业废水排放达标率(D19) 废气处理率(D20) 固体废物综合利用率(D21)
	发展协调度 (B3)	社会经济协调度(C7)	经济结构协调指数(D22) 城市化水平(D23) 人口密度(D24)
		环境经济协调度(C8)	水环境协调关系(D25) 大气环境协调关系(D26) 固体废物环境协调系数(D27)
		城乡关系协调度(C9)	农产品自给率(D28) 城乡经济协调指数(D29) 城镇体系有序度(D30)

参考资料：中国21世纪议程管理中心，中国科学院地理科学与资源研究所编著.可持续发展指标体系的理论与实践.北京：社会科学文献出版社，2004.P255。

（三）南京市可持续发展指标体系评价方法❶

---

❶ 本部分关于南京市可持续发展指标体系指标结构、评价方法、评价结果的内容，转引自中国21世纪议程管理中心、中国科学院地理科学与资源研究所编译的《可持续发展指标体系的理论与实践》一书，北京：社会科学文献出版社，2004.P254~259。原文作者为李刚，万绪才，刘小钊.南京城市生态系统可持续发展指标体系与评价.南京林业大学学报（自然科学版）.2002(1)，P22~26。

首先，对城市生态系统进行评价时，考虑到系统高阶段性、非线性的特点，采用层次分析法，把客观判断和主观推理、定性描述和定量分析结合起来。其基本步骤是：①建立判别矩阵。②进行层次单排序、层次总排序和一致性检验。③得出各项指标的权重。

然后，采用模糊综合评价法对综合指标进行评价和分级，主要步骤为：①建立因子集、权重集和评价集。②确定评价因子权重。③分五级（很差、差、中等、好、很好）确定隶属函数。④建立模糊关系矩阵。⑤模糊线性加权进行综合评价。单项指标可以归为两类，一类是机会指标，一类是风险指标，在实际评价中根据其属性差异，分别采用不同的计分方法。综合评价计算模型综合评价则是在指标计分和指标权重确定完成的基础上进行的。

（四）南京市可持续发展指标体系评价结果

结合表15，南京市城市生态系统可持续发展指标体系的评价结果是：

1. 南京城市生态系统总体发展高效、和谐

从目标层次来看，南京城市生态系统可持续发展度已由1991年的0.5292逐步发展到1999年的0.7466，年递增率为5.1%。从准则层次来看，发展水平、发展能力、发展协调度都有增加，年递增率分别为2.5%、7.2%、5.4%，南京城市生态系统可持续发展总体趋势是良性的。

南京市城市可持续发展指标评价结果　　　　　　　　　　　　表15

	目标	年份								
		1991	1992	1993	1994	1995	1996	1997	1998	1999
层次	经济发展水平	0.0224	0.0273	0.0249	0.0242	0.00243	0.022	0.0235	0.0251	0.0267
	社会发展水平	0.0656	0.052	0.0544	0.0684	0.0683	0.0678	0.085	0.0853	0.0875
	环境质量状况	0.0736	0.0729	0.0772	0.0767	0.0767	0.0762	0.0721	0.0734	0.0801
	社会经济增长	0.0858	0.1038	0.0992	0.1187	0.0113	0.0944	0.1411	0.1473	0.1825
	城市生态建设	0.0726	0.0756	0.0756	0.0776	0.0796	0.0806	0.079	0.0789	0.0807
	环境污染控制	0.0311	0.0451	0.0449	0.0459	0.0444	0.0448	0.0278	0.0273	0.03
	社会经济协调度	0.0839	0.0849	0.0872	0.0884	0.0908	0.0927	0.1184	0.1203	0.1233
	环境经济协调度	0.0384	0.1012	0.0985	0.0404	0.0537	0.0451	0.0465	0.0448	0.057
	城乡关系协调度	0.0588	0.0616	0.0628	0.0646	0.0671	0.0725	0.0748	0.0769	0.0788
准则层	发展水平	0.1616	0.1522	0.1564	0.1695	0.1693	0.1662	0.1806	0.1838	0.1943
	发展力度	0.1865	0.2245	0.2207	0.2423	0.2377	0.2199	0.2479	0.2535	0.2932
	发展协调度	0.1811	0.2476	0.2486	0.1934	0.2117	0.2104	0.2397	0.242	0.2591
目标层	可持续发展度	0.5292	0.6243	0.6257	0.6052	0.6188	0.5965	0.6682	0.6793	0.7466

参考资料：中国21世纪议程管理中心，中国科学院地理科学与资源研究编著．可持续发展指标体系的理论与实践．北京：社会科学文献出版社，2004．P257．

2. 南京城市环境和经济发展变化具有不同步性

从环境经济协调度看，最低的年份为1991年的0.0384，最高的年份为1992年的0.1012，波动较大，经济增长与环境质量呈弱正相关（0.382），表明经济增长对环境质量有一定的改善作用，但不明显。这是由于南京市目前尚处于发展阶段，经济相对比较落

后，有限的资金多用于发展经济建设，而较少用于环境质量改善，导致一些三废处理设施一直没有跟上，企业生产依然存在粗放式经营的情况，环保产业发展相对滞后，全民环保意识有待进一步提高。

3. 南京城市生态系统可持续发展的阶段性

南京城市生态系统可持续发展并不是均衡的、直线型的，而是表现出波动性上升特征。根据其演变历程，可以划分为三个阶段：

（1）缓慢发展阶段（1991～1993年）。该时期国家宏观经济形势趋好，社会需求旺盛，南京经济和社会发展也发生了巨大的变化，在全面实施"科技兴市"的基础上，经济总量增长、经济结构优化均取得了显著成效。经济建设促进了人民生活水平的提高，城市建设和环保资金投入的增长改善了环境质量状况，同时由于企业体制改革和结构调整，造成大量人员分流和下岗，未得到有效安置，社会发展水平有所下降。

（2）平稳发展阶段（1993～1996年）。市场经济逐步由短缺经济演化为过剩经济，有效需求不足现象明显。南京市经济发展已由以数量增长型向质量提高型转变，虽然全国所面临的过剩经济形势对南京市产生了消极影响，但是物价的持续下降也压缩了国民经济的泡沫成分。与此同时，环境水平出现恶化迹象，这与城市人口急剧膨胀和基础设施严重滞后有着密切的联系，再就业工程初见成效，下岗分流人员基本得到安置，失业率加速上升趋势得到遏制，社会发展水平迅速提高。

（3）快速发展阶段（1996～1999年）。这是南京市改革开放的一个全新阶段，在转变企业经营机制、增强企业活力、不断深化和推进企业改革的同时，城市建设和社会保障制度在积极进行，金融体制、流通体制、外贸体制、房地产管理体制、社会保障制度等方面改革也在全面推进。南京市发展力度有了大幅度增长，社会经济增长、城市生态建设和环境污染控制在政府加强管理、提高投资水平的推动下有了根本的改善。南京市被国务院列为优化资本结构试点城市。

第三节 主观社会指标的测量

一、主观社会指标

（一）主观社会指标的分类

主观社会指标（Subjective Social indicators）的测量，是社会测量中的重点和难点。从反映心理状态的层次来看，主观社会指标在一般情况下可以划分为以下类型：

1. 情绪或感情指标

情绪或感情指标例如"您对目前的居住环境是否感到满意"，"您在规划设计单位工作是否感到幸福"等。它是人们对现实生活状况的心境或喜怒哀乐等心理状态的直接反映。

2. 意向或期望指标

意向或期望指标例如"您是否希望成为一个规划师"，"您是否期望到规划局工作"等。它是人们对未来的向往、意愿或预期，是对现状满意与否的另一种反映。

3. 行为倾向指标

行为倾向指标例如"今年国庆假期您是否打算去外地旅游"，"您是否准备参加全市规划系统的行业培训"等。它是人们对可能出现的事物或现象作出反应的意向，是人们的内在感情或意向的具体表现。

4. 评价或判断指标

评价或判断指标例如"您认为规划设计单位的企业化改制是否合理"，"您是否同意老街搞旅游开发"等。它是人们对客观社会现象或方针政策、理论观点、主观看法等所作出的带有理性色彩的评论。

5. 态度或决断指标

态度或决断指标例如"您是否支持城市规划的公众参与"，"您是否决定对一号规划方案投赞成票"等。它是人们在评价或判断基础上对某些政策、措施和社会现象做出选择或决定的反映。

6. 价值观念指标

价值观念指标例如规划师的价值定位，城镇规划的原则取向等，涉及价值观念的重要问题，具有抽象性、系统性和综合性的特点，很难直接测量，常常通过一些具体的问题如"您认为规划师的价值应该定位于主要为哪一类人群的利益服务"，"您认为本次城镇总体规划的方案应当重点体现哪一些原则"等来进行间接测量。

上述六种主观社会指标可以归纳为两种基本类型：一类是以感性认识为主的指标，包括情绪或感情指标、意向或期望指标、行为倾向指标，感情色彩较浓。这类指标具有不系统、不稳定和自发性、偶然性等特点。另一类是以理性认识为主的指标，如评价或判断指标、态度或决断指标、价值观念指标，理性色彩较强。这类指标具有系统性、稳定性和自觉性等特点。

（二）主观社会指标的测量

主观社会指标的测量有多种方法，例如观察人的行为、测试人的反应或生理变化，以及自我回忆或报告等。其中在实际调查中使用比较广泛、方便和有效的是填答问卷、量表（Scales）等自我报告型的测量方法。由于人们的心理状态是复杂多变的，而且具有多方向、多层次的特点，因此，主观社会指标的测量工具如问卷、量表、卡片等的设计，应该努力反映两个方面的内容：一方面是心理状态的方向，如喜欢和不喜欢、满意和不满意、好和坏、美和丑等；另一方面是心理状态的等级或程度，如非常喜欢、比较喜欢、无所谓、不太喜欢、很不喜欢等。

二、总加量表

总加量表（Summates Rating Scales）是 1932 年由美国社会心理学家李克特（R. A. Likert）提出并使用的，又被称为李克特量表或总合评量。它是最为简单、使用最广泛的量表。总加量表主要是用于对人们关于某一事物或某一现象的看法和态度等进行社会测量。根据可供选择的答案的数量的不同，总加量表可以分为两项选择式（表 16）和多项选择式两种形式。

如果将上表中的答案的两项内容——"同意、不同意"，再详细分为"非常同意、同意、无所谓、不同意、非常不同意"等五项内容，这就变成了多项式的总加量表（表 17）。多项式选择由于答案类型的增多，人们在态度上的差别就能更清楚地反映出来，因此应用的更加广泛。

两项式总加量表示例   表 16

居民邻里关系测量表

	问题	同意	不同意
1	我们家的人常常到隔壁邻居家里串门或者谈天	1	0
2	我知道隔壁邻居家是做什么工作的	1	0
3	我知道隔壁邻居家里有几口人	1	0
4	我知道隔壁邻居的男主人姓什么	1	0
5	我找隔壁邻居家借过东西	1	0
6	我们家有人生病时，隔壁邻居家有人过来看望过	1	0
7	我们遇到什么麻烦经常先找邻居帮忙看能否解决	1	0
8	我们对隔壁邻居家的事情很关心	1	0
9	除了隔壁邻居家以外，这栋楼里我们还有其他关系好的朋友家	1	0

多项式总加量表示例   表 17

居民邻里关系测量表

	问题	非常同意	同意	无所谓	不同意	很不同意
1	我们家的人常常到隔壁邻居家里串门或者谈天	5	4	3	2	1
2	我知道隔壁邻居家是做什么工作的	5	4	3	2	1
3	我知道隔壁邻居家里有几口人	5	4	3	2	1
4	我知道隔壁邻居的男主人姓什么	5	4	3	2	1
5	我找隔壁邻居家借过东西	5	4	3	2	1
6	我们家有人生病时，隔壁邻居家有人过来看望过	5	4	3	2	1
7	我们遇到什么麻烦经常先找邻居帮忙看能否解决	5	4	3	2	1
8	我们对隔壁邻居家的事情很关心	5	4	3	2	1
9	除了隔壁邻居家以外，这栋楼里我们还有其他关系好的朋友家	5	4	3	2	1

按照所设计的问题、所代表的态度倾向的不同，总加量表又可分为完全正向式和正负混合式等两种形式。表 17 即是完全正向式的陈述。但是，如果将某些问题反向发问，也就变成了正负混合式。由于正负混合式的正向陈述与负向陈述之间可以起到相互印证和检验的作用，能够更准确地反映人们的态度倾向，因此正负混合式的应用范围也更为广泛（表 18）。

正负混合式总加量表示例   表 18

居民邻里关系测量表

	问题	非常同意	同意	无所谓	不同意	很不同意
1	我们家的人常常到隔壁邻居家里串门或者谈天	5	4	3	2	1
2	我知道隔壁邻居家是做什么工作的	5	4	3	2	1
3	我知道隔壁邻居家里有几口人	5	4	3	2	1
4	我不知道隔壁邻居的男主人姓什么	5(1)	4(2)	3(3)	2(4)	1(5)

续表

居民邻里关系测量表

	问题	非常同意	同意	无所谓	不同意	很不同意
5	我从来没有找隔壁邻居家借过东西	5(1)	4(2)	3(3)	2(4)	1(5)
6	我们家有人生病时，隔壁邻居家有人过来看望过	5	4	3	2	1
7	我们遇到什么麻烦经常先找邻居帮忙看能否解决	5	4	3	2	1
8	我们对隔壁邻居家的事情很关心	5	4	3	2	1
9	除了隔壁邻居家以外，这栋楼里我们很少有其他关系好的朋友家	5(1)	4(2)	3(3)	2(4)	1(5)

表18中的第4、5、9个问题就属于反向发问，在统计其得分时应将顺序倒置，如表18的括号中所标示。总加量表可以测量每个被调查者的社会意向，即个人的总的态度倾向，也可以测量全体被调查者关于某一问题的平均倾向，这时只要把全体被调查者所得分数加总，再除以被调查人数，就可测出被调查者关于某一问题的平均倾向。总加量表的优点在于容易设计，适用范围广，可以用来测量一些其他量表所不能测量的某些多维度的复杂概念，回答者也能够很方便地标明自己所在的位置。总加量表的主要缺点是相同的态度得分者有可能具有十分不同的个人理解和态度形态，因此无法进一步描述他们的态度结构差异。例如，同样是选择"同意"的选项的几个人，其真正的态度可能会存在着较大的不同或分歧。

三、社会距离量表

社会距离量表（Social Distance Scale）又叫鲍格达斯社会距离量表（Bogardus Social Distance Scale），主要用来测量人们相互之间交往的程度，相互关系的程度，或者对某一群体所持的态度以及所保持的距离（表19、表20）。鲍格达斯社会距离量表的每一个指标都是建立在上一个指标之上的，它的优点在于极大地浓缩了数据，也可以推广应用到其他概念的测量上去，比较经济实用。

鲍格达斯社会距离量表示例之一 表19

您和隔壁邻居交往的态度如何

1	路上见面时相互点头表示问候	同意	不同意
2	对对方到家中来访表示可以接受	同意	不同意
3	经常相互到对方家中串门、聊天	同意	不同意
4	愿意借自己家的东西给邻居家使用	同意	不同意
5	愿意给邻居家的困难提出解决办法	同意	不同意
6	愿意付出金钱、人力或物品等对邻居家的困难给予切实帮助	同意	不同意
7	愿意冒一切生命危险去挽救邻居家的利益	同意	不同意

鲍格达斯社会距离量表示例之二　　　　　　　　　　　表 20

您对上海人的态度如何			
1	你愿意让上海人生活在重庆吗	愿意	不愿意
2	你愿意让上海人生活在沙坪坝吗	愿意	不愿意
3	你愿意让上海人生活在沙坪坝沙正街吗	愿意	不愿意
4	你愿意和上海人一起工作吗	愿意	不愿意
5	你愿意让上海人成为你的邻居吗	愿意	不愿意
6	你愿意和上海人交朋友吗	愿意	不愿意
7	你愿意和上海人结婚吗	愿意	不愿意

四、语义差异量表

语义差异量表(Semantic Differential Scale)又叫做语义分化量表，最初是由美国心理学家 C·奥斯古德等人在他们的研究中使用，20 世纪 50 年代后迅速发展起来，主要用来测量概念本身对于不同的人所具有的不同含义，被广泛用于文化的比较研究、个体及群体间差异的比较研究、人们对周围环境或事物的态度和看法等。语义差异量表以形容词的正反意义为基础，包含一系列的形容词和他们的反义词，每个形容词和反义词之间约有 7～11 个区间，我们对观念、事物或人的感觉可以通过我们所选择的两个相反的形容词之间的区间反映出来(表 21)。

语义差异量表示例　　　　　　　　　　　表 21

您对重庆三峡广场的设计评价如何								
新颖的	7	6	5	4	3	2	1	一般的
安静的	7	6	5	4	3	2	1	吵闹的
现代的	7	6	5	4	3	2	1	传统的
温暖的	7	6	5	4	3	2	1	寒冷的
简单的	7	6	5	4	3	2	1	复杂的
深刻的	7	6	5	4	3	2	1	浅薄的

语义差异量表的缺点在于，其询问比较模糊，程度上的差异很难把握，并且在形成一个总的印象与评价的具体过程中，个人也会把经验因素掺入进来。但是，尽管如此，语义差异量表的测量方法仍然是有效的，因为通过求得被调查者回答的平均数，能够中和一些偏见与极端的看法。作为平均倾向，使用语义差异量表可以比较有效地对各种群体进行比较与评价。

中 篇
城市规划社会调查方法

阪神株式会社調査方

第六章 城市规划社会调查前期准备

　　任何一项城市规划社会调查活动都是从选择调查课题开始的。这里所说的"课题",与日常生活中所谓的"问题"或"现象"既有些相近,又有所不同。有了"问题"或"现象"作为"引子",才有城市规划社会调查研究的选题,同时城市规划社会调查活动的研究课题也往往比这些"问题"或"现象"更为具体、集中和明确。城市规划社会调查活动正式开始前的准备工作,除了选题之外,还包括进行初步探索,提出研究假设等理论准备工作,以及组建调查队伍(或调查小组)、调查人员素质培训和社会调查的物质技术准备等。

　　图 19 为第六章框架图。

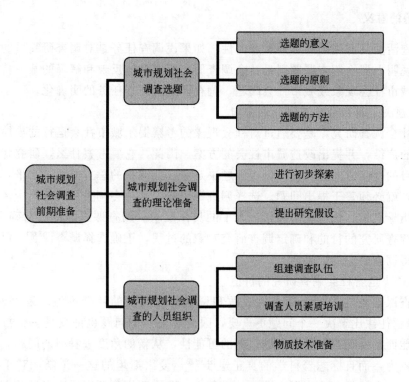

图 19　第六章框架图

第一节 城市规划社会调查选题

进行社会调查(本书下文中凡没有特殊说明,社会调查均是针对城市规划社会调查而言),首先要解决的是"调查什么"的问题,这就是选题的问题。在讲述选题这一问题之前,应当首先正确认识课题、论题(主题)、题目(标题)这三个概念的区别:①课题不同于论题,课题(Topic)通常是指城市规划学科领域的一些科研项目。它的研究范围比论题大得多,例如小城镇建设就是一个大课题,其中包含许多论题,如小城镇的风貌规划、小城镇的用地布局、小城镇的历史文化遗产保护,等等。②论题不同于题目,论题(Theme)是社会调查研究的范围或方向。它属于内容要素,是社会调查研究的主题。题目(Title)则是准确地概括社会调查报告的一句话或一个词组,是根据调查报告的内容来确定的。它可以在调查报告写成后再拟定,也可以根据调查报告的内容灵活更换,具有较大的随意性,属于形式要素❶。有的标题能够明显地揭示出论题,但有的调查报告单从标题上是看不出调查报告的内容。城市规划社会调查报告的论题(主题)、题目(标题)将在本书第十章《城市规划社会调查报告写作》中进行讲述。

一、选题的意义

社会调查活动具有明确的目的和方向性,如果说调查任务是对调查研究目的、范围和对象笼统地说明,那么调查课题则是社会调查研究所要具体反映和解释的某一特定的城市社会事物、城市社会现象或城市社会问题,调查课题是调查任务的明确化。

(一)选题决定着社会调查研究的方向

科学的社会调查研究,是要通过对社会现象的考察揭示城市社会运行的规律,指出城市社会问题的症结,并提出改造城市社会的方案。因此,它要考察什么,研究什么,必须具有明确的目的性和方向性。选择调查课题决定着社会调查的总方向、总水平,要正确选择调查课题,就必须善于提出问题。选择调查课题不仅是社会调查目的的集中体现,而且是调查者的指导思想、社会见解和学识水平的具体反映。调查课题的提出与确定的过程,是明确该项调查研究的目的和确定调查研究对象的过程,正确选择调查课题,可以事半功倍,迅速取得调查研究的成果。

(二)选题决定着社会调查研究的价值

选择调查课题决定着社会调查的成败和调查研究成果的社会价值。爱因斯坦指出:"提出一个问题往往比解决一个问题更重要,因为解决一个问题也许仅是一个数学上的或实验上的技能而已。而提出新的问题、新的可能性,从新的角度去看旧的问题,都需要有创造性的想象力,而且标志着科学的真正进步"❷。爱因斯坦的这一论断,对于社会调查研究同样适用。在选择和确定调查课题的过程中,既需要用到调查研究者所掌握的专业理论知识、调查研究方法知识和各种操作技术,又需要调查研究者具有比较开阔的视野、比较敏锐的洞察力、比较强的判断能力,以及一定的社会生活经验。一项具体的调查课题从开始选择到最终确立,都是上述几个方面因素的共同作用结果。一个正确的选题是取得社

---

❶ 参见:徐融、张韩正编著. 毕业论文写作. 北京:中国商业出版社,2004..P19。

❷ 参见:爱因斯坦著. 物理学的进化论. 上海:上海科学技术出版社,1962.P66。

会调查成功的必要条件之一，调查课题只有得当、正确，具有现实针对性，才有取得成功的可能，才有可能产生一定的理论价值或应用价值。

（三）选题制约着社会调查研究的全过程

正确选择调查课题是设计调查方案和安排整个调查工作进程的基础和前提，决定着社会调查的方案设计，制约着社会调查的全部过程。选题不仅仅是给社会调查简单地限定个范围，选择调查课题的过程，更是初步进行科学研究的过程。选好一个课题需要经过研究者进行多方思考、查阅资料、互相比较、反复推敲以及精心策划。选题一旦确定，也就表明研究者的头脑中已经大致形成了社会调查的思路和轮廓，选择的调查课题不同，调查的内容、方法、对象和范围就不相同，调查人员的选择、调查队伍的组织、调查工作的安排等也不相同。

二、选题的原则

（一）创新性原则

应当按照新颖、独特和先进的要求选择调查课题。有意义的调查课题应具有新颖性、独特性和先进性的特点，能够提供新知识、新方法、新观点和新思想，或者能够解答"空白"领域中的问题。创新性原则具有广泛的意义，既包括别人从未做过调查的开创性课题，也包括外国、外地做过调查而本国、本地尚未调查过的移植性课题，也包括过去做过调查的而现在尚未调查过的追踪性调查课题，也包括从新角度、新侧面去研究老问题的扩展性调查课题等等。

（二）需要性原则

要根据社会发展和实际工作的客观需要选择调查课题，应当针对当前社会发展中的迫切需要解决的理论问题和实践问题，或者针对具有前瞻性的问题，如具有潜在的理论价值或应用价值的问题。这里的需要，既包括编制城市规划设计方案的需要，也有城市规划理论研究的需要，还包括城市建设及管理实践的需要，以及解决广大人民群众疾苦和困难的需要等等。

（三）可行性原则

要根据调查主体和客体的现实条件合理选择调查课题。就调查主体（调查者）而言，选择的调查课题必须与调查者的思想状况、工作作风、知识水平、实践经验以及人力、物力、财力和时间等条件相适应。就调查客体（调查对象）而言，选择的调查课题必须与客观事物的成熟程度、与被调查对象的回答能力和合作意愿、与社会环境的种种因素相符合。只有这种与调查主体、调查客体的客观需要和现实可能相适应、相符合的课题，才是有可能顺利完成调查课题。

总而言之，创造性原则反映了社会调查的本质特征。需要性原则指明了社会调查的根本方向。可能性原则说明了社会调查的现实条件。

三、选题的方法

（一）选题的方法

1. 选择易于开展的课题

所谓易于开展的课题，就是利于启发作者调查思路，容易实现社会调查创新和形成调查者独到见解的课题，可以从以下两个方面入手：

（1）选择前人没有研究过的问题。一张白纸，可以画出最新最美的图画。选择前人没有研究过的问题,作者可以独辟蹊径,不必人云亦云、重复别人的见解,而要凭借自己掌握的第一手资料,开展创新研究。这类选题具有开拓性和探索性,所完成的调查报告能够比较容易受到欢迎。

(2) 抓住疑难点、选择能引起争鸣的问题。从有争议、有疑问、有较大难度的问题中去发现和确立选题。由于这些问题带有争议性,众说纷纭,观点不一,作者可以吸收争论各方面的合理成分,自创新说,或者通过辩驳别人的观点和主张,来阐述自己的新见解。

当然,以上这两个方面的选题,缺点在于社会调查难度较大,对调查研究者的能力要求较高,调查研究者必须有自己较为成熟的思考为基础,所构思的创新点要有理有据、站得住脚,调查所得第一手资料必须具有较强的说服力。

2. 到自己所学的课程中去寻找选题

人们对于自己所学过的课程知识,一般都比较熟悉,在所学课程的分析研究中也往往容易选择到合适的课题。由于学校学习的课程较多,每门课程的现有知识都有待丰富和深化,有许多新的领域需要去发掘,因此可供选择的课题很多。这样,选题容易发挥专业优势,可以顺利完成社会调查工作。

3. 查阅文献资料

查阅文献资料和相关的政策文件等,可以掌握更多的与调查任务有关的基础资料,应当针对调查目的和研究课题有选择性地进行。查阅文献资料可以利用图书馆或资料室的检索工具等,应注意了解以往的调查研究成果、与课题相关的理论知识和方法技术,以及被调查地区、调查对象的历史状况等。查阅文献资料可以按照以下步骤进行:

(1) 广泛地浏览文献资料。在浏览中要注意勤做笔录,有目的、有重点地随时记录下文献资料的纲目,记录下所阅读文献资料中对自己影响最深刻的观点、论据和论证方法等,记录下自己脑海中涌现的点滴心得和体会。

(2) 将通过浏览文献资料所得到的方方面面的内容,进行分类,排列和组合,从中寻找问题,发现问题。例如可分为以下几类:系统地介绍有关问题研究发展方向概况的文献资料;对某一问题的研究情况的文献资料;对同一问题集中不同观点的文献资料;对某一问题研究最新的文献资料和成果;等等。

(3) 将自己所记录的心得体会与文献资料分别加以比较,找出哪些心得体会在文献资料中没有,或者部分没有;哪些心得体会虽然文献资料中已有,但自己对此有不同看法;哪些心得体会与文献资料基本上是一致的;哪些心得体会是在文献资料的基础上深化和发展了的;等等。

经过这样几番查阅文献资料和深思熟虑的思考过程,就容易萌发自己的想法和思路,再进一步思考,就可以获得社会调查选题及其研究目标。

4. 咨询专家学者

城市规划某一研究领域的专家学者或实际工作者,一般对城市规划的某一领域有专门、深入的研究,对城市规划某些领域的研究现状也比较了解,因此,应当注意向有关专家学者询问、请教,向有丰富实践经验的实际工作者学习。通过咨询、学习,可以得到他们的指点帮助,获得有益的启迪,取长补短,进一步了解所选课题的研究价值、可行性及重点难点等,为后续调查研究工作奠定坚实的基础。

5. 实地考察社会

现实社会是一个复杂而庞大的系统，在这个庞大而且时刻变化着的社会中，社会现象丰富多彩，社会关系盘根错节，无疑为我们认识社会、改造社会提供了取之不尽、用之不竭的研究课题。通过选择与选题有关的具有代表性的少数单位和对象进行座谈、访问，以寻求适合调查课题的思考方向，更多地获得第一手资料，提升社会价值。

6. 培养信息敏感

在科学研究活动中，兴趣、直觉、灵感、顿悟、机遇和新闻敏感等非逻辑因素往往具有重大的作用，调查研究者一时的兴趣和冲动，或者接受某些信息的刺激，有时会突发获得某些具有重要价值的调查研究课题。所以，应当在实际生活中时时留心，刻刻在意，准确及时地把握住这些兴趣、直觉、灵感等，增强学术敏感。借助信息敏感和灵感思维进行选题的方法主要有：

（1）追踪线索。大脑中一旦有关于某一选题的火花迸出，就立即紧急追踪，调动各种思维活动和心理活动向纵深发展，力求得到结果。

（2）寻求诱引。"诱引"就是能够诱发灵感发生的有关信息，灵感的迸出可以通过某一偶然事件或时间作"点火桶"，刺激大脑引起相关联想。在选题过程中应积极收集有关信息，随时将有关选题意向灌注进各种偶然事件，力求诱发出新的灵感。

（3）暗示右脑法。人的右脑负责潜意识思维活动，在选题的过程中，可以有意识地控制显意识活动而放任潜意识的活动，使右脑处于积极思维状态。

（4）西托梦境法。一个人进入似睡似醒状态时，科学上称之为"西托"，梦在西托状态中是最活跃的，最能够诱发潜意识的显现。在选题时要注意捕捉梦中的灵感，捕捉可以采取立即重复回想、笔录等方式，以免"梦过情移"。

（二）最佳选题的获取

所谓最佳选题，就是命题新，角度好，内容生动，而又颇具研究价值的选题。一般可以从以下几个角度进行思考：

1. 在城市规划学科领域的"空白处"寻找突破口

所谓"空白处"，就是在城市规划学科领域内，别人尚未涉猎研究过的课题，或者是在本学科领域别人已经研究过，但是还有科学探讨余地的课题，可以是对前人成果的发展性研究。例如本书下篇中的第二个城市规划社会调查实例评析中，关于国有破产企业土地处置问题的研究是城市规划学科领域较少研究过的。这类课题的参考文献较少，甚至无从借鉴，但对于作者来说，发挥创造性的余地较大，可以在了解整体研究状况的基础上获得较大的研究空间，对于发现新情况和处理新问题有一定的启发引导作用。现实生活中提出的各种问题和论题，大部分都是研究空白或薄弱环节，这种选题的应用性、时效性也比较强。

2. 在城市规划与其他学科的"交叉处"寻找突破口

科学发展的趋势表明，当今世界的各种学科正在互相渗透，互相交叉，互相分化和综合，在学科与学科的交叉地带，不断涌现出新的学科门类，例如城市环境心理学、城市规划管理哲学等。这就必然带来一些新的课题，并要求我们善于留心选择某些多学科交叉的新课题，以便易于从城市规划的学科特点入手，在综合和比较的过程中发现问题，开展社会调查研究，探讨出具有价值的规律来。

3. 在城市规划学科领域的"热点处"寻找突破口

在科学领域中，无论哪一门类哪一学科，在某一时期总有一些讨论的热点，城市规划学科也是如此。随着社会的发展，人们的观念发生变化，知识水平不断提高，往往以前的许多已经定论的问题又会引起人们的兴趣和争论。选择有争议的问题研究，便于发表自己的主张，提出自己的观点，从批评别人的观点入手，逐渐引伸发展，深化自己的思维，达到完善自己观点的目的。城市规划学术领域近两年来比较热门的话题例如城市生态问题、城市规划科学性问题、规划师职业道德问题、城市规划与老工业基地改造问题，等等。从这些"热点处"寻找突破口，合理选择社会调查课题，往往具有重大的主题意义，社会调查研究者也能够在社会调查过程中不断获得新的灵感和启发（表22、图20）。

全国大学生城市规划专业社会调查报告评优获奖作品选题情况　　　　表22

序号	作 品 名 称	获奖情况	选 题 类 别
	2000年度（首届调查报告评优竞赛，优秀奖空缺）		
1	不同改造模式对社区发展和居民生活影响的对比研究——以上海市卢湾区的两个典型住区为例	佳作奖	居住及社区问题
2	邯郸市城市形象调查报告	佳作奖	城市形象
3	江西省婺源县历史街区和古村落调查	佳作奖	城市历史文化及保护
4	旧城中的沉思——大悲院地区居住条件调查	鼓励奖	居住及社区问题
5	湘西历史街区和古村落调查——湖南会同县高椅村	鼓励奖	城市历史文化及保护
6	沙湖问题调查报告	鼓励奖	城市问题
7	在融合中寻求更新与发展——天津市老城厢文庙地区居住现状调查报告	鼓励奖	居住及社区问题
8	承燕赵古风、铸造邯郸形象特色——关于邯郸城市形象的调查报告	鼓励奖	城市形象
	2001年度		
9	南京市新街口正洪商业步行街社会调查报告	优秀奖	城市中心区建设
10	交流、了解、共融、发展——津京地区回族社区现状调研	优秀奖	居住及社区问题
11	由2.1到2.5——容积率变更引发的思考	优秀奖	城市规划管理
12	细看城市流动摊点——南京新街口流动摊点调查报告	佳作奖	城市问题
13	对三峡库区"棚户现象"的调查与思考	佳作奖	城市问题
14	呼唤——浦东新区规划批后管理中热点问题的调查报告	佳作奖	城市规划管理
15	中国近代商业建筑群落的代表——谦祥益老号	佳作奖	建筑设计
16	需求人性化的开放空间——对城市中心区开放空间与驻留人群的研究	佳作奖	城市中心区建设
17	天津市五大道租界住宅风貌区保护现状调查	鼓励奖	居住及社区问题
18	中原文化与边地文化的交融——古村落团山调查报告	鼓励奖	城市历史文化及保护
19	蜕变——从南京中心区电影院的实际使用状况中看电影院的危机与发展	鼓励奖	建筑设计
20	郑州市低收入社区居民游憩活动分析及游憩设施改建建议	鼓励奖	城市生态与城市环境
21	在动迁的过程中协调关系	鼓励奖	城市规划管理
22	燕赵大地的城市客厅——邯郸城市广场调查报告	鼓励奖	城市形象
23	哈尔滨市宗教建筑调查	鼓励奖	建筑设计
	2002年度（自本年度开始参加评优作品的奖项不再划分优秀、佳作、鼓励等级，所有获奖作品均为佳作奖）		
24	点线面的延伸——中央大街休闲区使用情况调查报告	佳作奖	城市生态与城市环境
25	"五村合一"启示录——山东省兖州市兖镇迁村并点的调查和思考	佳作奖	小城镇规划建设
26	南京市新街口地下商业街社会调查报告	佳作奖	城市中心区建设
27	南京市盲道建设与使用状况调研报告	佳作奖	城市基础设施建设

续表

序号	作品名称	获奖情况	选题类别
28	湖南路——服饰消费空间调查	佳作奖	城市生态与城市环境
29	哈尔滨城市居民周末短程休闲调研报告	佳作奖	城市生态与城市环境
30	由需求到空间——南京市湖南路商业中心休闲空间调查	佳作奖	城市中心区建设
31	从"分异"走向"融合"——关于当代我国居住模式的调研与思考	佳作奖	居住及社区问题
32	住区市场调研	佳作奖	居住及社区问题
33	关于南京新街口地区公共停车场使用功效性的调研	佳作奖	城市基础设施建设
34	为了明天更美好——济南周边地区及广饶县三峡移民安置现状调查	佳作奖	居住及社区问题
35	大地上的异乡者——西云村流动人口聚居区社会调查报告	佳作奖	居住及社区问题
36	从回忆到回归——评事街旧城更新调查报告	佳作奖	城市历史文化及保护
37	混合住区的分异现象初探——南京市锁金村社区社会调查报告	佳作奖	居住及社区问题
38	关爱老人从社区做起——北京虎坊路社区老年人生活状况调查报告	佳作奖	老年人问题
39	深圳城市土地混合使用状况调查研究报告	佳作奖	城市开发
40	在市场经济环境中的规划管理	佳作奖	城市规划管理
41	马路市场:让我欢喜让我忧——济南大学西校门旁马路市场调查报告	佳作奖	城市生态与城市环境
2003年度			
42	居民停车与现行居住区规范的矛盾	佳作奖	居住及社区问题
43	山师东路调查报告	佳作奖	城市交通
44	粮道街人口老龄化社会调查报告	佳作奖	老年人问题
45	济南市解放桥地段公共交通换乘调查报告	佳作奖	城市交通
46	我们的南京书店——南京主城区书店现状调研	佳作奖	城市文化建设
47	湖南路光环境现状调查	佳作奖	城市生态与城市环境
48	南京市住区停车现状调研报告	佳作奖	城市交通
49	大学生住宿现状调研报告	佳作奖	建筑设计
50	广州居住区架空层调研报告	佳作奖	建筑设计
51	青岛市养老方式变化趋势及原因	佳作奖	老年人问题
52	青岛社区养老环境的调查报告	佳作奖	老年人问题
53	"百米"感受——世纪大道交通调查报告	佳作奖	城市交通
54	武汉市房地产市场操作与实效的调查	佳作奖	城市开发
55	哈尔滨市高龄者交通特征与需求调研	佳作奖	老年人问题
56	天下文枢苑,寻常百姓家——夫子庙地区历史与现代文化协调情况调查	佳作奖	城市历史文化及保护

续表

序号	作品名称	获奖情况	选题类别
57	侵入与延续——对某商品房小区邻里关系的调查	佳作奖	居住及社区问题
58	杏坛旁的蒿草——关于济南大学西校区西侧的后龙窝庄的调查报告	佳作奖	城市生态与城市环境
59	红了樱桃，绿了芭蕉——济南市广场调研报告	佳作奖	城市形象
60	龙江花园城社区公共服务现状调研	佳作奖	城市基础设施建设
61	人车行——南京湖南路公共交通调查	佳作奖	城市交通
62	桐芳苑社区重构情况社会调查报告	佳作奖	居住及社区问题
63	苏州中心主城居民居住意向调查报告	佳作奖	居住及社区问题

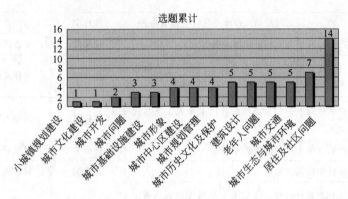

图 20 2000～2003 年全国大学生城市规划调查报告评优获奖作品选题情况累计

第二节 城市规划社会调查的理论准备

一、进行初步探索

在选择调查课题之后，设计调查方案之前，必须围绕选定的课题进行一些初步的、探索性的调查和研究。初步探索(Initiatory Explore)的主要目的，不是直接回答调查课题所要解决的问题，而是为正确解决调查课题探寻可供选择的方向和道路，从而为设计调查方案提供可靠的客观依据。

（一）初步探索的基本任务

初步探索的首要任务是对调查研究的起点和重点进行正确选择。为了正确选择调查研究的起点和重点，就应该弄清楚前人和他人对本课题已经做过哪些调查研究，搜集了哪些资料，解决了哪些问题，还有哪些问题没有解决或者没有完全解决。这其中要特别着重了解当前与本课题相关的各种新情况，新变化，以及已经成为人们议论中心的热点和焦点问题，只有弄清楚了这些问题，才能正确选择调查研究的起点和重点。

初步探索的另一个任务就是研究社会调查的社会指标、调查方法和具体步骤。应该了解前人和他人是在什么条件下进行社会调查的，他们使用过哪些社会指标，采用过哪些调查方法，他们有哪些经验和教训，特别是要注意了解当前的主客观条件发生了哪些变化，为了适应这些变化，在社会指标、调查方法、具体步骤的设计上应该作哪些新的考虑和安排等等。总之，初步探索是直接为设计调查方案做准备的，是选择调查课题和设计调查方案之间的一个不可或缺的步骤。

（二）初步探索的主要方法

查阅文献、请教咨询和实地考察是初步探索的三种主要方法。

1. 查阅文献

前人和他人调查研究的成果结晶，一般体现在各种文献数据中，因此初步探索应从查阅文献开始，查找和阅读与课题相关的各种文献。查阅文献愈广泛，愈全面愈好：既要查阅历史文献，又要查阅当今的最新著述；既要查阅本国文献，又要查阅国外相关的研究成果；既要研究党和政府的方针政策、法律法规，又要研究反映基层情况的各种材料；等等。当然，要穷尽与课题相关的邻近学科、邻近部门、邻近地区的有关文献，或者穷尽古今中外、上下左右的有关文献是不可能的，但是应该努力开展尽可能广泛的文献查阅工作，只有这样，才能使自己的社会调查真正站在"历史巨人的肩膀上"。

2. 请教咨询

请教咨询是进行初步探索的另一重要方法。初步探索应当通过征询、商议、请教和学习的方法，广泛地向一切内行的人们请教和咨询。也就是说，既要向理论造诣较深的专家、教授请教，又要向具有丰富实践经验的实际工作者学习；既要向上级机关的工作人员请教，又要向基层干部和人民群众学习；特别是要向那些不同地位、不同观点的人咨询。在请教咨询之前，要努力做到对咨询对象和咨询问题有较多地了解，力求向最适合的咨询对象咨询最合适的问题，从而以最短的咨询时间取得最好的咨询效果。

3. 实地考察

实地考察是初步探索最基本、最重要的方法。实地考察的人员不宜太多，但是社会调查的领导者、组织者，特别是调查方案的设计者必须亲自参加。实地考察的对象和范围不宜太广，应尽可能选择那些具有代表性的地区、单位或个人作为考察重点。在实际考察中，要努力把调查与研究结合起来，把认识提出问题和研究解决问题的方法结合起来，把虚心学习与大胆探索结合起来。实地考察可以为正式的大规模调查活动积累宝贵的参考经验，从而避免社会调查的盲目性。

二、提出研究假设

假设（Tentative）或者假说，是对未知的社会现象或社会现象之间的关系所作的尚未经过实践检验的假定性设想或说明。科学假设不是纯主观的推测，必须以一定的客观事实为依据，以一定的科学理论为指导，必须可以被实践证实或证伪。从一定意义上说，提出研究假设是整个社会调查的关键环节。在此之前的各项工作都是为了建立研究假设，在此之后的各项工作都是为了证实或者证伪研究假设。研究假设是设计调查方案的指南，是搜集资料的向导，是通向客观真理的桥梁。但是并非所有的调查都必须提出研究假设，对于以摸清情况和描述事实为目的的调查一般就不需要提出研究假设，而以探索现象间的因果关系为目的的解释性研究课题则往往需要提出研究假设。

（一）假设在社会调查过程中的价值作用

假设在社会调查过程中的价值作用表现在：①假设是搜集调查材料的向导。人们的调查研究活动总是在研究假设指引下有目的、有意识、有选择地进行，人们的研究假设不同，调查研究的侧重点就会不同，甚至会存在较大的差异。②假设是设计调查方案的指南。任何调查方案的设计，特别是社会指标的设计，在客观上都是以一定的研究假设为指南，研究假设不同，调查方案就会不同，这直接影响到调查工作的成败。③假设是探索客观真理的桥梁。人们通过社会调查所掌握的客观事实，是检验假设的最重要依据。在假设的检验过程中，原有的假设可能被证实，可能被证伪，但在更多的情况下则是被修改、补充和完善。随着社会调查的逐步深入，原有的假设被不断地修改、补充和完善，人们的认识就会越来越接近实际，直到最后发现真理或发展真理。

（二）形成研究假设的必要条件

科学的研究假设是创造性思维的产物，它的形成是一个复杂的思维过程。形成研究假设的必要条件包括：①丰富的实践经验。人们在遇到需要解答的问题时，总是首先从过去的经验中寻找答案，人们的实践经验越丰富，可以对比的参照系越广泛，提出研究假设的能力就越强。②科学的理论知识。科学理论是客观事物的本质及其发展规律的正确反映，它对于人们正确认识新事物具有普遍的指导意义。③客观的实际情况。调查课题的形成是在一定时间、地点、条件下的具有某种特殊性的问题，必须到实践中去，到群众中去，通过实地考察，亲自掌握研究对象的特殊情况和最新信息。④一定的想象能力。想象是一种特殊的创造性思维活动，是人的主观能动性的突出表现。科学想象决不是胡思乱想、任意猜测，而是以过去的经验、现有的理论和客观事实为依据的合乎逻辑的联想和推测。

（三）研究假设的类型与形式

研究假设实际上是一个命题形式，是对某种城市社会事物、城市社会现象或城市社会问题的推测性说明，它总是通过两个或两个以上的概念之间的相互关系来表达。

1. 研究假设的类型

(1) 一元假设(X)，具体指对某一社会事实的单义判断。例如"大部分群众支持政府的旧城改造规划措施"，"某城市的生态环境质量得到了明显改善"等。

(2) 二元假设($X \rightarrow Y$)，具体指某一社会事实与另一社会事实之间关系的判断。例如"城市经济实力的增强会导致政府对生态环境建设投入力度的加大"，"社区建筑密度与社区居民生活质量有密切关系"等。

(3) 多元假设($X \rightarrow Y \rightarrow Z$)，具体指某一社会事实与另外两个或多个社会事实关系的判断。例如"城市工业发展(X)会导致城市环境质量下降(Y)，而城市环境质量下降(Y)又使得城市形象受损(Z)"；"城市规划公众参与难的原因(X)主要包括有城市领导不重视(Y_1)，地方群众缺乏热情(Y_2)，公众参与社会成本高(Y_3)"等。

2. 研究假设的表达形式

研究假设的表达形式，既可用简明的文字语言表达，也可用数学语言、图表来表达。以二元假设为例，研究假设的主要形式包括：

(1) 因果关系，即 $X \rightarrow Y$。假如变量 X 发生变化，变量 Y 也随之发生变化；而变量 Y 发生变化，则不一定引起变量 X 发生变化。例如"小汽车数量增加引起道路交通阻塞，而道路交通阻塞则不一定引起小汽车数量的增加"等。

(2) 相关关系，即 $X \rightarrow Y$。假如变量 X 发生变化，变量 Y 也随之发生变化；而变量 Y 发生变化，则一定引起变量 X 发生变化。例如"城市化发展促进城市文明进步，而城市文明进步也会促进城市化发展"等。

(3) 非相关关系，即 $X \leftarrow / \rightarrow Y$。两个变量之间没有什么必然的联系，任何一个变量发生变化都不一定会引起另一个变量随之改变。例如"城市人口增加与城市信息化程度提高二者之间没有必然联系，城市人口增加不一定引起城市信息化程度提高，城市信息化程度提高也不一定引起城市人口增加"等。

（四）提出研究假设的方法

1. 归纳推理法

将部分或局部的观察结果和事实材料，经过总结归纳，形成具有普遍意义的假设，这是提出研究假设最主要的方法。例如根据自己在生活中的观察，以及从图书、报刊、电视等媒介上得到的信息，对于"城市规划方案缺乏可操作性的原因"这一调查研究课题，就可以形成"城市规划方案缺乏可操作性的原因主要有城市建设经济实力不足、城市规划缺乏公众参与、规划师调研及设计不够深入等原因"的研究假设。

2. 逻辑推理法

根据以往的理论或事物发展的必然规律，对事物的发展变化趋势作出某种推测。例如"国家计划生育政策的实施会使得未成年人数量增长缓慢，将引起若干年后的中、小学校生源不足，进而会导致中、小学校合并，成为未来教育发展的必然趋势"等。

3. 类比推理法

面对陌生的社会现象，拿所熟悉的事物、过程、规律，与之类比，形成研究假设。例如借鉴西方社会发达城市的工业化、城市化历程及其经验教训，对我国的老工业基地改造、城市化发展、生态环境保护等现象和规律作出研究假设：如"随着工业化发展，人口向城市集中，城市化是未来社会发展的必然趋势"，"我国将面临城市化加速发展的历史机遇"，"在城市化发展过程中，必须注意人、城市、自然的协调和可持续发展"，等等。

第三节　城市规划社会调查的人员组织

由于城市规划研究所涉及到的城市社会事物、城市社会现象和城市社会问题等往往比较复杂，社会调查的工作量也比较庞大，单一的个人难以有效地开展全面、深入的社会调查，难以取得丰硕的调查成果。城市规划社会调查活动的开展，较多地是通过组建社会调查队伍或者成立调查小组，一定规模的人员共同参与，分解任务，总体协调，从而高质量、高效率地完成庞杂的社会调查任务。

一、组建调查队伍

要组建一支高素质、高效率的社会调查队伍（或调查小组），必须恰当地选择调查人员，并应形成合理的整体结构。

（一）调查人员的基本素质

要恰当地选择调查人员，必须首先考虑和选择调查人员的个人素质。一个合格的调查人员的基本素质要求包括：①正确的政治方向。社会调查的根本目的是为人民服务。为人民服务应成为每一个调查人员的基本政治方向。②健康的体魄和吃苦的精神。社会调查是一项艰苦的工作，每一个调查人员都应该具有良好的身体素质和吃苦耐劳精神，要能够适应流动的生活、工作条件和各种艰苦的环境。③乐观向上的心态和精神面貌。社会调查的过程中可能遇到许多意想不到的困难和挫折，可能遭遇冷眼，受冷遇，坐冷板凳，有时候调查快结束的时候还可能出现调整调查方案，甚至于重新调查的情况。这就要求调查人员要有积极向上的乐观心态，要有毅力和勇气乐观面对任何挑战。④眼睛向下的兴趣和决心。社会调查主要面向社会，面向基层，面向群众。调查人员应该培养对社会、基层和人民群众的感情，对调查工作充满兴趣，愿意主动承担责任义务。⑤一定的社会知识和实际工作经验。一个合格的调查人员应该对民情、民俗、民意、民心有较多的了解，具有一定的实地观察、人际交往和灵活处理问题的经验。⑥一定的文化知识和科学技能。调查人员应具有一定的阅读能力、文字表达能力、摄影水平和数学素质，以适应填表格，做记录，搞统计乃至摄影、摄像的需要。⑦客观、公平、公正的态度。应对所有的被调查者一视同仁，平等相待，决不亲亲疏疏，盛气凌人，或者迎合奉承。要有一说一，有二说二，决不能添油加醋或刻意隐瞒，决不能片面地肯定一切或否定一切。

（二）领导者和组织者的特殊要求

作为社会调查活动的领导者和组织者，除了应当具有上述一般调查人员的基本素质要求，还应当有更高的特殊要求：①熟悉党和国家的方针、路线和法律法规，在调查过程中注意把握政策。②熟悉社会调查的理论知识和操作方法，科学有效地策划调查方案。③具有广博的理论知识和实践经验，能够将理论知识和社会实际结合起来科学研究。④具备一定的组织能力和管理经验，善于调动调查人员的积极性、主动性，取长补短，综合协调处理各种矛盾和应对各种困难。⑤信息敏感和灵活变通能力。在日常生活和社会调查过程中，应善于捕捉各种有用的信息线索，为社会调查提供灵感。在调查过程中如发现调查方案中有不适应实际的问题，应该善于及时、有效地灵活修正调查方案，不能认为既然已经花了大力气对方案进行了各种策划就应该万无一失了。

当然，以上关于一般调查人员及调查活动的领导者和组织者的各种素质要求，大多数是可以通过具体的调查研究活动予以培养和造就的，在最初选择的时候，也没必要刻意要求。但是一支良好的调查队伍的组建和逐步完善是相当不易的，最好能够保持调查队伍的长期稳定性，连续不断地多开展一些社会调查和研究活动，并应当将真实、具体的社会调查工作经历和调查经验教训等，以文字或影像资料的形式记录下来，提供给他人学习和参考。

（三）调查队伍的结构要求

考虑了一般调查人员和调查活动的领导者、组织者的素质要求以后，就有一个调查人员的搭配问题，也就是调查队伍的结构要求。结构要求存在多个方面：①职能结构。应当具有一两个善于总揽全局的领导者和组织者，有一批具有实干精神的调查人员，有一定数量的统计人员和计算机操作人员，以及若干个水平较高的研究人员和写作人员。②地域结构。应该注意外地人和本地人的结合，吸收一部分被调查地区的当地人（最好是具备一定的调查素质和能力）加入调查队伍，能够对调查活动起到相当大的促进作用。③知识结构。应当既有较高的理论研究工作者，又有经验丰富的实际工作者。④能力结构。这里的能力，是指实际调查能力，老手具有丰富经验，新手没有陈旧框框，新老搭配有利于取长补短，提高调查效率、质量以及调查队伍的学习成长。⑤性别结构。应该根据被调查对象的性别结构合理安排调查队伍的性别结构。

二、调查人员素质培训

组建一支好的调查队伍之后,应该对这一队伍进行深入的摸底考察,根据调查队伍的素质和结构状况,进行必要的、有针对性的培训。

(一)培训内容

培训调查人员的内容,取决于调查课题和调查队伍的实际需要,一般说来应包含以下几个方面:①思想道德教育。围绕调查课题进行思想道德教育,提高调查人员参与社会调查的自觉性,深刻认识调查课题的目的和现实意义,激发调查人员的积极性和主观能动性。②科学知识准备。对于调查课题相关的理论知识、实际知识以及党和国家的方针政策、法律法规进行教育学习,使调查人员对调查课题的历史、现状有一个概略的了解,明确分析问题和思考问题的重点、难点和基本方向。③社会调查方法训练。根据课题调查的具体要求,有选择、有重点地学习、训练调查方法,坚持理论联系实际的原则,注重"实用",特别注意应帮助调查人员学会灵活处理各种特殊情况或意外事件的具体应对策略。

(二)培训方式

培训调查人员,常用的有以下几种方法:①现场实习——到被调查地区或单位对真实的调查对象进行实习性调查。它的主要目的不是获取调查材料,而是学习调查方法。一般应先由有经验的调查人员主持调查,然后再由调查人员去做实习调查。实习调查结束后,应注意及时评讲和总结,肯定成绩,查找不足,提出改进措施或建议。②集中授课——主要讲授社会调查基本知识,有关调查课题的目的、要求、内容、方法,调查工作的计划安排,以及邀请一些被调查地区或单位的工作人员介绍一些有关的历史和现实情况。集中讲授应有针对性,要少而精,注重实效。③阅读和讨论——主要是阅读与调查课题相关的党和国家的方针政策、法律法规,阅读熟悉调查计划的方案、提纲、表格、问卷及其说明等。可以组织调查人员对一些重要问题、疑难问题进行讨论和交流。④示范和模拟——对于有关调查方法和技术方面的问题,组织一些示范活动。例如请有经验的人做一些表格和问卷的填写示范,或者由调查人员分别扮演成调查者和被调查者,进行一对一的模拟调查。

三、物质技术准备

(一)社会调查物质准备

社会调查的物质准备包括两个方面:一方面是记录社会调查的信息所需的物质材料和工具,如调查提纲、调查问卷、速写本、图纸、画笔、卷尺、照相机、录音采访机、摄像机以及笔记本电脑等;另一方面是社会调查活动本身需要的物质和资金,如包含往返交通费、食宿费、购买资料等的费用,以及必要的生活用品等。

社会调查的物质准备应当充分预计社会调查工作的时间长短、生活环境、天气状况等困难,做到有备无患,以应对突然因素造成对调查工作的不良影响。例如准备笔记本、电脑用于及时对数据进行整理加工,随身携带照相机及其广角镜头用以拍摄街景立面等。物质准备好比作战时的后勤工作,只有物质准备充分,才能保证社会调查工作的高效、顺利进行。

(二)社会调查技术准备

社会调查的技术准备是多方面的，既包括使用调查提纲、问卷、卡片、表格的方法技术，也包括拍照、录音、录像方法技术和电子计算机使用方法技术等。调查人员应当熟悉各种调查工具的具体使用方法以及维护措施。社会调查的技术准备还应包括熟悉方言和土语的技能。社会调查的工作是人际交流活动，这种交流需要依靠语言进行。调查者要到某地开展社会调查，应了解、熟悉当地的方言和土语，并经过反复训练，尽可能达到能听懂和使用简单的方言、土语会话的水平。这样在社会调查时可以加速自己对事物认识过程的完成，避免语言障碍引发的思维活动受阻。同时，调查者在调查访问时若能适时地用一些方言、土语，也必然会活跃调查气氛，加速双方感情上的热交流；在最终的调查报告写作中适当运用一些方言和土语，也可以使调查报告更加真实和生动。

第七章 城市规划社会调查方案制定

为保证整个社会调查活动的顺利开展及各项具体工作得以高效率地实施,科学的城市规划社会调查活动必须事先制定出详细、周密的调查方案。调查方案的制定主要在于对整个城市规划社会调查的研究工作进行科学规划,设计出探索特定社会事物或社会现象的策略,确定研究的最佳途径,选择恰当的方法,对具体的调查指标及其操作定义、操作步骤等内容进行科学界定。社会调查方案的制定还包括社会调查的信度和效度评价以及调查方案的可行性研究等项工作。

图 21 为第七章框架图。

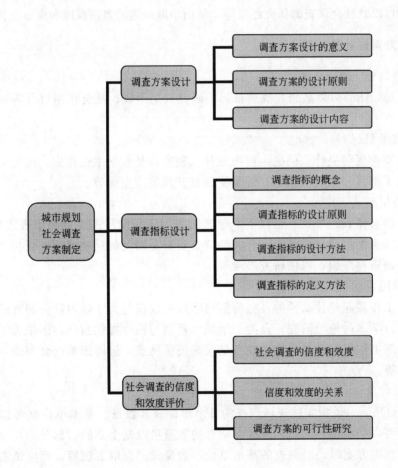

图 21 第七章框架图

第一节 调查方案设计

一、调查方案设计的意义

凡事预则立,不预则废。正如同城市的开发建设要进行城市规划与设计一样,社会调查工作同样也要进行规划与设计——即调查方案设计。调查方案设计就是为了加强调查研究工作的计划性,减少盲目性,要在确定调查课题及初步探索研究的基础上,制定出一个详细、周密的社会调查方案,从而提高社会调查的工作效率,保证社会调查的质量。调查方案设计的意义在于:①调查方案是调查课题及研究目的得以实现的保证。它指导整个社会调查研究的全过程,使之有明确的方向和目的。②调查方案是全体调查人员的行动纲领。它便于对整个社会调查研究过程实施监督、协调、管理和控制,增强调查人员工作的自觉性、主动性,减少盲目性,尽量减少或避免由于调查不协调所造成的偏差和失误。③调查方案往往是项目立项的主要依据。调查人员可以拟定出高质量的调查方案,以向有关部门或单位争取调研项目以及社会调查的研究经费等,从而争取一定的组织保障和资金支持。

二、调查方案设计的内容

(一)调查目标

对调查目标(Aim)可以从研究成果目标、研究成果形式、社会作用目标等三个方面进行设计。

1. 研究成果目标

通过社会调查要解决什么问题,解决到什么程度:是作学术性探索,还是要提出具体对策建议;是了解其一般现实状态,还是要深究其深层次内因等。

2. 研究成果形式

调查成果的具体表现形式:是以学术专著出版,还是撰写完成调查报告或学术论文,或者简单的作口头汇报或演讲等等;有关的调查资料是简要的反映到调查报告之中,还是要单独形成基础资料汇编,以供研究参考等。

3. 社会作用目标

社会调查工作要起到什么样的社会价值与作用:仅仅是为了学习社会调查的方法,还是要与同行进行学术讨论与研究;是为了给城市规划与设计提供指导,还是为了给有关部门的决策和管理工作提供参考意见,或者是反映民情民意,进而影响社会舆论,促进社会改革发展,等等。

(二)调查对象

调查对象(Object)是指实施现场调查的基本单位及其数量。基本单位既可以是人,也可以是户,也可以是单位、部门和地区。调查的数量可以是个别的、部分的,也可以是全部的。在设计调查方案时,对调查的基本单位、数量及其选取方法等,都应该根据调查的需要和可能做出具体的设计和安排。调查对象即分析单位,是调查者所要调查的一个个"点"。它是社会调查的基本单位,是调查者所要了解的一些个案。在选择分析单位时应注意,一项调查课题可以采用多种分析单位,但一般只选择一两种最主要的分析单位,以减

少工作量。当选择了某一分析单位进行调查不能满足需要时,应考虑增加或改变分析单位。社会调查中的调查对象主要有以下几类:

1. 个人

个人是社会科学研究中最常用的调查对象。社会调查往往通过分析个人特征来说明或解释各种社会现象,分析人类在不同社会环境、不同社会制度或不同社会文化中的具体特征,即分析各种社会角色的特征。

2. 群体

群体主要是指具有某些共同特征的一群人,如妇女、儿童、少年、老年、工人、农民、朋友、社交圈等。他们可以作为独立的调查对象。群体特征不同于个人特征,但与个人特征有着某种联系,如有些群体特征由个人特征汇集而来(如家庭的经济状况是每个家庭成员的收入决定);有些群体特征可用群体成员特征的平均值来描述(如工人的平均文化程度、知识分子的平均收入)。

3. 组织

组织是指具有共同目标和正式分工的一群人所组成的单位,如企业、商店、学校、医院、政党等。由于许多社会现象是在组织内部或组织之间产生的,因此组织是社会研究中一个重要的调查对象。组织特征包括组织规模、组织方式、管理方式、组织行为、组织规范等。

4. 社区

社区是按地理区域划分的社会单位,如乡村、小城镇、市区等。社区成员一般共同从事社会、政治、经济等活动,并具有较为一致的文化规范和价值标准,共同遵守一定的行为模式。将社区作为调查对象通常是为了描述社区居民的生活状况、交往活动、文化活动、行为规范等。由社区研究可进一步扩展为对整个城市社会的研究,从而上升到宏观层次。

5. 社会产物

社会产物是指各种类型的社会活动、社会关系、社会制度和社会产品等。例如战争、政治制度、经济制度、国际关系、家族关系、婚姻关系、革命、罢工、交通工具、报刊、电影等,都可以成为一个个的调查对象。

(三)调查内容

调查内容(Content)是指调查者所要调查和描述的具体项目或指标。它们涉及各种调查对象的属性和特征。调查内容是多种多样的,调查者可以根据自身的要求进行合理的筛选。调查内容是通过社会指标和调查指标反映出来的,设计调查内容的过程,也就是设计社会指标和调查指标的过程。从方法论的角度来看,调查内容的选择应注意:是在宏观层次还是在微观层次研究;是在经验层次上描述还是在抽象层次上解释;是研究少数个案的大量特征还是研究大量样本的少数特征;等等。一般可以将调查内容分为状态、意向性和行为三类。

1. 状态

状态特征是指调查对象的基本情况,可用一些客观指标来调查。例如要调查人们的城市规划态度受哪些个人因素的影响,可以选择个人的年龄、职业、文化程度、经济收入等状态变量。一般来说,状态变量可作为自变量,它们对态度行为及其他社会现象都可能有重要影响。

2. 意向性

意向性是分析单位的内在属性，是一种主观变量，包括态度、观念、信仰、个性、动机、偏好、倾向性等等。调查者通常是设计一组题目来描述态度、观念和行为倾向等的不同类别或不同程度。对意向性的分析要以调查对象的行为动机、目的、手段、策略等等来解释它的行为。

3. 行为

行为特征是一种外显变量，是调查者可以直接观察到的各种社会行为和社会活动，如选举、就业、结婚、变换职业等。调查者可以从各个方面进行考察。社会行为通常是调查者所要解释的因变量，它受状态和意向性的影响。社会行为之间也存在着相互作用和相互影响，社会机构、社会关系、社会环境、历史文化等变量也是影响行为的因素。它们是较高层次的调查对象所具有的属性和特征。

（四）调查工具

调查工具（Tool）是指调查指标的物质载体，如调查提纲、调查表格、调查问卷以及各种量表和卡片等。调查指标是通过调查工具具体表现和反映出来的。因此，设计调查指标的过程，主要是设计能够反映调查指标（进一步反映社会指标和社会现象）的调查提纲、调查表格、调查问卷以及各种量表和卡片等的过程。除此以外，照相机、录音机、摄影机等设备也是社会调查中经常用到的调查工具。

（五）调查时间及地点

在调查方案的设计阶段，必须对社会调查的时间和地点做出合理安排。调查时间包含最佳调查时间和调查工作周期两个方面，应该根据不同的调查任务进行科学选择设计。例如对乡镇的农贸市场进行调查，就要选择赶场天的市场交易最活跃时间作为最佳调查时间。不同的调查规模和调查方式需要的调查周期不同，对此也要对其进行预测和判断。调查地点的设计，要考虑调查课题的客观需要和调查者的主观可能，要考虑调查地点的代表性和调查对象的集中性、恰当的调查范围，以及社会调查的行程安排和人力、物力、财力等的综合部署。

（六）调查方法

调查方法主要包括搜集资料和研究资料的方法。注意选择普遍调查、典型调查或者抽样调查等社会调查的基本类型；文献调查法、实地观察法、问卷调查法等主要的社会调查方法；以及定性研究、定量研究等研究方法；进而对社会指标和调查指标等做出设计。

（七）调查队伍与经费组织

社会调查队伍（调查小组）的组建、调查人员的素质培训及其组织管理等是调查计划中应当安排的内容。根据调查任务要求和实际能力，对于调查成本如调查经费的筹集、使用和管理等，也要做出科学安排。

（八）调查工作计划

社会调查工作的计划安排主要是调查任务的安排。即根据调查目标做出实施计划，要力求合理、平衡，符合承担者的实际能力，同时留有余地，科学预测和应对可能将要遇到的各种问题和困难。

三、调查方案设计的原则

（一）实用原则

调查方案设计的目的是为了在社会调查过程中的实际应用。实用是调查方案设计的第一原则。贯彻实用原则，必须深入理解社会调查的目的和意义、调查人员和调查对象等主客观条件，认真、慎重地设计调查方案。社会调查工作的组织者或领导者应当亲自参与调查方案的设计。

（二）经济原则

社会调查工作有一个调查成本问题，我们总是希望努力节省人力、物力、财力和时间等，以最小的成本投入取得最大的调查效果。因此应当对可以采用的调查方案和调查方法等进行多方案对比研究，在满足调查质量等要求的前提下，对调查范围、调查对象的多少、调查时间的长短、调查人员的组织等方面尽量节约安排。

（三）弹性原则

任何调查方案都是事前的设想和预测，与客观现实总会存在这样或者那样的差距，在实际的调查工作过程中也往往会遇到一些意想不到的新情况、新问题，因此调查工作的安排应有一定的调整幅度，应对可能会出现的有利条件和不利因素等进行尽可能全面的预计，制定出科学应对预案，必要时可设计甲、乙、丙等多套社会调查方案，根据所遇到的实际情况灵活按照适合的方案开展调查。同时，社会调查的过程可能会产生很多关于调查研究的灵感和信息，在调查方案的设计时应充分考虑这些因素。例如建立调查人员的联系碰头制度，及时对调查人员的灵感和信息进行交流和讨论，并对调查方案进行科学的、适当的调整。

（四）效率原则

现代社会生活瞬息万变，应注意提高调查工作过程的效率，缩短社会调查过程中不必要的工作时间，减少社会调查的浪费。效率原则同时可以确保社会调查工作的社会价值及时得到体现，如果某项社会调查工作，得出社会调查结论时社会的现实情况已经发生改变，那也就失去了社会调查工作自身的意义。

第二节 调查指标设计

一、调查指标的概念

调查指标（Index）是指在社会调查的过程中用来反映社会现象的特征、属性或状态的项目，例如性别、年龄、人口、产值、绿化率等都是常用的调查指标。调查指标一般由两部分构成：指标名称和指标值。指标名称所反映的是调查指标的内容和所属范围，指标值则具体地对调查指标的测量方法及标准等进行说明。调查指标是调查目的、指导思想、研究假设和调查内容的具体和集中体现，因此应当认真地对调查指标进行科学设计。

调查指标与社会指标之间既密切联系，又有明显区别。二者的联系在于：调查指标的设计必须以社会指标为依据；社会指标只有具体地转化为调查指标才能被用于实际调查；调查指标与社会指标同属于表达社会现象的作用和目的。二者的区别在于：社会指标的设计主要着眼于反映一定的理论假设，力求用最具代表性的一组社会指标来说明调查所要说明的问题；而调查指标的设计主要着眼于反映调查对象的实际情况，力求用最简单的项目、最简单的方法来取得最可靠的资料。也就是说，调查指标与社会指标二者发挥作用的层次和阶段不同。

二、调查指标的设计原则

设计调查指标应遵循的基本原则：①可能性原则。设计调查指标应充分考虑实际调查操作的可能性，要注意被调查者是否可能准确知道你所要调查的情况，或者被调查者是否愿意回答你要调查的问题。调查询问内容也应当通俗易懂，避免过分专业化，以造成被调查者的不理解或误解。②准确性原则。设计调查指标应该有明确的定义。定量指标应该有统一的计算方法。例如人口这一指标，就可能有总人口、农业人口、非农业人口、常住人口、流动人口等多种理解，应予以明确界定。又比如用地面积，就可以采用平方米、平方公里、公顷等多种单位计算，在调查中应明确统一的单位标准。③科学性原则。调查指标的设计应当符合科学原则和实际情况。也就是说，调查指标的设计应当注意符合国际、国内常规惯例标准，并应结合社会的最新发展变化情况。这样一方面便于同行之间的学习交流，也有利于调查成果应用于最新的社会实际需要。④完整性原则。设计的调查指标应全面、正确地反映调查对象的整体，应具有完备性和互斥性，即多一个不行，少一个也不行，两个指标存在交叉也不行。⑤简明性原则。调查指标要尽量简单、明了，要避免过多没有必要的语言，只要能简单扼要、准确地说明问题即可。等等。

三、调查指标的设计方法

调查指标的设计方法，一般都是以一定的调查目标和研究假设为指导，设计出一套社会指标体系，然后再将社会指标体系中的每一个社会指标具体转化为若干个调查指标，这样就形成为一个具有层次性、系统性和完整性的调查指标体系，完成调查目的向调查工作的具体落实和转化(图 22)。

图 22　调查指标的设计方法示意

调查指标的设计过程，实际上是一个调查目标及研究假设→社会指标体系→社会指标→调查指标的分解过程(图 23)。因此，明确的研究假设是设计社会指标和调查指标的指导思想。

四、调查指标的定义方法

在社会调查方案的设计过程中，应对每一个调查指标作出明确的定义，这样既有利于具体的调查工作操作化(Operationalize)，也有利于统一调查标准，减少调查误差，从而实现社会调查工作的准确性和科学性要求。调查指标的定义(Definition)分两个层次：抽象定义和操作定义。抽象定义(Abstract Definition)是对调查指标共同本质的概括，用于

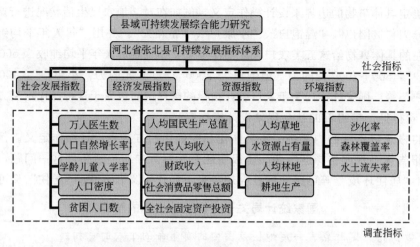

图23 河北省张北县可持续发展指标体系设计过程

参考资料：中国21世纪议程管理中心，中国科学院地理科学与资源研究所编著．可持续发展指标体系的理论与实践．北京：社会科学文献出版社，2004．P220。

揭示调查指标的内涵，概括事物本质和区分其他对象。但是，抽象定义并没有解决在社会调查过程中如何进行实际操作的问题。操作定义（Operation Definition）就是用可感知、可度量的事物、现象和方法对抽象定义所做的界定或者说明。它解决了社会调查过程中如何具体操作的问题。例如"农业总产值"的抽象定义为"用货币计算的农业产品总量"，操作定义可以是"农业总产值＝种植业产品总量×价格＋林业产品总量×价格＋牧业产品总量×价格＋渔业产品总量×价格"。

（一）抽象定义和操作定义

抽象定义和操作定义都是对同一类事物或现象所下的定义，是相互联系的，但二者在定义的内容、方法和着重点等方面有所不同。抽象定义是用概念来下定义的，操作定义则是用具体的事物、现象或方法来下定义；抽象定义使用的是逻辑方法，操作定义使用的是经验方法；抽象定义着重揭示调查指标的内涵和本质，操作定义着重界定调查指标的外延或操作方法。总之，抽象定义决定着操作定义的本质内容，操作定义则是抽象定义在调查过程中的进一步具体化。

（二）操作定义的作用

在社会调查中，操作定义具有重要作用，其作用价值在于：①它有利于提高社会调查的客观性。操作定义使用具体事物、现象或方法来界定和说明调查指标，使得调查指标成为可直接感知或度量的东西。②它有利于提高社会调查的统一性。明确的操作定义有利于统一调查者和被调查者对调查指标的理解，不同的调查人员对不同的调查对象进行调查时，可以按照统一的标准、方法和程序进行调查，从而有利于减少或避免调查误差，提高调查结果的统一性。③它有利于提高社会调查的可比性。操作定义可以使得调查课题的横向对比调查研究或纵向对比调查研究成为可能，这一点对于重复调查、追踪调查等需要开展比较调查研究的课题尤为重要。

（三）操作定义的设计方法

1. 使用客观存在的具体事物设计操作定义

通过确定具体事物的边界来设计操作定义,例如在对某地农民生活状况进行调查时,可以将农民分为"贫困户"、"温饱户"、"小康户"、"富裕户",并用"每人年平均纯收入"这一客观存在的具体事物给这五类农户设计操作定义,如规定每人年平均纯收入500元以下的为"贫困户",500~2000元的为"温饱户",2000~10000元的为"小康户",10000元以上为"富裕户"等。国家统计局关于人口统计指标的解释说明也属于这种操作定义方法。

2. 用看得见、摸得着的社会现象设计操作定义

使用将概念或指标的内涵进一步具体化和明确化的方法来设计操作定义。例如《德国可持续性报告体系提议选择的主题、次级主题及指标》中对生活条件这一问题,可以采用"居住"和"居住环境"等可感知的社会现象来下操作定义。其中,"居住"又可以用"包

国家统计局关于人口统计指标的解释

人口数:指一定时点、一定地区范围内的有生命的个人的总和。

年度统计的年末人口数指每年12月31日24时的人口数。年度统计的全国人口总数内未包括台湾省和港澳同胞以及海外华侨人数。

市镇总人口和乡村总人口,其定义有两种口径:

第一种口径(按行政建制)

市人口:市管辖区域内的全部人口(含市辖镇,不含市辖区县);

镇人口:县辖镇的全部人口(不含市辖镇);

县人口:县辖乡人口。

第二种口径(按常住人口划分)

市人口:设区的市的区人口和不设区的市所辖的街道人口;

镇人口:不设区的市所辖镇的居民委员会人口和县辖镇的居民委员会人口;

县人口:除上述两种人口以外的全部人口。

1952~1980年数据为第一种口径的数据,1982年以后的数据为第二种口径的数据。

出生率(又称粗出生率):指在一定时期内(通常为一年)平均每千人所出生的人数的比率,一般用千分率表示。计算公式为:

$$出生率 = 年出生人数/年平均人数 \times 1000‰$$

式中:出生人数指活产婴儿,即胎儿脱离母体时(不管怀孕月数),有过呼吸或其他生命现象。年平均人数指年初、年底人口数的平均数,也可用年中人口数代替。

死亡率(又称粗死亡率):指在一定时期内(通常为一年)一定地区的死亡人数与同期平均人数(或期中人数)之比,一般用千分率表示。计算公式为:

$$死亡率 = 年死亡人数/年平均人数 \times 1000‰$$

人口自然增长率:指在一定时期内(通常为一年)人口自然增加数(出生人数减死亡人数)与该时期内平均人数(或期中人数)之比,一般用千分率表示。计算公式为:

$$人口自然增长率 = (本年出生人数 - 本年死亡人数)/年平均人数 \times 1000‰$$
$$= 人口出生率 - 人口死亡率$$

在业人口(又称就业人口):指15周岁及15周岁以上人口中从事一定的社会劳动并取得劳动报酬或经营收入的人口。

不在业人口:指15周岁及15周岁以上人口中未从事社会劳动的人口,包括在校学生、料理家务、待升学、市镇待业、离退休、退职、丧失劳动能力等非在业人口。

总负担系数:指被抚养人口(0~14岁和65岁以上人口)与15~64岁人口的比例。计

算公式为:

$$总负担系数 = 被抚养人口/15\sim64岁人口 \times 100\%$$

负担老年系数:指老年人口(65岁以上人口)与15~64岁人口的比例。计算公式为:

$$负担老年系数 = 老年人口/15\sim64岁人口 \times 100\%$$

负担少年系数:指少年儿童与15~64岁人口的比例。计算公式为:

$$负担少年系数 = 少年儿童人口/15\sim64岁人口 \times 100\%$$

资料来源:国家统计局网站 http://www.stats.gov.cn/tjzd/tjzbjs/t20020327_14300.htm。

括孩子在内的家庭人均居住面积"、"平均每月收入的生活费用支出"等客观存在的具体事物来下操作定义,"居住环境"又可以用"城市共享的绿地空间"等客观存在的具体事物来下操作定义,等等(表23)。

德国可持续发展指标体系及其指标解释 表23

德国可持续性报告体系提议选择的主题、次级主题及指标	
人文/社会圈	环境圈
食品 数量 1. 数量指标 质量 2. 平均日能量吸收量和食品成分百分含量	**大气保护** 温室效应 1. 京都议定书中提到的相关气体排放 2. 第一次花期和植被物候的变化 臭氧层保护 3. ODS排放(老设备和产品导致的排放) 大气质量的保护 4. 大气质量排放指数 5. 臭氧层临界水平 6. PM-10和PM-2,5浓度
生活条件 居住 3. 包括孩子在内的家庭人均居住面积 4. 平均每月收入的生活费用支出 居住环境 5. 城市共享的绿地空间	**水保护** 防止氮和其他污染物的淡水保护 7. 具有Ⅱ类化学水质的监测站点的检出比率 8. 地表水中氮和重金属的排放 防止氮和其他污染物的地下水保护 9. 地下水的污染物浓度(硝酸盐和杀虫剂) 10. 杀虫剂风险指数(当前的杀虫剂使用量) 海岸和海水保护 11. 氮富集平衡 12. 北海和波罗的海有机污染物浓度
健康 身体健康 6. 敏感症的传播 7. 对自己健康的满意度 8. 65岁以下的过早死亡率 心理健康 9. 10万人中的自杀率	**土壤保护** 防止氮和其他污染物的土壤保护 13. 酸化和富营养化临界负荷的超标率 土壤资源的保护 14. 实际侵蚀风险指数

续表

德国可持续性报告体系提议选择的主题、次级主题及指标	
人文/社会圈	环 境 圈
教育 知识和技能学习 10. 25岁居民的教育背景和大学新生入学率 11. 初级学校每班的学生数量 12. 25~64岁之间人群参加再教育的比率 文化技能的学习 13. 文化机构的数量 社会技能的学习 14. 孩子作为家庭暴力牺牲品的比率 15. 自愿者的比率	**生态系统的维持与保护** 生物界(生物多样性)保护 15. 物种指数-选择的动物区系种群数量的发展结构种类和景观保护 16. 居住和交通用地的每日增加量 17. 依据欧盟植物和动物区系生境指导的保护面积 18. 已确定的毁坏树木比率 19. 有机农田面积
国际公正与公平 平等地享受世界繁荣 16. 欧盟从发展中国家的进口量(享受免税和最终产品) 17. 国民生产总值中官方发展资助的比率	**资源保护** 非再生资源 20. 资源开发和资源进口的数量 21. 部门的初级能源消费 22. 能源和资源的生产率 可更新资源 23. 年木材砍伐与树木增加的比率 24. 水资源利用强度 25. 捕鱼量占鱼类资源的比例
代内与代际公平 男女之间的平等权利 18. GEM指数 19. 35~39岁之间男女全职雇工年收入的比率 进一步的代内公平 20. 收入分配的基尼系数 21. 没有GCSE的外国学校毕业人数(与德国学校毕业人数相比) 22. 失业残疾人的份额 代际公平 23. 国家赤字	**人群健康的保护** 食品保护 26. 食品中的重金属 噪声防治 27. 人群的噪声暴露指数 细菌防治 28. 海岸和内陆水域的微生物发病机理 29. 放射性污染防治 30. 建筑物中的氡防治
居民适宜的工作 就业情况 24. 长期失业人员的比率(并不是用就业率来反映这一状况,因为就业率很难反映出降低失业率的情况) 25. 专职管理的行政人员 就业条件和就业权利 26. 对工作的满意程度 27. 就业保险	

续表

德国可持续性报告体系提议选择的主题、次级主题及指标	
人文/社会圈	环 境 圈
经济财富 绝对财富 28. GDP 中花费的净资产比例 29. 通货膨胀率 30. 人均 GDP 31. 私人和国家对研究和发展的支出 生产和消费方式 32. 环境和社会意识，如购买公平贸易产品的意愿 33. 根据消费部门的终端能源消费 34. 货物和乘客的运输量 35. 铁路货物运输占所有货物运输量的比例 36. 家庭为不同消费商品的支出 37. 家庭废弃物和利用再循环产品的数量 38. 工业废弃物的数量 社会保障体系 39. 全体人口中接受社会福利的人口比例 40. 年均保险的稳定性	
参与 参与(个人、小组、组织机构) 41. 国家或地区选举中投票者的出席数 42. 对政治参与可能性的满意高度	
安全 国内安全 43. 腐败认知指数 44. 交通死亡和 18 岁以下受伤害情况 45. 房屋被盗窃的数量 国际安全 46. 和平和冲突研究的资源 47. 向发展中国家出口的有关军事产品的数量	

参考资料：中国 21 世纪议程管理中心，中国科学院地理科学与资源研究所编著．可持续发展指标体系的理论与实践．北京：社会科学文献出版社，2004. P195～P197。

3. 使用社会测量的方法设计操作定义

对于某些操作定义，我们可以使用社会测量的方法来进行设计，例如对领导干部工作能力的考核，很难用具体的事物和社会现象来界定说明，但却可以使用社会测量方法来下操作定义(表 24)。

首先由被考核者的上级、下级和同级干部，根据这个测量表填写评分，然后按照一定比例(权重)汇总，如按照上级占 30%、同级占 40%、下级占 30% 的比例计算出总分。这个总分就可以作为对被考核者的总体评价。

领导干部工作能力测量表 表24

编号	能力种类	很强(5分)	较强(4分)	一般(3分)	较差(2分)	很差(1分)	不知道(0分)
1	调查研究能力						
2	学习创新能力						
3	科学决策能力						
4	识人用人能力						
5	组织管理能力						
6	协调服务能力						
7	人际关系能力						
8	危机应对能力						
9	思维写作能力						
10	演讲表达能力						

（四）指标权重

在对指标的操作定义进行设计时，有时要借助多个指标或指标群来反映某些特定变量，这些若干的指标对于说明或测量变量的作用大小就是权重(Degree)。下表是国家社会科学基金项目作为立项依据的同行评议意见表，共设计了四个指标：选题、内容、预期价值和研究基础。这四个指标在评价中的权重，或者说是其所起的作用是不同的，"研究内容"这一指标最重要，所以其权重(3.5)也最大(表25)。

国家社会科学基金项目同行评议意见表 表25

评估指标	权重	指标说明	专 家 评 分			
选题	2.5	对本课题国内外研究前沿状况的了解是否全面、把握是否准确；选题是否具有前沿性和开拓性	10分、9分	8分、7分	6分、5分	4分、3分
内容	3.5	课题论证的思路是否清晰，视角是否新颖，研究方法是否科学；思想理论观点创新程度如何，或应用对策研究的针对性、现实性是否较强	10分、9分	8分、7分	6分、5分	4分、3分
预期价值	2	基础研究主要考察理论创新程度或对学科建设的作用；应用研究主要考察对经济社会发展的实际价值及可行性	10分、9分	8分、7分	6分、5分	4分、3分
研究基础	2	前期相关研究成果是否丰富，社会评价如何；参考文献是否具有权威性、代表性和前沿性	10分、9分	8分、7分	6分、5分	4分、3分
综合评价		对课题设计论证及申请书的总体印象和综合评价	A级	B级	C级	D级

资料来源：吴增基等主编．现代社会调查方法．上海：上海人民出版社，2003．P62．

第三节 社会调查的信度和效度评价

一、社会调查的信度和效度

（一）社会调查的信度

社会调查的信度（Reliability）是指调查结果反映调查对象实际情况的可信程度，它通常以运用相同的社会测量手段重复测量同一个调查对象时，所得结果的前后一致性程度即信度系数来表示。例如我们用同一份问卷去测量某一社区居民的居住满意程度，如果前后几次社会测量的结果大致相同，就可以说明社会调查的信度高，如果连续几次测出的结果都大不相同，则说明社会调查的信度低。社会调查的信度通常以社会测量的相关系数表示，可分为以下三种类型：

1. 复查信度

所谓复查信度（Test-retest Reliability），是指对同一群社会调查对象，在不同的时间点采用同一种测量工具先后测量两次，根据两次测量的结果计算出相关系数，这一相关系数就叫做复查信度。例如调查某社区居民参加城市规划听证会的意愿，结果愿意参加的人占30.7%，一周之后进行复查，结果愿意参加的人占31.1%，两次测量结果相差0.4%，这个"0.4%"就是某社区居民意愿参加城市规划听证会人数的复查信度。两次的调查结果接近，说明调查结果是稳定的，所采用的方法是可信的，社会调查的信度较高。

2. 复本信度

所谓复本信度（Parallel-forms Reliability），是指将一套测量工具设计成两个或两个以上的等价的复本（如内容、难度、长度、排列等方面都相似的问卷），用这两个复本同时对同一研究对象进行测量，然后计算出其所得两个结果之间的相关系数，此相关系数即为复本信度。学校考试时常常使用的 A、B 试卷，就是类似的道理。

3. 折半信度

复本信度、复查信度的共同特点都是必须经过两次调查才能检验其信度。在社会调查只实施一次的情况下，通常可以采用折半法来估计测量的信度。也就是将社会调查的所有问题按照性质、难度编好单双数，在单数题目的回答结果与双数题目的回答结果之间求相关系数，即得折半信度（Split-half Reliability）。例如一个居民意愿测量包含30个项目，可将这30个项目分为单双数相等的两部分，再求其相关系数即得民意调查的信度。需要说明的是，由于问题是按折半拟出的，因而问卷题目只是原来的一半。

（二）社会调查的效度

社会调查的效度（Validity）是指调查结果说明调查所要说明问题的有效程度，通常指社会调查的测量工具能够准确、真实地测量事物属性的程度，或者是指所用的调查指标能够如实地反映某一概念真实含义的程度。它包含两层含义：测量指标与所要测量的变量之间的相关与吻合程度；测量的结果是否接近该变量的真实值，如果这两者均一致或接近，则该测量或社会调查的效度较高。例如调查公众对于城市旧城改造政策的支持程度，如果测量结果远远低于或高于公众的真正意愿，那么这种测量或者说社会调查是无效的，是不能够反映公众真正的支持程度的。

社会调查的效度是一个多层面的概念,可以分为以下三种类型:

1. 内容效度

内容效度(Content Validity)又可称为表面效度或逻辑效度,指的是测量内容与测量目标之间的适合性和相符性,也可以说是测量所选定或设计的题目是否符合社会调查的目的和要求。例如,要调查某地区的居住用地情况,而社会测量的却是商业用地的情况,则社会调查结果没有内容效度。

2. 准则效度

准则效度(Criterion Validity)也可称为标准效度、关联效度、或预测效度,是指以某一次社会测量的结果为标准,去评价与之相关的另一次测量的有效性。准则是被假设或定义为有效的测量标准,符合这种标准的测量工具可以作为测量某一特定现象或概念的准则,对同一概念的测量可以适用多种测量工具,其中每种测量方式与准则的一致性即为准则效度。例如国家统计局社会统计司制定了《中国的社会指标体系》(本书第五章第二节),如果以该指标体系为准则,全国各地区从事社会发展水平研究时,其所用的社会发展指标体系越接近《中国的社会指标体系》,则其准则效度越高。

3. 建构效度

所谓建构效度(Construct Validity)是指如果用某一测量工具对某一命题测量的结果与该命题两个变量之间在理论上的关系相一致,则这一测量工具就具有建构效度。建构效度是为了了解社会测量是否反映了概念和命题的结构,通常在理论性研究中使用,是通过与理论假设相比较来检验的,因此又可称为理论效度。它可以表述为:如果变量 X、Y 在理论上有关系,那么在经验层次上对 X 的测量与对 Y 的测量也应当是相关的。例如,假设"居民对城市规划的了解程度"(X)与"对旧城改造的支持程度"(Y)是正相关的(即如果居民对城市规划的了解程度越大,则对旧城改造的支持程度越大)。对"居民对城市规划的了解程度"(X)在经验层次上可选择"居民的文化程度"(X_1)、"是否有与城市规划相关的学习或工作背景"(X_2)这两个调查指标进行社会测量;对于"对旧城改造的支持程度"(Y)这一变量可以设置"对旧城改造的支持票数"(Y_1)这一调查指标进行社会测量。如果 X_1 与 Y_1、X_2 与 Y_1 都是正相关,则称这一测量具有建构效度,反之则称测量工具或理论不具有建构效度。

(三)信度和效度的影响因素

信度和效度之间既有密切联系,又有明显区别。信度是对调查对象而言的,它主要针对调查结果的一致性、稳定性和可靠性问题。效度是对调查所要说明的问题而言,它主要针对调查结果的有效性和正确性问题。

1. 影响信度的因素

在结构化、标准化的社会调查中,一些不易控制因素的出现会影响信度。这些因素包括:被调查者是否耐心、配合、认真;调查员是否按照规定的程序和标准严格执行调查规定,是否有诱导行为,是否忠实记录;调查内容是否有敏感问题,是否表述清楚;调查时是否有他人在场,是否受到干扰等。在非结构式、非标准化的社会调查中,除了以上误差外,还有调查者主观因素影响信度,即社会调查的随机性带来难以控制的误差,如调查者的个人偏见、价值观、思维定势、知识结构、观察角度等。

2. 影响效度的因素

所有影响信度的因素必然影响效度。除此以外，效度还受到系统偏差和其他变量的影响，主要包括两个方面：测量工具和样本的代表性。调查的效度在很大程度上取决于调查问题的效度，在使用测量工具如设计问卷、量表和调查提纲时，要慎重地考虑调查的项目和内容，并对概念的操作定义和问题的内容效度进行检查。样本的代表性是影响外在效度的重要因素，要提高研究的外在效度，就有必要采用随机抽样的方法。当研究总体的异质性较大时，应适当加大样本数量。

二、信度和效度的关系

（一）信度和效度的关系

信度和效度之间的关系有四种情况：

1. 信度高、效度未必高

调查结果反映调查对象实际情况的可信度很高，但对于调查所要说明的问题，其效度不一定很高。也就是说，符合实际的设计，可信的调查，不一定能有效地说明调查所要说明的问题。例如要调查某街区的工业用地所占比例，如果所设计的调查指标分为"工业用地面积"、"工业用地所占比例"两种情况，尽管两种情况分别调查所得到的调查数据都真实可信，或者说两种社会调查的信度都比较高，但二者却可能是调查指标为"工业用地面积"的效度高，而调查指标为"工业用地所占比例"的效度低。

2. 信度低、效度必然低

调查结果反映调查对象实际情况的信度很低，它就必然不能有效说明调查所要说明的问题。也就是说，不可信的设计，就不可能有可信的调查，更不可能有效说明调查所要说明的问题。同样以上面的例子，如果调查指标分为"工业用地面积"、"工业建筑质量"的两种情况，其社会调查的数据存在重大的准确性问题，二者的信度低，那么二者的效度必然也低。

3. 效度高、信度必然高

调查结果能有效说明调查所要说明的问题，其所反映的调查对象的实际情况必然是可信的。仍然以上面的例子，如果社会调查某街区的工业用地所占比例的效度较高，那么在调查指标设计时必然不会出现"工业建筑质量"的情况，同时，调查指标为"工业用地面积"的社会调查的信度也必然较高。

4. 效度低、信度未必低

调查结果不能有效说明调查所要说明的问题，但对于反映调查对象的实际情况来说，它的信度可能很低，也可能很高。还以上面的例子，调查指标为"工业建筑质量"的社会调查的效度虽然低（或者说是无效），但由于调查所得到的调查数据都真实可信等原因，其社会调查的信度却会较高。

总之，信度是效度的基础，是效度的必要条件而非充分条件，效度则是信度的目的和归宿，没有效度的信度也就没有了意义。

（二）提高信度和效度的途径

社会调查调查者和被调查者的客观状况和主观态度、社会调查各个阶段的工作，都可能对社会调查的信度和效度产生或大或小的影响。提高社会调查信度和效度的主要途径是：

1. 科学设计调查指标和调查方案

在设计调查指标时,要慎重提出研究假设,力求使研究假设具有较高的科学性;根据研究假设设计的社会指标和调查指标要形成一个能够正确全面说明调查主题的指标体系;每一个调查指标要设计出相对应的抽象定义和操作定义;设计调查方案要强调实用性和弹性原则。

2. 认真培训、教育或说服调查人员和被调查对象

调查人员的为人民服务的奉献精神、实事求是的认真负责态度、熟练掌握调查方法和技能的程度水平,被调查对象对调查工作的合作程度、认知状况、问题理解与回答能力等,都直接影响到调查的信度和效度。因此必须把好调查人员和被调查对象的培训教育关。

3. 切实做好社会调查各个阶段的工作

社会调查的系统性和阶段影响性很强,社会调查全过程各阶段的工作都可能会对调查的信度和效度产生直接或者间接的影响,可谓"牵一发而动全身",稍微不慎就会出现不良后果。因此应当切实抓好各个阶段的具体工作,防止和纠正一切可能出现的差错。

三、调查方案的可行性研究

可行性研究(Possibility Study)是社会调查方案制定和社会调查科学决策的必要阶段和必经步骤。

(一)调查方案的可行性研究方法

针对调查方案进行可行性研究,可以使用多种方法:

1. 逻辑分析法

使用逻辑思维方法来检验和判断社会调查方案设计的可行性。例如要调查某城市居民对城市规划设计方案的满意度,而设计的调查指标却是"居民住房的建筑面积"、"居民住房的建筑年代",这样调查出来的数据是不可能说明问题的。因为"对城市规划设计方案的满意度"同"居民住房的建筑面积"、"居民住房的建筑年代"是不同的概念,它们的内涵和外延有着很大差别,这样的设计违背了逻辑学上的同一律,因而对于调查要说明的问题是无效的。

2. 经验判断法

用以往的实践经验来判断社会调查方案设计的可行性。例如根据以往的社会调查经验:在调查地点的设计方面,当人力财力不足时,选点不易过远;在调查时间的设计方面,如果对政府管理部门进行采访,不宜选择周末和节假日去调查;在调查工具的设计上,如果物质手段不够或计算机技术水平较差,就不宜设计和策划用计算机来处理资料,等等。

3. 专家论证法

通过召开座谈会,邀请相关理论研究和实际工作的专家参加,对所设计的社会调查方案进行讨论、分析和论证。这些专家既能够把握较好的选题方向,能够把握社会调查的重点内容,也能够科学地预见社会调查活动的具体过程中可能出现的困难和矛盾,可以对调查方案的设计、修改和完善提供宝贵的建议,使得调查方案具有较强的可行性。

4. 试验调查法

通过小规模的实地调查来检验社会调查方案设计的可行性，根据试验调查的具体情况修正和完善调查方案。

（二）试验调查的组织原则

"实践是检验真理的惟一标准"，为了避免大规模社会调查工作的盲目性以及由此造成的人财物和时间浪费，进行可行性研究的最基本、最重要、最有效的方法是组织开展试验调查(Test Research)。试验调查的目的既不是搜集资料，不是解决社会调查工作的目标任务，而仅仅是对所设计的调查方案进行可行性研究。

1. 恰当选取调查对象

试验调查对对象的要求要规模小，数量少，类型多，代表性强，注意保持试点单位的自然状态，切忌施加人为影响。

2. 灵活选用调查方法

既然是"试验"，就要设计出多种调查方法在具体调查时灵活选用，并作出比较、选择和调整等等。

3. 精干组建调查队伍

调查活动的组织者、领导者和调查方案的设计者必须亲自参加，同时选派必要数量的有调查经验的调查人员即可。

4. 开展多点对比试验

可以是同一个方案的多点比较，也可以是不同方案的多点对比，也可以是同一个方案的重复对比，或者不同方案的先后纵向对比、交叉横向对比。

5. 重视做好工作总结

应该认真分析试验调查的结果和工作过程，查找得失成败的具体原因，从主、客观因素分析，并作出对原设计调查方案的修正完善意见，使其切实成为社会调查的可行动纲领。

第八章 城市规划社会调查的主要方法

城市规划社会调查活动最终的正确结论来源于社会调查过程中所能够取得的"第一手资料",而要在社会调查中获取大量真实、可靠、生动、详尽的调查资料,就必须正确掌握并熟练地使用各种收集资料的方法。收集资料是社会调查工作过程中的重点和难点问题之一,根据所采取的具体方法和技术手段,城市规划社会调查的主要方法包括有文献调查法、实地观察法、访问调查法、集体访谈法、问卷调查法等多种类型。

图 24 为第八章框架图。

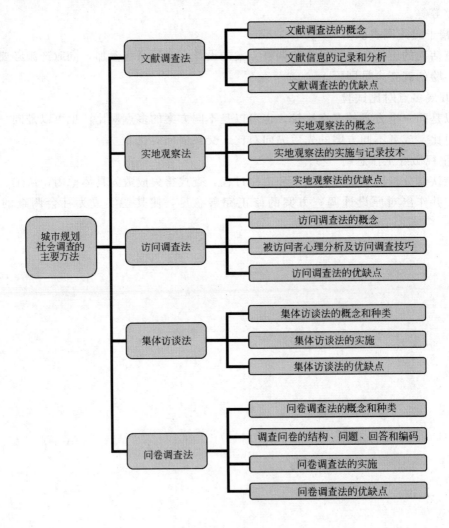

图 24 第八章框架图

第一节 文献调查法

一、文献调查法的概念

（一）文献及其种类

文献（Literature）是人类智慧和知识的结晶，一切记录人类智慧和知识的文字、图像、数字、符号、声频、视频等均可称为文献。任何文献都必须具备三个基本要素：一定的知识内容、一定的物质载体和一定的记录方式。没有记录任何知识内容的物体如空白纸张等、人们思想和精神境界的知识和传说等，某些具有一定知识内容但缺乏记录方式的文物古迹等，都不能称之为文献。

根据不同的分类标准，文献可以分为多种类型：①根据加工深度的不同划分，文献可分为零次文献、一次文献、二次文献和三次文献等。零次文献又称为原始资料，是指未经过加工的或者仅在描述性水平和层次上整理加工过的资料，主要包括会议记录、谈话记录、观察记录、个人日记、笔记、信件、档案、统计报表以及作者本人直接根据所见所闻而撰写的材料等。一次文献、二次文献和三次文献等是指研究者根据一定的研究目的，系统地进行整理过的资料，例如学术期刊、文摘、综述、述评、动态、年鉴、辞典、百科全书等；这些资料或者来源于零次文献，或者几经转引已经是第二手、第三手资料了。②根据记录技术的不同划分，文献可分为手工文献、印刷文献、缩微文献、机读文献和视听文献等。③根据学科领域的不同划分，文献可分为政治学、社会学、经济学等社会科学文献，以及物理学、生物学、化学等自然科学文献。④根据资料来源的不同划分，文献可分为私人文献、社会团体文献、大众传媒文献和政府官方文献等。⑤根据出版发行方式的不同划分，文献又可分为公开出版发行文献和内部印发交流文献等。

（二）文献调查法

文献是人类获取知识的重要途径，是人类积累知识的重要宝库。文献调查法（Literature Research）即历史文献法，就是搜集各种文献资料、摘取有用信息、研究有关内容的方法。文献调查法贯穿于社会调查工作的始终，也是一种独立的调查研究方法。同其他的社会调查方法相比，文献调查法的作用在于：①了解与调查课题有关的各种认识、理论观点和调研方法等，为提出研究假设、设计调查方案和确定调查方法等提供重要参考。②了解与调查课题有关的已有调研成果，通过比较研究前人或他人已有的调研成果作为工作基础，认识课题的研究现状，对于设计调查方案等具有重要参考价值，少走弯路，避免调研工作的盲目性和重复劳动。③了解和学习与调研课题有关的方针、政策和法律法规，端正调研工作指导思想，保证调研工作顺利进行。④了解调查对象的历史和现状，通过了解调查对象的性质状况和所处环境条件，可以及时、全面、正确地认识调查工作对象，对有针对性地科学设计调查方案具有重要价值等等。

二、文献的收集方法

（一）文献检索工具

所谓检索（Searching）就是查找、寻求、索取的意思。文献检索也就是查找和搜集文献的文献调查工作过程。它包括两层含义：①文献检索线索的查找——利用文摘、目录、索引等进行查找，查出社会调查课题所需要的图书名称和期刊杂志。②特定的文献信息的查找——也就是查到了文献线索之后寻找原始文献的过程。文献检索工具（Literature Searching Means）是指收集、报道、存储和查找文献的工具，它与一般文献不同，是在原始文献的基础上编制的二次文献。每一种文献检索工具都具有存储和检索的功能，也就是说，它一方面将文献特征逐一记录和存储下来，使之成为查找的线索；另一方面又同时提供检索手段，使读者可以利用较少的时间获取大量内容丰富的文献资料线索。

根据不同的划分方法可以将文献检索工具划分为不同的类型：

1. 按照内容形式不同划分

按照内容形式的不同可以将文献检索工具划分为以下类型：①目录性检索工具。目录（Catalog）是按照某种明白易懂的顺序所编排的文献清单或清册，通常以一个完整的出版单位或收藏单位为著录的基本单位。目录对文献的描述比较简单，仅记录其外表特征，例如图书的名称、著者、出版事项等。目录是进行出版物登记、统计、报道、指导阅读、科学管理图书资料和揭示馆藏的工具。目录的种类较多，分类方法也多，按照职能划分主要有出版发行目录、馆藏目录、资料来源目录（不能作为检索工具）等。②文摘性检索工具。文摘（Tabloid）是指对一份文献所作的简略、准确的摘录，它通常不包含对原文的补充、解释或评论。所谓文摘性检索工具就是一种描述文献的外部特征，并简明扼要地介绍摘录文献内容要点的检索工具。文摘能够通报最新的科学文献，深入揭示文献内容，吸引读者阅读原文，同时也有助于确定原文内容与检索要求的相关程度，以便准确地选择文献。③索引性检索工具。索引（Index）是按照某种可查顺序排列，并能将一种文献集合中相关的文献、概念或其他事物指引给读者的一种指南或工具。其特点是不直接提供文献资料，而只提供查找线索。例如《全国报刊索引》，只能告诉人们某篇文章的出处，而不能直接提供这篇文章的内容，读者必须根据提供的出处再去查阅原文。索引的种类较多，按照编排查找途径分有字顺索引、号码索引等；按照检索标识名称分有篇名索引、人名索引、地名索引、句子索引等。

2. 按照出版形式划分

按照出版形式的不同可以将文献检索工具划分为以下类型：①期刊式——有统一的名称，以年、卷、期为单位，定期连续性出版，如《城市规划》、《城市规划汇刊》、《城市发展研究》等期刊。它们能及时反映城市规划科学研究的新水平、新动向。收录的文献以近期的为主，通常有总目录、分期目录或其他索引，以供检索。它们是检索工具的主体。②附录式——附在图书、期刊之末或中间，最常见的有"参考文献目录"、"引用书目"、"注释"等，供读者复核或进一步研究之用。③单卷式——又称为专题目录，它是根据一定时期，围绕一定的科研课题而编制的检索工具。其特点是专业性强，收录集中，文献积累时间较长，以特定范围为服务对象。④卡片式——以卡片形式按一定排列方法如分类法、主题法等组织形成的检索工具，查找时只要按卡片标识方法便可查到有关文献。它可以按照使用者的需要灵活自由地排列组合，同时又可随时更新，一般图书馆的馆藏就是这种方法。⑤胶卷式——以胶卷和胶片形式出版的检索工具，是一种稳定式的情报记录载体，可以借助于阅读器或计算机进行阅读。

（二）文献检索途径

文献检索途径是指利用什么检索工具和通过什么样的方式进行文献检索。不同的检索工具，其揭示文献的角度不同，也各有其排列体例，必须根据检索工具自身的特点选择具体的检索途径。

1. 题名途径

题名就是文献题目的名称，如图书题目名称、报刊名称、文章标题等，一般来说，题目能够集中、概括地表明一种文献的主要特征。题名途径（Superscription Means）也就是根据文献的名称查找文献的方法，属于这种检索途径的主要包括书名目录、刊名目录、书名索引、刊名索引、篇名索引等检索工具。通过这种途径查找文献资料必须要掌握文献的具体名称，但是，按照题名系统组织的检索工具，基本上不能将内容主题相同的文献集中起来。

2. 分类途径

分类途径（Sort Means）是指按学科分类体系和事物性质进行编排和检索文献的途径，它能够较好地满足于族性检索要求。目前的图书分类法有三种：《中国图书馆图书分类法》、《中国科学院图书分类法》和《中国人民大学图书馆图书分类法》，其中最常用的是采用《中国图书馆图书分类法》分类（表26）。通常见于期刊、报纸上的文献的分类索引，也有专门的分类期刊检索工具。需要说明的是，分类途径准确检索的前提是分类编制工作的准确，一些学科交叉、主题因素复杂的文献，在分类编制中容易造成失误和偏差，会导致分类途径检索的遗漏和失误。

中国图书馆图书分类法简表（第四版） 表26

A	马克思主义、列宁主义、毛泽东思想、邓小平理论	TD	矿业工程
B	哲学、宗教	TE	石油、天然气工业
C	社会科学总论	TF	冶金工业
D	政治、法律	TG	金属学与金属工艺
E	军事	TH	机械、仪表工业
F	经济	TJ	武器工业
G	文化、科学、教育、体育	TK	能源与动力工程
H	语言、文字	TL	原子能技术
I	文学	TM	电工技术
J	艺术	TN	无线电电子学、电信技术
K	历史、地理	TP	自动化技术、计算机技术
N	自然科学总论	TQ	化学工业
O	物理科学和化学	TS	轻工业、手工业
P	天文学、地球科学	TU	建筑科学
Q	生物科学	TV	水利工程
R	医药、卫生	U	交通运输
S	农业科学	V	航空、航天
T	工业技术	X	环境科学、安全科学
TB	一般工业技术	Z	综合性图书

参考资料：彭香萍著．文献资源利用通论．长沙：湖南大学出版社，2003．P25～P26。

3. 著者途径

著者途径(Author Means)是根据已知著者的名称,查找该著者所发表的文献的途径。著者在目录学中也叫做责任者,是指对文献内容进行创造、整理等有直接责任的个人或团体。通过著者途径检索文献的工具书有著者目录、著者索引、机关团体索引等,可以首先查处著者的文章或著作的名称和出处,再通过其他途径来获得文献的原文。

4. 主题途径

主题途径(Motif Means)是指以代表文献内容实质的主题词以及派生出来的关键词、单元词、叙词等作为检索标识的一种检索文献途径。主题词是用来表征文献的、主要内容特质的、经过规范化的名词或词组,它能够简捷而准确地揭示文献所表达和处理的中心内容,具有重要的检索意义。属于这一途径的检索工具有主题目录、主题索引、关键词、叙词索引或单元词索引等。由于主题索引是以规范的词或词组作为检索标识的,因此表达的概念比较准确,可以及时反映科学的新概念,适合于检索比较艰深的文献。

5. 序号途径

序号途径(Number Means)是指以文献特有的编号为特征,按照编号大小顺序编排和检索的途径。这一索引使用的工具有"报告号索引"、"合同号索引"、"专利号索引"等。它查找方便,但使用范围小,主要适用于专业领域内的特殊检索。

6. 其他途径

查阅有关专著或学术论文中的引文、引文出处的注释、参考文献等相关文献,可以扩大文献检索的线索,最终找到自己所需要的文献。另外,通过政书、类书、地方志、年鉴、手册、百科全书、丛书、表谱、图录、名录等也可以获得具体的文献资料或文献检索线索。

(三)文献检索的基本原则

检索应当按照一定的目的和计划进行,其一些基本的原则和要求:①检索文献要注意文献在知识上的实用性,所检索的文献对于调查研究课题应具有实用价值。②检索文献要注意文献在形式上的多样性,要注意检索各种形式的文献资料,如包括文字、图表、图像和影像等资料。③检索文献要注意文献在内容上的丰富性,应当力求全面和丰富,要努力检索历史和现状、正面和反面、综合性和典型性、国内外等多种文献。④检索文献要注意文献在时空上的连续性和及时性,应该能够完整反映调查课题或调查对象在时间和空间上的发展变化,同时要尽快及时了解各种新的信息和发展趋势等等。

(四)文献检索的一般程序

文献检索程序是根据研究课题的需要,利用检索工具书查找文献的具体工作程序,它一般包括课题分析、选择检索工具、确定检索途径和选择检索方法等几个过程:①课题分析是为了明确检索的目的和要求,使检索工作有的放矢,课题分析直接关系到文献检索的速度和质量。课题分析应注意,必须首先开展对于社会调查研究选题的具体化工作,要明确检索哪一方面的具体问题,同时要注意学科门类交叉或边缘的情况,判断文献检索的范围和重点。②在确定检索工具时,应对哪些检索工具先用、哪些检索工具后用等进行顺序安排;要考虑检索工具的储存,按照先远后近的原则确定;要考虑检索工具的权威性,选择那些内容好、分类编排细、报道时效短、辅助索引多的权威检索工具;也要注意优先选择新版的检索工具等。③文献的检索方法较多,进行文献检索时,要选择适合自己的检索方法。

(五)文献检索方法

文献检索方法是指查找具体文献的方法和手段，主要包括直查法、顺查法、倒查法、追溯法、循环法等五种主要类型。

1. 直查法

直查法是指不通过检索工具，而是从有关的书中直接查找所需要的资料的一种方法。这种方法适合于那些课题内容单一、文献集中的文献资料，要求调查者对所检索的书刊的体例、目录等内容都比较熟悉。

2. 顺查法

顺查法是从旧到新、从前到后，利用检索工具按时间顺序查找与调查研究课题相关的文献的一种方法。研究者在查找时需要了解所要查找的文献资料的时代背景及其历史发展的概况，然后通过相关的工具书，从问题的发生年代查起，逐年逐卷地查找，直到最晚的年代为止。顺查法可以全面获得资料，防止步前人后尘。

3. 倒查法

倒查法又可称为逆查法。与顺查法相反，它是按课题检索的时间范围，由近及远地查找文献的一种方法，以最新的文献为起点逐渐往前查找，直至查到所需要的资料为止。倒查法适用于检索新的文献，这些新文献中往往会对研究课题原有的研究有所涉及，甚至有较全面的扫描。因此，这种方法可以节省人力物力，但也往往容易造成漏查。

4. 追溯法

追溯法是以检索到与课题相关的一批文献为起点，通过这些文献的引文注释以及附录参考文献为线索进行追踪查找，从而发现所需要的文献的一种方法。引文是科研工作中为自己研究课题的论点提供证明所使用的，使得文章更具说服力。引文注释是说明引文出处的文字。研究者可以根据引文注释、参考文献等找到一系列与课题相关的文献，同样在新获得的文献中，使用同样方法，又可通过其引文注释、参考文献等，再获得一批新的文献线索。追溯法适用于检索工具书和文献线索很少的情况，往往具有获得文献不够全面的缺点。

5. 循环法

循环法是直查法与追溯法结合起来交替使用的方法。先用直查法找到一些文献，然后再利用这些文献所附录的参考文献目录再找到一批文献，二者交替使用，直到所查到的文献资料能够满足课题研究的需要为止。循环法是一种比较方便的查找文献方法，既能够克服检索工具不足的困难，又能节约一些时间，提高工作效率。

(六) 数字图书馆及网络信息利用

电子计算机和网络信息技术的迅猛发展，使得数字图书馆的诞生和网络信息的利用成为了可能。国际互联网的发展和应用，有助于各图书馆的进一步发展、沟通和提供互借服务，数字图书馆和互联网络具有大量丰富的信息资源，为文献调查提供了便捷的现代化技术手段，人们可以更加方便、迅速地获得各种文献资源。国内比较著名的网络信息文献资源数据库如清华同方光盘股份有限公司的CNKI期刊数据库，中国知识基础设施工程即CNKI工程(China National Knowledge Infrastructure)，是采用现代信息技术，建设适合我国的可以进行知识整合、生产、网络化传播扩散和互动式交流合作的一种社会化知识基础设施的国家级大规模信息化工程，其已经完成了中国期刊全文数据库(CJFD)、中国优秀博硕士学位论文全文数据库(CDMD)、中国重要会议论文全文数据库(CPCD)、中国重要报纸全文数据库(CCND)等主要项目。国内比较著名的网络信息文献资源数据库还有重庆维普有限公司的期刊数据库、中科院系统的万方数据库等等。

国内的数字图书馆的发展也极为迅速，例如已经积累了50万种图书的北京时代超星公司的数字图书馆和国内著名高等院校的数字图书馆等。全国大部分高等院校都已建立了上述数据库或数字图书馆的镜像站点，各高校的校内师生可以方便地、免费检索和下载各种文献资料。数字图书馆和网络信息的利用已经成为目前国内高校查找文献的重要的、甚至是主要的方法，这也为城市规划社会调查文献调查法的现代化发展提供了有利条件。

（七）搜集文献的主要途径

搜集文献的途径应当根据文献的不同来源和出版、收藏情况而具体分析。基本的途径包括：

1. 到图书情报机构查找复印

直接到有关的图书馆、档案室和博物馆等图书情报机构，根据一定的检索方式查找有关文献资料。

2. 到各种图书商店和收藏馆购买

在经费许可的情况下，可以购买市面上出售的各种书籍、报刊、磁带和光盘等文献资料。

3. 向有关部门和单位索要

官方的各种法律、法规、文件、统计资料，企事业单位和社会团体的规章制度、统计报表、总结报告、族规家谱和教义教条等，公开出版发行资料可以直接购买，未出版发行资料可以通过开具介绍信等方法向有关部门和单位索要及复制。

4. 利用上网检索信息

通过上网的途径，方便地在信息丰富的数字图书馆及网络资源中查找有关文献资料。

5. 通过亲朋好友借阅或复印

对于私人文献或其他资料，可以在师长、亲朋好友的帮助下，采取借阅摘录、复印复制等方法搜集。

三、文献信息的记录与分析

利用各种方法检索或搜集到有价值的重要文献之后，接下来的任务是文献的阅读和信息的摘取、记录、分析等工作。文献信息的记录与分析是文献调查的重要内容，是文献调查的工作效率及研究效果得以实现的重要保证。

（一）摘取文献信息的一般程序

1. 迅速浏览

将搜集到的文献资料普遍地、粗略地翻阅一遍，通过浏览，使自己对搜集的文献有个初步认识或大致了解。浏览应当有明确目的、抓住重点且速度较快，快速浏览的要领在于：①视读而不音读，即不发音。②不断调整阅读速度，跳跃无价值信息。③抓住要点，迅速理解主要内容。④承上启下，理清文献基本思路。⑤脑随眼到，眼到心到。掌握了这些要领，通过平时的训练就可以提高浏览的速度和质量。

2. 慎重筛选

筛选就是在浏览的基础上，根据调查课题的需要以及文献中有用信息的数量和质量，将搜集到的文献分为必用、应用、可用、不用等几个部分。筛选可分层次进行，首先从大量文献中筛选出可用文献，再从可用文献中筛选出应用文献，最后从应用文献中筛选出必用文献。也可以根据必用→应用→可用→不用的顺序进行，在各种文献层次清楚的情况下有针对性地选择阅读。

3. 仔细阅读

通过认读、理解、联想和评价的方法从文献中摘取信息，包括粗读和精读两个阶段。粗读的目的主要是掌握文献的基本内容，明确该文献和调查课题的关系，决定是否需要精读等。精读则不仅要全面掌握文献的实质内容，还要摘选出有价值的信息。

4. 及时记录

把阅读过程中寻找到的有价值信息，及时记录下来，供下一步研究所用。

（二）文献信息的记录方法

在文献调查的过程中，应当根据个人爱好和习惯，采取适合的方法及时对调查课题有关的、有价值的信息进行记录。常用的文献信息记录方法有：①标记符号——通过不同的符号对不同种类的信息内容进行标记，使各层次信息达到一目了然的效果。②页眉页脚批注——在纸质文献的页眉、页脚空白处，写上简单的校文、心得、体会和疑问等批注内容。③重点摘录——把文献中的基本观点、主要事实和数据等简要地抄录下来。④编写提纲——把文献资料中的内容要点用简括的语句和条目的形式依次记载下来，提纲要力求全面、系统、真实地反映出文献资料的概貌。⑤札记——札记带有初步研究的性质，就是把心得、感想、评论、疑惑和意见建议等内容记录下来。

（三）文献信息的分析方法

文献信息分析（Literature Information Analysis）就是通过对文献中某些特定信息内容的分析和研究，了解人们的思想、感情、态度和行为，进而揭示当时、当地的社会现象及其发展变化趋势。信息分析主要包括定性分析和定量分析两种类型：①定性分析方法即通过对文献信息内容的定性研究，揭示社会现象的本质及其发展规律。定性分析的程序和方法与其他文献调查的程序相同，即搜集文献→摘取信息→信息分析。②定量分析方法则是对文献中某些信息内容开展数量研究，用于说明社会现象的特征及其变迁。定量分析方法基本的程序和方法是：界定调查总体（文献）→抽取调查样本→确定研究对象→记录研究项目（文献信息）→进行定量研究。

四、文献调查法的优缺点

（一）文献调查法的优点

1. 调查范围较广

文献调查所研究的是间接性的第二手资料，其调查对象既不是历史事件的当事人，也不是历史文献的编撰者，而是各种间接的历史文献资料。文献调查法可以超越时空条件的限制，研究那些不可能亲自接近的研究对象，可以对古代和现在、中国和外国、本地和外地等多种条件下的内容进行广泛研究。例如重庆大学龙彬博士在对我国古代山水城市的营建思想进行调查研究时，所运用的最重要的手段也就是查阅各种古籍，通过文献调查的方法进行多方面的研究论证（表27）。

2. 非介入性和无反应性

文献调查法示例之一（古籍调查研究） 表27

《舆地纪胜》所载古代山水城市（摘录）

卷目	古代名称	治所	山水形胜	诗赞
第2卷	两浙西路临安府	杭州	东南山水余杭郡为最。环以湖山，左右映带。外带涛江涨海之险，内抱湖山竹林之胜	水光潋滟晴方好，山色空蒙雨亦奇
第3卷	两浙西路嘉兴府	嘉兴	海滨广斥，盐田相望，泽国之佳致。吴东有海盐、章山之铜，三江五湖之利，江东一都会也	野色更无山隔断，天光直与水相接
第4卷	两浙西路安吉府	乌程、归安	四水合为一溪，南国之粤有佳山水，山水清远。白波四合三点岱色	山势萦回水脉分，水光山色翠连云
第5卷	两浙西路平江府	吴县、长州		万家前后皆临水，四栏高低尽见山
第6卷	两浙西路常州	晋陵、武进	毗陵川泽沃衍，有海陆之饶，珍异所聚。毗陵虽号泽国，而岗阜相属，林麓郁然，水族之珍，陆产之贵，乃得兼而有之	久闻阳羡溪山好，颇与渊明性分宜
第7卷	两浙西路镇江府	丹徒	地居南北之要，因山为垒，缘江为境，控扼大江为浙西门户，长江千里险过金汤	海饶重山江抱城，隋家宫苑此分明
第8卷	两浙西路严州	建德	建邦于山谷之间，浙江之右，桐溪之滨，郡之山川接于新安，淮谓幽遐，满目奇胜，衢歙二水合于城隅，群峰回环，一水萦带	城枕溪流浅更斜，丽谯连带邑人家山环翠而缭绕，溪练素以萦纡
第10卷	两浙东路绍兴府	会稽	南面连山万重，北带沧海千里，八山四水，三山对峙。山川之美使人应接不暇	山耸翠微连郡阁，地临沧海接灵鳌
……	……	……	……	……

资料来源：龙彬著．中国古代山水城市营建思想研究．南昌：江西科学技术出版社，2001．P25。

文献始终是一种稳定的存在物，不会因研究者的主观偏见而改变，这为研究者客观地分析一定的社会历史现象等提供了有利条件。文献调查法不接触有关事件的当事人，不介入文献所记载的事件，在调查过程中不存在与当事人的人际关系协调问题，不会受到当事人反应性心理或行为的影响。

3．书面调查误差较小

文献调查多为书面调查，用文字、数据、图表和符号等形式记录下来的文献，比口头调查等获得的信息更准确、可靠。文献调查法不与被调查者接触，不介入被调查者的任何活动，不会引起被调查者的任何反应，这就避免了调查者与被调查者互动过程中的反应性误差。

4．调查方便、自由

文献调查法受到外界制约因素较小，对于调查者的口头表达和组织管理等能力要求较低；文献调查不需要对调查时间和调查地点等提前进行策划和安排，调查形式方便，可以根据调查者的实际工作学习情况灵活开展；另外，文献一般集中存放在档案馆、图书馆、研究中心等地方，文献调查可以随时、反复进行，如果一次没有调查清楚的话，可以再进行第二次、第三次甚至更多次数的调查，等等。

5．花费人财物和时间较少

文献调查法不需要大量调查和研究人员，不需要特殊设备，花费人力、财力、物力和时间较少。例如文献调查的费用支出主要是复印费、转录费和交通费等，比其他调查方式的花费要节省得多,可以以较小的成本和代价,去换取、获得比其他调查方法更多的信息,是一种高效率的调查方法。

(二)文献调查法的缺点

1. 文献落后于现实

一般情况下,文献调查法不是对社会现实情况的调查,而是对人类社会在过去的时间曾经发生过的事情所进行的调查。社会不断变化和发展,新的事物、现象、情况和问题不断涌现,文献总是落后于现实,文献调查所获得的信息与客观现实情况之间总会存在一定的差距,对文献的调查与对现实的理解也总有一定的遗憾。

2. 信息缺乏具体性和生动性

文献调查主要是获得书本上的东西,信息内容比较生硬、呆板;文献调查法难以获得丰富的社会经验,特别是对于社会现象发展过程的描述一般较少;文献的记载有着一定的时代背景和局限,且往往受到文献作者主观因素的影响较大,同调查者的调查目的之间总是存在差距和遗憾,要搜集到比较系统、全面的高质量文献比较困难;文献对特殊事件如社会敏感问题的记载等一般都会有所保留等等。"纸上得来终觉浅",这是文献调查较大的局限性。

3. 对调查者的文化水平特别是阅读能力要求较高

文献调查中对文献的搜集和分析工作相当重要,对于文化水平较低或阅读分析文献能力较差的人不大适合。文献调查主要是阅读大量的文献资料,且这种文献资料往往以纸质文献为主;社会调查工作比较枯燥、乏味,如果调查者缺乏一定的意志力和甘于寂寞的精神,文献调查工作将难以达到预期效果。

总之,文献调查法是一种基础性的调查方法,文献调查法往往和其他调查方法一起结合起来使用,并且总是首先进行文献调查,做出文献综述,然后采用其他调查方法继续深入调查和研究。

文献调查法示例之二(有关医院户外空间的文献综述)

尽管本书其他章节对各自所述问题都有相当详尽的综述,但是医院空间这一特殊事物还未引起足够的注意,特别是缺少基于使用者自身体验的研究。

有几位作者已经陈述了窗户与景色的重要性,认识到户外空间能提供视觉舒适的优势。就像维德伯、乌尔里克和威尔森在他们的作品中讨论的,提供视景可以产生心理与生理的双重裨益。

有两本关于如何处理儿童保健设施的书,讨论了为儿科病人提供户外娱乐场所的户外空间,以及设计中所应考虑的因素,这两本书是林德海姆的《不断变化的儿童医院环境(Changing Hospital Environments for Children)》,以及奥尔兹与丹尼尔(Daniel)的《儿童医疗护理设施(Child Health Care Facilities)》。

卡普曼(Carpman)、格兰特(Grant)和西蒙斯(Simmons)的作品《设计人们的需要:为病人和探访者规划保健设施(Design that Cares:planning Health Facilitice for Patients and Visitors)》是一本根据对安·阿伯(Ann Arbor)主持的、在密歇根大学医院进行的一项长达五年的由病人与探访者共同参与的研究项目编写的丛书,其内容几乎无所不包。这本书讨论并提出了创造一种支持性的医院环境所应遵循的规划设计导则,包括户外空间与景色。

虽然现在许多医院提供了户外空间，但其发展却缺乏有效的指导方针。尽管存在下面几个例外。《医院：规划和设计过程（Hospital：The Planning and Design Process）》（哈迪（Hardy）和拉默斯（Lammers），1986年）的确提出了"建筑设计时一定要考虑住院患者的视觉需要"（P.203）的场所设计准则，并指出"场所的美观十分重要，必须尽可能地维护并加以提高……必须精心设计绿色空间和美观的事物，避免出现无法忍受的、粗糙或者乏味的外观"（P.201）。他们对如何维护绿色空间或者利用它们来做什么并没有提出什么建议。同样，《英国的医院和保健建筑 British Hospital and Health-care Buildings》（斯通，1980年）、《保健设计 Design for Health Care》（考克斯（Cox）与格罗夫斯（Groves），1981年），以及《医疗和牙科设施的设计 The Design of Medical and Dental Facilities》（马尔金（Malkin），1982年），所有这些书的内容虽然都十分全面深刻，但它们都没有专门讨论户外空间的需要、提供或者潜在的用途。《医院：设计和建造 Hospital：Design and Development》（詹姆斯（James）和塔顿（Tatton)-布朗（Brown），1986年）介绍了60多个医院设计的实例，但其中惟一提及户外空间的地方，只不过是一处图片说明，用来解释院子作用胜过一间特殊的房子。在讨论早期的步行活动时，作者认为这"使得医院专门为病人提供白天看电视的房间（dayrooms）和附设的盥洗间，因为人们认为假如有地方可去，病人就会更愿意起床活动"（P.69）。当然，一个令人愉悦的户外空间肯定比一个盥洗间更诱人，除非后者是在急切需要时。事实上，卡普曼、格兰特还有西蒙斯（1986年）就曾宣布："在一项研究中，一个重病看护医院里，被调查的住院者中有91%的人说他们愿意使用那些设计专门用来步行或闲坐的户外空间。超过2/3的病人表示他们至少会步行至离他们房间25英尺（约7.5m）到超过1000英尺（约300m）不等的某处地方，这样看来他们使用户外空间是可能的"（1986年）。那些无法行走的病人使用户外空间的愿望也是同样明显，"使用庭院的愿望并非只局限于那些可以行走的病人。例如，在某所医院里，那些不得不躺在轮床或坐在轮椅上的病人强烈地希望能到户外活动，天气温和的月份，人们经常可以看到他们就待在前入口处的人行道上，非常接近来来往往车流"（卡普曼、格兰特和西蒙斯，1986年，P.199）。

纽约城贝勒维（Bellevue）医院里的一个公园十分受欢迎，它被一圈土堤围了起来，内有步行道、长椅、喷泉和一个圆形剧院。对病人、员工以及探访者的采访表明这个园子经常被重复使用，人们称赞它为人们恢复精力所提供的舒适轻松的气氛，并认为这是医院体贴入微的标志。当要求从许多便利设施中挑选出一处时，98%的被调查者都不约而同地选择了这个公园（卡普曼、格兰特和西蒙斯，1986年；奥尔兹和丹尼尔，1987年）。

这些发现都显示出医院户外空间的重要性，尽管在一般有关医院设计的著作中，这方面的讨论和建设很是缺乏。例外的是最近有两个出版物详细介绍了加州四所医院户外空间的案例研究，并附带了一系列的设计建议（库珀·马库斯和巴内斯，1995年，这一材料经扩充后见《医疗花园（HealingGardens）》，库珀·马库斯和巴内斯，1998年）；还有即将出版的详细介绍美国许多医院花园的历史与设计《康复花园：可治病的景观（Restorative Gardens：The Healing Landscape）》（格拉克、考夫曼和沃纳，1997年）。

资料来源：[美] 克莱尔·库珀·马库斯等编著．人性场所——城市开放空间设计导则．俞孔坚等译．北京：中国建筑工业出版社，2001. P294～P295。

文献调查法示例之三（有关公园的文献综述）

  大多数有关社会问题和城市公园题材的著作都论述的是大城市公园的历史与领导其发展的个人（查德威克（Chadwick，1996 年；劳里，1975 年）。克兰茨（1982 年）将大型和小型城市公园不断变化的形式视为其社会和政治背景的反映。而拉特利奇（1971 年）关注的是设计者、规划者、管理者乃至社区是怎样影响公园的最终形式的。

  在 1961 出版的《美国大城市的生与死》（The Death and Life of Great American Cities）一书中，雅各布批评了在应用公园规则与标准时未能考虑文化、地理和其他方面的差异，导致了许多邻里公园在社会使用方面的失败。接下来，不同作者的几篇文章试图描述和解释戈尔德所述的社区公园遭受冷落的现象（弗兰奇，1970 年；戈尔德，1972 年；约翰逊，1979 年）。一些作者批评公园设计的用途成了社会控制的工具（有意或无意的），而且常常损害了正当使用者群体的利益（克兰茨，1981 年；戈尔德，1974 年；萨默和贝克尔，1969 年）。

  20 世纪 70 年代初，研究者开始用调查和问卷的方法来确立公园的实际使用模式（班斯和马勒，1970 年；德雅克和帕利尔门特，1975 年）。后来的研究人员利用系统化的现场观测技术，有时结合采访和问卷，描画出了公园活动的细节（库珀·马库斯，1975 年～1993 年；戈尔德，1980 年；林迪，1977 年；拉特利奇，1981 年；泰勒，1978 年）。20 世纪 70 年代末 80 年代初，研究报告中强调了公园中所存在的较为独特的问题，如那些在波士顿（韦尔奇，拉德和蔡塞尔，1978 年）、圣何塞（公园与游憩管理局（Park and Recreation Department）San Jose，1981 年）和西雅图（怀斯等 1982 年）的城市公园中的故意破坏行为。

  近来，研究人员将注意力放在公众对公园（戈尔德和萨顿，1980 年）植被的反应以及公园与花园在美学上的主要差异（弗朗西斯，1987 年）。最后，作者建议通过集会、工作日等方式使社区居民参与公园的设计和规划过程。当地居民的直接参与和系统的行为记录资料，被看成是获取用于公园设计的可信资料的最佳途径（弗朗西斯，卡什丹和帕克森，1981 年；赫斯特，1975 年）。

资料来源：[美] 克莱尔·库珀·马库斯等编著. 人性场所——城市开放空间设计导则. 俞孔坚等译. 北京：中国建筑工业出版社，2001. P81～P85。

第二节 实 地 观 察 法

  观察（Observe）是一种直接调查方法，是一切科学研究活动的起点。人们的行为、习惯是各种人格特质和品德水平的标志和外部表现，许多社会行为、风俗习惯、社会态度、科学态度、兴趣、感情、适应性等是不易于用笔、纸来测试的，但能够方便地采用实地观察的方法进行调查。掌握实地观察的调查方法，培养社会信息敏感性，养成随时随地善于自觉有效地观察的习惯，也是对城市规划师的一项基本素质要求。

一、实地观察法的概念

  所谓实地观察法（Local Observe），就是根据研究课题的需要，调查者有目的、有计划地运用自己的感觉器官如眼睛、耳朵等，或借助科学观察工具，直接考察研究对象，能动地了解处于自然状态下的社会现象的方法。实地观察法在城市规划中又可称之为现场踏勘法。

（一）实地观察法的要素

作为一种调查方法的观察和一般日常生活中的观察具有明显的不同。实地观察方法的主要要素包括：①观察主体——进行观察的调查研究人员。②观察对象——被观察的事实，包括事件、过程、现象和实物等多方面。事件是指一定时空区域内发生或出现的变化。过程是指许多事件按一定的先后次序组成的序列。现象是指认识客体能够感觉到的事件或过程。实物则是指物质存在的基本形态。③观察的环境条件——应使观察对象处于自然状态下，这是保证观察方法的客观性和观察结果的可靠性的必要条件。在观察过程中注意环境条件的变化情况，可能会导致有重要意义的科学发现或认识。④观察工具——观察者的感觉器官如眼睛、耳朵、手等，以及科学观察工具如照相机、录音机、摄像机、电脑、望远镜、显微镜、探测器、人造卫星、观察表格、观察卡片等现代化观察工具。⑤观察者的知识技能——以观察者为主体的认识活动，观察者的知识技能、应变素质、环境适应能力等是实地观察法的重要要素。

（二）实地观察法的特点

实地观察法的显著特点在于：

1. 观察者有目的、有计划的自觉认识活动

这是实地观察法区别于日常生活中的观察活动的重要内容。日常生活中的观察活动是一种感性的自发的行动，如人们在大街上散步时看到街道上的车水马龙，在超市里通过眼睛观察查找需要购买的商品等。实地观察法则是一种以一定理性为指导的自觉的观察活动。

2. 观察过程即是积极的、能动的反映过程

这是实地观察区别于照相机、摄像机对事物的扫描和摄影记录的"观察"的重要方面。摄影或摄像过程是一个纯客观的光学、化学反应过程，而实地观察法的观察过程，不仅是对观察对象的直接感知过程，同时也是调查者大脑动态的、积极的思维过程，也就是说实地观察容纳进了观察者的事物感知、社会经验、理论假设、思维判断等主观因素。

3. 观察对象处于自然状态

调查者对被调查对象的活动不加干预，对影响和作用于被观察对象的各种社会因素也不加干预，始终保持在自然状态下的观察和感知，不能够是人为的、故意制造的现象。

（三）实地观察法的种类

1. 直接观察和间接观察

根据观察对象的状况，实地观察可分为直接观察和间接观察。直接观察（Direct Observe）是对当前正在发生和发展的社会现象所进行的观察。间接观察（Indirect Observe）则是通过对物化了的社会现象所进行的对过去社会情况的观察，如通过地质、考古的观察方法了解某地区历史上的情况。直接观察简单易行，真实可靠，但是过去了的社会现象和某些反映时弊、隐秘的社会现象无法直接观察，只有借助间接观察的调查手段。

2. 完全参与观察、不完全参与观察和非参与观察

完全参与观察（Complete-join Observe）就是观察者完全参与到被观察人群之中，作为其中一个成员进行活动，并在这个群体的正常活动中进行观察。不完全参与观察（Incomplete-join Observe)就是观察者以半客半主的身分参与到被观察人群之中,并通过这个群体的正常活动进行观察。非参与观察(Outlier Observe)就是观察者不加入被观察的群体,完全以局外人或旁观者的身分进行观察。

3. 结构观察和无结构观察

根据观察的内容和要求,实地观察可分为结构观察(Strict Observe)和无结构观察(Free Observe)。结构观察要求观察者事先设计好观察项目和要求,统一制定观察表格或卡片,严格按照设计要求进行观察,并作出详细观察记录。无结构观察仅要求观察者有一个总的观察目的和要求,一个大致的观察内容和范围,然后到现场根据具体情况有选择地进行观察。

二、实地观察法的实施

(一)实地观察法的实施原则

1. 法律道德原则

《中华人民共和国统计法》指出:"属于私人、家庭的单向调查资料,非经本人同意,不得泄露"。在实地观察过程中,一定要遵守宪法和其他法律的有关规定,决不可强迫被观察者做出他们不愿意做的事情,更不可在没有得到许可的情况下私闯他人住宅,偷看他人的私人信件,或者做出其他违法事情。遵守道德规范,就是要求观察者不能够在违背被观察者意愿的情况下,强求观察别人的私生活,或者偷看别人不愿让观察的事物或现象。

2. 客观真实原则

只有按照客观事物的本来面目进行观察,才能正确认识事物。要坚持观察的客观性,就必须从实际出发,真实记录被观察事物的实际情况,不能按照个人好恶或利益任意增减或歪曲客观事实。

3. 目的性原则

社会调查中的观察总是围绕某一课题,实现某一特定目的而进行的,观察目的越明确,注意力也就会越集中地指向有关事物,思维随之紧紧围绕着事先确定的对象展开,从而减少无关因素的干扰,提高观察的效率。

4. 条理性原则

实地观察要按照一定的程序和步骤来进行,循序渐进地展开。观察者要事先了解所调查事物的特点,科学地安排整个观察过程,如根据事物出现的先后时间顺序展开,根据事物的空间远近展开,或者根据由整体到局部、由主要矛盾到次要矛盾等不同的顺序展开观察。

5. 全面完整原则

任何客观事物都有多种多样的内在属性和表现形式,都具有多方面的外部联系,只有善于从不同侧面、不同角度、不同层次进行多方面观察,才能完整地了解客观事物的全貌。

6. 深入细致原则

社会生活纷繁复杂,千变万化,许多社会现象不是凭一次直接的观察就能够搞清楚的,有时候看到的只是一些表层现象或者粗浅现象,必须以认真负责的态度进行深入细致的有效观察,才能够得出客观公正的结论。要进行客观、公正、深入、细致地观察,还必须坚持观察的持久性,舍得花较长的时间和较大的精力去观察。

7. 敏锐性原则

在社会调查研究活动中,机遇对于发现新事物、获取新知识等具有重要作用。在观察过程中,要善于观察和发现事物的细节,做到"明察秋毫",从容易忽视的问题中发现新的线索和机遇。

(二)实地观察法的实施技巧

1. 选好观察对象和环境

要使实地观察的结果具有典型意义,就应该选取那些典型环境中的典型对象作为观察的重点,以达到"一叶知秋"的观察效果。

2. 选准观察时间和场所

一定的社会现象总是在一定的时间和空间内发生,因此要注意选择最佳的观察时间和观察地点,以实现真实、具体、准确的调查结果。以观察某城镇的机动车占人行道停车的现象为例,就应该选择傍晚车辆都完成运输任务的时间进行观察,因为白天都在搞运输,而很多车辆又往往有早晨出发的运输习惯,如果选择了其他时间,就会看不到或者很少看到占道停车的现象。

3. 灵活安排观察程序

被观察的社会事物和社会现象存在主要和次要、局部和整体、上下左右或远近等多个层面内容。在实地观察中,是否首先观察主要对象,然后观察次要对象,或者首先观察局部现象,然后观察整体现象等,对观察的次序要做出安排,根据观察目的、任务和观察对象的实际情况灵活掌握和运用。

4. 尽量减少观察活动对被观察者的影响

实地观察有可能对被观察者产生一定影响,使他们自觉或不自觉地产生某些反应性心理或行为,从而导致种种反应性观察误差。观察者要了解处于自然状态下的社会现象,就必须善于控制自己的观察活动,尽量减少对被观察者的影响。

5. 争取被观察者的支持和帮助

为了争取被观察者的支持和帮助,观察者应努力与被观察者建立良好的人际关系,这是一件重要而困难的事情,需要一定的调查实践以获得方法经验。最基本的方法是:①参与被观察者的某些活动,通过共同活动来增进了解,建立友谊,自然地进入观察状态。如作者对三峡库区长江岸线的"棚户现象"进行调查,观察了解一个小饭馆时,就先在小饭馆买了一碗小面,边吃边和饭馆老板聊,自然进入观察状态,作者提出的一些问题(包括对棚户后方居室进行观察等要求),都得到了饭馆主人的支持、理解和帮助。②反复说明来意,解除被观察者的顾虑,使他们认识调查的重要意义和对他们的好处,起码是不会损害他们的利益。③尊重当地风俗习惯和道德规范,尽量使用当地语言开展交流,注意避免说出违反禁忌的话和做出违反禁忌的事情等。④力所能及地对被观察者提供尽可能的帮助,增进信任和感情。⑤首先选择若干有影响、有能力的当地人进行重点调查,建立良好信任关系,然后通过他们的介绍和帮助去采访更多的人。⑥对于被观察者之间的矛盾纠纷,做到少介入、多团结,注意身分,保持中立。

6. 观察和思考紧密结合起来

俗话说得好:"学而不思则罔,思而不学则殆",对于社会调查是同样道理。又例如"心明眼亮",只有目的明确、理论正确、知识渊博、经验丰富而又积极思维的人,才能获得良好的观察效果。在实地观察中,要善于把观察和思考结合起来,在观察中思考,在思考中观察,在观察中比较,在比较中观察,以捕捉尽可能多的观察材料和信息线索。

7. 制作观察工具并及时做好记录

"好记性不如一个烂笔头"。实地观察法要做好同步的、具体的、客观的记录,以避免时过境迁,可能会忘记很多有价值的信息内容。既可以根据实际需要简明地记录观察重点,也可以统一设计和制作观察记录工具,如表格和卡片等,以利于提高观察速度和质量,或者进行定量分析和对比研究。

三、实地观察的记录技术

观察活动是通过人的感觉器官将外界事物的信息传递到人的大脑的过程。在实地观察过程中,如果仅仅凭借人的感觉器官和大脑的印象而不借助于其他手段,那么所观察到的信息在日后就有可能失真,甚至完全消失。因此,认真地做好记录是实地观察过程中的重要工作环节。常用的观察记录技术主要有观察记录表、观察卡片、调查图示和拍照摄像等。

(一)观察记录表和观察卡片

记录表和观察卡片(Observe Register)是传统的实地观察记录工具,也是社会调查活动中比较常用的手工记录方法。调查者可以在实施实地观察之前,根据社会调查目的事先设计好观察记录表或观察卡片,然后在实地观察过程中方便地使用这些观察记录表或观察卡片,对所观察到的城市社会事物或社会现象进行及时记录(表28、表29)。设计观察记录表或观察卡片的基本要求是:①要详细注明观察的时间、地点等,这是表明原始观察记录的重要凭证。②观察记录表或观察卡片所包含的观察内容应具体、详细,并且尽可能将观察内容数量化,这样会使实地观察的调查结果更具有说服力。③调查人员即实地观察人员必须在观察记录表或观察卡片上签名,以明确社会调查责任,以供必要情况下的追查。

某道路交通量观察记录表　　　　表28

线路名称:　　　　　　　　　观察地点:
观察员:　　　　　　　　　　气候状态:
观察日期:　　年　月　日　　观察时间:　　时　分至　时　分

	类　　别	上行方向	总　计	下行方向	总　计
机动车辆	货车	大型货车(8t以上)				
		中型货车(4~8t)				
		小型货车(4t以下)				
	客车	大型客车(41座以上)				
		中型客车(21~40座)				
		小型客车(20座以下)				
		出租汽车				
		轿车				
		电动车				

续表

类别		上行方向	总计	下行方向	总计
机动车辆	工程车				
	救护车				
	其他 警车				
	拖拉机				
	摩托车				
	其他机动车				
自行车					
行人					
备注					
观察印象					

说明：可采用填写"正"字等记录方法；可由多个观察员同时观察，每人负责其中部分内容；可分上下班时间、办公时间、夜晚等多个观察时间开展比较观察。

某花园人群活动及使用情况观察卡片　　　　表29

花园名称：　　　　　　　　　　卡片编号：
观察地点：　　　　　　　　　　观察员：
观察日期：　　年　月　日　　　观察时间：

编号	性别	估计年龄	估计身份	入园时间	离开时间	活动内容	备注
1				时　分	时　分		
2				时　分	时　分		
3				时　分	时　分		
4				时　分	时　分		
5				时　分	时　分		
6				时　分	时　分		
7				时　分	时　分		
8				时　分	时　分		
9				时　分	时　分		
10				时　分	时　分		
11				时　分	时　分		
12				时　分	时　分		
13				时　分	时　分		
14				时　分	时　分		
15				时　分	时　分		
16				时　分	时　分		
17				时　分	时　分		
观察印象							

（二）调查图示

所谓调查图示（Observe Drawing），就是指对实地观察到的城市社会事物或社会现象，以及调查者对这些城市社会事物或社会现象进一步的分析、思考与研究活动等内容，采用城市规划的绘图、素描等方法，方便、直观地予以及时地记载和形象地分析的方法。调查图示是城市规划、建筑学等专业开展社会调查活动所能运用的独特的调查方法和记录方法，是城市规划社会调查的重要特点。

调查图示具有直观明了的表达效果，对于增强社会调查的说服力，丰富和生动最终的社会调查报告成果等，都具有重要意义。配合实地观察活动的有效开展，调查图示的主要方法有：使用地形图等进行平面定位或测量；配合地形图或采用手工绘图方法记录社会调查场地内人群的活动状况；采用手工绘图方法记录调查场地的建筑及空间环境关系及其特点等等（图25～图37）。

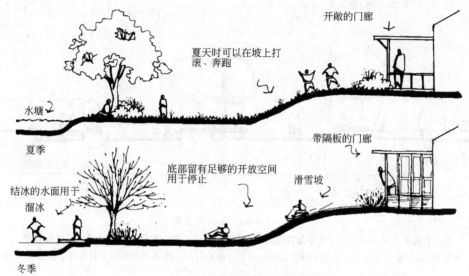

图25 调查图示示例之一
如果气候会产生冰雪，户外空间的规划应充分利用这种优势
资料来源：[美]克莱尔·库珀·马库斯等编著．人性场所——城市开放空间设计导则．俞孔坚等译．北京：中国建筑工业出版社，2001．P260．

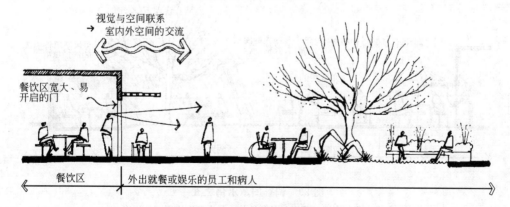

图26 调查图示示例之二
靠近餐饮区的户外空间常会被频繁地使用
资料来源：[美]克莱尔·库珀·马库斯等编著．人性场所——城市开放空间设计导则．俞孔坚等译．北京：中国建筑工业出版社，2001．P300．

图 27 调查图示示例之三

一个 3 英寸×6 英寸(约 0.9m×1.8m)的木质无靠背长椅提供了许多休息的可能性

资料来源：[美] 克莱尔·库珀·马库斯等编著. 人性场所——城市开放空间设计导则. 俞孔坚等译. 北京：中国建筑工业出版社，2001. P39。

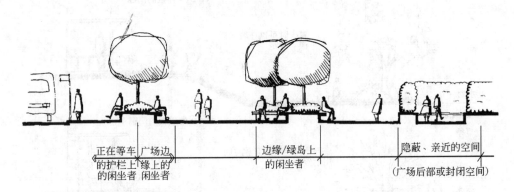

图 28 调查图示示例之四

人们喜欢坐在不同的地方，边界处目光向外或向内、广场边缘、在绿岛上或位于隐蔽的角落内

资料来源：[美] 克莱尔·库珀·马库斯等编著. 人性场所——城市开放空间设计导则. 俞孔坚等译. 北京：中国建筑工业出版社，2001. P37。

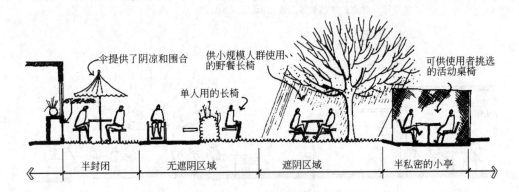

图 29 调查图示示例之五

各种各样的座位选择和气候条件使户外空间有了更多的用途

资料来源：[美] 克莱尔·库珀·马库斯等编著. 人性场所——城市开放空间设计导则. 俞孔坚等译. 北京：中国建筑工业出版社，2001. P307。

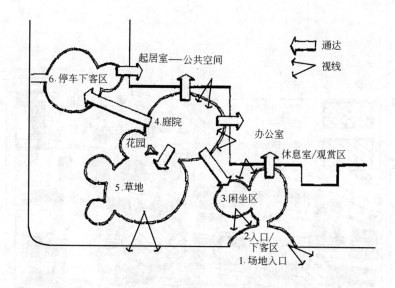

图30 调查图示示例之六
集中的活动区可增加居民的随机使用，并让居民感到这里更富生活气息和更安全
资料来源：[美]克莱尔·库珀·马库斯等编著．人性场所——城市开放空间设计导则．俞孔坚等译．北京：中国建筑工业出版社，2001．P200。

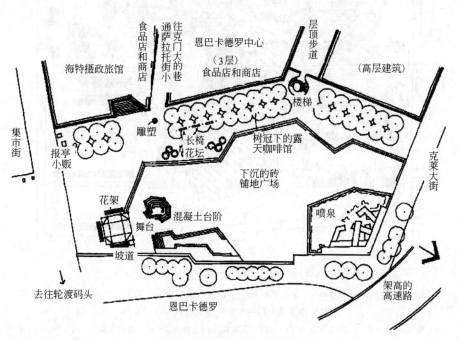

图31 调查图示示例之七
旧金山市贾斯廷赫曼广场场地平面
资料来源：[美]克莱尔·库珀·马库斯等编著．人性场所——城市开放空间设计导则．俞孔坚等译．北京：中国建筑工业出版社，2001．P69。

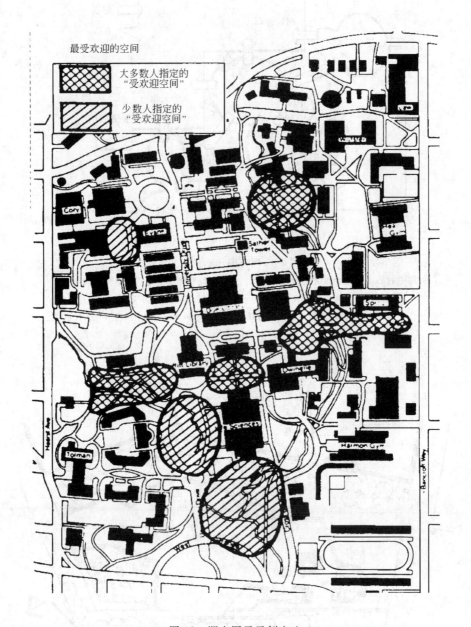

图 32 调查图示示例之八

图中所划出的区域是 1981 年在伯克利校园里进行的调查中被认为的"最受欢迎的地方"。
其中许多地方同时也被认为是夜间不安全区

资料来源：[美] 克莱尔·库珀·马库斯等编著. 人性场所——城市开放空间设计导则. 俞孔坚等译. 北京：中国建筑工业出版社，2001. P181。

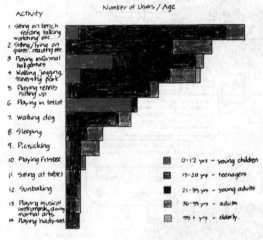
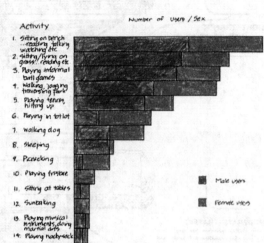
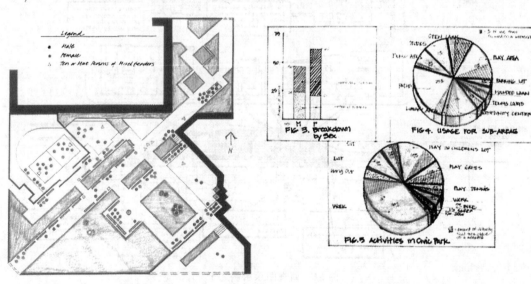

图 33　调查图示示例之九
伯克利邻里公园各种年龄人群活动柱状图、伯克利邻里公园各种性别人群活动柱状图、布莱
德克科公园各种性别人群活动汇总图、加州沃尔纳特克里克城市中心公园活动情况比例图及柱状图
资料来源：[美] 克莱尔·库珀·马库斯等编著. 人性场所——城市开放空间设计导则. 俞孔坚等译. 北京：中国建筑工业出版社，2001. P349.

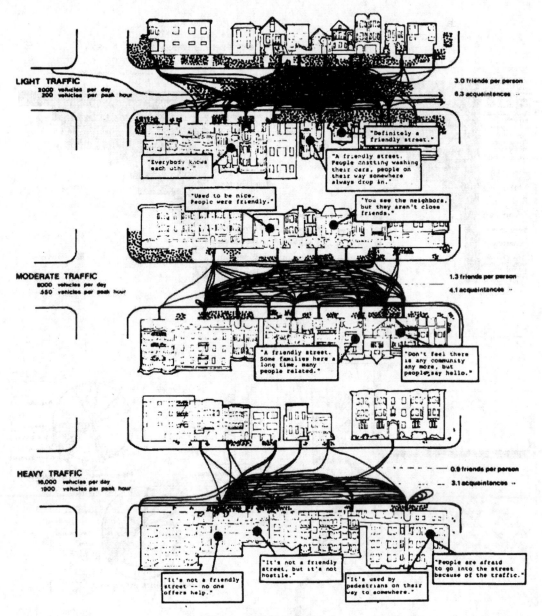

图 34　调查图示示例之十

美国旧金山市三条平行街道上户外活动发生的频率图，黑人和朋友、熟人之间交往（线条）的记录，自上至下分别为少量、中量和大量交通的街，调查表明，户外空间质量与户外活动有着密切关系，交通强度的巨增使得户外活动近乎消失，邻里中朋友和熟人之间的交往也变得很少

资料来源：[丹麦] 杨·盖尔著. 交往与空间. 何人可译. 北京：中国建筑工业出版社，2002. P39。

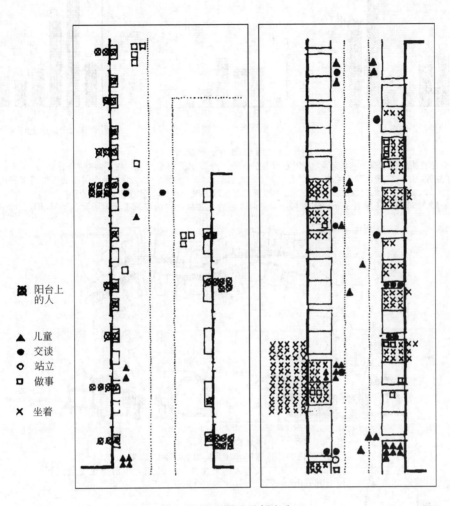

图 35 调查图示示例之十一

哥本哈根市两条街区的户外活动记录图。图为1980年6月夏季的一个星期六的上午10时至下午8时20次户外活动记录的总和。两条街大小、人口都类似,左边的街区没有长时间户外逗留的条件,右边的街区带有前院,为户外逗留创造了很好的条件。调查表明,右边街区在一个夏日中使用街道的次数是左边的单调的街道的21倍

资料来源:[丹麦]杨·盖尔著.交往与空间.何人可译.北京:中国建筑工业出版社,2002.P39。

(三)拍照摄像

实地观察的记录技术,除了观察记录表、观察卡片和调查图示等以手工为主的方法以外,还可以运用现代化的技术手段,如拍照、摄影等方法,对实地观察到的城市社会事物和社会现象的真实状况进行真实地记录和再现(图38、图39)。

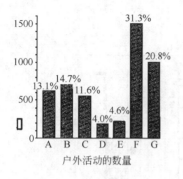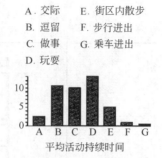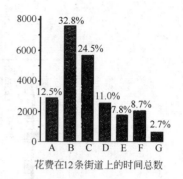

图36 调查图示示例之十二

安大略省滑铁卢和基奇纳两城市12条住宅街道中各种户外活动的频率及持续时间(单位：分钟)，左图(户外活动的数量)表明，尽管"进出"活动占了12条街道中户外活动总数的50%以上，但却是滞留活动将生活带进了街道；右图(花费在12条街道上的时间总数)表明，由于滞留活动延续的时间较长，它们占了街头活动时间的近90%

资料来源：[丹麦]杨·盖尔著. 交往与空间. 何人可译. 北京：中国建筑工业出版社，2002. P186。

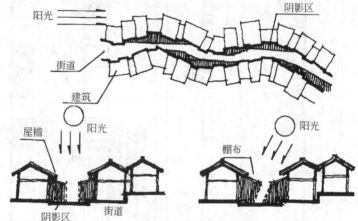

图37 调查图示示例之十三

城市街道的转折遮阳和建筑屋檐(或棚布)遮阳

资料来源：赵万民著. 三峡工程与人居环境建设. 北京：中国建筑工业出版社，1999. P173。

图38 生动地记录三峡库区"棚户现象"及其历史时间的照片

三峡工程二期蓄水倒计时牌及三峡库区"棚户现象"。2001年2月17日、19日分别拍摄于重庆市丰都县和忠县的长江岸边的"棚户区"。

图39　真实地记录城市广场人群聚集及活动状况的照片
2003年11月15日拍摄于重庆市沙坪坝区三峡广场。

四、实地观察的误差

（一）观察误差产生的原因

观察误差（Observe Error）是指实地观察过程中所可能会产生的错误、过失或误差等。其原因是多方面的：①观察者的思想状态和认识心理。观察者的立场、态度、观点、方法和角度不同，观察同一对象的感受就会大不相同。观察者的兴趣、爱好和情绪状态等心理因素，也会对观察结果产生一定影响，从而导致观察误差。②观察者的生理因素和知识水平。人类感觉器官在生理上存在一定局限，同时长时间的持续观察会形成观察者的疲劳和厌倦等，导致观察能力下降，从而引发观察误差。观察者的知识水平和知识结构不同，实践经历和社会经验不同，观察问题的参照标准不同，对同一对象的观察结果就会产生差异。③客观事物发育成熟程度。由于客观事物正在发生发展，发育成熟不足，其本质尚未通过现象充分暴露出来，难免使观察产生误差。④被观察者的反应性心理和行为。由于观察活动所引起的被观察者的反应性心理和行为，必然会造成反应性观察误差。⑤人为假象。由于社会生活存在复杂性的特点，人为的假象或多或少存在，如常常"锦绣其外，败絮其内"，是造成观察误差的重要原因。⑥其他主客观因素。诸如观察仪器的精确度、灵敏度，观察场所环境条件，观察角度和观察工具失灵等等，都是造成观察误差的其他原因。

（二）减少观察误差的方法

观察误差是无法完全避免的，但努力减少观察误差和提高观察结果准确程度，却是应当通过各种手段努力做到的：

1. 观察员的选择和培训

一个合格的观察员，应当感觉器官正常，应当具有实事求是的实干精神和健康的体魄，应当具有与观察课题有关的城市规划学科理论知识，应当具有对观察对象的历史和现状情况的知识了解，应当具有观察方法的知识和观察工具的使用经验、能力，等等。因此，应当正确选择观察人员，并对观察员进行必要的培训，包括教育和培养观察员认真负责的观察态度，认识课题的重要意义，培养对课题的兴趣和感情，同时在实地观察前进行必要的感官训练等。

2. 合理组织安排观察任务

认真设计调查方案，根据人类感觉器官的承受能力，合理安排观察任务，例如安排适当的休息调整活动，来解除观察员的疲劳，提高观察效果质量。

3. 充分利用科学仪器和技术手段

在实地观察中，应根据具体情况，尽可能有效使用望远镜、测量仪器、照相机、摄影机、录音机乃至直升飞机、人造卫星等科学仪器的放大、延伸、计量、记录等功能，提高观察的准确性和客观性。如对某一城镇的街道开展立面风貌规划设计时，就可以用带有广角镜头的数码照相机，对街道立面进行连续拍照，再输入计算机，使用photoshop软件进行拼接，可以直观地对立面进行改造设计，规划效果还可以同现状效果进行直观比较。

4. 控制观察活动

在实地观察中，观察者应该努力控制自己的观察活动，尽可能减少或消除观察活动对被观察者的影响。在保障尊重法律法规和道德伦理的前提下，特殊情况可以采取事前不作任何说明或宣告，隐蔽、伪装、突然袭击的方式进行观察，当然这种方式的采用最好在争得公安或其他部门的同意许可之后进行。

5. 纵横向比较研究

对于比较复杂的事物或者比较重要的调查任务，应该选择不同类型的观察对象进行横向对比观察，或者对同一观察对象进行多点或纵向对比观察。也可以采用不同的观察角度或手段进行比较观察。

五、实地观察法的优缺点

（一）实地观察法的优点

实地观察是最古老、最常用的调查方法，有着许多显著的优点：①观察者直接感知客观对象，获得的是直接的、具体的、生动的感性认识，能够掌握大量第一手资料，即所谓"百闻不如一见"。②观察者亲自到现场，直接观察和感受处于自然状态的事物，容易发现或认识各种人为假象，实地观察的调查结果比较真实可靠。③适用于对那些不能够、不需要或者不愿意进行语言交流的社会现象进行调查，如对集群行为的调查研究。④实地观察方法简单易行，适应性强，灵活度大，可以随时随地进行，观察人员可多可少，观察时间可长可短，一般不需要设计非常复杂的各种表格和专业工具，只要到达现场就能够获得一定量的感性认识和收获。

（二）实地观察法的缺点

实地观察法不可避免地也存在一些缺点：①以定性研究为宜，较难进行定量研究。②观察结果具有一定的表面性和偶然性。③受到时间、空间等客观条件限制和约束，只能进行微观调查，不能进行宏观调查，只能对当时、当地情况进行观察，不能对历史或外域的社会现象进行观察，对于突发事件无法预料和准备，不能对保密和隐私问题开展观察等。④调查结果受到观察者主观因素影响较大，调查资料往往较多地反映出观察者的个人感情色彩。⑤难以获得观察对象主观意识行为的资料等等。

实地观察法示例之一（基于人们需求的设计评价过程）

每个研究区域应至少考察两次（越多越好），每次考察每个地点至少应花上一个小时。考察应在使用高峰期间——例如，城市广场主要用于白领人员午餐时间的使用，因此，考察最好就定在某个工作日的午餐时间（从上午 11 点 45 分到下午 1 点 30 分之间）。如果在周末再考察一次将会更好，但至少应在工作日的午餐时间内考察两次。

每次考察，都应花上至少半个小时去观察如下的内容：

谁在使用这个场地？（男人？女人？夫妇？一群人？单身？老年人？年轻人？……）

哪里是他们喜欢去的地方？（阳光下？阴影中？某种特殊形式的休息区？还是随便什么地方？）

什么是他们最主要的活动？（吃东西？交谈？观望？打盹？……）

尽管在一开始将这些问题分开来看是有帮助的，但它们必须综合起来形成对场地的细致描述，以回答"谁，在什么地方，和谁，在干什么？"的问题。例如，男人们是不是常独自坐在入口处的长椅上，吃着东西并看着过往行人，而女人们则喜欢成双结对地坐在喷泉边上交谈？观察得越细致，所提出的设计修改意见就会越好。

在考察过程中，要作现场笔记，不要单纯依赖记忆——即使你能记住一些基本的规律，许多细节也会被遗忘。在考察中，考察者应亲身参与到这个地方最寻常的活动中去——例如在城市广场上吃午餐，同时注意作为一个广场使用者的感受。在对其他使用者进行客观观察（非参与观察）的基础上加上自己对周围环境的主观感受（参与观察），就可以获得对该空间利用的另一个层面上的认识。为什么会观察到一些现象的原因也会变得清晰起来——例如，坐在背阴处太冷！值得注意的是，不要认为所有人都有相同的心理反应或动机，尤其当他们的年龄、性别和文化背景等都不同时，这一点很重要。考察者自己的感受可能会解释其他人的行为，但是对于一个客观细致的研究，这些感受必须和客观的数据采集方法结合起来，例如访谈或问卷调查等，以验证考察者的直觉是否正确。

资料来源：[美] 克莱尔·库珀·马库斯等编著. 人性场所——城市开放空间设计导则. 俞孔坚等译. 北京：中国建筑工业出版社，2001. P322~P323。

实地观察法示例之二（场所使用状况评价）

在开始采集数据之前，最好先花点时间作为参与者来对所选择的场地进行一番主观感受。考察者可以舒舒服服地坐在一个视线不错的地方，利用几分钟来放松自己，深呼吸，让自己真正进入这个环境。尝试抛下目前的烦恼，集中精力于下面的任务。花上半个小时，让自己全身心地进入状态。

取出笔记本，记录下此时此地你的所感所想。试着集中至少 5 分钟的时间去关注每一种主要感受。

● 视觉：你看见了什么？是什么吸引了你的视线？你注意到了什么颜色和纹理？空间尺度怎样？你的视阈是封闭的，还是视线可以穿越到空间以外？在这个空间里你还可以看见谁？他们是什么类型的人，正在做什么，他们的情绪怎样（放松、狂乱、厌倦、繁忙）？

● 与此同时，记录下你所看见的事物以及你的感受。这些景象让你感到愉快还是悲伤？这个空间是令人放松、令人不适，还是令人乏味？其他人的存在是丰富了空间，还是造成了混乱？有没有特别的人、活动或群体吸引了你的注意力，或是让你感到了不适？

- 听觉：把你的眼睛闭上几分钟，让你的耳朵仔细聆听你可以听到的东西。那里有些什么声音？声源在哪里？这些声音是让你平静还是让你不安？你能想像别人对这些声音做出什么反应吗？
- 触觉：感受这个空间。用手和身体的其他部位接触这个空间。你感受到了怎样的纹理、温度和品质？你能感觉到空气流动或温度变化吗？这些触觉让你有什么感觉（安全、舒适、厌恶、厌倦）？触觉可以丰富或证实我们的所见所闻。
- 嗅觉和味觉：闭上你的眼睛，用鼻子闻这个地方。你闻到了什么？这个地方闻起来是新鲜的、令人窒息的，还是陈腐的、清新的，或是素雅的？这里有什么东西可以尝吗？这里是不是适合吃东西或随便喝点什么？下次考察时，可以自己带点食物在那里试试。

记录所见所感没有一定的模式或顺序。以上列出的问题是为了促使你有意识的进行感觉体验，帮助你感受一个场所的内涵，以及它是怎样为你或为别人服务的。具体怎样记录你的感受则由你来决定，但采用意识流的记录方法，即没有逗号和句号地记录下你的感受常常最能揭示出问题。

我们也会要求学生在感受之后以公园的语气写一篇文章。比如："我是辛达·罗斯公园(CedarRosePark)。我的感觉是……"这种文章常具有惊人的洞察力，一针见血地指出公园的优点和存在的问题。

资料来源：[美] 克莱尔·库珀·马库斯等编著. 人性场所——城市开放空间设计导则. 俞孔坚等译. 北京：中国建筑工业出版社，2001. P324~P325。

实地观察法示例之三（城市广场设计评价表）

1. 对附近公共开放空间的分析是否表明拟建的新空间将会受到欢迎和使用？
2. 委托人和设计师是否已定下了广场的各种设计功能——建筑的视觉退让距离、过渡区、午间休闲、等公共汽车、人行道咖啡馆、展示或展览、表演、街区内部的行人通道？
3. 在整个开发过程中是否考虑过街区位置和广场类型之间的关系，无论是在场地规划之初进行选址时还是在决定广场的具体形式和细部时——例如，街角位置适于高利用率的广场，尽端街位置适于绿洲型的广场？
4. 假定服务半径为900英尺（约274m），目前未享受到服务的人能在项目建设之后得到相应的服务吗？
5. 服务范围内是否有足够多的工作人员确保对午间光顾者的服务？
6. 广场的位置是否利于多种人群的使用——工作人员、旅游者以及购物者？
7. 广场的位置是否会对通往城市中心区的现有或拟建步行体系造成干扰？
8. 地方气候适合建设广场吗？如果户外空间在一年之中的使用少于三个月，就应该考虑建设室内公共空间。

尺度

9. 考虑到位置及环境的不同，限制广场的尺度时是否考虑了林奇和格尔的建议？林奇建议合适的尺度是从25~100m，而格尔认为是从70~100m——两者都是看清物体的最大距离。

视觉的复杂性

10. 设计中是否将丰富多彩的形式、色彩、材质融合在一起——比如喷泉、雕塑、不同的休息空间、角落空间、植物和灌丛、高程变化？

11. 如果从广场上可以获得丰富的视景，设计是否突出了这点？

使用和活动

12. 广场设计得是适应闲逛者还是穿行者？如果两种功能都有，它们是否位于不同的分区以避免冲突？
13. 如果鼓励人们从广场上超近道，是否已经消除了人行道和广场之间包括坡度变化在内的各种障碍？
14. 如果要鼓励人们在广场上逗留和闲逛，是否布置了大量的设施、引人注目的景点以及丰富多变的边界？如果需要举行音乐会、集会等，是否提供了没有障碍的开放空间？
15. 广场的设计是否注意到了两性的不同需要，男性对于"前院"体验（公共、相互接触）的偏好，以及许多女性对于轻松和安全的"后院"体验的青睐？
16. 广场的设计是否通过鼓励高强度使用来减少恶意破坏行为和"不受欢迎的人"的存在（或者使得他们在人群中显得不突出）？或者采取更为坚固的设计形式？

微气候

17. 广场的位置是否可以在全年内得到充足的阳光？
18. 在夏季非常炎热的地方，是否利用植被、遮阳篷、花架等提供了阴凉？
19. 作为一种城市政策，对建筑高度和体量的控制是否能够保持并增加到达公共空间的光照量？
20. 广场在午间时的温度在一年中是否至少有三个月超过55华氏度？如果没有，应该考虑增添户内公共开放空间。
21. 对于那些午间平均温度超过55华氏度的月份，是否研究了光影分布来预测座位区应该布置在什么地方？
22. 附近建筑的反光是否在广场中造成了令人不适的视觉或温度？
23. 附近建筑反射的光是否能用于照亮广场的背阴区？
24. 是否已经评价了广场空间中风的规律？刮风会不会导致广场的无人问津，尤其是在那些几乎没有酷暑的城市中？

边界

25. 诸如铺装变化或绿化之类的边界是否能将广场与人行道划分开来，同时又不会在视觉或功能上阻碍行人对广场的接近？
26. 广场是否至少有两面朝向公共道路，除非它被有意作为一个绿洲空间？
27. 广场设计中，是否利用绿化等要素延伸到道路红线范围内把行人的注意力吸引到广场上去？
28. 广场和人行道之间的高度变化能否保持小于3英尺（约0.9m）？
29. 广场和邻近建筑之间在视觉和功能上的过渡是否已经考虑过了？无论是广场使用者还是建筑使用者，个人空间是否因座椅、餐桌、办公桌过于接近窗或门而受到干扰？
30. 广场底层建筑进行用途安排时，是否利用了零售商店和咖啡馆而非办公室或空白墙体来使广场变得生动起来？
31. 户外咖啡馆的座椅是否具有吸引人的色彩以吸引行人进入？
32. 广场边界是否设计有许多凹凸空间以便为使用者提供多样化的歇坐和观看机会？

亚空间

33. 如果广场面积很大,它是否被分成若干亚空间来给使用者提供不同感受的环境?
34. 是否利用了高差变化、多样化的种植和座椅布置来创造亚空间?
35. 亚空间是否彼此隔离,同时又不会让使用者在空间中产生孤独感?
36. 亚空间是否足够大,这样使用者即使进入有他人存在的空间也不会觉得自己侵犯了他人?
37. 亚空间的尺度是否恰当,从而使人们在独坐或周围仅有几个人时不会觉得恐惧或疏远?

交通

38. 广场的设计是扰乱还是改进了城区的现状交通模式?
39. 为了鼓励步行,是否利用由安全步道、商业中心及步行街等组成的人行系统把各个广场连接起来?
40. 是否已经留心预测了在交通高峰期从人行道到建筑入口之间人们可能会走的直线路径?
41. 广场的布局是否能使人们方便地到达周围的咖啡馆、银行或零售商店?是否能使人们方便地到达座位区或观看区;以及是否为人们提供了超近路或心情愉快地穿过广场的机会?
42. 如果需要或希望引导行人流,是否利用了墙体、花池、围栏、地面高程或材质的明显变化等形成空间障碍来达到目的,而不是利用那些已被证明无效的铺装色彩或花纹的变化?
43. 广场的设计是否适应了步行者在空间中心行走而闲坐者位于空间边缘的规律?
44. 广场是否适应了残疾人、年老者、推儿童车的父母以及推着货车的小贩的需要?坡道是否尽量与梯道平行,或者至少与梯道每一层面都相通?

座位

45. 设计是否认识到了座位在鼓励广场使用方面是最重要的因素?
46. 座位是否满足了大多数广场上常见的各种类型的休息者的需要?
47. 座位是否布置在那些午间有灿烂阳光的地方?在很热的地方,座位是否有遮荫?
48. 广场座位的布置是否考虑到了闲坐者通常会被吸引到那些他们能够看到其他人穿行的地点?
49. 为了增加广场的整体座位容量,辅助座位(草丘、眺台、座墙、允许坐在上面的护墙)是否融入了广场设计之中,以免人数较少时,使用者置身于座椅的海洋之中而感到恐惧?
50. 主要座位的数量是否至少同辅助座位相同?
51. 那些可以作为辅助座位的要素(草坪除外)是否在 16 英寸(约 40.6cm)(最好)至 30 英寸(约 76.2cm)的高度范围之内(特别鼓励较低的高度)?
52. 是否优先考虑选择木质长椅,而且是否包括那些 3 英尺×6 英尺(约 0.9×1.8m)、无靠背便于自由利用的长椅类型?
53. 是否有一些座位的排列呈线性(长椅、台阶或边沿)、环形或者朝向外部,以允许人们可以同陌生人挨得很近进行交流,同时不必进行视线接触?
54. 有没有布置宽大的无背长椅、成直角摆放的座位以及活动桌椅等以便于成群人的使用?

55. 座位的位置是否允许人们在阳光和背阴之间进行选择？

56. 是否通过花池或其他要素的布置为一些坐处创造了私密感？

57. 是否利用多样化的座位朝向为人们创造观看水景、远景、表演者、树丛以及行人的机会？

58. 座位是否用看起来很暖和的材料，比如木头？是否避免使用那些感觉生冷（混凝土、金属、石头）或是那些如果坐在上面可能损坏衣服的材料？

59. 在决定座位的合适数量时，是否遵循了公共空间项目公司对广场中面积每30平方英尺就应有1英尺（约0.3m）长的座位的建议，或是遵循了旧金山中心城区规划要求每1英尺的广场边长应有1英尺的座位的导则？

种植

60. 是否利用了多样化的种植来提高并丰富使用者对于颜色、光线、地形坡度、气味、声音和质地变化的感受？

61. 在需要看到其他亚空间的地方，是否选择了羽状叶的半开敞的树种？

62. 如果广场必须下沉，所种植的树木是否能很快长过人行道地面的高度？

63. 在多风的广场中，为了减轻浓密枝叶和大风混合造成的潜在破坏，是否选择了树冠开敞的树木？

64. 是否选择了品种多样的一年生花卉、多年生花卉、灌丛和乔木？

65. 在视线、树阴、维护方面是否考虑到了植物长成时的最终高度和体量？

66. 是否利用了树木来遮盖邻近的建筑墙体，如果需要，是否能让阳光照到建筑窗前？

67. 是否有足够的座位以防止人们坐进绿化区，从而破坏植被？花池的座墙是否足够宽，以防人坐进花池内部？

68. 草坪是否改变了广场整个特征，是否鼓励野餐、睡觉、阅读、晒太阳、懒洋洋地躺着以及其他随意活动？

69. 草坪区是否通过起坡或抬高来改善休息和视线的条件？它是否避免形成一个空旷的大草地，而是创造出小尺度的亲切空间？

地形变化

70. 为了创造亚空间，广场设计中是否包括了规模不大但很明显的地形改变？

71. 地形变化是否被作为一种分隔座位区和道路交通的方法？

72. 如果有地形变化，不同高程之间的视觉连续是否能得以保持？

73. 在有地形变化的地方，是否已提供了坡道以便于推婴儿车的人、残疾人等的通行？

74. 是否有带有护墙或护栏的制高点便于人们倚着观望人流？

75. 是否避免了在广场和人行道之间出现坡度的剧烈改变（无论是向上还是向下），因为这样的广场使用率很低？

76. 如果广场必须下沉很多，广场里是否设置了一些引人注目的景物来吸引人们进入？

77. 如果广场必须抬高许多，是否利用了绿化种植来表示广场的存在并吸引人们登至上面？

公共艺术

78. 如果广场设计中包含公共艺术，它是否能创造一种快乐和愉悦感、刺激游人的活动和创造性，同时促进观看者之间的交流？

79. 人们是否能与设计的任何一个公共艺术作品进行交流——触摸、攀爬、移动或在里面玩耍？

80. 该作品是否代表着大多数公众的心声而不是少数精英？

喷泉

81. 广场设计是否包括了喷泉或其他水景要素，形成视觉和声音上的吸引？

82. 喷泉的声响能否遮住外面街道的喧闹？

83. 喷泉是否同广场空间成比例？

84. 风会不会扬撒水珠从而使歇坐区域无法被人们利用？如果会，是否有一全职的园丁或广场维护人员来负责调控喷泉？

85. 喷泉是否设计得伸手可及，从而让广场的访问者能够接触到它？

86. 是否计算了喷泉的运转费用以确保喷泉能运转良好？

雕塑

87. 如果广场中有雕塑，他们是否同广场本身成比例？

88. 是否有部分雕塑是可体验的，即人们是否可坐在它周围、攀爬它甚至改变其造型？

89. 雕塑的位置是否不会妨碍广场上的人行交通和视线？

90. 雕塑是否避开了中心位置，以免让人觉得广场只是雕塑的背景？

铺装

91. 主要的交通路线是否符合广场使用者"所希望的路线"？

92. 如果设计的目的在于引导行人，那些限制步行的地方是否用上了卵石或大的砾石？

93. 是否利用了铺装变化来标明由人行道向广场的过渡，同时又不妨碍人们的进入？

食物

94. 广场内部和附近是否有食品服务，如食品小贩、食品售货厅或咖啡馆？

95. 是否有舒适的空间以供人们坐下来吃自带的午餐或从小贩处买来的食品？

96. 广场售卖饮食的地方是否提供了饮水器、卫生间和电话亭等设施，就像在餐厅里一样？

97. 广场上是否到处都有足够的垃圾箱以避免食品包装和容器的废弃物堆积在广场上？

有组织的活动节目

98. 广场的管理政策是否鼓励在广场中举行特殊的节事活动，例如临时性展览、音乐会和戏剧表演等？

99. 广场设计中是否包括一功能性舞台，在非表演时可用于闲坐、吃午餐等？

100. 舞台的位置是否能避免对交通流的干扰？是否能避免观众正对太阳？

101. 是否为观众提供了可移动的椅子，以及附近是否有不用这类椅子时的储存处？

102. 广场上是否有招贴活动日程和告示的场所，广场使用者可以很容易地看到？

103. 是否有对活动进行宣传的各种形式——装饰、彩旗？

104. 节事活动当天是否提供临时性的优惠餐饮？

摊贩

105. 广场的设计是否适应那些摊贩？他们能为广场增添活力、保障一定程度上的安全，同时增加周围零售商业区的人气。

106. 特别是那些已经在午间时颇受欢迎的广场、无人问津但急需吸引使用者的广场，以及行人如织的街边广场或公交集散广场，是否考虑过增设摊贩？

107. 广场是否包括能作为农贸集市的区域？

108. 广场为集市或摊贩提供的空间是否有一个色彩丰富的玻璃纤维篷顶，既能吸引人的注意力，又能提供遮蔽和阴凉，还能同城区建筑的尺度形成对比？

109. 摊贩或集市空间所处的位置是否易于到达、是否醒目，同时还不会妨碍广场的正常人流交通？

信息和标识

110. 建筑的名字是否清楚地展现出来，晚上的照明是否足够？

111. 建筑的主入口是否醒目？

112. 进入建筑之后，问询或接待处是否能一眼看到，或者至少有明显的标识指引？

113. 是否有标识引导访问者去电梯间、卫生间、电话亭、餐厅或咖啡厅？

114. 离开建筑后，是否有指示公交站、出租车场及附近街道方向的醒目标识？

115. 是否有一张简明清晰的周围街区图？

维护和便利设施

116. 是否有足够的人员来养护绿化，这样草坪才能保持常绿齐整、枯枝败花得以及时清除……？如果难以保证经常养护，就应该采用美观而且维护量低的绿化方式。

117. 是否有足够的垃圾箱，是否制订了垃圾清理时间表，以防垃圾溢满？

118. 是否采取了提前浇水的方式来使草坪和花池里的花草在午间时分已经干了？

资料来源：[美] 克莱尔·库珀·马库斯等编著. 人性场所——城市开放空间设计导则. 俞孔坚等译. 北京：中国建筑工业出版社，2001. P75～P78。

第三节 访问调查法

一、访问调查法的概念

（一）访问调查法的概念

访问调查法（Visit Research）又称访谈法。"访"即探望、寻求、查找，"问"即询问、追究。访问调查法就是访问者有计划地通过口头交谈等方式，直接向被调查者了解有关社会调查问题或探讨相关城市社会问题的社会调查方法。

（二）访问调查法的类型

1. 根据访问调查内容划分

根据访问调查内容的不同，可以将访问调查划分为标准化访问和非标准化访问。标准化访问是指按照统一设计的、具有一定结构的问卷所进行的访问，又可称为结构式访问。这种方式要对选择访问对象的标准和方法、访谈中提问的内容、方式和顺序、被访问者回答的记录方式等进行统一设计，以便对访问结果进行统计和定量分析，也便于对不同的访问答案进行对比研究等。非标准化访问就是按照一定调查目的和一个粗略的调查提纲开展访问和调查，又可称为非结构访问。这种方法对访谈中所询问的问题仅有一定的基本要求，提出问题的方式、顺序等都不作统一规定，可以由访问者自由掌握和灵活调整。非标准化访问有利于充分发挥访问者和被访问者的交流的主动性、创造性，有利于适应千变万化的客观环境条件，有利于发现和研究事前设计的调查方案中未考虑和预测到的新情况、新问题、新事物，也有利于对调查的问题进行深层次的探讨和研究。

2. 根据访问调查方式划分

根据访问调查方式不同，可以将访问调查分为直接访问和间接访问。直接访问是访问者与被访问者进行面对面的直接访谈。在访谈过程中又可采取"走出去"和"请进来"两种方式。"走出去"就是访问者深入到被访问者生活或工作环境中进行实地访问。"请进来"就是邀请被访问者到达访问者事先安排好的场所进行交谈。间接访问是访问者借助于某种工具，如通过电话、电脑、书面问卷等调查工具对被访问者进行的访问。

3. 其他划分方式

根据调查对象的特点，访问调查还可以分为一般访问和特殊访问、个别访问和集体访问、官方访问和民间访问等。

二、被访问者心理分析

访问调查的被访问者涉及社会各阶层，由于生活经历、职业职务、所处环境、知识水平、道德修养、性格习惯等的不同，既有群众心理，又有个性心理。所谓群众心理（Mass Psychology），就是某些身分、处境、工作相同的人群的共同心理及其表现。如普通工、农群众初次与访问者见面时容易拘谨腼腆，双方熟悉之后一般都能够爽快地热心交谈；科技人员、专家学者态度严谨、认真，说话讲究分寸；教师善于言谈，言语流畅，较为热情，有耐心；领导干部善于归纳分析，谈话有条有理，遇到矛盾和纠纷比较能冷静处理，等等。所谓个性心理（Individuality Psychology）就是每个人在特定条件下特有的心理，往往千差万别。

（一）被访问者的原始心理状态及其类型

人的心理是客观事物的反映，一切心理活动都是由内外刺激所引起的，通过一系列生理变化来实现，并在人的各种实践活动中表现出来。被访问者接受访问者调查访问本身就是接受一种外来刺激，必定会由此产生一系列的心理活动，其中既有主体的心理外部表现，也有内在的心理现象。要使访问调查顺利进行，访问者就必须对被访问者在调查访问过程中表现出来的各种心理特征和内在活动予以准确地掌握和积极地调节。

被访问者初次与访问者见面，或者听说访问者要对其进行调查，这种突发的事变会刺激被访问者，并使其出现一种心理反应。这种被访问者随即作出相应的最初的心理反应就称为原始心理状态（Primordial Psychology）。从对待访问者调查的态度的方面去衡量，被访问者的原始心理状态可分为三种类型。

1. 积极协作型

被访问者积极为访问者提供情况，有问必答，热情主动。其动机或出于好奇和疑问，或出于事业发展和打开工作局面的需要，或感到调查采访活动是对本人和本单位的尊重，或纯粹是交友求知的需要。

2. 一般配合型

被访问者公事公办，不冷不热，不卑不亢，以礼相待，谈话平静无高潮。其原因或是访问调查的事情与己无关，出于礼貌与工作关系接待一下，或对访问者及调查活动有看法，又碍于面子不好推辞，表现出敷衍、漫不经心的神态。

3. 消极对抗型

被访问者不乐意访问者调查，态度冷淡生硬，回答问题甚少，故意讲错，拒不回答或都回答不知道。其原因可能是被访问者有思想顾虑，怕访问者揭短，或对访问者及调查活动有重大分歧及成见，也或是遇到了被访问者心情不好的时候，因而拒不接待。

（二）被访问者接受调查的良好状态

访问调查活动的成败，很大程度上取决于被访问者的支持和配合。良好的心理状态是访问调查顺利进行和展开的前提和保证。就访问调查的双方来讲，访问者调查的愿望和热情一般情况下是不言而喻的，良好的心理状态主要是对被访问者而言。有利于访问调查顺利进行的心理状态称之为良好心理状态（Good Psychology），主要表现在以下几个方面。

1. 需要与接近意识

人们的交往能够进行，主要是为了满足生存与事业发展的需要，人与人的交往同样是为了满足某种需要。被访问者乐意接受访问者的调查采访，并在调查采访过程中谈兴很浓，需要的意识是支配他们的动因。

2. 信任感

人的需要是作为动机出现的，但任何动机都有实现目的的条件，为实现目的而行动。信任感是呈现良好心理状态的前提和先决条件，被访问者只有在充分相信访问者的调查访问活动能使他得到某种满足的条件下，才会开诚布公、畅所欲言。

3. 稳定的心境

心境是指在较长时间内给人的各个心理过程和行为涂抹上一层色彩的一般的情绪状态。在调查访问过程中，轻松平和、稳定有节制、愉快而不烦躁的心境，是最有利于调查访问的心境，也是良好的心理状态，这与被访问者的处境、经历、性格和爱好都有关。

4. 清晰完整的记忆、连贯的符合逻辑的思维、遣词达意的口头语言表达

被访问者具有清晰完整的记忆、连贯的符合逻辑的思维、遣词达意的口头语言表达，有利于调查访问的进行，有利于访问者掌握全面准确的真实材料，也有利于访问者的笔记与思索。这是一种良好的心理状态，与被访问者的社会经历、职业、文化程度等密切相关。

需要说明的是，被访问者接受调查访问的良好心理状态，往往不是访问者一厢情愿的事，访问者应当根据被访问者良好心理状态的特征要求，主动地有效掌握和调节被访问者的心理状态和访问者自身的心理状态。

三、访问调查过程

要取得访问调查的成功，访问者必须明确访问调查一般经历的过程和阶段，并应该在访谈过程的各个环节上，注意熟练掌握和运用各种访谈技巧。

（一）接近被访问者

访问者进入访谈现场，面对素不相识的被访问者，访问者首先应当表明来意，消除疑虑，以求得被访问者的理解和支持，这是成功地进行访谈的首要前提。接近被访问者必须首先考虑对方的思想、感情和心理承受能力，必须以平等、友好的态度和恰当的方式去接近对方，重点应注意两个问题：

1. 对于被访问者的称呼

称呼是访问调查的开始,为了避免引起对方反感,对被访问者的称呼应努力做到:①入乡随俗,亲切自然,要了解当地的风俗习惯,使用当地人喜欢的称呼方式,如称呼"您"还是称呼"大伯"、"大娘"、"大哥"等究竟哪种称呼好。②尊重恭敬、恰如其分,要符合双方的亲密程度和身分,尊重而不夸张,适当保持一定的心理距离,比如对于"您"和"大伯"灵活结合使用,恰当时候适当省略,而不要口口离不开"大伯",总之不能引发别人反感。③注意称呼习俗的发展变化,比如20世纪50、60年代人们习惯不分性别地称呼"同志",80年代人们习惯称呼"师傅",而到了现在,人们一般习惯称呼"老师"、"老板"等,思想比较开放的地区的人们则喜欢称呼"先生"、"小姐"等。

2. 选择恰当的接近方式

访问者与被访问者接触后,必须采取各种有效的方法与被访问者接近,通常比较适合的接近方式有:①自然接近。在某种活动中自然而然地接近对方,有利于消除对方的紧张和戒备心理,在对方不知不觉时了解到许多情况。②友好接近。从关心和帮助被访问者入手,首先建立感情和相互信任,然后再说明采访意图。③求同接近。从查找和建立与被访问者相同的兴趣和爱好等着手,如老乡、校友、共同的工作经历和兴趣爱好等共同语言,逐步开始访问话题。④正面接近。开门见山,不作修饰,通过自我介绍,说明调查的目的和意义等,然后开始正式访谈。⑤伪装接近。以某种伪装的身分、目的接近对方,在对方没有察觉的情况下访谈等等。

(二)提问

1. 提出问题的种类

访谈过程中的问题,可以分为实质性问题和功能性问题两大类。实质性问题是指为了掌握访问调查所要了解的情况而提出的问题,包括事实方面的问题、行为方面的问题、观念方面的问题以及感情和态度方面的问题等。功能性问题是指在访谈过程中为了对被访问者施加某种影响而提出的问题,包括接触性问题、试探性问题、过渡性问题和检验性问题等。一个熟练的访问者,不仅要善于以恰当的方式提出各种实质性问题,而且要善于灵活运用各种功能性问题,促进访谈调查的顺利进行。

2. 提问技巧

访问调查的提问过程可以使用的技巧有:①化大为小、破题细问。顺应人的思维,回忆心理活动规律,按照事物形成、发展的全过程,将一个总的问题破开;或按时间顺序,或按逻辑联系,化成为若干个小问题,一个个小问题问清楚了,总的问题也就自然得到回答和认识。也就是说,提问要具体化,能够促进人的回忆与思维清晰、深入地发展。②耐心启发、寻求突破。按照回忆的心理活动规律,通过使用接近联想、相似联想、对比联想等方法,让被访问者的脑子中呈现一些与访问者想寻求的事物相似、相对比或相接近的事物,促使其产生某种神经联系,调动被访问者进入良好的回忆心理活动状态,进而顺利回答。③适当刺激、反面设问。激问是通过一定强度的刺激设问,把对方的情感由抑制状态转化到兴奋状态,然后乘胜追问。错问是从事实的反面设问,即故意把黑的说成白的,把正的说成反的,造成被访问者震惊,心理活动呈现高度兴奋状态,产生"否定错误、澄清事实"的感觉与愿望。通过激问、错问等手段,设法改变被访问者的感觉心理状态,变"要我谈"为"我要谈",变脑细胞的抑制状态为兴奋状态,激发被访问者的兴趣和需要。

3. 提问应注意的问题

提问时应注意的问题包括：①提问的语言要求。提问的话语应尽量简短，语言应尽可能做到通俗化、口语化和地方化，尽量避免使用学术术语和书面语言，提问速度要适中，既要使听话人听清楚，又要紧随听话者的回答及时再提出新的问题。②问题本身的性质特点。对于比较尖锐、复杂、敏感和有威胁性的问题，应该采取谨慎、迂回的方式提出，一般性问题可大胆、正面提出。③被访问者的情况。对于顾虑重重、敏感多疑、对访问问题不熟悉或回答问题能力较差的被访问者，应该循循诱导，逐步提出问题，反之则可单刀直入、连续提出问题。④访问者与被访问者的关系。访问者与被访问者互相不熟悉、尚未取得信任和感情的情况下，应该采取耐心慎重的方式提问，反之则可直率、简捷地提出问题。

(三) 听取回答

1. 听取回答的步骤

访问调查过程中听取回答的步骤包括：①捕捉和接收信息——认真听取被访问者的口头回答，积极主动捕捉一切有用信息，包括语言信息和非语言信息等。②理解和处理信息——对信息进行理解，作出判断或评价，并对有用信息和疑惑信息进行保留。③记忆或作出反应——对有用信息进行记忆，考虑被访问者的回答情况对疑惑信息作出反应。

2. 听取回答的层次

根据访问者的具体情况，听取回答可分为三个层次：①被动消极的听。访问者没有开动脑子理解记忆，听到的内容很快遗忘。②表面的听。半听半不听，耳朵在听，脑子在思考其他问题，大部分内容没有听进去。③积极有效的听。注意察言观色，开动脑子，理解回答问题的观点，推测言外之意，并反复记忆和考虑如何作出反应。

3. 积极有效地听取回答的要求

要取得较好的访问效果，在听取回答时必须注意做到：①端正态度。访谈过程不仅是语言交流过程，也是信息传递和感情交流过程，因此要认真地听，聚精会神、一丝不苟地听，要虚心地听，懂就懂，不懂就问，要有感情地听，要换取被访问者回答的兴趣和欲望。②排除障碍。要善于排除听取回答的偏见性障碍、判断性障碍、心理性障碍、习惯性障碍、理解性障碍和环境障碍等，获得有效的听取回答效果。③提高记忆能力。要善于通过重复、浓缩、联想、比较和使用等的手法，提高记忆信息的速度、准确度和牢固程度，以利于对访问信息进行识别、储存和再现。④善于作出反应。对于人名、地名、时间、数据等的回答，可采用重复一遍请被访问者核实的办法做出反应。对于过长或零散的回答，可采取简要归纳后请被访问者认可的办法做出反应。在被访问者认真回答问题时可以不插话，不表态，不干扰，保持沉默，必要的情况下可以鼓励被访问者继续讲下去。

(四) 引导与追问

1. 引导

当访谈过程中遇到障碍，访问调查不能顺利进行下去，或者访谈偏离原定计划时，就应当及时地加以引导（Lead）。引导不是提出新问题，而是帮助被访问者正确理解和回答已提出的问题，是提问的延伸和补充。引导要对症下药，具体情况具体对待，采取适当的引导方法：①如果被访问者没有听清楚或者没有听懂所提问题，就应当用对方听得懂的语言再次将问题重复一遍。②如果被访问者遗忘了某些情况，就应从不同角度、不同方面帮助对方回忆。③如果被访问者的回答离题太远，就应该寻找适当时机，采取适当方式，礼貌地、委婉地把话题引向访谈的主题等。

2. 追问

在访谈过程中，追问(Chase Ask)也是一种不可缺少的访问手段，追问的目的是促使被访问者更真实、具体、完整、准确地回答问题。从这一点说，追问是更具体、更准确、更完整地引导。当被访问者的回答没有或不足以真实、具体、完整、准确地说明问题时（例如被访问者的回答前后矛盾，不能自圆其说；或者残缺不齐，不够完整；或者含糊不清，模棱两可；或者过于笼统，模棱两可等的时候），就要采取追问的手段。追问和引导不同，引导要及时进行，追问则一般放到访问后期进行，以避免对整个访问过程形成妨碍。追问以不伤害与被访问者的感情为原则，应注意对于现场气氛的缓和和把握。追问的方式主要有：①直接追问。直截了当地请被访问者对未回答或回答不具体、不完整的问题再作补充回答。②迂回追问。通过询问其他相关联的问题或换一个角度询问来获得未回答，或未答完的问题的答案。③当场追问。对于一些简单的问题（例如某些数据没有听清楚等），可以在对方回答问题时立即进行追问。④集中追问。对于一些比较重要的、复杂的问题，及时标记下来，等待访谈告一段落之后再集中追问。

（五）访谈结束

当访问调查内容完成时，访谈就要结束了。有人认为，既然访谈目的已经达到，该了解的资料已经获取，怎么结束也就不必过多考虑。其实不然，把握好访谈结束时应注意的问题，做到善始善终，不仅是对于被访问者的尊重，是对调查人员的基本道德素质要求，同时也可为此后可能发生的再次访问调查等做好铺垫。具体说来，访谈的结束应注意以下几个问题：

1. 注意访谈气氛

访谈氛围是访问调查质量的重要保证，如果访谈过程中良好气氛被破坏，不管是被访问者的主观原因，还是客观环境条件制约，在无力对访谈氛围做出改变时，都应注意适时结束访谈，不能认为访谈问题没有问完就不愿意放弃。在这种情况下可以选择改变被访问者，更换访谈环境或选择再次访谈。

2. 把握访谈时间

人们的交谈时间如果过长就会产生疲倦，所以每次访谈时间不宜过长，最好不要超过一两个小时[1]。特殊情况下，如果被访问者精神状态较好或对访问课题具有浓厚兴趣，可以适当延长访谈时间，但应特别注意不应该妨碍被访问者的正常职业活动和正常生活秩序。

3. 铺垫

在访谈结束时，应及时向被访问者说明今后有可能会再次登门请教和访问，如果访谈内容尚没有完成，则应具体说明下一次访问的时间、地点和主要访谈内容等，便于被访问者做出必要的准备。

---

[1] 参见：吴增基等主编. 现代社会调查方法. 上海：上海人民出版社，2003. P150.

4. 致谢

对于被访问者对于访问调查活动的支持和帮助,应真诚地表示感谢,对于从对方身上学习到的知识,可以简要地具体指出一两点,以表示对访谈的总结和被访问者的尊重。根据具体情况,可以再次介绍自己的基本情况和联系方式等,同时表示愿意为被访问者提供力所能及的帮助等。

(六)再次访问

如果访问调查过程由于受到时间、环境或者被调查者访谈的主、客观因素被迫中止,而调查任务尚未完成,这就可能要再次访问(Visit Again)。如果在访谈过程中发现了新的情况和新的问题需要深入调查,而调查人员尚未对此做好充足准备,这也可能导致再次访问。除此之外,典型调查往往需要对重点调查对象进行多次访问,缺乏经验的调查人员对于相对复杂的调查课题也需要进行多次的访问。

总之,再次访问是调查质量的有效保证。再次访问具体又可分为三种情况:①补充性再次访问。即补充、完善或纠正上一次访谈中的遗漏、错误或不曾预料的新问题等。②深入性再次访问。即在上次访谈作为铺垫的基础上继续深入探讨某些重要问题。③追踪性再次访问。即在时间和环境条件等发生改变的情况下,间隔一定时期对被访问者进行多次访问和比较调查。

四、访问调查的实施

(一)访问准备

1. 科学设计访问提纲

访问调查前应科学设计访问提纲,包括详细的问题及其询问方式、问题的顺序安排等,如果是标准化访问,应该设计统一的访问提纲和问卷,见访问调查访谈提纲示例(办公室访谈纲要)。设计调查提纲同时包括学习和了解与调查内容相关的各种知识,便于访问时具有较多的素材,提高访谈兴趣和被访问者的积极性。访问提纲应对访问调查中可能会出现的各种有利和不利情况进行预测,并设计必要的应对措施。

访问调查访谈提纲示例(办公室访谈纲要)

基本的办公室面谈对被访者的主要要求包括,徒手绘制城市的地图,详细描述城市中的多条行程线路,列出感觉最特别或最生动的部分,并做简要的描述。进行访谈的目的首先是为了验证可意象性的假设;其次是为了获取所涉及的三个城市的基本正确的公共意象,将其与实地考察的结果相比较,从而有助于提出城市设计的一些建议;再次是为了获取其他任一城市的公共意象提供一种快捷的方法……

办公室的访谈包含以下问题:

1. 当提到"波士顿"时,你首先想到的是什么?对你来说,什么可以象征这三个字?从实际意义上,你将怎样概括地描述波士顿?

2. 我们希望你能快速地画出波士顿中心地区的地图,从马萨诸塞大街向里,向市中心方向的那部分。就假设你正在向一个从没来过这里的人快速描绘这个城市,要争取尽量包括所有的主要特征。

我们并不需要一张准确的地图,一张大致的草图就够了(采访者需要同时记录地图绘制的次序)。

3.（a）请告诉我你通常从家到办公室所走的路线的完整的、明确的方向。想象你正在走这条路线，按顺序描述你将沿路看到、听到和闻到的东西，包括那些对你来说十分重要的路标，对外地人可能是非常必要的线索。我们感兴趣的是街道和场所的物质形象，假如想不起来它们的名字也不要紧。（在叙述行程时，采访者应仔细查问，必要时可以要求被访者作更详细的描述。）

（b）在行程中的不同部分，你是否有特别的感觉？这一段会持续多长时间？在行程中是否有些部分让你感到位置无法确定？

（问题 3 还将针对其他一条或多条标准化的行程，向被访者重复提问，诸如"步行从马萨诸塞综合医院到南站"或者"乘车从范纽尔大厅到交响音乐厅"。）

4. 现在我们想知道，你认为什么是波士顿中心最有特色的元素，它们可大可小，不过要告诉我那些对你来说最容易辨认和记忆的东西。

（对于被访者回答问题 4 所列出的每个元素，分别要求他们回答下面的问题 5）

5.（a）你能为我描述一下_____吗？如果你被蒙住眼睛带到那里，当取下蒙布时，你将运用什么线索来正确识别你的位置？

（b）关于_____，你是否有什么特别的情感体验？

（c）你能在你画的地图中指出_____在哪儿吗？（如果准确，）哪里是它的边界？

6. 你能在你的地图上标出正北的方向吗？

7. 访谈到此结束，不过最好还能有几分钟自由交谈的时间。余下的问题将随意在谈话中插入：

（a）你认为我们在试图寻找什么？

（b）对人们来说，城市元素的方位和识别它的重要性在哪里？

（c）如果知道所处的位置或是要去的目的地，你会感到快乐吗？反之，会感到不快吗？

（d）你认为波士顿是一座方便穿行、各部分容易识别的城市吗？

（e）你了解的城市中哪一座有良好的方位感？为什么？

资料来源：［美］凯文·林奇著. 城市意象. 方益萍等译. 北京：华夏出版社，2001. P107～P108。

2. 恰当选取访问时间、地点

访谈对于被访问者的精神状态、时间及访谈环境条件等要求较高。访谈时间的选择因人而异，一般应选择在被访问者工作、劳动和家务不太繁忙，心情又比较好的情况下进行。访谈地点的选择应注意与访谈内容相接近，或者有利于被访问者畅所欲言地准确回答为宜。

3. 分析了解被访问者

要注意选择对访问内容比较熟知的人作为被访问者。选择访谈对象之后，要对被访问者的性别、年龄、职业、文化程度、经历、性格、特长、习惯和兴趣爱好等基本情况做尽可能多的了解，以利于灵活控制和调节访谈气氛等。

4. 拟定访问实施程序表

通过拟定访问实施程序表，对要进行的工作与时间全面安排。如访问前应阅读的资料；对有关访问工作的文件资料事先准备；取得被访问者的联系资料；约定访问时间、地点；如何对访问过程进行控制；提前预见访问可能出现的问题，并作出应对措施等。

（二）访谈应注意的问题

1. 解释说明

在访谈开始时应注意说明来意，消除被访问者的疑虑和增进双方的沟通了解。主要应介绍自己的身分，说明调查课题的目的、意义、内容及被访问者的选择方式等。解释说明应贯彻访谈过程的始终。比如在询问每一个问题时都可以对调查目的和问题的意义作出简要说明，便于被访问者消除疑虑，积极地回答问题。

2. 礼貌待人

访谈过程中要始终注意虚心请教，礼貌待人。要有甘当小学生的精神，客随主便，尊重当地风俗习惯，对于被访问者的某些落后意识和不良习惯能够包容，绝不可戏弄或嘲笑，特殊情况下可以给予必要的真诚帮助。总之，在访谈始终都要真诚、礼貌和尊重地交谈。

3. 平等交谈

建立良好的人际关系是取得访谈成功的关键，没有平等的态度，则不可能有融洽的人际关系以及推心置腹地进行交谈。访问者必须以平等态度对待被访问者，绝不可摆架子，耍威风或者无原则地吹捧和奉承。对于一些有敏感性的、有争议的问题，访问者应该保持客观、中立的态度，不可有倾向性、诱导性的表示，以免误导被访问者发表违心之言。

4. 有意注意和无意注意

人的注意可以分为两种：有意注意和无意注意。有意注意（Intent Attention）是指有自觉目的，需要一定的努力和自制的注意。如被访问者绞尽脑汁地回忆往事，向访问者提供材料。无意注意（Involuntary Attention）则是指那种自然发生的、不需要任何努力或自制的注意。如调查访问时某一个外来的人或声音等都会引起双方的注意，从而转移和分散了原来的注意力。

有意注意和无意注意在一定的条件下可以相互转化，用于组织和调节调查访问能明显提高调查访问效率：①当被访问者的注意力还没有转入有意注意状态时，访问者可反复强调调查访问活动的意义，促使其明确活动目的。因为明确的目的是引起和保持有意注意的主要条件。②当被访问者的注意力高度集中、谈兴正浓并且谈得对路时，访问者的表情不宜过于丰富，动作也不宜过多，喝茶、吐痰等的动作也要暂时忍耐一下，以避免使对方产生无意注意、分散和转移被访问者原有的有意注意。③当调查访问活动受到干扰时，被访问者产生分心而不知所云，或谈话停止。遇到这种情况，访问者应克服外来干扰，使被分散和转移的注意力通过调节再转移、恢复到原先的状态。比如访问者借机倒茶，片刻之后用低调、慢节奏转向高调、快节奏的语调提醒对方"刚才我问您的是什么问题？谈到哪里了？请接着谈吧！"，这样引起对方的回忆。④靠紧张、自制的努力来维持的调查访问，如果超过了一定的时间限度，便会产生疲劳，并引起一系列的功能性紊乱，从而降低活动效率。要克服、消除疲劳，可以适当调用无意注意，并根据需要适当变换调查访问方式，如站起来走一走，换个凳子或角度交谈等。

（三）捕捉非语言信息

非语言信息（Non-lingual Information）是调查访问过程中应当关注的有重要价值的采访信息，主要包括被访问者的形象语言、肢体语言，以及访问调查的环境语言等方面。

1. 形象语言

衣着、服饰等外部形象，是一个人的职业、教养、文化品位等内在素质的反映。一方面要注意使自己的服饰尽可能与被访问者接近或类似，便于传递给被访问者易于交往的信息。另一方面，应根据对方的衣着打扮来获取信息，推测被访问者的身份、收入乃至性格脾气等，便于访谈时采取不同的交谈语言。

2. 肢体语言

人们的肢体语言和动作行为都是受思想、感情所支配的。例如眼睛是最富于表情的器官，被称为"心灵的窗户"，面部表情、四肢动作和姿态等都是传达思想和感情信息的方式。访问者既可以通过自己的行为来表达一定的思想感情，又可以通过对被访问者肢体语言的观察来捕捉对方的思想和感情。

3. 环境语言

人们周围的环境、人们的活动状态和各种摆设等也蕴藏着一定的信息。例如某一家庭的家具摆设，不仅能够反映出主人的职业和经济状况，而且能够表现主人的修养、兴趣爱好和性格特征等，这些都是访谈过程中不可忽视的非语言信息。

（四）访问记录

1. 记录手段

访谈过程可以通过不同的手段进行记录。标准化访问可以用事先设计好的表格、问卷和卡片等进行记录。非标准访问既可以边询问边记录，也可以一人询问，另一人记录，在征得对方同意的情况下还可以用录音机、摄像机等进行记录（注意非语言信息无法用录音机记录）。通常情况下，笔记是最常用的访问调查记录手段。

2. 记录类型

记录可分为三种类型：①速记。即用速记法把对方的回答全部记录下来，随后再翻译和整理。②详记。即用文字当场作详细记录，不需要随后翻译。③简记。即简要记录访谈要点，或采用一些符号或缩写作代表记录。三种类型各有优缺点，可以灵活选择。

3. 记录内容

在访问调查的记录工作中，在记录内容上应注意：①记要点。即记主要事实、主要过程、主要观点和建议等。②记特点。即记具有特色的事件、情节和表情等。③记疑点。即记各种有疑问的问题。④记易忘内容。即记容易忘记的内容，如人名、地名和数据等。⑤记主要感受。即记访问者的心理感受及被访问者的非语言信息等。在访谈结束时，应该针对其中的重要内容请被访问者核对或补充，以提高访问调查的可靠性和准确性。

4. 记录技巧

德国伟大的心理学家艾宾浩斯（1850～1909年）对遗忘现象作过系统的研究与实验，得出著名的艾宾浩斯遗忘曲线，如图40所示。艾宾浩斯遗忘曲线表明，遗忘的进程是不均

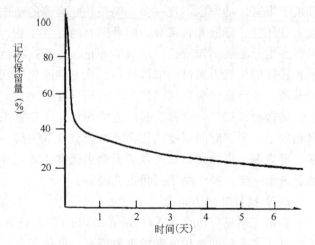

图40　艾宾浩斯遗忘曲线图

资料来源：张骏德，刘海贵著．新闻心理学．上海：复旦大学出版社，1997．P56。

衡的，在识记后的短时期内遗忘得比较快，而以后逐渐缓慢，遗忘后如不经过重新学习，记忆就不能够再恢复，将会造成永久性遗忘。实践经验证明，在第1天甚至第1小时内，遗忘速度惊人，在第2天至第6天内，剩下的记忆内容遗忘的就很少了。

艾宾浩斯遗忘曲线告诫我们，"好记性不如烂笔头"、"最淡的墨水胜过最强的记忆"。这就是说，我们进行调查访问时，一定要及时做好访问笔记，及时整理笔记，以趁热打铁，加深记忆与认识。对于高明的访问者，应注意善于处理"三边关系"，即在调查访问的过程中边问、边听、边记（心记和笔记），这样才能取得较理想的访问调查效果。

5. 及时整理记录

调查访问应当及时整理记录，应注意：①访问结束就着手整理笔记，不要想着放松一下或者隔天再整理，以免遗忘重要情况。②每次访问结束即将活页重新整理、排列，并作好小标题，以便于梳理调查访问的思路与所需材料。③记录本的每页不要记满，应当注意留出一些空白的边幅，以便于分析整理与补充材料时使用。④每次访问调查结束、记录本使用完毕时，不要遗弃，应对其编号归类保存，以作为基本资料，留作今后再次调查时背景资料，或者用于其他目的的参考资料。

五、访问调查法的优缺点

访问调查法是一种古老的、常用的、普遍的调查方法，既有许多优点，也有一定的缺点。

（一）访问调查法的优点

1. 应用范围广

访问调查法的应用范围相当广泛，既可以了解当时当地正在发生的情况，也可询问过去或其他地方曾经发生过的事情，既可以了解事实和行为方面的问题，也可询问观念、感情方面的问题。同时，访问调查法能够适用于各种调查对象，包括一切具有正常思维能力和口头表达能力的访问对象，比如文盲、半文盲和没有视觉的盲人等。

2. 有利于实现访问者与被访问者的互动

访问调查是访问者和被访问者双向传导的互动过程。一方面是访问者通过提问等方式作用于被访问者的过程，另一方面又是被访问者通过回答等方式反作用于访问者的过程。在整个采访过程中，被访问者对不理解的问题能够提出询问，要求解释，访问者积极地、有目的地影响被访问者，努力掌握访谈过程的主动权，尽可能使被访问者按照预定计划回答问题，并可及时发现误差得以纠正。访问者与被访问者面对面的直接交流，也能够比间接调查方式获得更丰富、更具体、更生动的调查内容和社会信息。

3. 易于深入探究和讨论

访问调查是访问者和被访问者思想互动的交流过程，既可以了解被访问者的态度看法，也可以深入询问其产生这些态度看法的原因。这就便于了解比较复杂的社会现象，且能够深入探讨社会现象的前因后果和内在本质，利于把调查和研究结合起来。访问调查法主要通过口头交谈的方式开展调查，甚至需要反复询问、追问、反问、质疑等多种手段深入对某些问题进行探究和讨论。

4. 调查过程可以控制和把握

访问调查主要是面对面的口头调查，可以根据访谈过程的具体情况，适当地控制访谈环境，采取灵活多样的调查方法，便于有针对性地开展工作，排除各种不利因素，有效地控制访谈过程。比如，访问者可以将访谈环境标准化，即确保访谈在私下里进行，以排除其他因素的干扰；也可以根据被访问者的具体情况，灵活地安排访问的时间和内容，以及控制提问次序和谈话节奏等等。

5. 调查的成功率和可靠性可以提高

当被访问者对调查课题及各个问题有不理解和顾虑时，访问者可以对其及时引导和解释说明；当被访问者的回答不完整时，访问者可以有效地进行追问；访问调查所提问题一般情况下都能得到回答，即使遭到拒绝，但由于访问调查法能够获得较宝贵的非语言信息，访问者也可大致地了解被访问者的态度等。这些都有利于提高调查的成功率和可靠性。

（二）访问调查法的缺点

1. 主观影响较大

访问调查是人与人之间的交往过程，在相互陌生的情况下，被访问者容易产生种种猜疑和不信任感，往往难以获得完全真实的资料。访问者的个人素质、人际交往能力、口头表达能力、引导控制能力、亲和能力、被访问者的合作态度和口头表达能力等对访问调查的结果往往会产生较大影响。要取得访谈成功，访问者必须掌握一定的访谈技巧，要善于人际交往，要能够积极有效地控制访谈过程。

2. 某些问题不宜当面回答

对于敏感性、尖锐性、保密性和隐私性问题，访问者不能或不宜当面询问，被访问者也可能不愿当面回答而加以回避，或者不作出真实回答，这些都会对访谈结果产生不利影响。

3. 调查材料和信息的准确性有待查证

访问调查获取的资料和信息一般都是口头语言。这些资料和信息的真实性和准确性很难加以判断，特别是调查数据方面的问题，一般都还需要在访问调查结束后，进一步对其进行检验或核实。

4. 人财物和时间花费较大

访问调查是面对面的交谈，寻找被访问者的时间甚至要超过访谈时间，访问调查的效率一般较低。因而往往对调查人员的数量和素质要求较高，一般还要对调查人员进行专门培训，甚至需要动员访问对象给予支持合作等。总之，访问调查的人力、财力、物力和时间等花费都较大，见访问调查记录的实例。

访问调查记录示例之一

对重庆市经委企业改革处的访问调查记录（摘录，根据录音整理）

为深入了解重庆市国有企业的破产及其土地处置相关情况，调查者对重庆市经济委员会企业改革处（兼重庆市企业兼并破产职工再就业工作协调小组办公室）进行了采访。

■ 调查对象：××重庆市经济委员会企业改革处干部
■ 调查地点：重庆市经济委员会企业改革处办公室
■ 调查时间：2003年3月11日

调查者：重庆的企业破产工作是何时开展的呢？

××：我们重庆市的国有企业的破产工作最早开了全国先河的是重庆针织总厂，重庆针织总厂是1992年。但是那个时候国有企业破产的相关法律还没有出台，能够遵循的一些政策依据也没有，按照破产法的一些相关法律规定又操作不下去，因为必须有规矩，职工是需要安置的。当时主要是行政色彩操作，很多情况的处理都是通过政府有关部门召开协调会，形成会议纪要这样来处理，形成直到现在重庆市还遗留一些问题没有解决，比如当时的住房没有移交给当地政府，现在新的收购方买下这块地的产权以后要搞开发，原来企业的职工、住户的产权关系如何了断、处理（成为难点）。另外当时的一部分失业职工，近几年来市里一直对他们发放生活费，但是几年时间过去之后，这些人仍然没有工作……所以这些问题都一直存在。

……

调查者：国有企业破产的清偿费一般如何解决？

××：企业的破产，尤其是国家计划的破产，它的清偿费的问题是非常清楚的。企业破产以后，土地资产要首先变卖用来安置职工，如果土地资产不够，就用无抵押资产，无抵押资产还不够，就要用有抵押资产。有的时候用了有抵押资产还不够，那就要托底。我们国有企业的破产在绝大多数情况下都是有费用缺口的，很多情况下连保证基本费用都不够，政府还要给一些补贴。我们建立国有企业破产周转资金的目的也就是为了贴这一部分缺口。这个顺序下来，（很多费用）肯定就到不了债权人（银行）那里，他就觉得亏了，所以他交这个权证就交得很不情愿。这个工作是很难做的。那么在操作过程当中呢，从总体上来讲，一个企业破产之后，尤其是企业宣告破产终结之后，实际上它原来的企业也就不复存在了，他的一切债权债务关系都已经了断了，他（企业）不应该再对这个债权人再负有什么义务，法院根据破产清偿顺序，有他（银行）的就给他，没他的就不给他，就算了结了，终结了这个案子。但是我们土房部门（重庆市国土资源和房屋管理局）对办理权证有这个手续要求，然而这些手续要求，说实在的，很多规定都是针对企业存属情况的一些规定，对破产没有一个专门的规定，所以这个操作（就出现了问题），我们也不能说他们（重庆市国土资源和房屋管理局）按规矩办事、照章办事不对。但是我们也不能够因此就说不办。现在总的来讲就是这么个情况。

调查者：我们通过调查，发现国有企业破产的周期都很长，是怎么一回事情？

××：周期太长关键就是，比如说我们有的企业，（土地等等一些资产）不是卖不出去，关键是说能够卖个什么价钱的问题，卖的（价格）太低的话，他（企业）破产的成本缺口太大。另外，企业土地的增值是体现在一定的周边环境形成以后，因此企业就有一个打算，（把土地）先放在那儿，等到增值较大以后再来卖。另外就是，卖得太低的话也有一个审批的问题。反正种种原因，一个企业破产以后，它的土地肯定是能够卖出去的，关键是大家都想买多一点嘛。你比如说，一个企业它破产以后，需要的破产成本费用是6000万，那么我的这一块土地经过评估，最多只能够是4000万，那我就要根据评估值来卖，评估值可能会上下浮动一点。可能这个评估值的范围没有人来问（关注），但是低于这个评估值的，像1000万、2000万，我肯定能够卖出去，但是我敢不敢这样卖，主要是这个问题。

调查者：国有企业破产的成本主要包括哪些费用呢？

××：成本第一点首先主要是职工安置（费），按照国家有关规定，职工有个安置费，合同制职工还有一个经济补偿费，还有欠职工的工资、集资款、医疗费、养老保险，还有清算组的清算费用，另外就是我们进行评估审计，法院进行诉讼，等等这些必须支付的、刚性的费用。实际上这个过程操作下来，我们欠财政的、欠的税等，都是政府财政获免了的，税就基本上没有了。

调查者：您对下一步推进国有企业改革工作有什么意见或者建议？

××：一个是希望我们主城区内的国有企业的土地资产能够配合我们城市功能的调整，能够增值，这样职工的安置费等等好办一些。

调查者：这一点，通过城市规划的手段可以实现土地的增值。

××：对吧。另外就是，我们希望工作的程序上能够简化。比如来说，我们的企业破产以后，按照司法程序，走到了资产变卖(这一步)，双方签订了合同，又经过了法院裁定，提出了财产分配的方案等等。有了这么些东西拿到土房部门，你就应该认可了吧，企业的资产变卖是按照法定程序来完成的，已经转让给第三者了，(国土资源和房屋管理局)就应该办理过户签证手续，因此来讲收回旧权证是没有意义的。因为这是一个特定的企业(破产状况)，它不是一个存属企业。既然国家批准我破产，破产的话，国家给我的政策又是优先安置职工，(土房部门)就要按照国家的政策来办。何况，我体现给债权人的清偿，不是以权证的方式，不是说权利的一种体现，而是以实物变现以后的货币形态来体现给你的清偿的。

调查者：破产企业的土地是按工业用地的几个卖出去的呢，还是改变用途以后增值拍卖的呢？

××：是工业用地的话就要按工业用地来卖。我们现在给三大控股集团公司的一个政策就是说，控股公司所属企业的土地资产进行变现以后的出让金，比如改变土地用途、增加容积率等，增加的土地出让金，增加的收入都返给了三大控股集团公司。实际上我们在主城区内(破产企业)的土地卖出去，都是采取综合用地的方式来卖的。办手续就是一次性办。直接由原来的工业用地就转变为了综合用地。这样钱就稍微多一点。

说明：1. 为避免给被访问者造成不良影响，本表中有关当事人的姓名略去，以××代替。
   2. 资料来源：李浩. "寸土·寸金"——对国有破产企业土地处置情况的调查与思考. 第八届"挑战杯"全国大学生课外学术科技作品竞赛参赛作品. 重庆：重庆大学，2003.

访问调查记录示例之二

对重庆市第一中级人民法院的访问调查记录(摘录，根据录音整理)

为深入了解国有企业破产及改制工作中存在的问题，调查者走访了重庆市高级人民法院和重庆市第一中级人民法院，对国有企业破产及改制的案例进行了调查。由于国有企业破产及改制的案件主要由重庆市第一中级人民法院审理，这里的情况也主要是第一中级人民法院的工作中体现出的一些问题。

- 调查对象：×× 重庆市第一中级人民法院民一庭干部
- 调查地点：重庆市第一中级人民法院民一庭办公室
- 调查时间：2003 年 3 月 6 日

……

调查者：企业破产的动机是什么？

××：动机么，就是国有企业的改造嘛。要说最直接的动机，那就是想给国有企业这个包袱给扔了。优胜劣汰、适者生存。有些企业已经死了，只能够走破产这一条路，这是市场经济发展的必然规律。如果(企业)不够破产条件我们也不会宣布它破产，毕竟企业破产要经过一个司法审查程序。这也是(企业发展)逐步走上正轨——法制道路的一个过程。以前政府多采取关闭措施结束企业,下个文件关闭某某企业,但这个关闭不是一个法律上的概念,企业关闭了怎么办?企业以前的债权人怎么办?向这些企业投入资金的股东又怎么办?如果你是投资者,又该怎么办?等等,这些都是很尖锐的矛盾,怎么解决?只有按法律程序办事,走破产的路子。

……

调查者:破产及改制企业的案件主要集中那些焦点问题?

××:这个焦点也就太多了。职工与企业之间的矛盾处理、企业与债权人之间的矛盾处理,再有就是您所关心的土地处置以后,土地买受人和清算组以及政府相关部门就办理相关手续引起的纠纷等的一些问题,而且这个问题还比较突出。去年我们法院受理的案件还有很多买受人通过拍卖手续买了,但是直到现在还没过户,产权过不了户,因此而发生纠纷的也比较多。这对全市的这类案件受理整体影响都很大,就是出现买家不敢买的现象,尽管破产企业的土地利润不少。破产企业的土地处置的话,要吸引资金来买,现在的问题是一部分人来买了,却惹祸上身,打起了官司,手续一直办不了,那么以后就再也没有人来买了(引以为戒),企业破产案件也就拖着办不了,这直接影响到我们处理破产企业案件的工作。

……

调查者:在处理国有破产企业的问题中,政府都要贴钱进去吗?

××:国务院和最高人民法院有明确的规定,破产企业的土地出让金在收集起来以后,要首先用于安置职工生活等(把国有企业职工的安置工作摆在第一位),因为这个政策是针对全部的国有企业,不单单是国家计划的一部分,因此实际上来做的时候,大多数情况下政府是要贴钱进去的。

调查者:国有企业面临破产需要对土地进行处置时还有什么问题?

××:土地是作为企业的资产的一部分,如果没有土地的话,企业也就没有了意义可谈。但是很多老的企业从以前成立至今都没有一个比较准确的注册资金的验证的问题,比如现在新成立的企业,都有一个注册资金审查登记的手续要办,要通过验资部门对于企业有多少土地、多少房产、多少机器设备等资产进行审查登记,必须达到一个公司的要求标准,企业要符合公司化改造和股份制改革的要求。以前的企业,你说它注册资金是2000万、3000万,这都不存在,因为都是政府行政划拨,这样讲没有意义。但是直到现在很多企业都有产权没得到确认的问题,土地资产的纠纷就多。

调查者:现在国有企业的破产、抵押财产中哪一项最大?

××:现在来看,很多老国有企业的老房子值不了几个钱了,一些旧的、烂的机器设备这些很多也都用不上了,值钱的东西就只剩下点土地了,可以说土地是维系国有企业能够破产的关键所在。

调查者:在这些案件的审理过程中,企业的土地价值是否都计算进了破产企业的总资产?

××:是的,都计入了总资产。现在说老实话,安置职工等等一些费用基本上是靠土地的收入来解决问题。

调查者:企业的哪些东西没有计算入破产企业总资产呢?

××:主要是企业在厂址(土地)上曾经修建的一些职工宿舍等这些财产没有计算入破产企业总资产。

调查者：咱们庭里面审理的破产企业的土地使用权是否都是行政划拨取得的？

××：基本上全都是行政划拨，因为很多企业都是50年代开始发展起来的。

……

调查者：对土地的处置方式都有哪些？

××：破产企业不光是土地的处置，还有地上的房屋等其他附着物，我们都要求进行拍卖，拍卖的价格一般都是用评估价作为底价进行拍卖。但是实际上由于一些政策、制度不完善，还没完全做到拍卖。有一些情况，企业的土地所处区位本来就不太好，拍卖、降价几次都还卖不出去，比如说大渡口区的木材综合加工市场，最后是被市土地储备整治中心买走了，买的还比较便宜，据说是5万元/亩。

调查者：还有哪些情况是没有进行拍卖的呢？

××：国家控制的物资，比如黄金，还有化学物品，一些限制流通的物品，另外就是多次拍卖不成（没人买），或者拍卖的费用都高于所取得的价款的话，拍卖就没有意义了。

调查者：刚才您说到一个问题，就是出现了没人敢购买破产企业土地的现象，您们认为怎么来解决这个难题呢？

××：主要的问题是办证的问题，政府一些机关、部门长期都不能够给买受人办证，产权证办不了，就不好利用这个土地。据我们了解的情况，一般来说，买受方购买土地以后，企业都还是在比较合理的利用土地，花一大笔钱买了土地以后不用也是浪费啊。当然也有一些企业对土地长期没用的现象，可能是在观望等待吧，那就另当别论。

调查者：在处理国有企业破产案件中，哪一方属于弱势群体？

××：对企业进行破产处置时，一旦进入破产程序，有两方是最弱的：国有企业职工和债权人，债权人是不可能牺牲100%的债权而去被动地接受企业破产的，而国有企业的职工则面临着牺牲可能是后半生的劳动、社会保障等，只是得到一点点的安置费就开路（走向新的生活）。很多企业到了马上要破产的时候了，不少职工连一个安身的栖息住所都没有，这些情况、这些问题是很严重的。

调查者：目前破产企业的案件从受理到结案大概要多长的时间？

××：我们法院有很多的这种案子从受理到现在已经是6、7年的时间了还是结不了案。很多破产企业土地不拍卖，就没有钱安置职工，职工安置不了，我们法院就结不了案，拖得太久了。实际上如果不受一些相关因素的干扰，法院的审理程序应该来讲还是比较快的，有的时候，一些政策、规定不明确的时候，我们法院也没有办法。

……

调查者：企业破产的成本包括哪些内容？

××：成本就多了，登记评估、拍卖费用、清算组的办公费用、清算组的一些人员的工资加班，破产企业一些留守人员的工资等。还有一项，不叫破产费，但是要列入清算费用中，就是长期安置不了职工，政府给职工发放的生活费，这些都是要每个月支出的，要在最后清算时完全体现出来的。还有像有些职工生了重病，发生一些事故等产生的费用支出都是要算进去的。除此之外，一些企业的财产长期时间卖不了，还要维持，像一些矿井，您就不能够停下来，一旦停下来，长期不抽水的话，矿井就淹了，淹了以后那个井就没有用了，井下面的一些设备全部都要报废，长期维持破产的这些费用，都属于破产的成本。长期不卖出去，时间越长，破产成本只能越来越高。

调查者：就是说造成了很多浪费。
　　××：浪费太大了，有些案件完全可以搞2、3次破产都足够了。现在的问题是你让政府一次拿钱出来解决，政府又没钱，但是每个月拿钱去安置职工、发放清算组的工作费等，却又能拿得出来，每个月细水长流，流下去，流够一大缸水了。
　　……
　　调查者：感谢您接受采访并给予帮助。
　　××：不客气。

说明：1. 为避免给被访问者造成不良影响，本表中有关当事人的姓名略去，以××代替。
　　　2. 资料来源：李浩. "寸土·寸金"——对国有破产企业土地处置情况的调查与思考. 第八届"挑战杯"全国大学生课外学术科技作品竞赛参赛作品. 重庆：重庆大学，2003。

第四节　集体访谈法

一、集体访谈法的概念

集体访谈法（Conference Research）就是会议法，即通过召开会议的形式进行集体座谈和开展社会调查的一种调查方法。集体访谈法是访问调查法的一种扩展形式，它虽然是一种传统的调查方法，但是在现代社会仍然具有广泛的用途。集体访谈法与访问调查法的异同点见表30。

集体访谈法与访问调查法异同点比较　　　　　　　　　　　　　　表30

类别	集体访谈法	访问调查法
差异点	同时访问若干个被调查者	逐一访问每一个被调查者
	通过与若干个被调查者的集体座谈进行	通过与被调查者的个别交谈进行
	调查者与被调查者、若干个被调查者之间相互影响和相互作用的过程	调查者与被调查者之间相互影响和相互作用的过程
相同点	二者都是访问者与被访问者面对面的直接调查	
	二者都是通过交谈方式进行的口头调查	
	二者都是双向传导的互动式调查	
	二者都是需要一定访谈技巧的有控制的社会调查	

　　从上表的比较可以看出，集体访谈法是比访问调查法更高一个层次的调查方法，是一种更复杂、更难掌握的调查方法。调查者不仅要有熟练的访谈技巧，更要有驾驭调查会议的能力。

二、集体访谈法的种类

（一）按照调查目的划分

　　按照调查的主要目的不同，可分为以了解情况为主的集体访谈和以研究问题为主的集体访谈，二者在会议规模和调查对象的选择方面具有不同特点。

（二）按照调查内容划分

按照调查的内容不同，可分为综合性集体访谈和专题性集体访谈。综合性访谈的内容比较全面、广泛，但不够深入。专题性集体访谈内容比较集中专一，可以深入地了解情况和探讨问题。

（三）按照会议形式划分

按照会议的形式不同，可分为讨论式的集体访谈和各抒己见式的集体访谈。前者即与会者相互研讨，相互争论，既可相互补充，又可互相反驳；后者即与会者可以充分发表自己的意见，但不允许批评别人的意见。

（四）按照调查方式划分

按照调查的方式不同，可分为口头访谈和书面咨询两种方式。前者通过面对面的访谈交流进行直接调查，后者通过书面征求意见进行背靠背的间接调查。

三、集体访谈法的实施

（一）会前准备

集体访谈法由于参与人员较多，会议时间有限，召开会议很不容易，因此应提前做好会前的各项准备工作。主要包括：

1. 明确会议主题与规模

集体访谈会议的主题要明确、集中，最好一次会议一个主题。主题应该是与会者共同关心和了解的问题，应该有利于形成议论中心。而集体访谈的会议规模，主要取决于调查内容的需要和调查者驾驭会议的能力。为了收到集思广益的效果，同时避免出现"开陪会"的现象发生，集体访谈会议的规模应当恰当，一般以5~7人为宜[1]。

2. 设计调查提纲

调查者应当认真考虑会议的具体内容，包括应该了解和可能了解的内容，都应列入调查提纲，并按照调查提纲的计划要求具体指导访谈会议的组织进行。调查提纲的问题设计要具体，如有可能，可事先发给每人发言讨论提纲，让他们事先做好准备。

3. 选择参会人员

一般来讲，参加集体访谈会议的人员，应该是具有代表性和典型性的人、了解情况的人、敢于发表见解的人、互相信任和有共同语言的人，他们在学历、经验、家庭背景等各方面情况应尽可能相近。为了使参会人员增加互信，减少疑虑，可采取对不同类型的人分别召开不同会议的方法进行调查，以及事先了解一下参会人员的个人问题，避免触及个人隐私而造成被动局面。为了提高会议效率，取得较好的调查效果，应尽可能首先征得被邀请者同意，然后再发出正式邀请；争取在会议正式召开之前，将会议的具体内容、会议要求和参会人员名单等告诉全体到会人员，同时提醒他们做好参加会议的思想准备和材料准备等。

4. 安排会议时间和地点

会议的时间应该比较充裕，使多数参与人员感到合适。会议地点应该方便参会人员到达，同时环境应该比较安静，有利于大家以轻松愉快的心情参与访谈。

5. 会议组织分工协调

---

[1] 参见：吴增基等主编. 现代社会调查方法. 上海：上海人民出版社，2003. P138。

对于会议的主持、会议记录和会议服务等组织工作内容，应由具体人员承担，分别落实责任，从而保障会议的有效开展。

（二）会议控制

在集体访谈的过程中，会议主持人应当对会议进行正确的引导和有效控制，以保证会议按照访谈计划顺利进行。这里对主持人的会议控制（Conference Control）要求主要包括：

1. 打破短暂沉默

在集体访谈的会议开始，往往会出现一个短暂的沉默期。遇到这种情况，主持人可以在会议开始时就简要说明会议的目的、意义、内容和发言的要求等，并对参会人员逐一进行介绍，从而减少与会者的疑虑和陌生感，使大家从容地开展讨论。打破暂时沉默的另一个有效办法是会议召开以前联系好带头发言的人员，会议开始后主持人就可以点名或由其主动首先发言，引导大家迅速进入访谈状态。

2. 活跃访谈气氛

集体访谈会议在有的情况下，主持人一问一答成了"问答会"，或者大家一个一个轮流发言，发言结束"完成任务"就走人，这就不利于参会人员充分发表意见。为了活跃访谈气氛，主持人可以在会议初期做出简短插话或解释，鼓励大家大胆发表意见，也可以通过指定人员再次发言或提示等方法，引导与会者之间互相补充，互相启发，互相对话，互相争论，从而努力使访谈会议保持一种互相信任、友好合作、自由切磋和民主探讨的气氛。

3. 把握会议主题

在召开集体访谈会议的时候，有的与会者的发言往往会偏离主题，甚至一旦热烈讨论开之后误导其他参会人员的思维，这时就需要会议主持人紧紧把握会议主题，或及时做出说明，或顺势利导，或简短结束偏题话题，从而把大家的发言兴趣引回会议主题。

4. 开展平等对话

集体访谈会议在有的情况下，主持人喜欢做冗长发言，访谈会成了主持人的"报告会"；也有的情况，少数人（如某些权威人士）垄断会场，其他多数人"开陪会"；或者会议"一边倒"，少数人不愿或无法充分发表意见……这些情况都不利于开展深入讨论。应当注意，主持人既不是"报告员"，也不是"裁判员"或"评论员"。主持人必须摆正位置，始终保持谦逊、客观的态度，注意长话短说，认真听取发言人反映的种种情况和问题，客观、中立地对待参会人员之间的争论，从而鼓励各种不同观点展开平等争论。同时，在讨论过程中，主持人应尊重和保护每一个与会人员的发言权利，促进其畅所欲言。对于少数具有不同意见的人应适当保护和支持，尽可能减少他们的孤立感和压抑感，从而实现平等对话。

5. 做好会议记录

做记录不仅是对发言内容的准确记载，以便会后整理和总结会议内容，同时，做记录也是指导和控制会议的一种形式。比如主持人恰当及时的记录可以有效鼓励发言者的情绪，促进其思维活跃和积极发言。因此，除了指派专人做会议记录，主持人必须亲自口问手记。

6. 适时结束会议

访谈会议达到了预期目的，或是到了预定时间，或者出现其他不曾意料的不利情况，应当及时结束会议。在会议结束时，主持人和会议主办单位应做出简要小结，对于参会人员的合作应表示衷心感谢，必要的情况下，可以对会议结束后的工作安排进行部署。

（三）会后工作

在集体访谈会议结束后，应当及时做好各项后续工作，主要包括：

1. 整理会议记录

根据会议录音或主持人和记录员等的笔记，追忆没有记下的内容，解释简记的内容，从而真实、全面地对会议情况做出准确的记录归纳、补充和更正。

2. 总结分析会议情况

总结会议和评价会议组织效果，分析每个参会人员的发言态度和表现，研究其原因，对访谈调查的结果做出实事求是的评价。

3. 查证有疑虑的数据和问题

对于集体访谈会上发言者提供的口头数据和信息，或者讨论中出现疑虑和争论的问题，会后应予以查证落实，力求使调查材料更加真实、具体和准确。

4. 开展补充调查

对于在集体访谈会议上有顾虑或没有讲真话的人员，因故没能参加会议的人员，或者在讨论中提出要进一步采访调查的人员，要开展进一步补充调查。对于在集体访谈会议上遗漏或弄错的问题，以及获得的新情况、信息和线索，都应该采用不同的方式继续做出补充调查，从而充分发挥集体访谈会议的价值作用。

毛泽东是集体访谈法（即开调查会）的积极倡导者和实践者，他在《反对本本主义》中，指出开调查会的技术❶主要包括：要作讨论式的调查；到会的人必须是深切明了情况的人；参加调查会的人数视调查人的指挥能力而定，但是至少需要三人；要制定调查纲目；领导人要亲自出马；要深入；要认真做记录，口问手写。

四、集体访谈法的特殊形式

集体访谈法增加一定的规则和要求，就形成一些特殊的会议形式，或者称之为集体访谈法的特殊形式。

（一）头脑风暴法

头脑风暴法是按照一定规则召开的鼓励创造性思维的一种会议形式，主要规则包括：①会议主持人简要说明会议主题，提出讨论的具体要求，并严格规定讨论问题的范围。②鼓励参会人员自由发表意见，但不得重复别人的意见，也不允许反驳别人的意见，从而形成一种自由讨论的气氛，激发参会人员创造性思维的积极性。③支持参会人员吸取别人的观点，不断修改、补充和完善自己的意见。④鼓励参会人员在综合别人意见的基础上，提出自己的新想法。⑤要求修改或补充自己的想法的人具有优先发言权。⑥会议主持者、高级领导人和权威人士，在会议结束时方能发表自己的意见或表示自己的倾向，从而避免其妨碍会议的自由气氛。

头脑风暴法有利于自由发表意见，充分发扬会议民主；有利于各种不同观点互相启发，互相借鉴和互相吸收；各种意见在讨论中得到不断修改、补充和完善，从而走向成熟。头脑风暴法对于鼓励创造性思维具有积极作用。

---

❶ 见附录四：反对本本主义（毛泽东，1930年5月）。

资料来源：http://www.yksy.cn/ldjh/viewnews.asp?id=82。

（二）反向头脑风暴法

反向头脑风暴法是对已经形成的设想、意见和方案等进行可行性研究的一种会议形式。其规则是：参会人员对已提出的设想、意见和方案等，禁止进行确认论证，而只允许提出各种质疑或批评性评论。反向头脑风暴法质疑和评论的内容是：论证原设想、意见和方案不能成立或无法实现的根据，说明要实现原设想、意见和方案可能存在的种种制约因素，以及排除这些制约因素的必要条件等。反向头脑风暴法的程序是：①对已经形成的设想、意见和方案提出质疑或批评性评论，直到没有可质疑或批评的问题为止。②对各种质疑和批评意见进行归纳、分析、比较和评估。③形成一个具有可行性的具体结论。

（三）德尔菲法

德尔菲法是集体的、间接的、书面的预测性调查方法。其具体程序是：①调查单位将要预测的问题写成含义明确的调查提纲，分别送交经过选择的专家，请他们用书面形式作出回答。②专家在互不联络的情况下独立作出回答，以无记名的方式将意见反馈给调查单位。③调查单位汇总专家意见，进行定量分析后将统计结果反馈给专家。④专家根据反馈材料重新考虑是否坚持原来的意见，再次以书面形式反馈给调查单位。这样循环往复3～4轮，各种意见就会趋于集中，最后形成集体结论。德尔菲法排除了集体访谈会议中无法排除的各种社会心理因素的干扰，从而使调查结论更准确地反映被调查的专家集体的共同意见。但是这种方法难以对专家的合作态度进行控制和预测，容易出现少数专家随意地、简单地向较集中的意见靠拢的情况。

（四）派生德尔菲法

派生德尔菲法是为了克服德尔菲法的缺点而诞生的，可以分为两类：一类是对德尔菲法进行局部改进。如在提供调查提纲时同时提供预测事件一览表，介绍有关预测问题的背景材料，允许做出三种不同的预测方案，并对其成功概率进行估计，以及减少反馈次数等。另一类是对德尔菲法的某些基本特性进行改进。如专家们先公开阐明自己的观点和论据，再匿名做出预测、公开辩论及再次匿名预测，或者只是向预测意见差别最大的专家或权威性专家反馈等等。

五、集体访谈法的优缺点

（一）集体访谈法的优点

集体访谈法的优点有：①集体访谈简便易行，对于被调查人员的要求较低，比如适用于文化程度较低的调查对象。②工作效率较高，能够一次对若干个被调查者进行调查，能够获得较多的社会信息，有利于节约人力、财力、物力和时间。③集思广益，人多见识广，参会人员可以互相启发，互相补充，互相核对，互相修正，可以广泛、真实地了解情况。④有利于对访谈过程进行有效的指导和控制，有利于将调查情况和研究问题结合起来，把认识问题和探索解决方法结合起来等等。

（二）集体访谈法的缺点

集体访谈法的缺点包括：①集体访谈法对访谈会议的组织和驾驭要求较高，对于集体访谈会议的时间和地点安排，难以在参会人员之间进行协调，特别是当参会人员的工作都较繁忙的时候尤其难以兼顾。会议对主持人的控制驾驭会议能力要求较高，如果主持人准备不够充分，不仅不能达到预期调查目的，同时也会造成参会人员的时间浪费等。②被查者之间容易相互影响，一些演讲口才能力比较好的人、职位较高或权威较大的人往往会垄断会议发言。他们的意见往往会左右会议的倾向，调查结论难以准确、全面地反映客观情况。③集体访谈法往往由于受到时间的局限，对于比较复杂的问题，难以进行详细深入的交谈。由于时间和场所的限制，被调查者不能够完全充分地发表个人意见等。④城市规划领域的某些问题（如保密性问题、敏感性问题、威胁性问题等）不宜于集体访谈法等等（见集体访谈会议提纲示例）。

集体访谈会议提纲示例

对重庆市国有破产企业土地处置情况的调查——国有企业领导及群众座谈会会议纲要。

■ **企业基本情况**
1. 企业成立时间、经历的发展阶段及生产经营活动中的重大改革事件。
2. 企业总人数及年龄状况、"进中心"职工人数、合同制职工人数、失业及下岗人数。
3. 企业债务、负担情况、企业办社会的情况

■ **用地现况及土地处置情况**
4. 占地面积、土地宗数及分地块面积及利用情况。
5. 房屋总面积，其中厂房、仓储及管理用房的面积。
6. 企业土地使用权获得方式及土地利用现状（附照片）。
7. 已处置土地的宗数、分地块面积、处置价格及利用情况等。
8. 未处置土地的综合利用设想及目标。
9. 对土地利用、规划、管理的其他意见和要求

■ **企业破产情况**
10. 企业申请破产时间、破产终结时间。
11. 企业破产思路、职工安置情况，社会职能剥离情况。
12. 破产中发生的重点事项及所遇到的麻烦和困难。
13. 企业破产支付的成本包括哪些内容。
14. 拍卖土地面积、拍卖价格及盘活土地资产量。
15. 对政府管理部门修改制定企业破产及土地政策的意见和建议。

资料来源：李浩．"寸土·寸金"——对国有破产企业土地处置情况的调查与思考．第八届"挑战杯"全国大学生课外学术科技作品竞赛重庆大学参赛作品．2003．

第五节　问卷调查法

随着现代社会的高速发展，传统的面对面直接对话、搜集资料和征询意见的调查方法暴露出耗时长、花费大、效率低等缺陷，即迫切需要一种按照统一设计的、有不同结构的、使用标准化问题表格的、间接的调查方法来弥补其不足，这就是问卷调查方法。问卷调查是社会调查中应用最广泛的方法之一，是在访问调查法的基础上延伸和发展的特殊形式，是与现代化社会相适应的一种调查方法，为现代社会提供了一种高效的了解社会情况的途径。在西方国家，这种方法最初被应用于民意调查，随后在社会调查的各个领域都得

到了广泛应用。

一、问卷调查法的概念

(一) 问卷调查法的概念

问卷调查法(Questionnaire Research)又称问卷法。所谓问卷(Questionnaire)是指社会组织为一定的调查研究目的而统一设计的、具有一定的结构和标准化问题的表格，它是社会调查中用来收集资料的一种工具。问卷调查法也就是调查者使用统一设计的问卷，向被选取的调查对象了解情况，或征询意见的调查方法，其与访问调查法的区别见表31。

问卷调查与访问调查比较　　　　　　　　　　　　　　　　表 31

比较项目	问 卷 调 查	访 问 调 查
是否标准化	标准化调查，按照统一设计的有一定结构的问卷进行调查	分为标准化访问和非标准化访问两类
直接或间接	间接调查，调查者不与被调查者直接见面，问卷由被调查者填写(代填式问卷调查除外)	直接调查，访问者与被访问者面对面直接进行调查
定性或定量	以定量调查为主，通过样本统计量推断总体	以定性调查为主，不存在从数量上推断总体的问题
提问方式	调查者书面提出问题，被调查者书面回答问题	通过交谈方式提出和回答问题
调查对象的选取	抽样调查，调查对象通过抽样方法选取，调查对象较多	根据需要选取调查对象(非抽样方法)，调查对象较少

(二) 问卷调查法的种类

1. 自填式问卷调查

按照问卷传递方式的不同，自填式问卷可分为邮政问卷调查、报刊问卷调查、送发问卷调查和网络问卷调查。

(1) 邮政问卷调查

调查者通过邮局向被选定的调查对象邮寄发送问卷，被调查者按照规定的要求和时间填答问卷，然后被调查者通过邮局将问卷寄还给调查者。

(2) 报刊问卷调查

将问卷刊登在报刊上，伴随报刊传递分发问卷，请报刊读者对问卷作出书面回答，按照规定时间将问卷通过邮局寄回报刊编辑部或调查者。

(3) 送发问卷调查

调查者派人将问卷送给被选定的调查对象，等待被调查者填写回答完后再派人收回问卷。

(4) 网络问卷调查

利用现代高科技信息手段，通过英特网向调查对象发送问卷，被调查者按要求填写后发送电子邮箱，或者直接在网络上填写答案，根据事先设定的统计程序可即时查看调查结果。网络问卷调查的形式多种多样，如有奖调查、网上发布、网上评选等，吸引大家的兴趣从而达到预期的效果(图41、图42)。

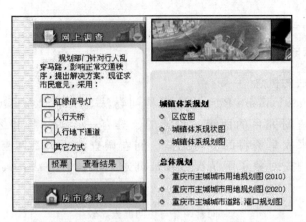

图41 重庆市规划局通过网络调查征求市民对交通秩序的解决意见
资料来源：http://www.cqupb.gov.cn/。

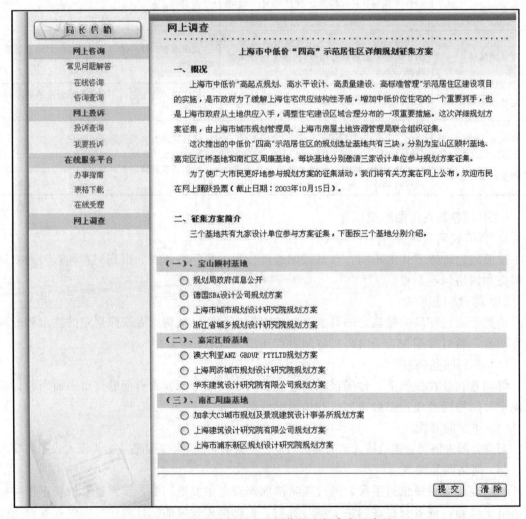

图42 上海市规划局通过网络调查征求市民意见
征求市民对上海市中低价"四高"示范居住区详细规划征集方案的意见
资料来源：http://www.shghj.gov.cn:8080/gh/egov_4.php。

网络问卷调查是最新发展起来的一种调查方式，这种方式可以通过页面和后台数据库的挂接，实时接收调查对象的反馈信息并进行数据分析，充分体现了网络的互动性。网络问卷调查由于其具有独特的优势而得到迅猛发展和广泛应用，其优势主要在于：①成本低。只要将调查表发布到网上，后续的接收表单和数据统计等工作都可以由程序完成，不需要太多人力物力。②调查者可以通过选择不同的网站和频道，针对自己的目标选择合适的调查人群展开调查，降低了盲目性。③网络连通全国直至全世界，反馈的地域局限性相对较低。④网络链接的调查页面可以直接发送反馈单，只需点击一个按钮即可，非常方便，这样可以提高反馈率。⑤对网络调查发生反应、并最终填写调查表的人一般都是对调查项目感兴趣的人，反馈的有效性强。⑥用户的反应方式直接，反应周期短，实时性强。⑦网络调查可以统计点击率，如果作为整体策划的先行兵，可以作为各种规划方案或其他方案是否能引起大众兴趣的一个参考等等。

2．代填式问卷调查

（1）访问问卷调查

调查者按照统一设计的问卷向被调查者当面提出问题，然后再由调查者根据被调查者的口头回答来填写问卷。

（2）电话问卷调查

调查者通过拨打电话，根据统一设计的问卷内容向被调查者提出问题，然后再由调查者根据被调查者的电话回答来填写问卷。

以上各种问卷调查方法各有利弊，简要概括为表32。

各种问卷调查方式优缺点比较 表32

比较项目		调查范围	调查对象	影响回答因素	回答质量	回复率	人力、时间、费用成本
自填式	邮政	较广	有一定控制和选择，回复问卷的代表性无法估计	难以了解、控制或判断	较高	较低	较少、较长、较高
	报刊	很广	难以控制和选择，问卷回复代表性差	无法了解、控制或判断	很高	很低	较少、较长、较低
	送发	窄	可控制和选择，问卷回复代表性集中	有一定了解、控制或判断	较低	高	较少、短、较低
	网络	很广	难以控制和选择，回复问卷的代表性无法估计	无法了解、控制或判断	不稳定	不稳定	少、可长可短、低
代填式	访问	较窄	可控制和选择，回复问卷的代表性较强	便于了解、控制或判断	不稳定	高	多、较短、高
	电话	可广可窄	可控制和选择，回复问卷的代表性较强	不便于了解、控制或判断	很不稳定	较高	很多、较短、较高

参考资料：水延凯等编著．社会调查教程．北京：中国人民大学出版社，2003．P214。

二、调查问卷的结构

问卷是问卷调查中搜索资料的工具,一般由卷首语、问卷说明、问题与回答方式、编码和其他资料五部分组成。

（一）卷首语

卷首语(Recommendation)是写给被调查者的自我介绍信,主要是向被调查者介绍社会调查的目的、意义等。为了能够引起被调查者的重视和兴趣,争取他们的合作和支持,卷首语的语气应当谦虚、诚恳、平易近人,文字应当简明、通俗易懂。卷首语可与问卷说明一起单独作为一页,也可置于问卷第一页的上方。

调查问卷卷首语示例

重庆市中低收入家庭住房情况调查问卷

亲爱的居民同志:

　　您们好!

　　我们是重庆大学《重庆市中低收入家庭住房情况调查》课题组的调查员(研究生),今天来了解您家的住房情况。

　　本次调查的目的是反映我市中低收入家庭的住房现状,研究存在的问题,为今后的小区规划和住房设计提供依据,也为党和政府制定相关政策提供决策参考。

　　我们根据抽样方法选取了一部分中低收入家庭作为全市中低收入家庭的代表,您们是其中一户。本次调查不记名、不涉及单个问卷的内容,仅被用于全部资料的综合统计,因此不会对您家的救济和纳税等带来任何不良影响。

　　谢谢您们的真诚合作,祝您全家幸福!

重庆大学《重庆市中低收入家庭住房情况调查》课题组
建筑城规学院 2002 级城市规划与设计专业硕士研究生
2003 年 10 月

组织单位：重庆大学建筑城规学院
单位地址：重庆市沙坪坝区沙正街 174 号
邮政编码：400044　　　　　　　　　　单位电话：×××××××××
项目负责人：×××老师　　　　　　　联系电话：×××××××××

从上表的示例可以看出,卷首语一般应包括三个方面的内容:

1. 调查单位与调查人员身分

卷首语应当明确介绍社会调查活动的主办单位和调查人员的身份,最好还能够署上组织单位的地址、电话号码、邮政编码、项目负责人和联系人姓名及电话等。这样既可以使被调查单位清楚地知道调查活动的组织情况,又能够消除被调查者的疑虑,体现社会调查活动的正式性,从而使被调查者以认真负责的态度参与调查活动,以及提供力所能及的支持帮助。

2. 调查目的与内容

应当简明地指出社会调查的主要目的、意义和内容,使被调查者清楚认识到调查活动的社会价值。被调查者会获得自身能够参与调查活动的价值意义和荣誉感,也就会积极予以配合，认真完成问卷回答填写工作。

3. 调查对象选取方法与资料保密措施

无论哪一项调查活动，被调查者都会存在或多或少的防范心理。为了消除这种戒心，争取被调查者的合作，要明确地说明调查对象的选取方法和资料的保密措施。如："我们根据抽样方法选取了一部分居民作为小区的代表，您是其中一位。本调查以不记名方式进行。根据国家统计法等相关规定，我们将对统计资料严格保密，所有个人资料均以统计方式出现"。

4. 致谢与署名

在卷首语结尾处，一定要真诚地感谢被调查者的合作与帮助，并署上主办单位的名称及调查日期。

（二）问卷说明

问卷说明是用来指导被调查者科学、统一填写问卷的一组说明，其作用是对填表的方法、要求、注意事项等作出总体说明和安排。问卷说明的语言文字应简单明了，通俗易懂，以使被调查者懂得如何填写问卷为目标。问卷说明也包括对一些重要的、特殊的、复杂的专业术语进行名词解释等。

调查问卷说明示例

填表说明：
① 请在符合您的情况和想法的问题答案号码上划"√"；
② 问卷每页右边的数码及短横线是供给算计输入使用的，您不必填写；
③ 如果所列问题的答案项都不符合您的具体情况，请在问题下的空白处填写您的具体答案；
④ 填写问卷时，请保持个人意见，不要与他人商量填写。

（三）问题与回答方式

问卷调查所要询问的问题、被调查者回答问题的方式以及回答某一问题可以得到的指导和说明等。

（四）编码

把问卷中所询问的问题和被调查者的回答，全部转变为 A、B、C、D…或 a、b、c、d…等代号和数字，以便运用电子计算机对调查问卷进行数据处理和分析。

（五）其他资料

包括问卷名称、被访问者的地址或单位(可为编号)、调查员姓名、调查时间、问卷完成情况、问卷审核人员和审核意见等等，也是对问卷进行审核和分析的重要资料和依据。有的问卷可以在最后设计一个结束语。

调查问卷附表示例

问卷编号：
问卷调查完成情况：
a 完成　　　　　b 未完成
　　　　　　未完成的原因：a 不在家；b 拒绝回答；c 其他

访问地点：
访问时间：　　　年　　月　　日　　时　　分至　　时　　分，合计　　分钟
对被访问者回答的评价：
　　a 可信；b 基本可信；c 不可信　　　　　　　问卷调查员签名：_____
问卷审核意见：
　　a 合格；b 基本合格；c 不合格　　　　　　　问卷审核员签名：_____

调查问卷结束语示例

恭喜您已经完成了问卷！
下面的问题您可以选择填写与否。
① 您填写完这份问卷后有何评价？
　　a 很有意义　　　　　　　　□　　　　　b 可能有些用处　　　□
　　c 没有意义　　　　　　　　□　　　　　d 不清楚　　　　　　□
② 您填写这份问卷的感觉如何？
　　a 轻松愉快，问题简单　　　□　　　　　b 问题不算太难　　　□
　　c 非常吃力，问题太专业化　□　　　　　d 没感觉　　　　　　□
③ 您以后还愿意填答此类问卷吗？
　　a 愿意　　　　　　　　　　□　　　　　b 不愿意　　　　　　□
④ 您如果有需要补充的内容或特别说明的问题，请写在下面：

三、问卷调查的问题

问卷调查所要询问的问题，是问卷的主要内容。要科学设计问卷及其问题，必须弄清楚问题的种类，问题的排列和设计问题应遵循的原则。

（一）问题的种类

根据问卷中的问题内容可分为背景性问题、客观性问题、主观性问题和检验性问题。

1. 背景性问题

主要是被调查者的个人基本情况，包括性别、年龄、民族、政治面貌、文化程度、职业、职务或职称、婚姻状况、宗教信仰、个人收入水平等。如果以家庭等为单位进行调查，还要注意家庭或其他单位的基本情况，例如家庭人口、年龄结构、家庭类型、家庭年收入等等。他们是对问卷进行研究分析的重要依据。

2. 客观性问题

各种事实或行为，包括已经发生和正在发生的。例如："您家的住房建筑面积是多大？"、"您外出上班一般采取哪种交通方式，是乘坐公共汽车、出租车，还是自驾车？"等等，这些都是事实或者行为方面的问题。

3. 主观性问题

即关于人们的思想、感情、态度、愿望、动机等主观世界状况方面的问题。例如：

"您对小区的封闭式管理有何看法?"、"您愿意乘坐电梯吗?"、"您对我市沙坪坝区的道路交通规划有何建议?"等等。

4. 检验性问题

安排在问卷的不同位置,用于检验被调查者所回答的问题是否真实、准确而特别设计的问题。例如在问卷的前面问:"您每个月有哪些支出,总支出大概是多少?",在问卷的后面又问道:"您有哪些方面的收入,月收入有多少?",通过前后对比,就可以验证回答问题的真实和准确程度。

(二)问题的排列

问题的排列也就是问卷中问题的排列和组合方式。合理的问题排列有利于调查者对调查资料进行整理和分析,也方便于被调查者有逻辑性地回答问题。

1. 按照问题的性质或类别排列

把同一性质或类别的问题排列在一起,便于被调查者按照问题的性质或类别先回答完一类问题,再回答另一类问题,不至于回答问题时出现思路中断、混乱或跳动。

2. 按照问题发生的先后排列

按照问题发生的历史、现状和未来的发展顺序或逆顺序来排列问题,使问题具有连续性、渐进性。

3. 按照问题难易程度排列

遵循人们思考问题的规律,一般应做到:先易后难,由浅入深;先客观,后主观;先一般性问题,后特殊性问题;敏感问题或可能是被调查者产生较大情绪波动的威胁性问题应安排在问卷最后。这样就可以使被调查者获得回答信心和乐趣。

(三)设计问题的原则

问题设计应本着提高问卷回收率、有效率和问题回答质量的根本目的。主要依据的原则是:①客观性原则——设计的问题必须符合客观实际和具体情况。②可能性原则——设计问题应充分考虑被调查者的知识水平和回答能力等。③必要性原则——围绕调查课题和研究假设选择必须的问题展开设计,无关问题或可有可无的问题尽量不要设计。④自愿性原则——充分估计考虑被调查者是否愿意回答,对于不可能自愿或不可能真实回答的问题不应该直接的正面提出,必要的情况下可以委婉地提出或者以相似问题代替。

(四)表述问题的原则

由于问卷调查一般情况下都是自填式的书面回答,被调查者只能根据书面表达来理解问题和回答问题,问题的正确表达就成为问卷设计的重点和难点。

1. 表达问题的一般原则

(1)通俗原则。不要使用过于专业化的术语,问题表述应该通俗易懂。

(2)具体原则。问题要有针对性、具体,不要抽象、笼统。

(3)准确原则。问题用词得当,不可模棱两可或容易产生歧义。

(4)单一原则。问题要一个个地设计和发问,不要混淆在一起提出。

(5)客观原则。表述问题的态度保持中立和客观,不能有倾向性或诱导性语言或情绪。

(6)简明原则。问题表述语言应力求简单明白,切勿冗长或啰嗦。

(7) 习惯原则。尽量不要使用否定句等人们不习惯的形式、语言、用语,不要自造概念或语义表达方式,问题设计应符合人们的日常生活习惯。

2. 特殊问题的表述方式

对于一些敏感性强、威胁性大的特殊问题,应该在表述时进行适当加工处理,以便于被调查者轻松面对这些问题并坦率作出真实回答。具体方法有:

(1) 假设法。即规定该问题为假设的、非现实的判断。例如:"如果废除计划生育政策,您愿意生育几个孩子?"

(2) 转移法。即把回答问题的人员转移到他人身上,再由被调查者对他人的回答作出评价。例如:"在国有企业实施破产计划对土地进行处置时,不同的人有不同的看法,有人认为:A. 出现了国有资产流失现象,严重损害了国家利益;B. 没有出现国有资产的流失现象;C. 出现了国有资产的流失现象,但这些国有资产只要是转移给了国有企业或职工就无所谓,因为即使国家收取了这些资产,最终仍然是要用于对企业和职工的安置等工作,也就不存在损害国家利益的问题。这3种看法,您认为那一种最符合实际?"

(3) 解释法。在问题前写出一段能够消除疑虑的功能性文字。例如:"城市规划是一种政府行为,但其最终要体现的却是广大人民的意志和利益,因此,广大市民应该积极参与城市规划的编制,多提意见,献计献策。您认为本次城镇详细规划成果存在哪些问题?"

(4) 模糊法。对某些敏感问题设计出一些比较模糊的答案,或者界定一定的范围,以便于被调查者作出真实性的回答。例如收入是一个敏感问题,许多人不愿意说出具体的数字,这就可以按照"问卷调查特殊问题模糊法示例"进行处理。

问卷调查特殊问题模糊法示例

您本人全面的收入大概是多少?(请在合适答案后的横线上打√)

  a. 1000 元以下; e. 1 万～3 万元;
  b. 1001～2500 元; f. 3 万～5 万元;
  c. 2501～5000 元; g. 5 万～10 万元;
  d. 5001～1 万元; h. 10 万元以上。

(五) 问题数量的控制

一份问卷究竟应包含多少个问题才适宜,并没有统一的规定,应根据问卷设计者的研究目的、内容、样本的性质、分析方法以及人、财、物和时间等因素具体确定。一般的原则是,问卷越短越好,越长越不利于调查。根据经验,一份问卷中的问题数目,应控制在被调查者在20分钟以内能够顺利完成为宜,最长不宜超过30分钟。问题过多、问卷过长会造成回答者心理上的厌烦情绪和畏难情绪,影响调查质量和回复率。

四、问卷调查的回答

问卷调查的问卷,对于被调查者来讲就是一份试卷。回答有三种类型:开放式回答、封闭式回答和混合式回答。调查问卷中的回答大部分都是封闭式回答。

（一）回答的类型
1. 开放式回答

又可称为简答题，即对问题的回答不提供任何答案，由被调查者自由填写。开放式回答的灵活性大，适应性强，有利于发挥被调查者的主动性和创造性，提供更多的信息，特别是可能发现一些超乎预料、具有启发性的回答。但是，开放式回答的标准化程度低，问卷整理、统计和分析比较困难，对被调查者的写作能力要求较高，填写问卷需要较多时间，并且容易出现许多一般化或无价值的答案，从而降低调查问卷的效度。

问卷调查开放式回答示例

例1　您对党和政府推进城镇化进程的战略决策有何看法？

回答：_____

_____

例2　您认为村社农民家庭搬迁进入城镇的主要困难是什么？

回答：_____

_____

_____

2. 封闭式回答

又可称为选择填空题。即将问题的答案全部列出，然后由被调查者从中选择一项或多项填写，又可具体分为填空式、两项式(是否式)、多项式、顺序式(等级式)、矩阵式(表格式)、后续式(追问式)等多种类型。

(1) 填空式——在问题后面的横线上或括号内直接填写出答案。

问卷调查填空式回答示例

例1　您的职业？_____　　　　　（在横线上直接填写出答案）
例2　您有〔　　〕套住房？（请在括号内直接填写出答案）

(2) 两项式(是否式)——问题的答案只有两种，或者"是、否"两种。

问卷调查两项式回答示例

例3　您的性别？（请在适用的〔　　〕内打√）
　　a. 男　〔　　〕　　　　b. 女　〔　　〕
例4　您有这间房子的房产证吗？（请在适用的〔　　〕内打√）
　　a. 有　〔　　〕　　　　b. 没有　〔　　〕

(3) 多项式——供选择的方案不止两个，可以一个或多个答案。

问卷调查多项式回答示例

例5 您的教育程度是?(请在合适答案后的括号内打√,选择1项)

博士后　　（　） 博士　　　（　） 硕士　　（　）
大学本科　（　） 大学专科　（　） 高中　　（　）
初中　　　（　） 小学　　　（　） 文盲　　（　）

例6 您的业余体育爱好是?(请在合适答案后的括号内打√,可多选)

足球　　　（　） 篮球　　　（　） 网球　　（　）
羽毛球　　（　） 乒乓球　　（　） 保龄球　（　）
游泳　　　（　） 跑步　　　（　） 武术　　（　）
登山　　　（　） 骑自行车　（　） 其他　　（　）

（4）顺序式(等级式)——列出多个答案,被调查者按照先后顺序或不同等级进行填写。

问卷调查顺序式回答示例

例7 您认为当前城市规划专业大学本科毕业生对就业单位的选择愿望是什么?(请根据愿意选择的先后排序,第一选择的选择为1,最不愿意的选择为6)

□ 规划主管部门　　□ 规划设计院　　　□ 房地产公司
□ 高等规划院校　　□ 其他规划业务部门　□ 其他行业单位

例8 您认为当前城市规划专业大学本科毕业生最缺乏的素质能力是什么?(请根据缺乏程度排序,最缺乏的选择为1,最不缺乏的选择为9)

_____ 思想政治觉悟　　_____ 组织协调能力　　_____ 策划构思创意
_____ 图纸表达水平　　_____ 文字表达能力　　_____ 演讲口才能力
_____ 计算机水平　　　_____ 英语应用能力　　_____ 吃苦奉献精神

（5）矩阵式(表格式)——将同一类型的若干个问题集中在一起,共用一组答案,从而构成一个系列的表达方式。

问卷调查矩阵式回答示例

例9 您对本镇总体规划和详细规划的评价如何?(请在合适答案的方框内打√)

	评价项目	非常满意	满意	无所谓	不满意	非常不满意
总体规划	a. 高起点超前性	□	□	□	□	□
	b. 编制内容深度	□	□	□	□	□
	c. 规划创意与质量	□	□	□	□	□
	d. 实施与可操作性	□	□	□	□	□
详细规划	e. 高起点超前性	□	□	□	□	□
	f. 编制内容深度	□	□	□	□	□
	g. 规划创意与质量	□	□	□	□	□
	h. 实施与可操作性	□	□	□	□	□
备注						

例10　您对城镇规划中下列内容的关心程度如何？（请在每一行适当的空格内打√）

	城镇荣誉与形象	公共及基础设施	城镇防灾与安全	街道风貌与环境	住房面积与质量
非常关心					
关　心					
无所谓					
不关心					
不知道					

（6）后续式（追问式）——为了防止出现一个问题仅与部分回答有关，而大部分都回答"不知道"、"不是"、"不适合于本人"等的情况而作出的设计。

问卷调查后续式回答示例

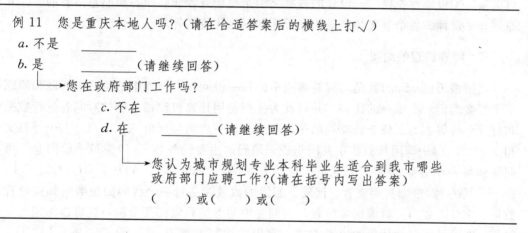

封闭式回答的优点在于：回答是按标准答案进行的，答案容易编码，便于使用计算机输入信息、统计和定量分析，回答问题的时间比较节省，且容易取得被调查者的配合。其缺点在于：缺乏弹性，容易造成强迫性回答，也有可能造成不知如何回答或认识模糊的人乱填答案，容易使缺乏认真负责态度的被调查者敷衍了事。

3. 混合式回答

混合型回答是指封闭式回答与开放式回答的结合。实际上，上例既是后续式回答，同时也是混合式回答。混合型回答综合了封闭式回答与开放式回答的优缺点，但是，由于混合式回答一般比较复杂，不利于调查问卷的简明原则，非特殊情况不宜使用。

问卷调查混合式回答示例

例 12 您的最喜欢看的城市规划方面读物是哪种？（请在合适答案后的横线上打√）

a. 城市规划历史与发展		b. 城市规划理论	
c. 规划设计理论及其方法		d. 城市规划管理	
e. 城市规划科普读物		f. 其他（请写出）	

您是否已经买了不少这方面的书籍？
    a. 是　_____
    b. 没有　_____（请继续回答）
        └──→为什么？（请写出答案）

（二）设计答案的基本原则

设计答案应遵循的一些基本原则：①解释性原则——设计的答案必须与询问的问题具有相关关系，能够解释回答所询问问题。②完整性原则——设计的答案应努力穷尽一切可能的答案，起码应是主要的答案。③同层性原则——设计的答案必须具有相同的层次或等级关系。④可能性原则——设计的答案必须是被调查者能够回答和愿意回答的。⑤互斥性原则——设计的各个答案必须是相互排斥和不能代替的等等。

五、问卷调查的编码

所谓编码（Coding）就是对问卷调查中的每一份问卷、问卷中的每一个问题和问题的每一个答案编定一个惟一的代码，并以此为依据使用计算机和相关软件对问卷进行数据处理和统计分析等。为了便于计算机的录入和处理，一般编码都由 A、B、C、D…等英文字母和 1、2、3、4…等阿拉伯数字共同组成。编码的主要任务是：(1)为每一份问卷、每一个问题和每一个答案确定一个惟一的代码，如 A1、A2、A3、A4…，G1、G2、G3、G4、G5…等等；(2)根据被调查者、问题、答案的数量编定每一个代码的位数。如被调查者的数量在 100 人以内，就编定 2 位数；而问卷中的答案数量在几千份，就可以编定为 4 位数等等；(3)设计每一个代码的填写方式。常用的填写方式有：□□□，[　][　][　]，(　)(　)(　)，〈　〉〈　〉〈　〉，_____、_____、_____ 等等。

六、问卷调查法的实施

（一）问卷调查的程序

1. 设计调查问卷

经历选择调查课题、开展初步探索、提出研究假设等几个步骤，设计问题和问卷，将口头语言变成书面语言，按照各种要求设计问题和答案等。

2. 选择调查对象

问卷调查的调查对象可用抽样调查方法选取，也可以把有限范围如某一个企业内的全部成员当作调查对象。由于问卷回收率很难做到 100%，选择的调查对象应当多于研究对象，确定调查对象数量的公式是：

$$调查对象 = \frac{研究对象}{回复率 \times 有效率}$$

例如，假定研究对象是400人，回复率是80%，有效率是90%，那么调查对象的数量就是：400/(80%×90%)=556(人)。

3. 分发问卷

采用邮寄、报刊、送发等分发方式将问卷交给被调查对象填写和回答。

4. 回收和审查整理问卷

在分发问卷以后，应及时提醒被调查者将要回收问卷的时间和回收方式等，然后采取一定的回收方式将问卷收回，并进行审查和整理加工。

5. 统计分析和理论研究

利用计算机对问卷进行统计分析，根据统计分析结果开展理论研究等。

(二) 提高问卷回复率的技巧

在问卷调查法中，问卷的回复率是问卷有效率的基础，关系到整个问卷调查的效度，是整个问卷调查工作成败的重要标志，因此努力提高问卷的回复率就是一个需要重点思考的关键性问题。影响到问卷回复率的因素很多，可以从以下几个方面进行努力：

1. 恰当选取被调查者

被调查者的工作生活背景、现状工作生活繁忙程度、对课题的理解程度、合作态度、回答书面问题的能力等往往对问卷回复率产生较大影响。为提高回复率，一般应当选择有一定与问卷调查内容接近的工作生活背景、对课题能够较深入理解、有一定文字表达能力的被调查者，问卷调查工作也应当尽量避免占用被调查者的工作和生活较多的时间和精力。还有一点也应引起注意，那就是，往往初次接受调查的人比已经接受调查多次的人更具有积极性。

2. 合理选取问卷发送形式

调查方式对问卷的回复率具有重大影响，在条件允许的情况下应尽可能采用访问问卷、送发问卷或电话问卷等回复率较高的发送方式进行调查(表33)。

问卷调查方式回复率经验比较 表33

问卷方式	报刊问卷	邮政问卷	电话问卷	送发问卷	访问问卷	网络问卷
回复率	10%~20%	30%~60%	50%~80%	接近100%	接近100%	可高可低

参见：水延凯等编著. 社会调查教程. 北京：中国人民大学出版社，2003. P214。

3. 注重选题的吸引力和问卷设计质量

调查课题是否具有吸引力、被调查者是否有回答意愿和兴趣以及问卷的设计质量如何等，是提高问卷回复率的根本性和核心性问题。而社会生活中的重大问题、热点和焦点问题、与被调查者切身利益相关的问题、新鲜事物等，往往能够引起被调查者的浓厚兴趣和较大的回答积极性。问卷的质量取决于问卷的内容、问题的表述以及回答的类型和方式，也取决于问卷的形式、长度和版面设计等。内容简洁、形式活泼、版面清晰和有趣味性的问卷，其回复率和有效率就比较高。

4. 争取权威机构和知名单位支持协助

问卷调查主办单位的权威性和知名度往往对被调查者对参与问卷调查的信任程度和合作意愿产生重大影响。党政机关和企事业单位、上级机关和下级机关、专业性机构和一般性机构、单位集体和个人、教师和学生等相比较,前者往往比后者更能够获得更大支持合作,问卷回复率也就更高。为提高问卷回复率,应尽可能争取权威性大、知名度高的机构来作为问卷调查活动的主办单位、支持单位,或者取得他们的正式、公开支持,如地方政府作为主办单位时,可以事先以政府文件名义发表通知或公告等。一旦问卷调查的社会敏感度较高、涉及机密、涉及单位个人利益或隐私等情况,争取权威性大、知名度高的机构来支持或协助是必不可少的。外地单位或个人到某地开展问卷调查采访时,也应当赢得当地有关单位的支持和协助。

(三)无回答和无效回答

1. 对无回答和无效回答研究的必要性

在问卷调查工作过程中,总会出现无回答(Answer Absence)或无效回答(Useless Answer)的情况,这些问卷和具体情况不应当置之不理,应有针对性地开展研究。这样做既是评价调查结果、说明调查结论的代表性和适用范围的需要和必要性工作,同时也有利于及时总结和改进问卷调查的具体工作,因为无回答或无效回答的出现。本身就是既有被调查者的客观原因,也有调查者的主观原因。

2. 无回答和无效回答的研究方法

对于无回答的研究,应根据具体的调查方式采取不同的方法。例如访问问卷和电话问卷在调查时即应当追问原因;送发问卷应通过送发机构或送发人员问询原因,对于邮政问卷、报刊问卷和网络问卷等的情况研究起来比较困难,可以重点关注于无回答的对象是否集中分布于某些地区、某些行业等,或者是人为因素所致。对于无效回答的研究,应对无效问卷的研究为重点,研究其无效的原因、频率、类型和分布等。总结出那些是个性问题,哪些是共性问题。如果是共性问题,就应该查找问卷的设计失误及其原因,如问题选择是否恰当,表述是否正确,回答说明是否不清楚,问卷内容是否过于冗长等等。进而归纳问题,改进问卷设计。

七、问卷调查法的优缺点

(一)优点

1. 范围广,容量大

问卷调查是运用统一设计的问卷向被调查者进行调查,因此问卷调查法可以突破时空限制,在大范围内,对众多数量的被调查者同时开展调查。

2. 宜于定量研究

问卷调查大多是使用封闭型回答方式进行的调查。问卷调查法可以使用计算机及相关软件等对调查情况如问卷答案等进行整理、统计和分析,方便地开展定量研究。

3. 问题的回答方便、自由和匿名性

在问卷调查时,被调查者不必当面回答问题,调查者不必花费较多时间来接触被调查者(电话问卷和访问问卷除外),被调查者可以对问题进行从容思考和认真推敲。自填式问卷可以排除人际交往中可能产生的种种干扰,对调查者的人际交往能力要求较低,被调查者回答问题不署名,有利于对一些敏感、尖锐和隐私的问题进行真实性的调查和摸底。

4. 调查成本低廉

问卷调查法具有很高的效率，可以以较小的投入成本（如人力、财力、物力和时间等调查成本），来获取较多的社会信息。

（二）缺点

1. 缺乏生动性和具体性

问卷调查法大多只能获得书面的社会信息，难以了解到生动具体的社会现实情况，特别不适宜对新情况、新问题和新事物等调查者无法预计的问题进行调查和研究。

2. 缺少弹性、难以定性研究

问卷调查的问卷和其所询问的问题、提供的答案大都是统一、固定的，很少有伸缩余地，难以发挥被调查者的主动性和创造性，难以适应复杂多变的实际情况，也难以对某一问题开展定性研究或深入探讨。问卷调查的被调查者有限制，如对三农问题进行调查时，如果农民大多数都是文盲或者半文盲，就无法采用问卷调查的方法。

3. 被调查者合作情况无法控制

问卷调查的互动性和交流效果较差。被调查者如果不能看懂问卷，或者对问卷及其问题和答案等有不理解、不清楚的情况，难以获得指导和说明；被调查者的合作态度，比如是认真填写还是随便敷衍、是亲自填写还是找人代填、是反映大众意识还是真实表达个人感情等等，对此，调查者无法做到有效控制和适当把握，调查结果的真实性、可信度等难以测量。

4. 问卷回复率和有效率较低

问卷调查的问卷回复率和有效率对问卷调查的代表性和真实性往往具有决定性作用，但问卷回复率和有效率往往较低。另外，也难以开展对无回答和无效回答的相关研究等等。

调查问卷示例之一

重庆渝中区公厕现状调查

一、市民及观光者问卷

您的职业：　　　　年龄：　　　　性别：

1. 您来自：（请打√以下同）

A. 附近街区；B. 外地；C. 本市其他街区

2. 若不是食客或住客，你是否会到饭店、宾馆的内设厕所方便？

A. 会；B. 不会；C. 看情况

3. 你认为开放单位内设厕所实施起来是否有难处？

A. 有困难；B. 没困难，加强管理即可；C. 看情况

4. 你认为渝中区公厕好不好找？

A. 好找；B. 难找；C. 一般

5. 你寻找陌生公厕的方法？

A. 打听；B. 导厕牌；C. 地图；D. 四处找寻；E. 其他

6. 你是否赞成印制"重庆市公厕地图"？

A. 是；B. 否；C. 不如多建公厕

7. 你是否赞成厕所蹲位女多男少？

A. 是；B. 否；C. 对半分；D. 无所谓

8. 你认为公厕设蹲厕好还是坐厕好？

A. 蹲厕好；B. 坐厕好；C. 都好；D. 无所谓

9. 你是否赞成采用脚采式或感应式冲水？

A. 赞成；B. 不赞成；C. 无所谓

10. 你对渝中区目前公厕的收费办法是否满意？

A. 满意；B. 不满意；C. 一般

11. 你上公厕时，发现渝中区免费公厕与收费公厕相比有何问题？（多选）

A. 卫生不好；B. 不按时开关门；C. 设施损坏严重；D. 无人管理；
E. 服务体系差；F. 存在安全隐患；G. 其他

12. 你认为如何能改善公厕治安？

A. 注意择址；B. 加强管理；C. 增加照明；D. 提供电话便于报警；E. 其他

答完这份问卷后，对于渝中区的公厕建设您还有什么需要补充吗？如有，请写在下面：

二、公共厕所的管理者问卷

1. 您所管理的厕所紧缺发生频率？（请打√以下同）

A. 经常；B. 节假高峰期；C. 偶尔；D. 从不

2. 您认为就厕者不冲厕的主要原因是：

A. 素质差；B. 认为冲厕按扭不干净；C. 没有惩罚措施；D. 其他

3. 您所管理的厕所多久清洗一次？

_____

4. 您所管理的厕所多久消毒一次？

_____

5. 您所管理的厕所消毒完毕是否放置"已消毒标志"？

A. 是；B. 否；C. 不知道

6. 您认为如何改善渝中区公厕整体设施落后的现状？（多选）

A. 加强政府的重视度；B. 改变经营方式；
C. 加快公厕自身改造；D. 其他

答完这份问卷后，对于渝中区的公厕建设您还有什么需要补充吗？如有，请写在下面：

调查问卷示例之二

深圳市地下通道（深南大道及滨海大道）使用情况调查问卷

被调查者基本情况：

1. 性别：□男　　□女

2. 年龄段：□青少年　　□成年人　　□老年人
3. 职业：□政府公务员　　□公司职员　　□工人　　□学生
　　　　 □商人　　□无业或待业人员　　□其他

问卷内容：

1. 您喜欢通过哪种方式过马路？
   A. 人行横道；B. 地下通道；C. 过街天桥；D. 高架桥
2. 您从居住或工作地点到达地下通道要用多长时间？
   A. 少于5分钟；B. 5～10分钟；C. 10～20分钟；D. 超过20分钟
3. 您认为地下通道的设置位置方便您搭乘公交车或地铁吗？
   A. 方便；B. 一般；C. 不方便；D. 无所谓
4. 您认为街道上每一处地下通道相隔得远吗？
   A. 比较远；B. 不远不近；C. 比较近；D. 没感觉
5. 您认为地下通道的出入口容易看到或找到吗？
   A. 容易；B. 不太容易，但能找到；C. 很难找到；D. 没在意这个问题
6. 您认为这条街道上地下通道的设置数量能满足使用吗？
   A. 太多了；B. 不多不少；C. 太少了；D. 无所谓
7. 您认为地下通道的梯步走起来舒服吗？
   A. 很舒服；B. 一般；C. 不舒服；D. 无所谓
8. 您认为地下通道内的空气通风效果如何？
   A. 很好；B. 一般；C. 很差；D. 用不着注意这个问题
9. 您认为地下通道的照明效果如何？
   A. 很亮；B. 刚好合适；C. 太暗了；D. 无所谓
10. 您认为地下通道的清洁卫生做得怎么样？
    A. 很干净；B. 一般；C. 太脏了；D. 无所谓
11. 您认为地下通道走起来安全吗？
    A. 很安全；B. 一般；C. 不安全；D. 没注意这个问题
12. 您认为地下通道的外观装修效果如何？
    A. 很舒服；B. 比较一般；C. 太差劲了；D. 无所谓
13. 您对这一个地下通道的总体评价如何？
    A. 很满意；B. 一般；C. 不满意；D. 不知道

第九章 城市规划社会调查资料整理与分析

通过社会调查所获得的大量第一手资料，还只是粗糙、表面和零碎的东西，尚不能够直接作为社会调查结论的依据，需要经过检验、整理、统计分析和理论分析等研究过程，才能最终为调查结论的得出提供科学的依据。城市规划社会调查的资料整理与分析等工作内容，是城市规划社会调查活动深化和提高的阶段，是由感性认识向理性认识飞跃的阶段。

图 43 为第九章框架图。

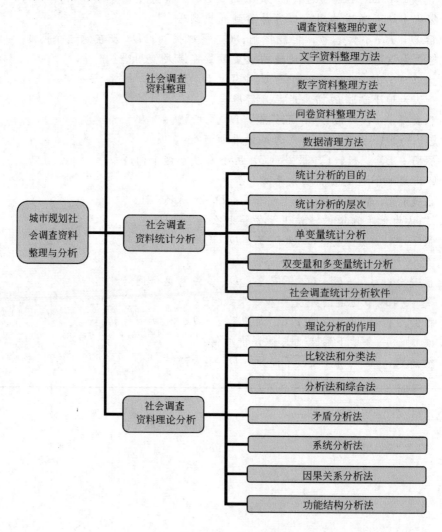

图 43 第九章框架图

第一节 社会调查资料整理

整理资料就是根据调查研究的目的，运用科学方法，将社会调查所获取的资料进行审核、检验、分类、汇编等初步加工，使其更加系统化和条理化，以简明集中的方式反映调查对象的总体情况的工作过程。整理资料是研究资料的基础，是城市规划社会调查的研究阶段工作的正式开始。社会调查所获得的资料，一般包含文字、数据、问卷、影视、实物等不同类型，本节主要介绍文字、数据、问卷三种资料的整理方法以及数据清理方法。

一、调查资料整理的意义

（一）调查资料整理的意义

1. 提高调查资料使用价值的必要步骤

通过各种调查方法所获得的调查资料，特别是大量的第一手资料，往往是分散、零乱的，可能存在着不少的虚假、差错、短缺和余冗等不良情况。这些资料根本无法直接运用于研究工作，必须首先对这些资料开展全面的检查和整理，区分资料的真假和精粗，消除资料中的虚假、差错、短缺和余冗等不良现象，以保证资料的真实、准确和完整，必要时还应继续开展补充调查等。这样就大大提高了社会调查资料的质量和使用价值。

2. 研究资料的重要基础

在正式开展研究工作之前，认真鉴别和整理调查资料，坚决纠正或淘汰各种不合格的资料，把各种资料的差错消灭在统计分析和理论分析之前，从而有利于研究阶段工作的顺利开展，并获得正确的调查研究结论。

3. 保存资料的客观要求

认真整理社会调查的原始资料，不仅是进行研究工作和得出调查结论的客观依据，也有利于社会调查资料的长期保存，为今后类似课题的研究，特别是追踪调查等研究工作提供重要的基础和参考。

（二）调查资料整理的原则

1. 真实准确

整理所得的资料，必须是真实、准确、实事求是的，不能够是虚假、主观杜撰或自相矛盾的。

2. 完整统一

整理所得资料，应该能够全面、完整、客观、真实地反映出调查对象的全貌。整理的资料要在调查对象、调查指标及其操作定义、调查方法、数据计算方法、计量单位等多方面实现统一协调，为下一步统计分析和研究工作做好铺垫。

3. 简明集中

整理所得资料应尽可能系统化和条理化，以简明、集中的方式清晰地反映出调查对象的总体状况。

4. 新颖组合

在整理资料时，应当尽可能采用新的观点、新的视角和新的思维方式来审视资料、组合资料，善于从调查资料中发现新情况、新问题、新思路，从而为创造性研究打下基础。

二、文字资料整理方法

（一）审查

审查(Censor)就是通过仔细推究和详尽考察的方法，来判断、确定文字资料的真实性和合格性。文字资料的真实性审查，包含文字资料本身的真实性审查和文字资料内容的可靠性及合格性审查。①文字资料本身的真实性审查，是指通过考察和细究判明调查所得的文献资料、观察和访问记录等文字资料本身的真伪。如从作者、编者、出版社、印刷质量等外在情况来判断文献的真伪；从文献的内容、所用概念、写作风格等内在情况来判断文献的真伪。观察和访问记录等文字资料的真实性审查，还可以从记录时间、地点、内容、语言和笔迹等情况来判断其真伪。②文字资料内容的可靠性审查，是指通过考察和细究判明文字资料的内容是否真实地反映了调查对象的客观情况。主要根据以往实践经验、资料的内在逻辑和资料的来源等来判断。③文字资料的合格性审查，主要是指审查文字资料是否符合原设计要求。比如审查调查对象的选择是否符合设计要求，有关数据的计算方法是否符合设计要求，计量单位是否统一等等。

（二）分类

对文字资料的分类(Sort)工作，就是按照科学、客观、互斥和完整的原则，根据文字资料的性质、内容或特征，把相差异的资料区分开来，把相同或相近的资料合并为同一类别的过程。文字资料的分类有前分类和后分类两种方法：前分类是指在社会调查前设计调查提纲和问卷时，就按照事物的类别分别设计出不同的调查指标，再按照分类指标搜集和整理资料；后分类是在将调查资料搜集起来之后，根据资料的性质、内容或特征等将它们分门别类。分类本身就是对调查资料的一种分析和研究，是认识社会现象的初步成果，是揭示事物内部结构的前提，也是研究不同类别事物之间关系的基础。

（三）汇编

汇编(Compile)就是按照完整、系统、简明、集中的原则，根据调查的目的和要求，对分类之后的资料进行汇总和编辑，使其更加清晰明了地反映出调查对象的总体情况。具体的任务是：根据调查目的、要求和调查对象的具体情况，确定合理的逻辑结构，使汇编后的资料能够说明调查所要说明的问题，进而对分类资料进行初步加工。例如对各种资料按照一定的逻辑结构编上序号、增加标题等等。

三、数字资料整理方法

（一）检验

检验(Checkout)就是通过经验判断、逻辑检验、计算审核等方法，检查、验证各种数字资料是否完整、正确。数字资料的完整性检查，主要检查应该调查的单位和每个单位应该填报的表格是否齐全，是否有遗漏单位或遗漏表格现象；检查每张调查表格的填写是否完整，是否有缺报的指标或遗漏内容等等。对数字资料的正确性检验，就是查看数字资料的内容是否符合实际,计算方法是否正确等等。应当注意,通过检验所发现的各种问题,应当及时查明原因,并采取相应措施予以补充或更正。

(二)分组

分组(Grouping)就是按照一定标志,把调查的数字资料划分为不同的组成部分,从而反映各组事物的数量特征,考察总体内部各组事物的构成状况,研究总体各个组成部分的相互关系等。分组的方法是:选择分组标志→确定分组界限→编制变量数列。

1. 选择分组标志

分组标志(Grouping Standard)就是分组的标准或依据。根据调查目的和调查对象的情况等的不同,选择分组的标志就应有所不同。选择分组标志,是数字资料分组中的关键问题,分组标志的选择是否正确,直接关系到分组的科学性,关系到分组结果是否能够正确地反映调查对象的总体情况。常用的分组标志有:质量标志、数量标志、空间标志和时间标志。质量标志是按照事物的性质或类别分组。数量标志是按照事物的发展规模、水平、速度、比例等数量特征分组。空间标志就是按照事物的地理位置、区域范围等空间特征分组。而时间标志则是按照事物的持续性和先后顺序分组。

2. 确定分组界限

分组界限(Grouping Ambit)就是划分组与组之间的间隔限度。确定分组界限包括组数、组距、组限、组中值的确定和计算等工作。组数就是组的数量。当数量标志变动范围很小而标志值项数不多时,可直接将每个标志值确定为一组,这时组数就等于数量标志值的项数;当数量标志变动范围很大而标志值项数很多时,就可将邻近的几个标志值合为一组,以减少组的数量。组距就是各组中最大数值与最小数值之间的距离。确定组距后应当编制组距数列,各组组距相等的称为等组距数列,各组组距不相等的称为不等组距数列。编制等组距数列可先确定组数,然后用全部变量的最大值与最小值之间的差距(即全距除以组数)即得出组距大小,而编制不等组距数列则应根据研究任务的实际需要来确定组距。组限就是组距两端数值的限度。每组的起点数值称为下限,终点数值称为上限。变量数列中最小组的下限值或最大组的上限值,如果都是确定的就称为封闭式组限,如果是不确定的则称为开口式组限。组中值就是各组标志值的代表值,是按照各组组距上限与下限之间的中点数值确定的。封闭式组距数列组中值的计算公式是:

$$组中值 = \frac{上限 + 下限}{2}$$

开口式组距数列组中值的计算公式是:

$$组中值(缺上限) = 开口组下限 + \frac{相邻组的组距}{2}$$

$$组中值(缺下限) = 开口组上限 - \frac{相邻组的组距}{2}$$

3. 编制变量数列

编制变量数列就是把数量标志的不同数值编制为数列,并将其纳入适当的变量数列表中。这里的变量是指统计工作中数量标志中可以取不同数值的量。人们常常按照质量标志、数量标志、空间标志和时间标志等进行分组。

(三)汇总

汇总(Gather)就是根据社会调查和统计分析的研究目的把分组后的数据汇集到有关表格中,并进行计算和加总,以集中、系统的形式反映调查对象总体的数量情况。汇总可采用手工汇总和计算机软件汇总两种方法,目前随着计算机的普及,人们大都使用计算机软件进行汇总。这方面的疑难问题,请参看有关计算机统计软件的书籍。

(四) 制作统计表和统计图

汇总的数字资料大都要通过表格或图形等方式表现出来,这就是要制作统计表和统计图。统计表(Statistics)是指记载汇总结果和公布统计资料的表式,是表述数字资料的主要形式,具有系统、完整、简明、集中的特点,便于查找、计算和开展对比研究等。统计图(Statistical Chart)也是表现数字资料的重要形式,具有形象、生动、直观、概括、活泼、醒目等特点,具有较强的吸引力和说服力。统计图可分为几何图、象形图、统计地图和复合图等多种类型。

四、问卷资料整理方法

(一) 问卷审查

社会调查回收的问卷必须经过认真审查,具体审查的内容包括:调查对象的选择是否符合原设计要求,调查指标的理解和操作定义的操作是否出现误差,对询问问题的回答是否符合原设计要求,回答填写的数据是否真实准确,对问卷中设计的检验性问题的回答是否经得起检验,问卷内容是否填写完整,等等。如果出现问题应采取适当方法进行处置,处置的原则是:①凡是问卷已有答案中可以解决的问题,发现一个马上处理,以免遗忘。②凡是问卷已有答案中无法解决的问题,应尽力开展补充调查弥补遗憾。③凡是无法补充调查或无法补救的不合格回答,可对该项目作无回答或无效回答处理。凡是调查对象的选择违背原设计方案、问卷中主要内容填写错误且无法补救,该问卷应作为不合格问卷予以淘汰。

(二) 开放型回答的后编码

由于问卷中开放型回答的种类和数量无法在社会调查前设计调查方案和调查问卷时做出估计,只有在调查结束之后对问卷整理时做后编码(Coding Finally)。后编码的程序是:①预分类和预编码。即选择少部分如10%的问卷,将有关问题的回答进行罗列,编制预分类和预编码。②"对号入座"。即对其他问卷按照预分类和预编码进行归类。③增加新类别和新编码。即其他问卷的回答在预分类和预编码中不能找到相应选项,则编制新的类别和编码。④选择、归并分类类别和编码。即按照研究需要将相近类别合并,有用类别保留,删除无用类别,对选择归并后定型的回答类别正式编码,完成编码工作。

(三) 数据的录入

问卷中的数据在录入计算机后,方可进行方便的统计分析和定量研究。数据录入是整理问卷资料和计算机汇总的重要环节,是对数据和问卷进行统计分析研究的基础。因此,对此项工作应当重视,数据的录入工作要认真仔细,并做到反复校对,消除录入误差。

五、数据清理方法

为了降低在正式统计运算之前进一步降低数据中的差错率和提高数据的质量,我们需要在计算机的帮助下进行数据清理工作。

（一）有效范围清理

问卷中的任何一个变量，其有效的编码值往往都有某种范围，而当数据中的数字超出了这一有效范围（AvailableIn）时，可以肯定这个数字一定是错误的。例如在数据文件的"性别"这一变量栏中出现了数字5、6或9等，我们马上可以肯定这是错误的编码值。因为根据编码手册的规定，"性别"这一变量的赋值是1＝男，2＝女，0＝无回答，所有回答应当是1、2或0，超出这一范围的其他编码值都应是错误的。应当注意，这种错误的出现有可能发生在资料处理的每一个阶段，既可能发生在原始问卷的回答上（是否如实回答），可能发生在编码员对问卷的编码结果上（是否写错），也可能发生在计算机录入员输入数据的过程中（是否看错）等。

（二）逻辑一致性清理

逻辑性一致清理是从另外一个角度来查找数据中所存在的问题。它的基本思路是依据问卷中的问题相互之间所存在的某种内在的逻辑关系，来检查前后数据之间的合理性。例如，在对某家的住房情况进行调查时，前面问道"您家有几套住房？"时所填写的答案为1，后续性问题是"您家的另外几套住房在哪里？"，其回答应当是空白，如果填写了某一地点，那么这些答案的数据就有问题。

（三）数据质量抽查

为了进一步验证数据的错误程度，人们常常采用随机抽样的方法，从样本的全部个案中抽取一部分个案，进行一对一的校对工作，并用一部分个案校对抽查的结果来估计和评价全部数据的质量，以及其对调查结果的影响。根据样本中个案数目的多少，以及每份问卷中变量数和总字符数的多少，往往抽取2‰～5‰左右的个案进行这种校对工作❶。

第二节　社会调查资料统计分析

统计分析是社会调查在研究阶段的重要内容，掌握统计分析的理论和方法，对于开展城市规划社会调查活动具有重要意义。

一、统计分析的目的

统计分析（Statistics Analysis）就是建立在数学科学的基础之上，运用统计学原理和方法来处理社会调查所获得的数据资料，简化和描述数据资料，揭示变量之间的统计关系，进而推断总体的一整套程序和方法。统计分析作为一种认识方法，以掌握事物总体的数量特征为目标，在社会现象的质和量的辩证统一中着重研究其数量方面，并注重从整体出发，研究大量社会现象的总体数量特征。

（一）统计分析的目的

1. 简化数据资料

社会调查所搜集的数据是多种多样的，在进行分析研究时，不可能，也没有必要罗列每个样本的所有数据，而可以运用统计分析方法将调查数据简化后再描述出来。

---

❶ 参见：风笑天. 现代社会调查方法. 武汉：华中科技大学出版社，2001. P158。

社会调查问卷及其统计结果示例

某地区居民生活状况调查问卷

1. 您是否是本地户口：_____ *a*. 是；*b*. 不是
2. 您的家庭平均月收入：_____
   a. 500 元以下；*b*. 500～2000 元；*c*. 2000～10000 元；*d*. 10000 元以上
3. 您的文化水平：_____
   a. 未受过教育；*b*. 小学；*c*. 初中；*d*. 高中(中专)；*e*. 大专；*f*. 本科及以上
4. 您的职业：_____
   a. 工人；*b*. 领导干部；*c*. 教师或科研人员；*d*. 企业技术和管理人员；*e*. 商人；*f*. 服务业工作者；*g*. 下岗或待业；*h*. 离退休人员；*i*. 其他
5. 您对本地区的居住情况最满意的是_____，最不满意的是_____
   a. 基础设施；*b*. 住房质量；*c*. 出行交通；*d*. 环境卫生；*e*. 市场购物；*f*. 治安问题；*g*. 邻里关系；*h*. 其他
6. 您对邻居家的基本情况(姓名、工作单位等)了解程度如何：_____
   a. 完全清楚；*b*. 基本了解；*c*. 知道一点；*d*. 不清楚
7. 您与周围邻居是否相互帮助：_____
   a. 经常；*b*. 有时；*c*. 很少；*d*. 从来没有
8. 您日常生活中最主要交往的邻居对象的范围是：_____
   a. 隔壁邻居；*b*. 本栋楼的邻居；*c*. 其他楼栋的邻居
9. 您觉得目前的邻里交往空间形式是否影响了您生活的私密性：_____
   a. 影响很大；*b*. 有一定影响；*c*. 略有影响；*d*. 没有影响
10. 您是否觉得您居住的社区需要增加公共交往的绿化休闲空间：_____
    a. 需要；*b*. 无所谓；*c*. 不需要。
11. 您对您所居住的社区的基础设施最满意的两项：_____，_____
    a. 给排水设施；*b*. 卫生设施；*c*. 消防设施；*d*. 供电设施；*e*. 供气设施；*f*. 交通设施；*g*. 其他
12. 您对您所居住的社区的基础设施最不满意的两项：_____，_____
    a. 给排水设施；*b*. 卫生设施；*c*. 消防设施；*d*. 供电设施；*e*. 供气设施；*f*. 交通设施；*g*. 其他
13. 您是否赞同对本地区进行全面拆迁改造：_____
    a. 是；*b*. 否
14. 若同意，您希望将本地区改造成：_____
    a. 多层住宅区；*b*. 高层住宅区；*c*. 文化娱乐休闲中心；*d*. 商业中心；*e*. 人文旅游景点；*f*. 混合功能区；*g*. 其他
15. 若不同意，您希望通过何种方式改善居住环境：_____
    a. 自行改建搭建；*b*. 逐步改造；*c*. 不需改造；*d*. 其他
16. 您是否愿意在此常住：_____
    a. 非常愿意；*b*. 比较愿意；*c*. 不愿意；*d*. 无所谓

谢谢您的合作！2002.5

调查结果统计

题号		a	b	c	d	e	f	g	h
1	本地户口	48	12						
2	月收入	14	19	20	7				
3	文化程度	5	8	27	18	2			
4	职业	12	2	2	1	4	6	13	20
5	最满意	3	30		8	5	14		
	最不满意	14	36	1	6	2			
6	邻居了解	18	12	16	13	1			
7	邻居互助	36	14	10					
8	交往范围	7	44	9					
9	私密性	4	9	26	21				
10	公共空间	26	25	9					
11	最满意基础设施	14	23	18	1	2		2	
12	最不满意基础设施	28	15	11	4	1		1	
13	赞同拆迁改造	44	16						
14	改造目标	23	7		3	11	4	1	
15	改造方式			3	6	2			
16	居住意愿	43	8	1	8				

2. 寻找并展示变量之间的统计关系

统计分析的重要目的之一，就是寻找并展示各种变量之间的统计关系和统计规律。社会调查中搜集到的大堆杂乱无章的数据，只有通过统计分析，才能够把隐藏在这些数据后面的统计关系和统计规律揭示出来。

3. 用样本统计量推断总体

在随机抽样调查中，对样本进行调查只是手段而不是目的，主要是要通过对样本的调查获得样本统计量，然后用样本统计量来推断总体。这里的样本统计量是指运用一定统计方法对样本数据进行处理而得出的统计值。如平均数、百分比等对样本群体基本特征的简化描述或反映。

（二）统计分析的原则

1. 科学性原则

在统计分析过程中必须实事求是，按照科学原则和科学方法办事。统计分析只是一种方法或手段，它只有在被正确地使用时才会发挥其应有的积极作用，如果违背科学原则随意胡编乱造数据，则所谓的"统计分析所得结论"就可能变成为错误行为辩护和利用的工具。

2. 规范性原则

在统计分析过程中，必须严格遵守统计学的操作规范，必须严格照章办事、严格遵守操作程序。统计分析必须根据不同的数据类型和不同的研究目的，使用不同的统计公式和分析方法，要正确运用统计分析方法，必须对统计理论有一定程度的了解，必须对统计方法有一定程度的掌握。

3. 有效性原则

应当最大限度地发挥统计分析结果在科学研究中的作用，否则就会造成调查资源的严重浪费。不少调查研究工作者仅仅对调查数据作了简单分析研究之后，就束之高阁，给人以重耕耘、轻收获的感觉。这既是调查资源的一种巨大浪费，也使得有深度、有影响的调查研究成果较少面世。

（三）统计分析的程序

问卷调查的统计分析程序为：数据的录入→数据的清理→数据的预处理→数据的统计分析。数据的录入是指将问卷或编码表中的数据代码录入计算机形成数据文件，以便进行统计分析。数据的清理是指对已录入计算机的数据进行检查，清除错误数据，补充漏录的数据等。数据的预处理就是在统计分析之前对清理后的数据做预备性处理，如缺损值处理、加权处理、变量重新编码、数据重新排序以及创造新变量等。数据的统计分析则是调用统计软件中的各种统计程序对数据进行各种分析，包括单变量、双变量、多变量统计分析，以及制作统计图、统计表格等系列工作。

二、统计分析的层次

（一）按统计分析的性质划分

按照统计分析的性质，统计分析可分为描述统计分析和推断统计分析两种类型。描述统计(Delineative Statistics)分析就是运用样本统计量描述样本统计特征的统计分析方法，凡是仅涉及样本而不涉及总体特征的统计分析方法都属于描述统计的范畴。推断统计(Deduce Statistics)方法则是按照概率理论为基础，运用样本统计量推断总体的统计分析方法。社会调查的一般目的都是通过抽样调查来了解总体，因此在社会调查的统计分析过程中，通常都要运用推断统计分析方法。描述统计分析是推断统计分析的基础和前提，只有通过描述统计分析求出了样本统计量的基础上，才能使用推断统计分析方法推断总体参数或进行假设检验。

（二）按涉及变量的多少划分

按照统计分析涉及变量的多少，统计分析可分为单变量统计分析、双变量统计分析和多变量统计分析三种类型。单变量统计分析只能进行描述性研究，只有双变量统计分析特别是多变量统计分析才能进行解释性研究。因为只有涉及两个或两个以上的变量时，才有可能分析它们之间的关系。

三、单变量统计分析

（一）频数分布与频率分布

频数分布(Frequence Distribution)，是指在统计分组和汇总的基础上形成的各组次数的分布情况。它通常以频数分布表的形式表达。频数分布表的作用主要有两个方面：一方面的作用是简化功能,即它能将调查所得的庞杂的原始数据,以十分简洁的统计表的形式反映出来。另一方面的作用是认识功能,即通过频数分布表,我们可以清楚地了解到现象总体内部的结构、差异以及发展变化的状况。同时,它还是下一步对调查资料进行统计分析的基础。

频数分布表一般包括三个要素:组别、各组的单位数、各组在总体中所占的比重。组别也就是各组的名称或标志值;单位数又叫次数或频数,在公式中常用 f 表示;各组在总体中所占比重又叫频率,通常用百分比(%)表示,在公式中常用 p 表示。根据研究对象的特性以及特定的研究目的,这种分布表也可以是一种频率分布表。所谓频率分布(Percentage Distribution),是指资料分组中,各组的频数相对于总数的比率分布情况。频数分布表中一般只列出组别和各组在总体中所占的比重,不列出各组的单位数(表34)。

中国最适合居住的前十位城市调查结果 表34

编 号	城 市	频 数	百分比(%)
1	北 京	325	12.8
2	上 海	289	11.4
3	大 连	216	8.5
4	苏 州	165	6.5
5	广 州	136	5.4
6	杭 州	129	5.1
7	桂 林	117	4.6
8	珠 海	114	4.5
9	深 圳	112	4.4
10	青 岛	105	4.1
总 计		1708	67.3

参考资料:连玉明主编.中国数字黄皮书.北京:中国时代经济出版社,2003.P154。

在对数字资料进行统计分析时,有时不仅需要知道分组后各组的频数分布,还要知道截至某一组的累积频数。计算累积频数有两种方法,一是从上往下累积,一是从下往上累积。当分组标志值是从小到大排列的,一般采用从上往下累积的方法;当分组标志值是从大到小排列时,则一般采用从下往上累积的方法,如表35所示。

2001年全国城市按市辖区总人口分组表 表35

人口数	市数	%	累积频数		人口数	市数	%	累积频数	
			市数	%				市数	%
20万以下	37	5.6	37	5.6	400万以上	8	1.2	662	100
20~50万	180	27.2	217	32.8	200~400万	17	2.6	654	98.8
50~100万	279	42.1	496	74.9	100~200万	141	21.3	637	96.2
100~200万	141	21.3	637	96.2	50~100万	279	42.1	496	74.9
200~400万	17	2.6	654	98.8	20~50万	180	27.2	217	32.8
400万以上	8	1.2	662	100	20万以下	37	5.6	37	5.6
合计	662	100	—	—	合计	662	100	—	—

参考资料:吴增基等主编.现代社会调查方法.上海:上海人民出版社,2003.P226。

（二）集中量数分析

集中量数是指一组数据向某一中心值靠拢的趋势，又称平均数。它表明同类社会经济现象在一定时间、地点条件下所达到的一般水平。从不同角度考虑，集中量数的测度值有多个，这里介绍几个主要的测度值。

1. 均值（$\overline{X}$）

均值（Mean）就是算术平均数，用 $\overline{X}$ 表示。算术平均数是平均数最普遍的形式，是数据集中趋势的最主要测度值。在计算均值时，要根据资料的具体形式，选择所需的计算公式。资料未分组，则选择简单算术平均数计算公式；如果是已分组的资料，则选择加权平均数计算公式。

（1）简单算术平均数

如果统计资料中总体单位数较少，且已知各单位的标志值，此时可用简单算术平均数计算方法求平均数，计算公式为：

$$\overline{X} = \frac{X_1 + X_2 + \cdots\cdots + X_n}{n} = \frac{\sum_{i=1}^{n} X_i}{n}$$

式中　　　　$\overline{X}$——算术平均数；

X_1、$X_2 \cdots\cdots X_n$——分别为各个单位的标志值；

n——总体单位数。

（2）加权算术平均数

如果统计资料中总体单位数较多，且标志值变动范围较大时，需要对之进行分组形成分配数列，再用加权算术平均数公式加以计算。

$$\overline{X} = \frac{X_1 f_1 + X_2 f_2 + \cdots\cdots + X_n f_n}{f_1 + f_2 + \cdots\cdots + f_n} = \frac{\sum_{i=1}^{n} X_i f_i}{\sum_{i=1}^{n} f_i}$$

式中　　$\overline{X}$——算术平均数；

f_i——权数；

n——总体单位数。

2. 众数（M_0）

众数（Mode）是一组数据中出现次数最多的变量值。它是一种根据位置确定的平均数，用 M_0 表示。它不受极端值的影响，用众数反映一组数据的一般水平。求众数最简单的方法是观察法，即通过观察找到一组数据中出现次数或频率最高的那个数，其数值就是所求的众数。例如一组数据为 3，8，4，3，7，9，8，3，1，其中 3 这个数出现了 3 次，出现的次数最多，所以 3 为这组数据的众数。

3. 中位数（M_d）

中位数（Median）是数据按大小顺序排列后，处于中间位置的那个数值，用 Md 表示。中位数将所有数据分成两半，一半数据比中位数大，一半数据比中位数小。

（1）未分组数据的中位数

根据未分组数据计算中位数，应先把总体各单位的变量按大小顺序排列，然后用 $\frac{N+1}{2}$（N 代表总体单位数）来计算中位数在数列中的位置，该位置所对应的变量值，就是中位数。当 N 为奇数时，数列中只有一个居中的变量值，该变量值就是中位数；当 N 为偶数时，数列中有两个居中的变量值，中位数是这两个变量值的简单算术平均数。例如有 7 个数据 3、6、8、9、11、13、15，其中位数 9。若数据为 8 个即 3、6、8、9、11、13、15、20，中位数的位置为：$\frac{8+1}{2}=4.5$，即在第 4 个数值 9 与第 5 个数值 11 之间，中位数 $M_d=\frac{9+11}{2}=10$。

（2）组距式分组数据的中位数

根据分组数据计算中位数，此时原始数据已被隐去，不能直接对其排队，求其准确的中位数值应首先找出中位数所在组，即 $\frac{\Sigma f}{2}$ 的位置，再应用下限公式或上限公式确定中位数的数值。

下限公式：
$$M_d = L + \frac{\frac{1}{2}\Sigma f - S_{m-1}}{f_m} \times d$$

上限公式：
$$M_d = U - \frac{\frac{1}{2}\Sigma f - S_{m+1}}{f_m} \times d$$

式中　M_d——中位数；

　　　L——中位数所在组的下限；

　　　U——中位数所在组的上限；

　　　f_m——中位数所在组的次数；

　　　Σf——总次数，即各组次数之和；

　　　$\frac{1}{2}\Sigma f$——中位数所在位置（或所在组，即累积次数达到或包括 $\frac{1}{2}\Sigma f$ 的那一组）；

　　　S_{m+1}——中位数所在组以前各组的累积次数；

　　　S_{m-1}——中位数所在组以后各组的累积次数；

　　　d——中位数所在组的组距。

均值、众数和中位数各有其用。一般来说，当数据呈对称分布或接近对称分布时，应选均值作为集中趋势的代表值。因为均值包含了全部数据信息，特别是用样本数据对总体进行推断时，均值就更显示出它的优良特征。因此，无论是在统计方法中，还是在经济、管理、社会调查实际工作中，均值都是应用最多、最为重要的方法。但当数据呈现明显的偏态时，应选择中位数或众数。例如，中位数较多地用于测定人口年龄分配的平均年龄数。而众数更多地用于如各种户型的面积设计等方面，房地产企业不可能根据平均面积设计户型，这时众数就显示出它独特的作用。

（三）离散量数分析

对统计数据规律性的研究，可从两方面进行，集中量数所反映的是各变量值向其中心值聚集的程度，而各变量值之间差异状况就需要考察数据的离散程度。数据的离散程度反映的是分布的差异程度，它是数据分布的另一个重要特征，也称为离散量数。对于统计数据的描述和分析正是利用这一对立统一的代表值展开的。一般标志值的变动度越大，各标志值与其算术平均数的离差总和就越大，平均数的代表性、均衡性、稳定性就越低；反之则越高。对离散量数的度量，可通过几个离散程度的代表值来进行。

1. 异众比率（VR）

在用众数作为一组资料的代表值的情况下，这一众数的代表性如何，可以用异众比率（VR）来反映。所谓异众比率（Variation Ratio），就是指非众数的次数与总体内全部单位数的比率。计算公式为：

$$VR = \frac{N - f_{mo}}{N}$$

式中　N——总次数；

　　　f_{mo}——众数的次数。

异众比率的意义在于指出众数所不能代表的那一部分个案数在总体中的比重大小，异众比率越小则众数代表性越大，异众比率越大则众数代表性越小。

2. 全距（R）

全距（Range）是测量总体各单位变量数值差距的最简单方法。它指一组数据的最大值与最小值之间的距离，也就是两个极端值之差。全距越大，说明离散程度也越大。全距越小，说明离散程度越小。全距可以用最大值减去最小值求得，计算公式为：

$$R = X_{max} - X_{min}$$

式中　X_{max}——最大值；

　　　X_{min}——最小值。

3. 四分位差（Q）

由于全距的测定紧紧依靠两个极端值，故这种方法很不精确，无法提供有价值的信息。为了避免全距的弱点，可以采用四分位差的方法。所谓四分位差（Quartile Range）是指舍去一组数据的极端数据，采用对数据的中央部分求全距的方法来测定离散程度，也即第三个四分位数 Q_3 与第一个四分位数 Q_1 之差的一半，计算公式为：

$$Q = \frac{Q_3 - Q_1}{2}$$

求四分位差的具体做法是，把一组数据按照大小顺序排列，然后分成四个数目相等的段落，各段落分界点上的数就叫四分位数。第一个四分位数 Q_1 以上包含了 25% 的数据，第二个四分位数是中位数，第三个四分位数以下包含了 75% 的数据。我们舍去资料中数值最高的 25% 数据和数值最低的 25% 数据，仅仅就属于中间的 50% 数据的一半求其量数作为离散量数，就是四分位差。四分位数在数列中的位置分别为：

$$Q_1 \text{ 的位置} = \frac{n+1}{4}$$

$$Q_2 \text{ 的位置} = \frac{2(n+1)}{4} = \frac{n+1}{2}$$

$$Q_3 \text{ 的位置} = \frac{3(n+1)}{4}$$

式中　n——全部变量值个数。

4. 标准差(δ)

标准差(Standard Deviation)是指一组数据中各个数值与算术平均数相减之差的平方和的算术平均数的平方根。标准差是最重要、最常用的差异量指标，其计算公式为：

$$\delta = \sqrt{\frac{\Sigma(X_i - \overline{X})^2}{n}}$$

式中　X_i——各个数值；
　　　$\overline{X}$——算术平均数；
　　　n——总体单位数。

5. 离散系数(CV)

离散系数(Coefficient of Variation)是标准差与算术平均数的比值，用百分比表示。在算术平均数不为零的情况下，离散系数越大，数据的离散程度越大，集中量数值的代表性越小；反之，数据的离散系数越小，则离散程度越小，集中量数值的代表性越大。离散系数的计算公式是：

$$CV = \frac{\delta}{\overline{X}} \times 100\%$$

（四）单变量的推断统计

推论统计就是利用样本的统计值对总体的参数值进行估计的方法。推论统计的内容主要包括两个方面：区间估计和假设检验。

1. 区间估计

区间估计(Interval Estimate)是根据样本指标和抽样误差及一定的概率，以数值的区间形式来确定总体参数值的可能范围。其实质就是在一定的可信度（置信度）下，用样本统计值的某个范围（置信区间）来"框"住总体的参数值。范围的大小反映的是这种估计的精确性问题，而可信度高低反映的则是这种估计的可靠性或把握性问题。区间估计的结果通常可以采取以下这种方式来表述："我们有95%的把握认为，全市的家庭住房建筑面积在40~250m^2 之间"。

2. 假设检验

所谓假设检验(Tentative Verify)，就是先对总体的某一参数作一假设，然后用样本的统计值去验证，以决定该假设是否为总体所接受。这里的假设不是前面所说的理论假设，而是依靠抽样调查的数据进行验证的经验层次的统计假设。

假设验证的一般步骤是：①建立虚无假设和研究假设。②根据需要选择适当的显著性水平并查出临界值。③根据样本数据计算出统计值。④将临界值与统计值的绝对值进行比较，若统计值小于临界值，则接受虚无假设，若统计值大于临界值，则拒绝虚无假设。

四、双变量与多变量统计分析

在社会研究中，可以发现有许多事物或现象之间存在着某种联系，而且，各种现象之间的联系形式,大都能够通过数量关系反映出来。因此,我们就不能只停留在对某单一变量全貌的描述上,还必须进一步从若干个变量的数量分析中去把握它们的关系。

(一)变量间的关系

社会现象之间相互联系的形式,一般大致可分为两大类:一类是相关关系,指事物之间的不完全确定的关系。另一类是函数关系,指事物之间有完全确定性关系。即变量之间存在着一种严格的数量上的关系,而且变量有自变量和因变量之分,或者说,变量之间存在着必然的因果关系。对这种关系进行统计分析的方法,称为回归分析法。

1. 相关关系的含义

相关关系(Correlation)是指在双变量或两个以上变量之间不存在严格的数量关系,只表现为不同程度的联系;彼此之间存在着一种伴随变动状态,并无因果关系,因而也没有自变量和因变量之分,即现象之间确实存在的、但关系数值不固定的相互依存关系。例如,教师的教学质量与学生的学习成绩之间的关系,就是一种相关关系。对这种相关关系进行统计分析的方法,称为相关分析法。

2. 相关关系的种类

依据划分标准不同,可分为如下几种:

按相关关系的程度,可分为:零相关、低度相关、显著相关、高度相关和完全相关。

按照相关关系涉及的因素的多少可分为:单相关和复相关。只涉及两个变量之间的相关关系是单相关;涉及三个及其以上变量的相关关系为复相关。

按相关关系的表现形式,可分为直线相关和曲线相关。直线相关是指一变量变动,另一变量随之发生大体上均等的相应变动,反映在图形上,近似地表现为一条直线;曲线相关是指一变量发生变动,另一变量随之发生不均匀的变动,反映在图形上,近似地表现为一条曲线。

按相关关系的性质,可分为正相关、负相关、零相关。正相关是指一变量变动时,另一变量也向同一方向变动。例如职工的工资一般是随着工龄的增长而增长的;负相关是指一变量变动时,另一变量向相反方向变动。例如随着一个地区人均受教育年限增加,人口出生率便会减少。

3. 相关统计量

仅仅明确了相关概念,从理论上确定变量之间的相关关系是远远不够的。还需计算其相关程度,即确切了解相关程度究竟有多大。相关统计量是概括两个变量相关程度的数值。相关统计量也有各种不同的测算方法。但是无论哪一种测算方法,相关统计量的取值却大体一致,它们的取值范围一般都是在0~1之间或-1~+1之间。相关统计量的绝对数值愈大,则表示现象之间的相关程度愈大;相关统计量的正、负号,代表了现象连同发生或共同变化的不同方向。在计算相关统计量时,根据相关的概念一般要求变量居正态分布且两变量数量的数据数目都应大于30,否则相关统计量就不能正确地反映两变量相应变化的实际程度。

(二)交互分类表

要计算相关统计量,首先要作交互分类表。所谓交互分类表(Contingency Table)就是指将两个变量按其变化类别的次数进行交互分配的统计表。由于表内的每一次数都同时满足两个标志的要求,所以又称条件次数表或列联表。

交互分类表的编制方法和步骤：

第一，先分别确定自变量和因变量。自变量是作为变化根据的变量，用 X 表示。因变量是发生对应变化的变量，用 Y 表示。

第二，设计表的具体格式。通常情况下应将自变量放在表的上方，因变量放在表的左边，并使自变量的次数分配按纵向排列，因变量的次数分配按横向排行。

第三，计算自变量和因变量各组相应的分布次数，并设置两个合计栏，分别表明各个变量分组次数分布情况。

为了便于计算，现以 X_i 表示自变量，Y_i 表示因变量，f 表示交互分类的次数，F 表示边缘分布的次数，N 表示总次数，则交互分类表可用一般的代数形式表示（图44）。

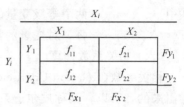

图44 交互分类表示意图

参考资料：李晶主编. 社会调查方法. 北京：中国人民大学出版社，2003. P147。

交互分类表的大小由横行数目（r）和纵列数目（c）确定，即：

$$\text{交互分类表大小} = r \times c$$

（三）χ^2 检验

双变量相关分析的主要任务之一是要检验两个变量间是否存在相关关系。做这种相关性分析通常用 χ^2（读作"卡方"）检验法。χ^2 检验要借助于交互分类表进行计算，其计算公式为：

$$\chi^2 = \Sigma \frac{(f_0 - f_e)^2}{f_e}$$

式中 f_0——交互分类表中每一格的观察次数；

f_e——每一个观察次数所对应的理论次数或期望次数。

（四）φ 系数

φ 系数适用于两个二分变量的相关程度的测定。二分变量是指变量仅能取两个值，如男、女性别是典型的二分变量，此外如好与坏、有与无、是与否等都是二分变量。两个二分变量之间的关系可以通过交互分类表表现出来（表36）。

二分变量关系示意表　　　　　　　　　　　表36

	X_1	X_2	行合计
Y_1	a	b	$a+b$
Y_2	c	d	$c+d$
列合计	$a+c$	$b+d$	

参考资料：吴增基等主编. 现代社会调查方法. 上海：上海人民出版社，2003. P259

φ 系数的计算公式为：

$$\varphi = \frac{ad - bc}{\sqrt{(a+b)(c+d)(a+c)(b+d)}}$$

式中 a、b、c、d 是根据交互分类表所确定的格频数。

（五）等级相关（R）

等级相关（Grade Relevancy）是常用的相关测定方法之一，它适用于测定两个等级变量（定序变量）之间的相关关系，说明它们之间的一致性程度。其计算公式为：

$$R=1-\frac{6\Sigma D_i^2}{n(n^2-1)}=1-\frac{6\Sigma(X_i-Y_i)^2}{n(n^2-1)}$$

式中　　n——两个等级变量的等级数目；

$D_i=X_i-Y_i$——每一对变量的等级差。

（六）相关系数计算

相关系数（Relation Coefficient）又叫 r 系数，是由英国统计学家皮尔逊用积差方法推导出来的，所以，又称皮尔逊系数或积差系数。相关系数的基本计算公式为：

$$r=\frac{\Sigma(x-\bar{x})(y-\bar{y})}{n\delta_x\gamma_y}=\frac{\Sigma(x-\bar{x})(y-\bar{y})}{\sqrt{\Sigma(x-\bar{x})^2\Sigma(y-\bar{y})^2}}$$

式中　　$\bar{x}$、$\bar{y}$——分别表示 X、Y 变量的平均数；

δ_x、δ_y——分别表示 X、Y 变量的标准差。

（七）回归分析

回归分析（Regression Analysis）是通过一个数学方程式反映现象之间数量变化的一般关系的一种统计分析方法。其一般分为直线回归分析和非直线回归分析，直线回归分析又可分为简单回归分析和多元回归分析。回归分析和相关分析的研究对象都是社会现象之间的相关关系。相关分析的重点在于确定事物之间相关的方向及其密切程度，即通过计算相关统计量来测定；而回归分析则着重确定社会现象之间量变的一般关系值，建立变量间数学关系式，也就是确定回归方程，从而根据自变量的已知数值，估计因变量的应数值。根据回归方程式，如果能在散布图上作出一条直线，这一直线就叫做回归直线。根据资料所得的散布点可绘制直线。当然，这样的直线可以画出很多条，每条直线都可以用一个数学方程式来描述，即每条回归直线都表示两变量间的依存关系，但其中只有一条是最符合实际情况的，即最优的回归线。直线回归分析的任务就是要确定描述两个变量间关系的直线方程，从而画出一条最接近于各点的直线。

一元直线回归方程的确定

一元直线回归方程的基本形式为：$yc=a+bx$

式中　　x——自变量；

　　　　yc——因变量，即用 x 预测 y 时的估计值；

　　　　a——直线在 y 轴上的截距，是用 x 预测 y 时的起点值，也是 x 等于零时的估计值；

　　　　b——回归直线的斜率，表示 x 变化时 y 的变化幅度，又称回归系数。

显然 a、b 都为待定参数，要确定直线回归方程就是要先求出 a、b 的值（根据资料计算）。

按照数理统计的原则，所谓最优化的回归线，是指回归线上的点（坐标系中各个观察点）与该回归直线的纵向距离的平方和为最小，即：

$$\Sigma(y-yc)^2=\text{最小值}$$

根据这个条件，运用微积分中求极值的方法，可推导出如下方程组：

$$\begin{cases} \Sigma y = na + b\Sigma x \\ \Sigma xy = a\Sigma x + b\Sigma x^2 \end{cases}$$

$$b = \frac{n\Sigma xy - \Sigma x\Sigma y}{n\Sigma x^2 - (\Sigma x)^2} \qquad a = \frac{\Sigma y - b\Sigma x}{n}$$

或

$$b = \frac{\Sigma(x-\bar{x})(y-\bar{y})}{\Sigma(x-\bar{x})^2} \qquad a = \bar{y} - b\bar{x}$$

采用哪种公式求 a、b 值，要根据资料的具体情况而定，求出后，代入回归方程式 $yc = a + bx$，即得出所求的直线方程。回归系数 b 有正有负。b 为正时，表明两变量的变化方向相同；b 为负时，则表明两个变量的变化方向相反。

（八）多变量统计分析简介

多变量统计分析，又称多元统计分析，是指涉及三个或三个以上变量（其中至少一个为因变量）的统计分析方法。多变量统计分析是当代统计学发展最迅速、最活跃的领域，这种情况在社会统计学方面表现得尤为突出。社会调查研究领域里多变量统计分析的广泛应用，大大推动了社会研究的进步与发展；传统的多元分析方法得到进一步创新和发展，应用领域得到进一步拓展；新的多变量统计分析方法不断涌现，并迅速应用到包括社会调查研究的各个领域。因此，现代多变量统计分析方法，已成为一个各种方法互相交叉、互相渗透、内容极其丰富、层次极其复杂的庞大体系。这里简要介绍几种比较常用的多变量统计分析方法。

1. 多变量相关分析

多变量相关分析是相对于双变量相关分析而言的。在双变量分析中，是用一个统计量反映两个变量间的相关关系。当变量达到三个或三个以上时，相关关系的分析就属于多变量相关分析或多元相关分析了。从本质上说，多变量相关分析与双变量相关分析一样，也是用一个统计量（如偏相关系数、复相关系数等）来简化和反映多个变量之间的相互依存关系，只是这种关系更加复杂而已。与多变量相关分析直接有关的方法，有偏相关分析、复相关分析和典型相关分析等。

2. 多元回归分析

多元回归分析是研究两个以上自变量（X_1，X_2…）和一个因变量（Y）之间的关系，并用自变量解释与预测因变量的多变量统计分析方法。在社会调查研究中，应用较多的是多元线性回归分析方法和 Logistic 回归分析方法等。

3. 多元方差分析

多元方差分析是对多个定类变量（自变量）与一个定距变量（因变量）关系的多元分析方法。其分析的统计原理与方法和一元方差分析相似，只是程序更加复杂。当自变量中一部分为定类变量，另一部分为定距变量时，则采用协方差分析方法。

4. 因子分析

因子分析是一种从众多相关变量中抽取若干个共同因子，从而使复杂数据得以简化的多变量分析方法。被抽取的因子称为公共因子。因子分析的作用主要表现在两个方面：探索数据的基本结构和变量之间的关系；用公共因子简化数据，以便于进行进一步分析。

五、社会调查统计分析软件

关于社会调查统计分析使用的软件很多,SPSS 是当今世界上公认的名声最大、流行最广的统计分析系统之一。此外还有 SAS、BMDP、SYSTAT、STAT、STATISTICA、LISREL、AMOS、URPMS 及 Excel 等,都是比较流行的统计分析软件。

(一) SPSS

SPSS 是当今世界上公认的名声最大、流行最广的统计分析系统之一,在我国的影响尤为巨大。由于 SPSS 统计功能非常强大,操作界面漂亮友善,表格和图形的制作方便美观,特别是便于初学者使用,因而 SPSS 在我国几乎成了统计软件的代名词。在数据处理方面,SPSS 软件主要有以下几个方面的功能:建立和管理数据文件的功能,包括建立变量字典、录入数据形成数据文件、数据的编辑、以及与其他计算软件共享数据等功能;加工和处理数据文件的功能,包括数据文件的整理、数据加工等功能;制表、绘图和打印等功能;统计功能。SPSS 能完成从描述统计到推断统计,从单变量分析、双变量分析到多变量分析的所有统计分析工作。

(二) SAS

SAS 软件系统于 1966 年由美国北卡罗来纳州立大学推出的,与 SPSS 齐名,在某些方面或领域甚至超越了 SPSS 的统计软件。SPSS 一直追求菜单式操作的大众化风格,SAS 则一直强调以编程统计分析为主,而且在技术上确有过人的独特之处,因而在国外被认为是一种比 SPSS 层次更高、更专业化的统计软件系统。但是在最新版本的软件开发时,SAS 在坚持其编程主导理念的同时开始注重菜单操作的作用,SPSS 在坚持大众化菜单操作取向的前提下已更加注重通过编程来强化其功能。

(三) URPMS

国内开发出一套类似的软件 URPMS(《城市与区域规划模型系统》)。《城市与区域规划模型系统(URPMS)》的核心功能是规划模型和数据分析,包括各种空间数据分析模型(以多元统计分析模型为主)、城市规划模型和区域规划模型。数据输入模块和数据分析模块之间有数据预处理模块,负责数据预处理,功能包括标准差正规化、极差正规化、数据中心化、对数变换、百分比变换等。空间数据分析模块包括数据预处理功能、常用统计分析、回归分析、判别分析、聚类分析等。主体部分包括区域规划模块和城市规划模块。此外,系统还包括数据的输入、输出功能,它是系统与其他软件和数据之间的接口(表 37)。

SPSS、SAS 与 URPMS 功能比较表 表 37

功　能	SPSS	SAS	URPMS
统计分析	有(强)	有	有
绘　图	有	有	有
地理信息系统分析	无	无	有
专业模型	无	有(弱)	有(强)

参考资料:顾朝林编著.城市社会学.南京:东南大学出版社,2002.P250。

六、Excel 的统计分析功能

（一）Office Microsoft Excel 简介

Office Microsoft Excel 是微软公司推出的办公软件 Office 系列中的一种，作为统计软件，虽然远没有 SPSS、SAS 有名，但作为办公软件的知名度则肯定在所有专业统计软件之上。Excel 是 Windows 环境下的电子表格系统，是非常普及的、目前应用最为广泛的办公室表格处理软件之一。随着版本的升级，Excel 软件的强大的数据处理功能、操作的简易性和系统的智能化程度不断提高，它具有强有力的数据库管理功能、丰富的宏命令和参数、强有力的统计分析及决策支持工具，也便于与 Office 其他软件（如 Word、Powerpoint 等）配合使用和数据转换，便于社会调查报告的撰写。就统计功能而言，Excel 虽然比不上 SPSS、SAS 等专业统计软件，但其相当丰富的统计功能足以满足绝大多数城市规划社会调查工作者统计分析的需要。

（二）"分析工具库"的安装

以 Office Microsoft Office 2003 为例，计算机在默认的情况下，Excel 并没有安装"分析工具库"，因此无法进行统计分析。请查看计算机是否已经安装，激活 Excel，打开菜单栏中的"工具"菜单，检查里面是否有"数据分析"的功能。如图 45 所示，并没有发现"工具"菜单内有"数据分析"命令，这表示还没有安装。请点击"工具"菜单的"加载宏"，在出现的对话框中点击"分析工具库"，再单击"确定"即完成了安装，如

图 45 "工具"菜单内没有"数据分析"命令

图46、图47所示。

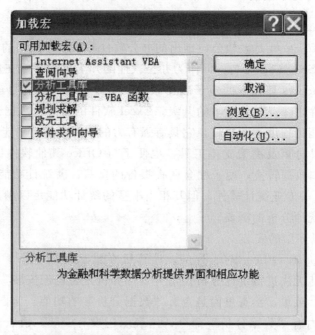

图46　点击"加载宏"安装"分析工具库"

图47　安装成功后出现"数据分析"功能

安装成功,"数据分析"命令已经可以使用,要进行统计分析,点击"数据分析"命令,进入对话框即可。我们可以发现这里有单因素方差分析、可重复双因素分析、无重复双因素分析、相关系数、协方差、描述统计、指数平滑、F-检验双样本方差、傅利叶分析、直方图、移动平均、随机数发生器、排位与百分比排位、回归、抽样、t-检验、z-等16种主要的统计分析方法(图48)。

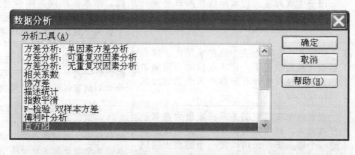

图48 "数据分析"具有16种主要的统计分析方法

(三) Excel的统计分析功能

Excel除了可以做一些一般的计算工作外,还有大约400多个函数,用来做统计、财务、数学、字符串等操作,以及各种工程上的分析和计算。在Excel中,系统大约有100多种不同格式的图表可供选用,用户只需做几个简单的按键动作,就可以制作精美的图表。通过图表指南一步步地引导,可以使用不同的选项,得到所需的完美的图表。

在使用Excel进行社会调查的数据分析时,要经常使用Excel中的一些函数和数据分析工具。其中,函数是Excel预定义的内置公式,它可以接受被称为参数的特定数值,按函数的内置语法结构进行特定计算,最后返回一定的函数运算结果。Excel还专门提供了一组现成的数据分析工具,称为"分析工具库"。在建立复杂的统计或计量分析时,使用现成的数据分析工具,可以节省很多时间,从而给工作带来了极大方便。只需为每一个分析工具提供必要的数据和参数,该工具就会使用适宜的统计或数学函数,在输出表格中显示相应的结果。不少工具在生成输出表格时还能同时产生图表。使用Excel可以进行描述统计及推断统计的工具内容见表38。

(四) Excel统计图

Excel提供了两大类的图形:标准类型和自定义类型。

1. Excel统计图标准类型

Excel统计图在标准类型上共有14种:柱形图、条形图、折线图、饼图、XY散点图、面积图、圆环图、雷达图、曲面图、气泡图、股价图、圆柱图、圆锥图和棱锥图。每一种图形又可分为数个副图，列在该图的右方。最常用的统计图包括柱形图、条形图、折线图、饼图、XY散点图、面积图、圆柱图等。

Excel的统计分析功能一览表 表38

类别	功能	简介	结果说明
Excel在描述统计中的应用	描述分析	用于生成对输入区域中数据的单变量分析，提供趋中性和易变性等有关信息	可生成样本的均值、标准误差、组中值、众数、样本标准差、样本方差、峰度值、偏度值、极差、最小值、最大值、样本总和、样本个数和一定显著水平下总体均值的置信区间
	直方图分析	用于在给定工作表中数据单元格区域和接收区间的情况下，计算数据的个别和累积频率，可以统计有限集中某个数值元素的出现次数	完整的结果通常包括三列和一个频率分布图，第一列是数值的区间范围，第二列是数值分布的频数，第三列是频数分布的累积百分比
	散点图分析	观察两个变量之间关系程度最为直观的工具之一，利用图表向导可方便创建或改进一个散点图，也可以在一个图表中同时显示两个以上变量之间的散点图	可同时生成两个序列的散点图，并分为两种颜色显示，通过散点图可观察出两个变量的关系，为变量之间的建立模型做准备
	数据透视表分析	用来作单变量数据的次数分布或总和分析，以及作双变量数据的交叉频数分析、总和分析和其他统计量的分析	作为一个交叉频数分析工具，可按需要修改数据表的显示格式，或者将数据透视表修改为其他不同样式
	排位与百分比分析	用来分析数据集中各数值之间的相互位置关系，通过产生一个数据列表，在其中罗列给定数据集中各个数值的大小次序排位和相应的百分比排位	输出结果可分为四列，第一列"点"是数值原来的存放位置，第二列是相应的数值，第三列是数值的排序号，第四列是数值的百分比排位
Excel在推断统计中的应用	二项分布分析	用于计算二项分布的概率分布、累积概率，使用工作表函数BINOMDIST，适用于固定次数的独立实验，实验结果只包括成功与失败两种情况，每次实验成功的概率固定不变	可计算出二项分布的概率以及累积频率，函数BINOMDIST的四个参数：实验成功的次数、实验的总次数、每次实验中成功的概率、是否计算累积频率
	其他分布的函数分析	CRITBINOM、HYPGEOMDIST、NEG-BINOMDIST、POISSON、NORMDIST、NORMSDIST、NORMSINV、TDIST等	
	随机抽样分析	RAND()函数可以用来作为不重复抽样调查的工具	利用随机数发生器可以生成用户指定类型分布的随机数
	由样本推断总体	利用几个函数如平均函数、标准差函数、T分布函数等的组合使用，用于实现样本推断总体	构造出一个专门能实现样本推断总体有关计算的的Excel工作表
	交互分类表分析	用于判断同一调查对象的两个特性之间是否存在明显相关关系	得出同一调查对象的两个特性之间是否存在显著相关关系
	相关系数分析	用于判断两组数据之间的关系，确定两个区域中数据的变化是否相关	得出两个区域中数据的变化是属于正相关、负相关或者互不相关（相关系数为零）
	正态性的X^2检验	用于判断所观测的样本是否来自某一特定分布的总体	判断某样本是否来自某一正态总体
	线性回归分析	……	……
	假设检验	……	……
	双样本等均值假设检验	……	……
	……		

柱形图(图49)可以适用于比较不同属性分布的情形,但并不十分强调趋势。柱形图共有7种副图,这7种副图中有的是平面图,有的是立体图,有的是一般的柱形图,有的是堆栈图。

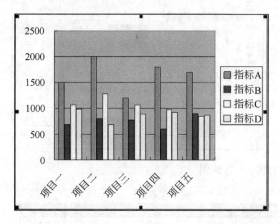

图49　Excel统计图——柱形图

条形图(图50)可以适用于比较不同属性分布的情形,以及表示事物的大小、内部结构或动态变动等情况,比柱形图更不强调趋势。条形图一共有6种副图,其中的复合条形图具有双重比较的功能,除了能显示事物内部的结构外,还具有事物间的比较功能。

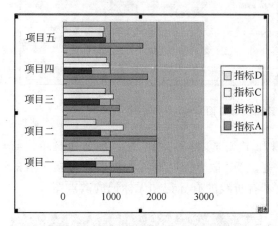

图50　Excel统计图——条形图

折线图(图51)可以适用于表示数据中的趋势,用连续的起伏升降的线条来反映事物的发展动态或分布特征。通常横轴代表时间,强调的是变动的比例,而非变动的量(区域图比较强调变动量的大小)。柱形图共有7种副图,这7种副图包括:不含标记和包含标记的一般的折线图、堆积数据点折线图、以百分比显示的堆积数据点折线图,以及三位折线图。

饼图(图52)可以适用于强调部分与总和之间的关系或比例,显示事物内部的各部分所占比重及事物总体的构成状况,就像一块大饼被瓜分一样。饼图共有6种副图,除了平面与立体、不分离和分离的饼图外,还有复合图,即饼图中的某一块再以饼图或堆栈的条形图来表示。

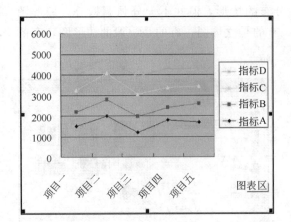 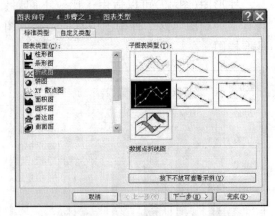

图 51　Excel 统计图——折线图

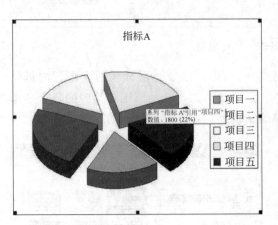 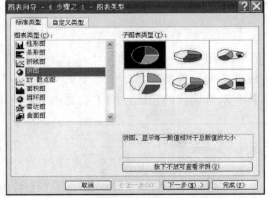

图 52　Excel 统计图——饼图

XY 散点图(图 53)可以适用于强调 X 变量和 Y 变量之间的相关性,例如建筑年代与时间的关系、文化程度与旧城改造意愿的关系等。XY 散点图共有 5 种副图,包括一般的散点图、平滑线有标记和无标记的散点图以及带有折线的有标记和无标记的散点图。

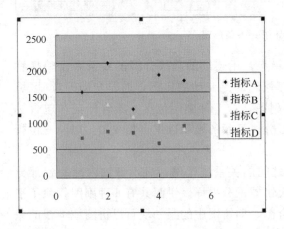 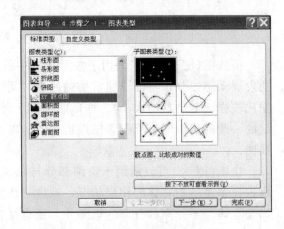

图 53　Excel 统计图——XY 散点图

面积图(图 54)可以适用于当数据必须呈现随着 X 轴而变化的趋势,以及 Y 轴各类别要作比较时。既强调趋势变化,也强调变动量的大小。面积图共有 6 种副图,包括平面与立体的一般面积图、堆积面积图,以及以百分比显示的堆积面积图等。

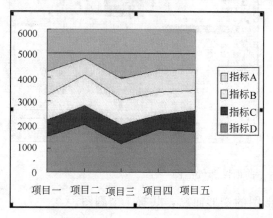 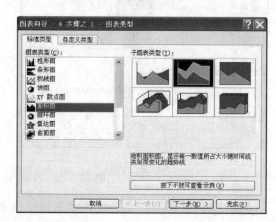

图 54　Excel 统计图——面积图

圆环图(图 55a)和饼图一样,可以适用于强调部分与总和之间的关系或比例,此外圆环图还可以同时显示多个数列。圆环图共有 2 种副图,即分离和不分离。

雷达图(图 55b)可以用于强调各种属性的分布形状。值得注意的是,各个属性宜用同一个尺度,如果尺度不同则容易误导。雷达图共有 3 个副图,包括有标记和无标记的雷达图,以及填满色彩的雷达图。

 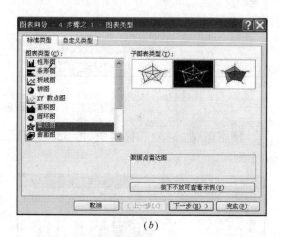

(a)　　　　　　　　　　　　　　　(b)

图 55　Excel 统计图——圆环图和雷达图

曲面图(图 56a)可以适用于同时从两组数据(如 X 变量和 Y 变量)中找出它们对另一组数据(如 Z 变量)所产生的影响,从中发现哪些组合对 Z 的影响最大,例如各种户型和区位的组合对房地产销售量的影响、各种年龄和文化程度的组合对旧城改造支持程度的影响等。曲面图共有 4 种副图,包括显示平面或线条的立体曲面图,以及线平面或线条的俯瞰图。

气泡图(图 56b)是 XY 散点图的延伸,它可以用于同时显示三个变量的关系。气泡图共有 2 个副图。

股价图(图 57a)属于覆叠图,共有 4 种副图。

215

 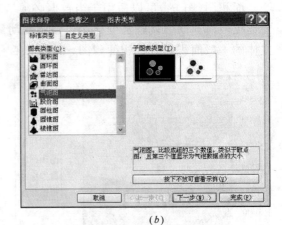

(a)　　　　　　　　　　　　　　　(b)

图 56　Excel 统计图——曲面图和气泡图

圆柱图（图 57b）只是三维柱形图和三维条形图的变形而已，共有 7 个副图。

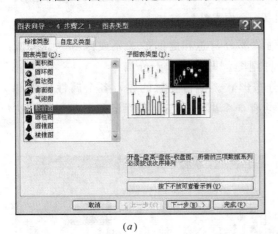 

(a)　　　　　　　　　　　　　　　(b)

图 57　Excel 统计图——股价图和圆柱图

圆锥图（图 58a）和棱锥图（图 58b）只是三维柱形图和三维条形图的变形而已，各共有 7 个副图。

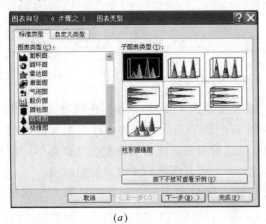 

(a)　　　　　　　　　　　　　　　(b)

图 58　Excel 统计图——圆锥图和棱锥图

2. Excel统计图自定义类型

Excel统计图自定义类型是Excel提供给用户的格式化统计图形,包括彩色堆积图、彩色折线图、带深度的柱形图、对数图、分裂的饼图、管状图、黑白饼图、黑白面积图、黑白折线图——时间刻度、黑白柱形图、蜡笔图、蓝色饼图、两轴线——柱图、两轴折线图、平滑直线图、线——柱图、悬浮的条形图、圆锥图、柱状——面积图、自然条形图等,共有20种(图59)。

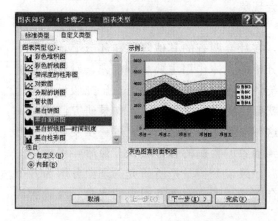
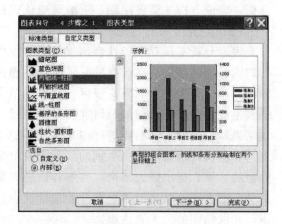

图59 Excel统计图——20种自定义类型

第三节 社会调查资料理论分析

在城市规划社会调查过程中,对调查资料的收集、整理及统计分析等,都还只是对事物的表面认识,而要认识事物的内在联系和本质规律,必须站到理论分析的高度,对各种调查资料进行理论思维的加工处理,理论分析是社会调查的研究阶段的中心环节,是由感性认识上升到理性认识的关键步骤。

一、理论分析的作用

(一)理论分析的概念

所谓理论分析(Theoretics Analysis)就是调查者运用科学思维方法,依据调查过程中获得的经验材料和已有的知识,按照逻辑的程序和规则,对整理和统计分析后的文字资料和数据资料进行研究,并得出结论,形成社会调查成果的抽象思维活动。社会调查是从感性认识入手来研究社会现象的,但社会调查不能停留在对社会现象的经验描述上,必须借助理论思维,透过事物的表面和外部联系来揭示事物的本质和规律。理论分析的具体工作任务,也就是要对社会调查过程中所获得的经验材料和感性材料进行加工制作,"去粗取精、去伪存真、由此及彼、由表及里",证实或证伪、补充或修改在社会调查前提出的研究假设,完成从感性认识到理性认识的飞跃。

理论分析必然包含着定性分析。所谓定性分析(Qualitative Analysis),就是要确定事物的性质和类别,运用抽象概念对事物进行理论概括。但是,理论分析并不简单地等同于定性分析,它还要对事物进行更全面的理论探讨,揭示事物的本质和内在规律性,形成比较系统的、具有普遍性的理论认识。理论分析不同于统计分析,统计分析主要是通过对社会现象的数量资料进行分析,发现和描述事物的规模、发展程度以及事物之间的相互关联性。也就是说,它只能帮助我们对调查对象进行一番描述,只能说明调查对象"是什么",却不能对事物表现出来的量的特征进行理论解释,即不能告诉我们事物为什么会具有不同的状态,为什么会存在相互联系。而统计分析的这些"不能",正是理论分析的任务。当然,科学的理论分析离不开定量资料和统计分析,只有充分利用各种定量资料和进行定量分析,理论分析才能更深刻、更准确地认识社会现象。

(二)理论分析的作用

理论分析不仅存在于社会调查的总结阶段,在社会调查的其他阶段和环节上,也离不开理论思维的帮助。在调查的总结阶段,理论分析的具体作用主要是:首先,对统计分析的结果作出合乎逻辑的理论解释。其次,结合统计分析的结果从理论上对研究假设进行检验和论证。如果统计结果与研究假设不一致,就要说明为什么不一致,如果研究假设与统计结果是一致的,仍然要进行理论研究,找出这种一致的内在必然性,进一步发展与完善理论。再次,由具体的、个别的经验现象上升到抽象的普遍的理论认识。最后,根据理论分析的结果,提出研究结论,并解释研究成果。如果说分析是把所研究的现象分解为各个部分,那么结论就是把各个部分的理性认识综合起来,形成对调查对象的完整、准确的认识,并以简明的形式表达出来。

二、比较法和分类法

(一)比较法

比较法(Compare)就是确定认识对象之间相异点和相同点的思维方法。比较是对调查资料进行理论分析的最常用、最基本的方法。世界上没有绝对相异的事物,也没有绝对相同的事物,事物之间的差异性和共同性,正是比较法的客观基础。比较方法是通过对各种事物或现象的对比,发现其共同点和不同点,并由此揭示其相互联系和相互区别的本质特征,"不怕不识货,就怕货比货"。有了比较,我们就可以在诸多调查资料中同中求异和异中求同,为进一步的理论加工奠定基础。

任何客观事物之间都存在着相同点与相异点,因此都可以对它们进行比较分析,只不过可比的方面和层次不同而已。在社会调查资料的理论分析中,我们既要善于运用比较分析的方法,更要善于选择比较的方面与层次,要注意通过比较来透过现象发现本质。比较的方法有多种,例如数量比较、质量比较、形式比较、内容比较、结构比较、功能比较等,而常用的比较方法则是横向比较法、纵向比较法、理论与事实比较法。

1. 横向比较法

横向比较法就是根据同一标准对同一时间的不同认识对象进行比较。它既可以是同类事物之间的比较,也可以是不同类事物之间的比较,既可以是同一事物不同方面之间的比较,也可以是同一事物不同部分之间的比较。横向比较法可以是在质或量上的区别,也可以是二种空间上的比较,比如把调查对象的有关资料和不同地区、不同民族、不同国家的同类现象的资料进行比较。例如,在调查城市居民的生活方式时,我们可以把中国人的生活水平、生活时间结构、休闲方式等资料和国外的同类资料放在一起相比较,从中发现中外生活方式的差异等。

2. 纵向比较法

纵向比较法是对同一认识对象在不同时期的特点进行比较的方法，既可以是同一事物不同时期之间的比较，也可以是同一事物不同发展阶段之间的比较。纵向比较法是揭示认识对象不同时期、不同阶段的特点及其发展变化趋势的思维方法，又可叫作历史比较法。例如，我们要调查某一城市的结构和功能布局情况，就可以把该城市的结构和功能布局现状和历史上的不同时期的有关城市的结构和功能布局的资料进行比较，这样就很容易发现这一城市的结构和功能布局的历史沿革和发展演变等。

3. 理论与事实比较法

理论与事实比较法就是把某种理论观点与客观事实进行比较。在社会调查中，人们除了对客观事实进行比较之外，还必须将理论观点、研究假设与客观事实相比较，看看理论观点、研究假设是否符合客观事实。理论与事实的比较过程，实质上就是用客观事实检验理论和研究假设的证实或证伪过程，理论与事实比较法也就是检验理论和发展理论的方法。例如，我们在对生态城市的规划建设情况进行调查时，可以将生态城市规划建设的理论体系和生态城市建设实践的典型事实进行比较，从而科学地检验和发展生态城市规划与建设理论。

进行比较研究，要特别注意事物的可比性，而要使两个事物或两种现象具有可比性，关键是选择恰当的比较角度。运用比较法时应当尤其注意以下问题：①运用比较法认识客观事物，必须有统一的、科学的比较标准，没有统一标准就无法开展比较，没有科学标准就无法正确比较。②运用比较法认识客观事物，必须重视本质比较，社会调查要特别注意表面差异极大的事物之间的共同本质，以及表面极为相似的事物之间的本质差异。③运用比较法认识客观事物，必须不断提高和深化比较的内容。人们对社会现象的认识和比较，应从外部环境比较逐步提高到内在结构、运行机制、文化积淀等深层次内容的比较。

(二) 分类法

社会生活复杂多样，社会领域广阔无垠，但我们认识社会和研究社会，没有必要、也不可能把所有的社会生活都经历一遍，或把所有的社会单位都调查一番。但是，我们有必要、也能够做得到的是，把社会事物或社会现象的各种类型，特别是一些主要的类型进行一番深入的调查研究，通过对不同类型的比较研究进而认识整体社会。因此，分类是人类认识社会的一条"捷径"。

所谓分类法(Taxonomy)就是根据认识对象的相异点或相同点，将认识对象区分为不同类别的思维方法。即在大量观察或定量描述的基础上，对各种具体社会现象进行辨别和比较，发现它们的共同性质和特征，加以概括，然后根据事物的某种标志进行分类。要进行各种类型的比较，就要先对事物进行分类和建立类型。所谓类型，就是按照事物的共同性质与特点而形成的类别。分类是科学研究的基础，只有通过分类才能使千差万别的现象条理化、系统化、简单化。分类有三个要素：母项、子项和分类的根据。例如，人可以分为男人和女人，"人"就是分类的母项，"男人"和"女人"是分类的子项，性别则是分类的依据。科学分类的原则是：①分类必须按照同一根据进行，不能够对某一部分子项采用一种根据，对另一部分采用另一种根据，应该避免分类结果造成混乱。②分类的各个子项之间必须是全异关系，彼此互不相同、互不相容。③分类的子项之和必须等于母项，不能小于或大于母项。④分类应该按照一定层次逐级进行，不能够混淆分类层次。

比较与分类有密切联系，一方面，人们对客观事物的认识往往是从比较开始，先通过比较认识事物之间的差异点和共同点，然后根据差异点把不同事物区分开来，根据共同点把相同事物进行归并，这样自然地就区分了事物的不同类别。在这个意义上，比较是分类的前提、分类是比较的结果。另一方面，只有对事物进行了科学分类，才能对它们进行全面、系统、深入的比较，认识不同类别事物的本质及其特点。在这个意义上，分类成了比较的前提，比较则是分类的结果，这说明比较和分类存在互为前提、互为因果的关系。

三、分析法和综合法

分析法和综合法也是人们认识事物和进行社会调查的两种基本思维方法。分析和综合既是相互对立的，又是统一的。分析和综合是相互依赖的，分析是综合的基础、没有分析就没有综合，综合是分析的前导，没有综合也就没有分析。分析和综合是相互转化的，任何分析都是为了更深刻地认识事物，最终走向综合。每一个综合的认识，既是前一阶段分析的终点、又是后一阶段分析的起点。人们的认识就是在分析→综合→再分析→再综合的过程中不断深化和提高的。

（一）分析法

分析法（Analysis）就是在思维中把客观事物分解为各个要素、各个部分、各个方面，然后对分解后的各个要素、部分、方面逐个分别加以查考或研究的思维方法。分析的过程，是思维运动从整体到部分、从复杂到简单的过程。在分别考察各个部分的基础上，分析法能够找出构成事物的基础部分或本质方面，是一种比较深刻的思维方法。社会调查中常用的分析方法有：矛盾分析法、因果分析法、系统分析法、结构—功能分析法等。

运用分析法认识客观事物应该注意以下问题：分析必须是客观的，必须按照客观事物各个部分本来的组成状况去分解事物，不能够靠主观臆断地任意分解；分析可以是多方面的，可以从数量上、时间上、空间上等多个方面分解事物的各种数量特征、阶段特征及空间构成等；分析应该是多层次的，把客观事物分解为各个组成部分之后，对各个组成部分又可以作更深一层次的分解和考察；等等。

（二）综合法

综合法（Synthesis）就是在思维中把对客观事物各个要素、各个部分、各个方面分别考察后的认识联结起来，然后再从整体上加以考察的思维方法。任何客观事物都是由各个要素、部分或方面构成的统一整体，要完整地认识事物，就必须在分析的基础上加以综合。分析不是目的，而只是深入认识事物的一种手段，只有在分析的基础上通过综合形成的对于客观事物的整体认识，才能达到思维的目的。

运用综合法认识客观事物应坚持的基本原则是：实事求是的客观原则，综合必须是客观的、实事求是的，不能够是主观臆断或虚构的；深入原则，综合应该是内在的、本质的，而不应该仅仅是外观的、表象的；多方面的有机原则，综合应该是多方面的、有机的，而不应该是线型的、机械的。

四、矛盾分析法

矛盾分析法（Conflict Analysis）就是运用矛盾的对立统一规律来分析社会现象的思维方法。主要应当做到：分析事物内部的对立和统一，揭示事物发展的内因和外因，认识矛盾的普遍性和特殊性。对立统一规律是唯物辩证法的实质和核心,在社会调查中运用矛盾分析法是坚持唯物辩证法的关键,是科学进行社会调查的内外要求。

(一) 认识矛盾的普遍性和特殊性

矛盾既存在普遍性,又具有特殊性。矛盾的普遍性是指每一事物的发展过程存在着自始至终的矛盾运动,矛盾的特殊性是指物质运动形式的特殊性,矛盾发展的不同过程及其不同阶段的特殊性,矛盾系统中各种矛盾以及同一矛盾两个方面的地位和作用的特殊性,矛盾斗争形式的特殊性等。因此在社会调查中,应注意把握和理解:①矛盾具有普遍性。它无时无处不在,要正确认识社会现象就必须按照实际情况分析社会现象的内在矛盾及其发展变化。②矛盾具有特殊性。它总是具体的、有条件的,应当注意社会现象性质的特殊性是社会现象之间相互区别的客观依据。社会现象发展过程的特殊性是同一社会现象在不同发展过程中相互区别的客观依据,分析社会矛盾系统中各个社会矛盾所占地位和所起作用的特殊性是社会主要矛盾和非主要矛盾相互区别的客观依据,分析社会矛盾斗争形式和解决办法的特殊性是认识社会矛盾特殊性的目的和落脚点等。③矛盾的普遍性和特殊性是辩证统一的,共性寓于个性之中,个性与共性相互联系而存在,要深刻认识社会现象及其本质必须把共性和个性有机统一起来,把普遍原理与各地实际情况有机统一起来,按照实践→认识→再实践→再认识、个别→一般→个别的认知程序,循环往复,不断深化。

(二) 揭示事物发展的内因和外因

事物的运动和变化,主要是由事物的内部矛盾引起的,但也受到外部矛盾的影响。根据内因和外因辩证关系的原理,在社会调查中要正确认识社会现象的运动、变化和发展,应做到:①要注意分析社会现象变化的内部原因,通过内因来认识该社会现象存在和发展的客观基础,揭示与其他社会现象相区别的内在本质或主要依据,把握该社会现象变化发展的基本方向和趋势。②要注意分析社会现象变化的外部原因,通过外因来认识该社会现象存在和发展的必要条件,揭示该社会现象运动变化加速或减缓的原因,把握其发展状态和方向的变异。③还要注意研究内因和外因在一定条件下的相互转化,在考察单一社会现象时,它的内部矛盾是内因,它与其他社会现象的矛盾是外因,但在把这两种社会现象作为一个对象来研究时它们之间的矛盾又成了内因。④同时,对同一个社会现象来讲,在一定条件下内因和外因也是可以相互转化的,通过认识社会现象发展的内因、外因及其互相转化的关系,是正确认识社会现象发展源泉或动力的根本方法。

(三) 分析事物内部的对立和统一

任何事物都包含着内在的矛盾性,对立和同一是矛盾所固有的两种相反相成的基本属性。由于社会生活中充满着各种各样的矛盾,因此要正确认识社会现象就必须运用对立统一的分析方法,即要坚持"两点论"、"两分法"。在社会调查中,对任何社会现象都要用一分为二的观点去分析,即既要看到肯定的一面又要看到否定的一面;既要看到当前的现实状况,又要看到今后的发展趋势;既要看到事物的表面现象,又要认识其深层次的矛盾和原因;既要看到不同方面之间的对立,又要看到不同方面之间的同一;既要在对立中把握同一,又要在同一中把握对立。

总之,矛盾分析法是唯物辩证法的根本方法,其关于社会调查实际应用的精髓是:一分为二的分析法,内因外因的分析法,具体问题具体分析法,普遍原理与具体实践相结合的分析法。

五、系统分析法

系统分析法(Systems Analysis)就是运用系统论的观点分析社会现象的一种思维方法。这里的系统就是由各种构成要素按照一定方式联结在一起的、具有特定性质和功能的统一整体,系统论则是研究现实系统或可能系统的一般性质和规律的理论。

(一)分析系统的构成要素

在社会调查中,运用系统分析法研究社会现象,首先要正确分析社会系统的构成要素,深入研究各个要素的特点,特别是要着重剖析每个要素所独有的质的规定性和量的规定性,同时,应该注意在要素与系统之间的相对关系中,从总体上把握要素的内涵和外延。

(二)探究系统的外部环境

环境是指系统周围的各种外部条件的总和,任何系统都处于一定的环境之中,并与之发生一定的联系。系统和环境之间的联系是系统保持平衡和稳定、谋求更新和发展的不可缺少的条件,探究系统的外部环境以及系统与环境之间的关系是正确认识系统的必要条件。社会系统所处的外部环境是多种多样、复杂多变的。一定数量和素质的人口,一定的地域范围、区位条件、自然资源和生态环境,一定的生产方式、经济结构和经济状况,一定的文化传统、意识形态和心理特征等等,都是社会系统不可脱离的外部环境,都是社会调查要探究的对象。

(三)研究系统的内在结构

所谓结构,就是构成系统诸要素所固有的相对稳定的组织方式或联结方式。系统和结构是不可分割的,系统不可能没有结构,结构也不可能脱离系统而单独存在。在社会调查中,运用系统分析法研究社会现象,决不能把系统等同于其构成要素的简单总和,而必须在研究其构成要素的基础上进一步把握社会系统的内在结构。这样,才有利于把握社会系统的整体性质和整体功能,有利于探求通过调整或改变系统内在结构,促进系统整体性质进步和整体功能提高的途径和方法。

(四)揭示系统的整体性质和整体功能

整体性原则是系统分析法的实质和核心。在系统的构成要素和内在结构基本相同的条件下,系统的整体性质和整体功能主要取决于系统内部的自我协调和自我控制能力。在社会调查中,运用系统分析法研究社会现象,必须在研究系统构成要素和内在结构的基础上,进一步研究它的施控系统和受控系统的状况和整体系统自我协调和控制的实际能力,只有这样,才能够对系统的整体性质和整体功能作出正确的判断。

六、因果关系分析法

因果关系分析法(Consequence Analysis)就是探求事物或现象之间因果联系的思维方法。

(一)把握因果联系的先后顺序

因果联系的一个重要特点是原因在前,结果在后。在对调查材料进行因果分析时,首先要弄清楚调查材料所反映的客观事物或现象发生的时间顺序,并在先行的现象中去寻找原因,在后续的现象中去寻找结果。

（二）考察引起和被引起的联系

世界上的一切现象都是由某种或某些现象所引起的，因果联系的本质就是引起和被引起的联系。这种引起和被引起的联系是因果联系的充分必要条件。在对调查材料进行因果分析时，要重点考察他们之间是否存在着引起和被引起的联系，只有这种引起和被引起的联系才是真正的具有必然性的因果联系。

（三）把握因果联系的其他特征

应用因果关系分析法时，应当注意把握因果联系的其他特征：①相对性。因果联系是有条件的，相对的，超出一定的限定范围，原因和结果可以相互转化，相互作用，互为因果。探求因果联系必须坚持对立统一的观点。②对应性。因果联系是特指的，对应的，离开了这种对应的、特指的关系，就无法区分什么是结果、什么是原因。③对称性。因果联系是对称的，相当的，只有特定性质和规模的原因，才能引起特定性质和规模的结果。反之，特定性质和规模的结果，也只能被特定性质和规模的原因所引起。④多样性。因果联系是多样的，特殊的。由于事物的内在本质不同，所处的外部条件不同，因果联系的具体特点就会各不相同。因果联系的基本类型包括：一因多果——一种原因同时引起多种结果，或者同一原因在不同条件下引起不同结果。一果多因——一种结果由多种原因引起，或者同一结果在不同条件下由不同原因引起。多果多因、复合因果——原因和结果都不是单一的，而是复合的。在分析因果联系时，不仅要注意社会现象之间引起和被引起的关系，而且要注意分析不同事物、不同条件下因果联系的多样性和特殊性。

七、结构—功能分析法

结构—功能分析法(Structure-function Analysis)就是运用系统论关于功能和结构的相互关系的原理来分析社会现象的一种思维方法。在现代社会调查中，结构—功能分析已成为一种应用广泛的理论分析方法，费孝通教授在概述社会调查的主要方法时指出："社会调查的最后一步是整理资料、分析资料和得出结论的总结阶段。在引出调查结论的过程中，我们的分析重点要放在以下两个方面：第一，要注意分析社会生活中人们彼此交往的社会关系和社会行为，掌握人与人之间相处的各种不同的模式，认清各种角色在特定的社会历史条件下和特定的社会关系中是怎么表现其固有的特征的。第二，要注意分析社会的某一部分或某一现象在整个社会结构及其变化过程中所处的地位和所起的作用。从性质上与数量上找出社会的这一部分或这一现象与其他部分或其他现象之间的互相联系、互相影响、互相制约的关系，从而达到认识社会整体的目的"❶。这里所讲的第二个方面就是指结构—功能分析法。结构—功能分析法的主要内容包括：结构分析法、功能分析法、黑箱方法、灰箱方法和白箱方法。

（一）结构分析法和功能分析法

系统结构是指系统内部诸要素之间的联系方式。系统功能是指系统与外部环境相互联系、相互作用的能力。二者的关系是：结构说明系统内部的联系和作用，功能说明系统外部的联系和作用，结构决定功能，功能反作用于结构并在一定条件下引起结构的变化。结构分析法就是通过剖析系统内在结构来认识系统特性及其本质的思维方法，是一种静态研

---

❶ 参见：费孝通. 社会调查自白. 北京：知识出版社，1985. P15。

究方法，可称之为"内描述方法"。功能分析法则是通过系统与环境之间"输入"和"输出"的关系来判断系统内部状况及其特性的思维方法，是一种动态研究方法，可称之为"外描述方法"。将结构分析法和功能分析法结合起来研究的方法，称之为完整的结构—功能分析法。

（二）黑箱方法、灰箱方法和白箱方法

按照对系统内部结构和状态的了解程度，我们可以把现实系统分为三种类型：黑色系统、灰色系统和白色系统，或者称为黑箱、灰箱、白箱。所谓黑箱是指人们对其内部结构和状态完全不了解或不可能直接了解的系统。黑箱方法就是通过环境和黑箱之间输入、输出的变换来认识黑色系统的方法。它是一种完全的功能分析法。所谓灰箱是指人们对其内部结构和状态的一部分有所了解或可能了解，对另一部分则尚未了解或不可能直接了解的系统。灰箱方法就是把对灰箱内部状况的部分了解和环境与灰箱之间输入、输出的变换结合起来认识灰色系统的方法，实际上是完全结构分析法和不完全功能分析法的结合。所谓白箱是指人们对其内部结构和状态已经全部了解或可能全部了解的系统。白箱方法就是把对白箱内部状况的了解和环境与白箱之间输入、输出的变换结合起来认识白色系统的方法，实际上是一种完全结构分析法和完全功能分析法的结合。这种分析方法的最大特点是高度的透明性和高度的公开性。它是一种真正意义上的完全的结构—功能分析法。

第十章 城市规划社会调查报告写作

社会调查报告是反映调查成果的书面报告,是城市规划社会调查研究成果的集中体现,是交流、使用和保存城市规划社会调查研究成果的重要载体,是实现社会调查目的的重要环节。调查报告的写作直接影响到整个城市规划社会调查研究工作的成果的质量高低,以及社会调查工作的社会作用与价值的大小。调查报告的撰写并非社会调查工作的结束,城市规划社会调查在总结阶段的工作还包括调查报告的评估、调查工作的总结和调查成果的应用等。

图 60 为第十章框架图。

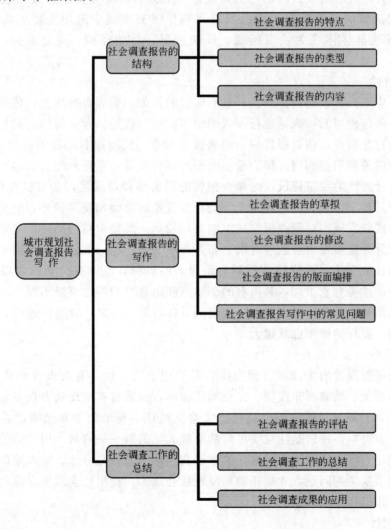

图 60 第十章框架图

第一节 社会调查报告的内容

一、社会调查报告的特点

调查报告(Research Report)是根据一定的目的,针对某一情况、问题、经验进行深入细致的调查研究,然后用科学的方法进行分析而写作成的书面报告。调查报告是应用广泛的实用文体,其体裁、内容、表达等多方面与工作内容、报告文学、议论文等其他写作形式不同,调查报告也不同于一般的新闻报道,它具有自身的鲜明特点。

(一)指导性

调查报告取材典型,具有指导意义,在报告具体情况的过程中阐明事物的性质、意义和作用,能对现实起一定的指导作用,能针对性地揭示带有普遍意义的社会问题,及时回答和解决人们普遍关心的社会问题,从典型材料中提炼出具有普遍意义的观点,为决策部门提供制定决策的科学依据,用以回答和指导现实生活中迫切需要解决的问题。调查报告的指导性具体体现为发现问题、反映情况、总结经验、树立典型、宣传政策、推动工作。

(二)针对性

调查报告应该具有较强的针对性,具有明确的目的,做到有的放矢。任何调查报告都是为解决某一问题而写的,或是进行深入的学术探讨,或是供有关部门决策参考,亦或者是进行一般的思想教育,调查报告应当明确读者对象。调查报告的读者一般可分为三类:①领导、决策机关和职能部门。他们希望听到对现行政策的意见和评价,感兴趣的是报告中的那些具有针对性的政策建议,对调查报告的现实性和对策建议的可操作性要求较高。②科学研究和科技工作者。他们侧重于寻找社会现象的原因和发展趋势,最关心的是调查研究的新成果或新发现,对调查报告的组织要求较高,既要求结构严谨,又要求数据、资料准确无误,并希望报告内容能够有所创新,有所突破。③一般公众。他们希望更多地了解正在发生的社会变化,希望能够听到有说服力的解释,获取有关知识或得到切实的帮助。调查报告的读者对象不同,其内容的侧重点和语言组织等也有所不同。调查报告应根据调查研究的结果,明确地提出要解决问题的具体方案。总之,针对性越强,调查报告的社会价值越高,发挥的作用也就越大。

(三)真实性

真实性是调查报告的生命线。调查报告必须用事实说话,有关事实必须真实而非虚假、具体而非抽象、准确而非模糊、完整而非破碎,能够真实地反映客观现实。调查报告作为对社会现象的调查说明材料,必须忠实地反映社会现象的本来面貌,必须详尽、系统、全面地占有材料,特别是注意要尽可能掌握大量的第一手资料。用具体的经验研究材料等来检验理论假设,说明现实问题,推导研究结论。只有充分地、准确地以社会事实为依据,用客观事实说明问题,才能正确地反映社会现实,找出社会现象出现的原因,引出正确的结论,用以指导实践。

(四)新颖性

调查报告的写作应对调查获得的客观事实、信息情况和经验教训等以合理的手法叙述出来，在对真实可靠的材料进行分析的基础上，找出规律性的东西，重在提出新的观点，形成新的结论。撰写调查报告应该选用一些新颖生动的材料，引用一些新的事实，提出一些新的观点，或者选择较新的角度说明问题，形成一些新的结论或对策建议，从而达到提高人们认识、指导人们行动的目的，真正发挥社会调查工作的价值和意义。

（五）时效性

社会调查往往是人们为了认识、分析和解决现实生活中的某些问题而开展的研究活动，反映的通常都是现实社会生活中迫切需要解决的问题。因此，要及时地提出解释社会现象或解决社会问题的答案和对策。调查报告的写作或发表等必须讲究时效，否则"时过境迁"，调查报告也就失去或降低了其应有的指导价值和社会作用。

二、社会调查报告的类型

根据不同的划分标准，城市规划社会调查报告可以分为不同的类型：

（一）根据调查报告内容的广度划分

1. 综合性调查报告

综合性调查报告是指对调查对象的基本情况和发展变化过程作出比较全面、系统、完整、具体的调查报告，一般着重分析社会的基本情况，对所调查对象的基本情况进行较为完整的描述。内容涉及范围比较广泛，如包括一个地区甚至特定社会的地理、人口、政治、经济、社会、文化、建筑等各方面的基本情况，所依据的资料比较丰富，覆盖面大，指导作用强。因此，综合性调查报告的内容比较广泛、全面，反映的情况比较丰富，篇幅一般也比较长。例如进行城市总体规划开展社会调查后形成的调查报告等。

2. 专题性调查报告

专题性调查报告是指围绕某一特定事物、问题或问题的某些侧面而撰写的调查报告。其内容比较狭窄、专一，问题比较集中，有较强的针对性和实效性，篇幅一般也比较短小，能够帮助了解和处理现实社会生活中急需解决的具体问题，例如，开展城市综合交通规划等专项规划的社会调查报告、规划管理部门针对某些社会问题而专门开展的社会调查等。

（二）根据调查报告内容的深度划分

1. 描述性调查报告

描述性调查报告又可称为以调查为主的调查报告，就是针对社会真实情况进行具体描写和叙述的调查报告。调查报告的大部分篇幅是社会调查内容，主要目的是通过对调查资料和结果的详细描述，展示某一社会事物或社会现象的基本状况、发展过程和主要特点。它的内容既可以是定性的，也可以是定量的，但都以回答"是什么"和"怎么样"的问题为主。描述性调查报告例如"某城市用地拓展情况调查报告"。

2. 因果性调查报告

因果性调查报告又可称为以研究为主的调查报告，就是以揭示社会现象之间因果联系为主要内容的调查报告。调查报告的大部分篇幅是社会研究内容，主要目标是用调查所得资料来解释和说明某类现象产生的原因，或者说明不同现象相互之间的关系。它的内容要求集中深入，不仅要说明"是什么"和"怎么样"的问题，而且要回答

"为什么"和"怎么办"的问题。因果性调查报告例如"山地城市环境对市民性格影响的调查研究"。

（三）根据调查报告的目的划分

1. 应用性调查报告

应用性调查报告是以现实应用为主要目的的调查报告，又可具体分为以认识社会为主要目的的调查报告、以研究政策为主要目的的调查报告、以总结经验为主要目的的调查报告、以揭露问题为主要目的的调查报告、以支持新生事物为主要目的的调查报告、以思想教育为主要目的的调查报告等多种类型。这类调查报告对于政府决策部门和各类实际工作部门了解社会情况、分析社会问题、制定社会政策、开展社会工作有着重要的参考价值，对社会舆论的形成和引导也具有较大影响。应用性调查报告例如"某社区流动人口生活情况调查报告"等。

2. 学术性调查报告

学术性调查报告是以理论探讨为主要目的的调查报告，其可分为理论研究性调查报告和历史考察性调查报告。前者主要通过对现实问题的调查和研究，做出理论性的概括和说明；后者主要是通过对文献资料的调查分析，来揭示某些社会现象的内在本质及其发展规律。学术性调查报告主要以城市规划专业的研究人员等为读者对象，着重于对社会现象的理论探讨，分析各种社会现象之间的相互联系和因果关系，通过对实地调查资料的分析或归纳，达到检验理论或建构理论的目的。学术性调查报告例如"山地建筑特点调查研究"等。

（四）根据城市规划的工作特点划分

1. 规划设计调查报告

规划设计调查报告是指为进行城市规划编制与设计而进行的社会调查工作后形成的调查报告，根据城市规划的编制体系又可分为总体规划、分区规划、详细规划、城市设计等多种调查报告。规划设计调查报告对规划设计的针对性较强，往往也是规划设计方案构思和设计创新的来源。规划设计调查报告例如"某项目规划设计场地现状踏勘调查报告"等。

2. 规划研究调查报告

规划研究调查报告是指城市规划教育、城市规划管理以及开展城市规划理论研究的工作过程中社会调查之后形成的调查报告。其根据具体内容的不同又可分为多种类型。

三、社会调查报告的内容

社会调查报告的撰写没有固定不变的模式和要求，但调查报告的基本结构和基本内容却是大体相同的，基本上由标题、简介、前言、主体、结束语、后记和附录等内容组成。

（一）标题

标题(Title)就是调查报告的题目，是能够突出表现主题的简短文字。标题是调查报告的"眼睛"，好的标题往往能够传神，能够起到"画龙点睛"的作用，使读者对全篇调查报告产生注意力和读完全篇的强烈愿望。好的调查报告配上好的标题，无疑是锦上添花。标题要能够概括调查报告的主要内容，要能够简明地表达调查报告的主旨，要具有新鲜感、吸引力和感染力，从而能够引起读者的兴趣。通常的写作方式有：

1. 直叙式

直接用调查对象或调查内容作标题，例如《对三峡库区"棚户现象"的调查与思考》、《关于重庆抗战陪都遗址的调查》、《住区市场调研》、《邯郸市城市形象调查报告》、《江西省婺源县历史街区和古村落调查》等等。这种形式的标题，虽然显得呆板，缺乏吸引力，但是直接指明了调查对象，概括了报告主题，比较客观、简明，多用于城市规划专业性和学术性比较强的调查报告。

2. 判断式

用作者的判断或评价作标题，例如《乡镇风貌规划建设的领头兵》、《城市经营的成功探索》、《承燕赵古风、铸造邯郸形象特色》、《交流、了解、共融、发展》等等。这类标题揭示了报告主题，表明了作者态度，比较吸引人。但是调查对象和报告主要内容却从标题中不易看出，多用于总结经验、政策研究、支持新生事物等类型的调查报告。

3. 提问式

用提问的方式作标题，例如《公众参与城市规划何时不再尴尬？》、《谁是城市生态环境屡遭破坏的"罪魁祸首"？》、《房屋拆迁何时能够"三思而后行"？》等等。这类标题提出了问题，设置了悬念，比较尖锐、鲜明，有较强的吸引力。但一般看不出调查的结论，多用于揭露矛盾或探讨问题的调查报告。

4. 抒情式

用抒发作者情感的方式作标题，例如《城市规划的春风拂面而来》、《"风光"之后的"平淡"》、《关爱老人从社区做起》、《马路市场：让我欢喜让我忧》等等。这类标题充分表达了作者的感情，具有较强的感染力和吸引力。但是难以从标题去判断报告的内容，一般用于表彰新事物或鞭挞消极社会现象的调查报告。

5. 双标题

主标题加副标题或引题作标题，例如《"五村合一"启示录——山东省兖州市兖镇迁村并点的调查和思考》、《旧城中的沉思——大悲院地区居住条件调查》、《从"分异"走向"融合"——关于当代我国居住模式的调研与思考》、《杏坛旁的蒿草——关于济南大学西校区西侧的后龙窝庄的调查报告》等等。这类标题虽然比较复杂、冗长，但其综合了多种标题的优点，是各种城市规划社会调查报告所使用得最多的一种形式。

标题本身具有重要的信息价值，因此应当注意强调重要性，标明新鲜性，突出显著性，把握接近性，注意对比性。要制作好标题，需要有扎实的理论政策修养、丰富的社会实践经验、较渊博的知识。除此以外，在特殊情况下还应当具有较深厚的古典文学修养，懂得诗词格律，有较强的文字概括能力和文采。这是由于标题的长短有限制，必须用简洁的语言表达纷繁的事物与复杂的事件，要求准确、鲜明、生动，甚至形象，有引人入胜之妙，而讲究格律与对仗的诗词和对联恰恰具备了这些特点。

（二）简介

简介（Brief Introduction）就是对调查报告主要内容的简要介绍，目的是引起读者的注意和阅读兴趣，写作方式主要有以下两种：

1. 摘要式

将调查报告的主要内容摘录或列举出来。特殊情况下也可以对作者的专业、职称、工作单位等情况作一些简要介绍。

调查报告摘要式简介示例

摘　要：作者选择我国重要的老工业基地城市之一——重庆，对国有破产企业土地处置过程中所存在的一些问题进行了调查研究，提出了城市政府运用"加强规划调控、实施储备经营"的思想和方法，旨在加强对国有企业破产后国有土地资源优化配置和国有土地资产合理再分配的系列政策导向性改革建议。

关键词：国有破产企业；土地处置；改革。

2．说明式

用一段文字简单地就调查工作的具体情况着重说明，有利于读者了解调查工作的具体情况，便于读者对调查结论做出自己的判断。

调查报告说明式简介示例

- 调查时间：2002年6月25日——2003年4月18日
- 调查地点：重庆市主城区。
- 调查对象：国有大中型工业（破产）企业。
- 调查方式：文献、走访、问卷、会议等（以典型调查、定性调查为主）。

（三）前言

前言（Foreword）又称引言、导言，就是调查报告的开头部分。前言的内容主要是介绍和说明为何进行社会调查，如何进行社会调查和社会调查的简要结论等。"开卷之初，当以奇句夺目，使之一见而惊，不敢弃去"（清李渔）。前言是调查报告的基调，起着总启全文的作用，要紧紧围绕主题介绍有关调查的情况，为正文内容的展开打下基础。前言的写作对于说明调查报告主旨、激发读者兴趣具有重要作用。其写作方式有以下几种：

1．主旨陈述

在前言中着重说明调查的主要目的、方法、意义和宗旨等，使读者了解调查过程和写作意图，有利于读者准确地把握调查报告的主旨和精神。

调查报告主旨陈述式前言示例

近年来，随着城市化进程的加快，房地产开发市场日趋活跃，各种类型的居住区相应建成。社会的发展使得人们的生活水平比过去有了较大幅度的改善。但是，伴随着小汽车进入家庭，不少多层住宅小区由于停车数量需求的急剧增加，出现了不少小汽车占据人行道或绿化用地的普遍问题。停车难不仅影响到了居民正常的行走和活动，也造成了社区居民矛盾和争端的焦点，影响着社区的安定团结。

2．经验结论

在前言中先简要介绍调查的基本结论，然后再在调查报告的主体部分用翔实的调查资料和科学的分析对这一结论进行论证。这种写法开门见山，直奔主题，有利于读者对调查报告的观点一目了然。

调查报告经验结论式前言示例

重庆市沙坪坝区三峡广场附近,经常有为数众多的过街换乘市民,特别是在上下班和节假日的人流高峰时期,大量的机动车交通和非机动车交通,与过街换乘市民相互穿插,形成交通混乱,造成交通阻塞。而且市民的神经常常处于高度紧张状态,人车的过于混杂还隐藏着严重的安全隐患。合理开展规划设计,通过建设人行过街地道或人行天桥可以使该问题得以解决。

3. 提问设置悬念

在前言中只提出问题,设置悬念,不进行正面回答,引导读者迫不及待地看下去,这种写法引发读者的思考的兴趣,增强了调查报告的吸引力。而连续的提问和设置悬念较多地用于总结经验和揭露问题的调查报告。

调查报告提问式前言示例

进入21世纪,人口老龄化已经成为人类社会的一个重大社会问题。目前,我国60岁及以上的人口已经超过了10%,65岁及以上的人口有9000万人左右,占总人口的6.96%。这些数字表明我国已经进入了老年型国家的行列。由于各方面因素的共同作用,我国人口老龄化发展速度将继续加快。到2020年,65岁及以上的人口将超过总人口的10%,2040年将超过总人口的25%[1]。然而,面对我国人口老龄化迅速地、大规模地到来,老年人所居住的社区是否已经作好准备,老年人的各种需求是否得到满足了呢?笔者带着这个问题对北京虎坊路社区进行了调查。

(四) 主体

主体(Body)即调查报告的正文,是调查报告内容重点展开的部分,是调查报告最主要和核心的部分。社会调查报告的主体部分应当以大量的事实、数据,反映社会调查的真实情况,并通过作者的视野对所调查的现象作出提纲挈领的分析和评价,给读者以启迪。主体部分应对社会调查研究的全部观点和材料通过合理的结构组织起来,主体部分的写作应努力做到先后有序,主次分明,详略得当,重点突出,逻辑严谨,层层深入。

调查报告主体的内容一般包括:①社会调查课题研究的社会背景、学术背景及对已有相关研究成果的评价。②课题的研究目的、研究假设及研究方案。③调查对象的选择及其基本情况。④主要概念、主要指标的内涵和外延及其操作定义。⑤调查的主要方法和过程。⑥调查获得的主要资料、数据及其统计分析结果。⑦研究问题的主要方法、过程、学术性推论及评价。⑧本调查研究的局限性、尚未解决的问题或所发现的新问题等。

主体部分的写作方式有:

1. 纵式结构

按照事物发展的历史顺序和内在逻辑来叙述事实,阐明观点,论述有头有尾,过程清清楚楚,有利于做到历史和逻辑的统一,便于读者了解事物发展的全过程。反映情况的调查报告常用这种形式。这种写法现实感强,容易组织材料,写起来也相对容易。

---

[1] 参见:中国老龄协会. 全国老龄工作,2001(5)。

但如果对材料剪裁不当，容易写成"流水账"。因此，应特别注意对于材料的取舍，做到详略得当。

2. 横式结构

如果调查报告主体的各部分之间没有严密的逻辑关系，我们可以把社会调查的事实和分析研究形成的观点按照性质或类别分成几个部分分别陈述，从不同方面综合说明调查报告的主题。这种结构便于问题的展开，每个问题的论述比较集中，条理清楚，有较强的说服力，多用于客观地叙述研究对象和现象的基本情况及其相互行为，阐述其性质和特点。理论研究、总结介绍经验和揭露问题的调查报告常用这种形式。

3. 纵横交错式结构

有时候我们单独使用纵式或横式结构往往不利于材料的组织和主题的表达，这时可以选用纵横交叉式结构。纵横交叉式结构就是纵式结构和横式结构结合使用的方式。这种结构有以纵为主、纵中有横和以横为主、横中有纵两种情况，这就既有利于按照历史脉络讲清楚问题的来龙去脉，也有利于按照问题的性质或类别分别展开论述。城市规划社会调查报告往往采用纵横交叉式结构，并划分为提出问题、分析问题、解决问题"三部曲"，分别回答"是什么"、"为什么"、"应该怎样"的问题，这样既有利于按照历史的脉络弄清事物的来龙去脉，又有利于按照事物的性质、类型而展开全面深入的论述。

（五）结束语

结束语（Tag）就是调查报告的结尾部分。从形式上来看，结束语可长可短，或者干脆没有，应该根据写作目的和内容的需要灵活采取多种写法。但应注意简明扼要、意尽即止，不可画蛇添足、弄巧成拙。结束语的写作方法有：

1. 概括全文、深化主题

根据社会调查的主要情况，概括出整篇调查报告的主要观点，画龙点睛，深化主题，增强调查报告的说服力和感染力。

调查报告结束语示例之一

老年问题是社会问题，随着人口老龄化程度进一步加深，许多老年问题也将不断的暴露出来，还需要不断地探讨与研究。关爱老人从社区做起，从一点一滴做起，以人为本，为老人们创造社区居住条件优良、养老设施完善、为老服务周到的社区，使他们能够安享晚年。

2. 总结经验、形成结论

根据社会调查的实际情况，总结出实践活动的基本经验，并根据调查研究的结果，形成社会调查报告的基本结论。

调查报告结束语示例之二

通过以上调查与分析，我们认为山地城市住宅区的底层架空是一种良好的设计和建设手法，基于底层架空所带来的空间，具备较好的通风条件，既避免了一层住户对于潮湿问题的"怨声载道"，同时也提供给了社区更多的活动场地、交往空间乃至绿化环境，为社区的人居环境建设提供了有益借鉴。

3. 指出问题、提出对策

根据社会调查的情况指出所存在的问题和不足，提出弥补或改进的具体对策、建议，强调调查报告的实践意义。或者根据社会调查的情况说明存在问题的严重性、危害性及解决问题的紧迫感，以便引起有关方面的重视。

调查报告结束语示例之三

"棚户现象"有其自发形成的必然性，但是，从城市长远发展的角度来看，其对于三峡库区城市形象与社会生态环境却有着一定的危害性。表现在：1. 结构简陋，抗灾性能差（抗震、防火、防洪性差）；2. 居住条件差，无给排水系统，无供气供热系统等；3. 环境差，缺少绿化；4. 道路条件差；5. 污染较大，产生粪便、垃圾等的无序排放与堆积，甚至污染长江水域。由于长江水运是展示库区城市风貌、旅游资源、生态环境等的重要载体，这种情况的无序存在，对于三峡库区的城市形象造成破坏。针对这种情况，政府及城市管理部门必须加强管理，主要是进行城市化发展的宏观调控与适宜的政策引导。通过制定相关政策法规，防止"城市病"的产生与控制其发展。同时，政府行为的介入，对"棚户现象"进行合理的专项规划与引导，对环境、基础设施、配套功能、延长建筑寿命、社区安全管理等方面进行规范，从而改善城市形象，创造三峡库区良好的旅游、投资、生态环境、人居环境，提高城市建设水平与居民生活水平。

4. 预测趋势、说明意义

根据社会调查的情况，结合调查报告主体中对调查对象的研究分析，由点到面、由此及彼，小中见大，大中见小，作出合乎逻辑的科学推论；开阔视野，展望未来，预测发展趋势及重要意义。

调查报告结束语示例之四

重庆是我国重要的老工业基地城市之一，作者社会调查梳理的问题具有一定的典型性和代表性，所提出的政策导向性改革建议对于重庆市和国内其他城市尤其是老工业基地的国有企业改革、国有资产监督管理和老工业基地改造等实际工作具有重要的参考借鉴价值和一定的推广应用前景。

（六）后记

后记（Postscript）是指在结束语之后，对与调查报告的形成、写作、出版等有关的问题进行的介绍和说明。主要的写作内容包括：与调查课题的提出和实施的有关情况和问题、与调查报告的撰写有关的情况和问题、与调查课题参与者和调查报告撰写者有关的情况和问题、与调查报告发表或出版的有关情况和问题，等等。

（七）附录

附录（Addendum）是指调查报告的附加部分。附录的内容主要是调查报告正文包括不了或者没有说到，但是又需要进行说明的情况和问题。附录一般包括引用资料的出处、调查问卷及表格、对调查指标的解释说明、计算公式和统计用表、调查的主要数据、参考文献、典型案例、名词注释及专业术语对照表等。

第二节 社会调查报告的写作

一、社会调查报告的草拟

调查报告的构成要素包括主题、结构、材料和语言等。其中主题是灵魂,结构是骨架,材料是血肉,语言是肌肤,调查报告的草拟也围绕这些构成要素而展开。

(一)提炼报告主题

主题是调查报告的宗旨和灵魂,它是指作者在分析社会现象和揭示事物的本质的过程中所形成的基本观点和中心思想,正确地提炼主题必须考虑调查研究的目的和社会调查所获得的真实资料。调查报告的提炼过程,是分析客观社会现象、揭示客观事物本质的过程,是根据调查的实际情况来修改、完善或者重新确定调查研究目的的过程,也是调查研究工作者的主观认识、判断、目的等与客观实际和社会现状密切相结合的过程。

一般情况下,调查报告的主题就是开始社会调查之初所确定的社会调查选题,这时提炼调查报告的主题就比较容易和简单,只要与调查主体取得一致即可。但是,如果社会调查之初所确定的社会调查选题比较模糊,或者调查角度比较广泛,这时提炼调查报告的主题就必须重点考虑社会调查过程所获得的实际材料的情况,对社会调查选题加以必要的修改、补充或深化,甚至确定新的主题,以增强社会调查报告的针对性。也有一些情况,调查者制定社会调查方案时对调查对象的了解较少,通过深入调查,了解到了一些人民群众最关注和最紧迫的问题,这就需要我们从社会最关注的热点、难点问题着手,主题的提炼应紧密联系现实生活中迫切需要回答的问题,只有这样,才能够真正了解到人们的要求,倾听到人们的呼声,体察到人们的情绪,做到上情下达,下情上传,相互沟通,促进社会的稳定和发展。必要的情况下,一次社会调查还可以根据不同的主题撰写出两篇甚至多篇调查报告,这是社会调查研究的任务决定的,也是调查报告的意义和作用决定的。

主题的提炼应当注意:①要如实地反映客观事物的本质和规律,对社会实践起指导作用,对社会发展起促进作用。②主体应当与调查材料和观点等相对称,主题要突出明确,做到小而实,避免大而空。③要深入揭示事物的内在本质,由现象到本质、由浅入深,不断深入。④要在前人的研究基础上有所发现,有所前进,有所创造,尽力去开辟新的研究领域。

(二)拟定写作提纲

拟定写作提纲的任务在于设计出调查报告的总体结构。结构是调查报告的骨架,结构主要靠写作提纲(Syllabus)得以具体体现。提纲是由序码和文字组成的一种逻辑图表,是帮助作者考虑文章全篇逻辑构成的写作设计图。其优点在于使作者易于掌握调查报告的全局,层次清楚,重点明确,简明扼要,一目了然。拟定写作提纲的过程是研究调查材料的过程,是形成基本观点的过程,也是进一步明晰调查报告主题的过程。设计和拟定提纲可以帮助我们找到调查报告的最佳写作方案,调查报告的主题是否突出,表现主题的层次是否清晰,材料的安排是否妥当,内在的逻辑联系是否紧密等,都可以在拟定提纲时统筹思考和解决。

1. 拟定写作提纲的意义

社会调查报告的写作需要用大量的资料、较多的层次、严密的推理来展开论述,从各个方面来阐述理由,论证自己的观点。为便于有条理地安排材料,有序展开论证,拟定写作提纲是撰写调查报告的必要阶段,拟定写作提纲可以体现作者的总体思路,拟定写作提纲是作者构思谋篇的具体体现。有了一个好的提纲,就能纲举目张、提纲挈领,周密地谋篇布局。写作提纲可以帮助我们树立全局观念,从整体出发,检验每一个部分所占的地位、所起的作用和相互间是否有逻辑联系,每部分所占的篇幅与其在全局中的地位和作用是否相称等。经过这样的考虑和编写,调查报告的结构能统一而完整,很好地为表达材料和内容服务。拟定写作提纲,可以根据主题的要求进一步安排、组织、利用材料,决定取舍,能够避免调查报告写作过程中出现大的失误,减少调查报告撰写过程的反复修改甚至推翻重来。

2. 写作提纲的内容

写作提纲的内容包括四个方面:本次报告的论题、说明论题的材料、报告结构及各层次内容的安排、每部分的标题及内容概述。写作提纲的拟定没有固定不变的模式,可以根据实际需要,选择标题、简介、前言、主体、结束语、后记和附录等部分内容构建调查报告的结构、骨架,形成写作提纲。写作提纲应做到主题突出、层次清楚和结构严谨。

3. 写作提纲的一般要求

拟定写作提纲是撰写调查报告至为关键的一环,其应达到的一般要求是:①观点正确,力求有新意。观点必须为报告的主题服务,在正确的同时应当力求深刻,要围绕报告主题科学安排层次结构,合理使用调查材料,深入论证基本观点,突出报告主题。②要有全局观念。从整体出发去检查写作提纲的每一部分在调查报告中所占的位置和作用,看各部分的比例分配是否恰当,篇幅的长短是否合适,每一部分能否为主题服务,努力做到材料与观点的统一,与观点一起共同突出调查报告的主题。③要考虑写作提纲各部分之间的逻辑关系。有论点有例证,理论和实际相结合,论证过程具有严密的逻辑性,等等。

4. 写作提纲的拟定方法

拟定写作提纲要做到"心中有数",要先构思,再写作。构思就是将零乱的思想梳理伸展,组织成篇。要思考是根据客观事物发展变化的规律来写,或者是根据写作意图的需要来写,等等。写作提纲的形式可分为条目提纲(标题法)和观点提纲(句子法)两类。条目提纲就是从层次上按照总标题、大标题、小标题、子标题的形式,将内容分层排列,列出调查报告的章、节、目。观点提纲则是用句子的形式,把所要论述的内容概括表达出来。观点提纲具有内容明确、表述完整的特点;而条目提纲具有主题突出,层次清楚,结构严密等特点。条目提纲是我们常常采用的拟定提纲放方法,提纲拟定得越细,越具体,组织调查报告的材料和其他内容的撰写也就越顺利。拟定写作提纲之后还应进行写作提纲的修改、调整工作,只有把写作提纲修改、补充、调整好了,才能够大大提高调查报告撰写的质量,减少调查报告写作的返工的麻烦。

调查报告写作提纲示例(条目提纲)

第一部分　社会调查报告

内容简介

目录

前言

第一章 社会调查与总结
 1.1 社会调查的基本情况
 1.2 当前重庆市国有破产企业土地处置过程中存在的问题
  1.2.1 社会稳定问题
  1.2.2 破产效率问题
  1.2.3 城市规划目标实施难
  1.2.4 国有资产流失问题
  1.2.5 可持续发展问题
  1.2.6 历史文化遗产保护问题
 1.3 调查小结
第二章 理论分析与研究
 2.1 国有企业的城市土地增值及其收益分配
 2.2 国企改革过程中的政府作用与企业行为
第三章 国有破产企业土地处置问题的根源
 3.1 认识分歧
 3.2 法律盲点
第四章 改革指导思想
 4.1 "国土国有"——国有企业土地使用权与土地变现收益无必然联系、职工安置补偿应与国有企业土地拍卖脱钩
 4.2 国有企业破产改革应"一盘棋"——国有企业改革的系统工程性
  4.2.1 国有企业改革同城市化发展、土地制度改革、分配制度改革及社会保障体系等改革的系统关联性
  4.2.2 老工业基地的"国有企业个体改革"与"整体推进"的系统关联性
 4.3 国企改革过程中地方政府的有效作用
  4.3.1 策动作用
  4.3.2 协调作用
  4.3.3 监管作用
 4.4 国企改革过程中政府干预城市土地资本市场的范围界定
  4.4.1 运用城市规划的手段优化土地资源配置
  4.4.2 政府垄断土地一级市场,强化宏观调控
  4.4.3 建立公正、公开、公平的土地有形市场
  4.4.4 强化对于国有土地资产的监督管理力度,促进其保值增值
第五章 改革建议
 5.1 加强规划调控
  5.1.1 研究、编制《国有企业用地结构调整专项规划》
  5.1.2 土地处置的经济效益、社会效益和生态效益相统一
  5.1.3 加强对国有破产企业的土地和房屋建筑等历史资源与文化资产进行综合再利用和保护再开发
 5.2 实施储备经营
  5.2.1 将国有破产企业"行政划拨"的土地使用权收回,纳入政府土地整治储备计划
  5.2.2 "政府引导"和"市场配置"相结合

  5.2.3 在可能的情况下，对所有以"行政划拨"方式获得土地使用权的国有企业的土地政策进行调整，促进"划拨"向"出让"转变，或者征收较高的划拨土地使用税或年度使用费
  5.3 统一政策标准
   5.3.1 国有企业破产的职工安置补偿标准应同对其土地拍卖等经营活动"脱钩"，采取统一、公平、公正的安置补偿标准，消除其待遇差别诱发的社会不稳定因素，并尽可能提高现有的安置补偿标准
   5.3.2 国有破产企业土地经营收益的分配应体现国家、集体和个人三者利益的统一，做到公平、公正
  5.4 创建"土地银行"
  5.5 改进管理机制
  5.6 立法建议
  5.7 科学研究与人才教育
第六章 展望
主要参考资料及文献

第二部分 调查工作报告
一、项目概况
二、研究背景
三、研究思路
四、研究目标及步骤
五、研究方法
六、社会调查情况
 （一）社会调查目标
 （二）主要调查方法
 （三）调查范围界定
七、技术关键
八、经验总结
九、前景展望

第三部分 附件
附件1 对典型国有企业的调查表
附件2 对国有企业领导的访谈要点
附件3 对政府相关管理部门的调查内容一览表
附件4 对典型国有企业的社会调查报告摘录
 一、对国营重庆无线电厂的调查
 二、对重庆木材综合工厂的调查
附件5 对有关部门的调查采访记录摘录（根据录音整理）
 一、对重庆市经济委员会企业改革处的调查采访记录
 二、对重庆市经济委员会企业指导处的调查采访记录
 三、对重庆市第一中级人民法院的调查采访记录

(三)精选调查材料

材料是调查报告的血肉,用调查材料去充实写作提纲,论证调查报告主题,应注意按照去伪存真,去粗取精,由此及彼,由表及里的方法认真研究调查材料,精选出真实、准确、全面、系统的材料。根据来源情况,调查报告的材料可分为第一手资料和间接资料(或第二手资料):①调查者自己耳闻目睹的、亲身体验感知的、自己动手(如拍摄照片,绘制图形,数据统计等)的材料一般称之为第一手资料。使用时应注意是否属于孤证,是否具有偶然性,要避免和防止误会巧合,以假当真。②调查者从已有的各种档案资料、统计报表等原始记录中获取的材料,称为间接资料或第二手资料。使用时应注意清查来源,辨别真假,仔细筛选和核实,以确保材料真实可信,调查报告获得可靠结论。

为了充分地论证主题的需要,应当注意选取以下材料:①最能反映事物本质的、说明和表现主题的典型材料,如典型案例、典型经验、典型事迹等。②能够说明事物总体概貌的综合材料。③具有可比性的对比材料,如历史与现实、成功与失败、新与旧、先进与落后等。④具有概括力、表现力,而且具体准确的统计材料,如绝对数、相对数、平均数、指数、动态数列等。

精选调查材料应当注意分析鉴别材料,对调查材料中所反映的现象和本质、主流和支流、成绩和缺点、历史与现实、新和旧、美和丑等要辨别和认识清楚,从中找出规律性的东西,努力做到去粗取精,去伪存真,确保材料的有效性和真实可靠性。精选调查材料同时应当注意区分典型材料和一般材料,"面"上的一般材料反映事物的总体面貌,是证明普遍结论的主要支柱,而"点"上的典型材料则是深刻地反映事物本质的具有代表性的材料,只有"点面结合",才能够说明现象的总体情况。

(四)精心构思段落

段落有规范段和不规范段之分:规范段是指统一、完整的单义段,统一就是一个段落集中表达一个意思或一个观点,完整是指一个段落表达的意思或观点要完整。不规范段是指兼义段和不完整段,一个段落表达两个及两个以上的意思或观点,或者一个意思或观点在不同的段落里阐述和表达。一般的文章写作,规范段和不规范段可以同时运用,但是调查报告不同,要求尽可能的使用统一、完整的规范段,以清晰地表达调查报告的逻辑关系及内容构成。

调查报告的段落是有逻辑构成的,段落的中心意思即段旨,一般通过称为主题句的一句话来进行概括和表达,善于设置主题句,可以使读者方便地把握一个段落的要点:①主题句在段首。领起下文,能够特别引起读者的注意和了解全段的主旨,也利于调查报告的撰写作者围绕段旨展开下文。②主题句在段尾。先列举材料,再进行概括、归纳或结论,顺理成章。主题句在段尾虽不如在段首醒目,但段尾也是比较重要的位置,也容易引起读者注意。③主题句兼置于段首、段尾。前后照应,用于段落较长时,这样做可以进一步加深读者对段旨的认识和理解。④主题句在段落中间。这类用法比较少见,主要在主题句既是上半段的结论、同时又是下半段的前提时采用。

段落还有长短问题。一般情况下,段落的长短不能从形式上规定,应该由每个段落所表达的内容来决定,内容多则段落长,内容少则段落短。但是,段落的划分也有伸缩性,可长可短。如果段落过长,段旨不够明晰,不便于理解,读起来也费力;如果段落过短,则容易造成对观点、论据的严密逻辑推理的分割。调查报告对段落长短的要求是,每个段落应具有适当的容量,段与段之间的长短应大致比较统一。

(五) 斟酌语言表达

语言是调查报告的肌肤。如果语言表达得恰如其分,调查报告将具有独特的语言风格,就会锦上添花。调查报告的书面语言,应注意保持客观态度,用事实说话,表达方式最好采用第三人称或非人称代词,避免强加于人的感觉,特殊情况下可以用第一人称。由于调查报告写的都是目前发生的、被社会普遍关注的事情,为使广大群众都看懂,在撰写的时候要尽可能通俗,做到摆事实、讲道理,尽量少用过于专业化的城市规划专用术语,不用华而不实的词汇,要使人一看就明白。在一般的调查报告中,叙述用于交待事实,议论则用于阐明观点,应注意叙议结合,恰到好处。叙议结合应做到:作者的观点必须是从材料中提取出来的,而不是外加的;在确立观点之后,应以观点为标尺去选取材料,以及审定叙述材料的角度。

调查报告是一种以叙事为主的说明性文体,应具有独特的语言风格。调查报告的语言应力求做到:①准确。陈述事实要真实可靠,引用数据要准确无误,议论要把握分寸,不能任意拔高或贬低。②简洁。要开门见山而非拐弯抹角,叙述事实不作过多描绘,阐述观点不作繁琐论证。③朴实。要注意使用通俗易懂的语言,不随意运用夸张的手法和奇特的比喻,不过多地使用华丽的辞藻。④生动。用语要形象、生动,可适当用一些群众语言和通俗比喻,但切忌使用那些多数人看不懂的土语、方言。

(六) 字词锤炼艺术

对调查报告要求的更高境界是对字词的锤炼艺术。优秀的调查报告,不仅主题鲜明,结构严谨,材料生动,构段精巧等,对语言表达的追求更是达到"炼字"的地步,用字遣词,都要几经推敲锤炼,所谓"为人性僻耽佳句,语不惊人死不休"(杜甫)、"吟安一个字,捻断数茎须"(唐代卢延让)等,也就是这个道理。这就要求在调查报告完成以后,要反复诵读,读后又改、改罢重读,读和改就是"炼"。一般情况下字词都是声音和意义的结合,所以对字词的锤炼也应从字词意义的锤炼和字词声音的锤炼两方面入手。字词意义锤炼的要求是:①选用准确贴切、合乎事理的字词,以取代那些含糊不清或有歧义的字词。②选用具体的、生动形象的字词,以取代那些抽象化的、概念化的字词。③选用突出事物特征的字词,以取代那些一般化描述的字词。法国文学家福楼拜(1821~1880年)说过:意义确切之字,同时亦必为声音和美之字[1]。选用那些声音协调、响亮、优美的字词,以取代那些声音哑拗的字词,也就是对字词声音的锤炼。但是需要注意的是,对于调查报告的文字语言不可过于苛求,一般情况下,只要能够达到准确、简洁、朴实、生动的要求即可。

二、社会调查报告的修改

(一) 调查报告修改的重要性

古人云:"人之于文学也,犹玉之于琢磨也"(荀子)。和一般文章的写作一样,调查报告的修改也是一个至关重要的环节。调查报告的撰写在本质上是对社会调查问题的认识深化过程,它包括由客观事物到人的主观认识的"意化"过程,以及从主观认识到书面表

---

[1] 转引自:赵仲才著. 诗词写作概论. 上海:上海古籍出版社 2002. P180。

达的"物化"过程。在意化过程中，常常出现"意不符物"，即主观认识未能完全、正确地认识客观事物，而在物化过程中又容易发生"言不达意"，即写成的报告不能够完整、准确地反映作者的观点。对调查报告的修改包括酝酿构思中的修改、动笔之后的修改以及初稿完成之后的修改等多个阶段，贯穿于调查报告的整个写作过程。另外，对调查报告的修改不仅是一种严谨治学态度的表现，也是一个对写作能力锻炼和综合思维能力训练的良好途径。通过修改调查报告，可以进一步提高遣词造句、组织文章结构和逻辑推理等的功夫和能力。

（二）调查报告的修改方法

1. 热改法与冷改法交替使用

热改法是指社会调查报告内容完成后，趁热打铁，立即进行修改的方法。优点在于记忆清晰，印象鲜明，改动及时，避免遗忘。缺点是作者出于写作兴奋状态，需要删改的内容不容易发现，难以割爱。冷改法是指报告内容完成后，过一段时间之后再进行修改的方法。冷改法由于作者的头脑变得比较冷静，再重读报告就可以摆脱原来固定思路的束缚。但是也较不容易再次激发写作和创作灵感，因此热改法和冷改法两种方法要交替使用。

2. 诵读法

诵读法是指在社会调查报告内容完成后，反复诵读几遍，在诵读中发现问题，并及时进行修改的方法。诵读法对调查报告中的一些毛病，如字词错误、语句不通、衔接不紧、缺词漏字、情感不符等表达方面的问题，能够比较容易地得到及时的发现和更正。

3. 征询他人意见

俗话说："旁观者清，当局者迷"，社会调查报告初稿完成之后请他人帮助修改是一种较好的方法。因为不同的人对于同一事物往往具有不同的观点、态度和灵感等，虚心请教，开展批评和自我批评，就可以取长补短。

（三）调查报告的修改内容

调查报告的修改，有大改和小改之分。大改是指在报告完成后，发现主题及各论点不够完善，论据即调查材料不够充分有力，结构不够严谨，因此需要作出全局性的大改动。小改是在维持报告主题、结构等基本不变的情况下，对报告的个别材料、个别段落、个别语句等进行调整和完善。作者可根据实际情况和需要适当选择大改或小改。

调查报告的修改主要从主题、结构、材料、语言等多方面进行：①检查所定主题、所用概念及有关观点是否明确，表达是否到位。②检查引用资料的合理性和正误，当同类材料太多或材料的运用不准确、不全面时，注意对材料进行增加或删减。材料需要增加的必要情况下，可以进行小范围的补充调查，不可贪图简便，用其他材料随便代替。当然，材料需要删减时也要能够"忍痛割爱"。③检查调查报告的结构是否同表达主题和材料的需要相吻合，可采取调整报告的层次、段落、开头、结尾等部分的详略、衔接等，以利于表达主题。④检查论述问题的逻辑关系和报告写作的文法结构是否合理。⑤通读全篇，对调查报告的主题、材料、结构、段落、语言、文字和标点等进行最终的检查，适当加以增、删、改、调。

三、社会调查报告的版面编排

在对调查报告的内容进行修改之后，紧接着就是调查报告的版面表达，即排版问题了。如果说调查报告的修改解决的是"内容美"的问题,那么调查报告的版面表达则要解决"形式美"的问题。调查报告的版面展示在读者面前是一个有限的平面,然而它是作者编排思想的体现。好的调查报告版面,设计合理,适合读者视觉心理,编排符合美学原理和均衡心理,能给读者以美的享受,使人赏心悦目。反之,版面设计臃肿、比例失调,则读者视觉不适,影响阅读与传播效果。

(一)视觉心理与阅读习惯

我国的出版物大多是横排的,在看同一版面时,人们的阅读习惯一般是,首先阅读上左部分,然后上右部分,再接着阅读下左和下右部分,这形成了一种视觉心理(Vision Psychology)习惯。

这是因为人的眼球的转动,依次从左到右,使视觉印象集中到眼神经密布的视网膜上,类似扫描仪的原理,接受了左边一个信息印象,然后再接受右边的,结束之后再移至下一行,从左至右继续接受信息。我们应当根据人们的这一阅读习惯,尽量采用横排版,文字安排以上左→上右→下左→下右的顺序(即"Z"字型)为宜(图61)。同时要注意在文字中

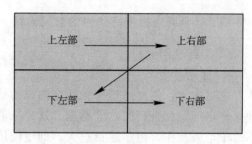

图61 人们的阅读习惯

及时穿插一些图片、表格等,以减轻人的眼球在经历较长时间的阅读后所出现的疲劳感。为说明同一问题,安排穿插的图片和表格应尽量安排在同一版面上,即不要让换页把图片或表格"分割"开来,以免造成读者"断断续续"的阅读引发的的不舒服感。

(二)版式种类与图文组织

城市规划社会调查报告,往往具有图片、表格和文字等多种内容需要表达。可以对城市规划调查报告的版面组织有所变化的,很大程度上也就是处理图片、表格和文字的位置关系问题。最常用的版式是图片、表格和文字混合式,图片和表格根据文字的组织结构需要灵活出现。目前比较流行、新颖的编版方式是图片、表格和文字分栏式,或者文字在左、图片在右,或者图片在左、文字在右,文字宽度和图片大小可以根据报告字数、图片数量及版面需要等进行灵活处理和适当调整。但是需要特别指出的是,调查报告的图文组织与版式编排不可过于苛求,过分地追求新颖,或者所谓的"构图"都是不值得提倡的。

(三)版面均衡与心理平衡

均衡对称,既是指版面的形式美,又是指读者心理上的平衡对称。版面安排要使读者心理上均衡对称,是指版面的标题、文字、图片、线条等设计都要使读者的心理上的重量感到平衡,也就是版面的上下左右都尽可能做到平衡对称。衡量版面内容各自的分量,主要是指视觉上的分量,也就是版面的标题、文字、图片、线条等的视觉重量。一般来讲,大标题重于小标题,黑体字重于宋体字和楷体字等,大号字重于小号字,图片重于文字,彩色重于黑色,加线框的重于没有线框的,等等。在编排调查报告的版面时,要考虑这多种因素,尽量使整个版面上下左右的关系在读者视觉中达到心理重量平衡。为实现版面均衡和心理平衡,我们可以方便地使用比例原理,比如文字和图片的宽度比例,就可以采取黄金分割法,或者3:5等的比例关系,以符合人们通常的视觉心理平衡特点。

(四)版面和谐与审美意识

版面的和谐统一，既是指形式与内容的一致，又是指版面的构图上要做到局部和整体的统一。版面的和谐统一，首先是报告内容与形式的和谐统一，其次是图片、表格等部分内容与调查报告文字内容的和谐统一，相应的图片、表格和报告文字应一一对应，便于读者阅读和思考。为了保证版面构图上的和谐统一，标题与文字要参差有序，标题与标题不要碰在一起，要避免版面的割裂感觉和混乱感觉。调查报告版面设计给读者以美的欣赏，既有适合读者阅读心理的需要，又有符合美学规律的问题，同时更是为了吸引读者的注意力，使调查报告的可读性和针对性、指导性自然融为一体，达到最佳的效果与更好地发挥调查报告的价值作用。但也不可过于追求版面的"形式美"而忽视报告内容的"内在美"，以免给人以"锦绣其外、败絮其内"的感觉，弄巧成拙。

四、社会调查报告写作中的常见问题

（一）标题问题

1. 标题过大

题目过大，主要是想扩张社会调查的社会价值，例如《中国城市化发展调查》、《西部地区住房问题调查研究》等标题。这种一般由中央和地方政府等出面组织的调查报告大都不适于个人写作。由于题目过大，即使使用大量篇幅也难以将问题说明白。

2. 标题过难

城市规划领域的某些问题具有相当的难度，例如选择《城市规划管理体制调查研究》、《城市规划法的实施情况调研》之类的题目。由于标题过难，受到知识、时间、精力和资料来源等多方限制，调查报告不易组织。

3. 标题空洞

选题空洞的一般表现是调查报告缺乏针对性，例如《小城镇建设调查》、《城市交通调查》等。标题没能够准确说明社会调查的对象或内容，泛泛而谈，使人看了感觉乏味。

4. 标题陈旧

别人已写过的题目，自己再写，标题陈旧，缺乏创新精神，照搬别人的材料，老生常谈。

（二）主题问题

1. 主题错误

统帅整篇调查报告的基本观点或主题错误，其他的论点、论据都不成立，调查报告也就站不住脚了。如一篇题为《城市规划是助推贫、富差距的帮凶》的调查报告，简单地将产生贫、富差距的原因归结于城市规划，即使论证、语言等方面不无可取之处，但由于基本观点错误，整篇调查报告也就缺乏科学性。

2. 主题片面

指在调查研究中，调查不足，资料缺乏，事实论据不充分，或不准确，有水分。如一篇题为《还是旧城改造好》的调查报告，仅仅到房地产开发机构那里进行了调查，就大谈旧城改造的好处，以点带面，以偏概全，捕风捉影，主观臆断，想当然地任意夸大、缩小或歪曲事实，随便地就谈看法，下结论，整篇调查报告缺乏真实性、准确性和客观性。

3. 主题模糊

有的调查报告对主题和中心论点的提炼不够，还没有把所调查社会问题的实质思考清

楚，抽象概括也不准确，形成的观点含糊不清，似是而非，似有似无。例如题为《对人行过街天桥的使用意愿调查》的调查报告，一会大谈人行天桥的好处，一会又大谈人行天桥给老年人带来的不便等诸多坏处，"脚踩两只船"，"胡子眉毛一把抓"。调查报告始终没有明确作者的态度，主体模糊或重点不够突出，让人看了不知所云。

4. 缺乏新颖性和创造性

社会调查活动要不断开拓城市规划新的研究领域、新的研究和实践途径。调查报告贵在创新，如果仅重复提出别人的观点，"人云亦云"、"亦步亦趋"，或者提出已经被社会所公认的规律等，而没有个人"原创"，哪怕仅是新的研究角度或新的论证材料，在某种程度上也会失去社会调查研究的目的和意义。

（三）结构问题

1. 逻辑性差

有的调查报告选题很好，标题也不错，很吸引人们读下去，但是越往下读，越感到越头痛。因为整个报告的内容组织严重缺乏逻辑性，好似一大堆材料胡乱堆砌而成，真是"锦绣其外、败絮其内"。这是"舍本逐末"的做法，反映出作者较差的文字组织、写作和逻辑思维能力。

2. 结构不完整

调查报告一般可分为提出问题、分析问题和解决问题三大部分。如果调查报告只有提出问题和分析问题就匆匆止笔，缺乏必要的结论；或者抛头就来分析问题和提出解决问题的对策、建议，使报告结构失衡，"肢体不全"，毫无理由的残缺会使调查报告黯然失色。

3. 结构松散

有的调查报告缺乏总体构思和谋篇布局，写作时信马由缰、自由驰骋，出现前后文缺乏衔接，前后重复，矛盾，或颠三倒四，东扯西扯；报告明显被割裂，缺少自然过渡，让人感到突兀、生硬，意思不连贯，等等。调查报告严重缺乏必要的层次和条理。

4. 论证不力

调查报告引用的材料很多，但对于材料的取舍和组织欠佳，缺少周密的逻辑性。比如不能够用典型、精当的材料形成自己的观点，或者仅凭特定环境中极少发生的事实就得出大量的结论，论证方法简单，缺乏说服力；提出观点或罗列论据之后，不做深入分析，缺乏论证过程，就用"由此可见"、"大量事实表明"等语句转而扣合所提出的观点；分析问题时不是从实际出发，不是从对事实的分析中得出结论，而是用观点去套例子，用事实去印证观点；前后论点有矛盾，分论点与主题有矛盾，或者回避论题，分析不客观，没有进行必要的和充分的论证；等等。

（四）材料问题

1. 引证不足

社会调查研究要针对社会实际问题而开展，调查报告必须有大量的"第一手资料"作支撑，才能够做到"以理服人"。有的调查报告虽冠以调查报告为名，但在读者读完以后，看不出作者是经过了社会调查的。报告的内容都是作者在发表感受或者评论，从理论到理论，缺少必要的和充分的事例及数据，有"凭空捏造"之嫌。这类作者把调查报告和论文的写作混为一谈，或者干脆就没有进行过社会调查，由此反映出作者对于调查报告的认识不到位，态度不端正，或者严重缺乏吃苦精神，"怕"进行社会调查。

2. 材料脱离主题

调查材料应当、也必须严格地为表现主题和论证主题服务，这是选择调查材料的原则。有的调查报告选用材料杂乱无章，虽然数量够多，但无关的材料太多，不能够有力地说明、突出和烘托主题，这就影响了调查报告主题的表达。

3. 材料缺乏代表性

有的调查报告所选用的材料要么不够典型突出，相关材料不分粗细"一锅端"地写进去，造成材料堆砌，文章冗长；要么选用材料不够真实具体，真伪难辨，是非难分，调查材料缺乏代表性，调查报告及调查结论缺乏说服力。

4. 材料不够新颖

有的调查报告用一些过时的、陈旧的材料，不能够说明事物发展过程中出现的新情况和新问题，也就难以形成对调查报告主题的说服力。

除了以上列举的在标题、主题、结构、材料等方面常常出现的主要问题外，调查报告在语言使用上还容易出现用语繁琐、用词过于"华丽"、自造词过多、"词不达意"等问题。在版面编排上也容易出现版面过于复杂、过于强调构图、图片脱离文字、图片缺少文字说明等问题，这里不再一一说明。

第三节 社会调查工作的总结

在社会调查的总结阶段，除了撰写调查报告外，还应该对社会调查工作进行总结，从而总结社会调查工作经验和体会，提高开展社会调查活动的水平和能力，同时更好地发挥社会调查的社会作用与价值。社会调查工作总结包括调查报告的评估、调查工作的总结和调查成果的应用等内容。

一、社会调查报告的评估

所谓调查报告评估，就是对调查报告的正确性、有效性及其学术价值、社会价值等做出实事求是的评价和估计。

（一）评估调查报告的意义

评估调查报告是一项十分重要的工作。通过调查报告评估的过程，调查人员更容易发现自己开展社会调查活动的缺点和不足，积累经验，总结教训。因此，对调查报告的评估有利于总结、提高调查人员的社会知识、学术水平、实际调查能力和水平等。调查报告的评估也能为调查人员下一次进行社会调查活动提供有益借鉴。同时评估调查报告也有利于促进与调查课题相关的城市规划学术领域的发展进步，以及有利于调查成果的推广应用，有利于调查成果更好地服务于社会进步。

（二）评估调查报告的原则

评估调查报告应遵循的一般原则是：①调查报告所使用的概念、判断和推理必须科学、符合逻辑，有关理论假设和最终结论必须与科学原理相一致。②调查报告所反映的事实和数据必须客观、真实、准确，力求系统、全面。③社会调查的目的是应用于社会，服务于社会。调查报告必须能够对社会发展进步具有实用价值。④调查报告应当善于对新情况和新问题进行分析研究，并提出解决办法。

（三）评估调查报告的方法

1. 自我评估

调查报告不能够写完就"了事"，应当把社会调查活动的领导组织者、调查调查报告的撰写者，以及参与实际的调查工作的调查员等集中起来，通过讨论、交流，对调查报告进行自我评价，看看理论观点是否正确，调研方法是否科学，报告结构是否完整，内容组织的逻辑性是否较强，所用调查材料是否真实可信，文字表述是否简洁，等等。

2. 实践检验

实践是检验真理的惟一标准和最终标准。通过组织开展与调查报告内容有关的各种试点、试验等实践活动来对社会调查报告进行检验和评估，一方面可以对调查报告的质量和价值作出客观、现实的评价，另一方面也能够使社会调查报告及时得到补充和完善，进一步发挥其对社会实践的服务功能和价值作用。

3. 专家鉴定

由调查研究课题的下达者或调查成果的使用者，聘请与调查报告内容有关的城市规划专家或其他相关领域专家，根据一定的评估指标体系对调查报告进行鉴定。专家的数量以5人、7人、9人等单数为宜，一般不应少于5人。专家鉴定的方式，可以采取面对面的鉴定会议形式，也可以采用背靠背的通讯鉴定方式。

4. 社会评价

社会评价就是到被调查者、调查报告使用者和大众传播媒介中去宣读、讲解调查报告的主要内容和基本观点，听取他们对调查报告的评论和意见。这类评价往往来自与调查报告内容有关的城市规划专业人员、管理工作者、大众传播媒介工作者以及对城市规划问题有浓厚兴趣的自愿研究者，他们的评价往往专业性更强，适用性更广，也更客观和公正。

（四）评估调查报告的内容

对调查报告的评估主要包含对调查报告的正确性和有效性、调查报告的学术价值以及调查报告的社会价值三个方面的内容进行评估。

1. 对调查报告的正确性和有效性的评估

对调查报告的正确性和有效性进行评估包括：①调查课题的选择是否符合需要，是否符合科学性、创造性和可行性原则。②社会调查目标的确定是否符合现实需要和现实可能，研究假设的形成是否科学、合理，社会指标体系的设计和调查指标的操作化是否具有较高的信度和效度等。③典型调查或重点调查的调查对象是否是真正的典型和重点，随机抽样调查的抽样方法的选择和样本规模及误差的确定是否科学、合理，非随机抽样调查的调查对象确定方法是否符合要求。④调查方法的选择是否适合调查工作的需要，调查问卷的回收、审查、编码等是否符合要求。⑤对调查结论的评估，调查结论与社会调查的资料之间是否存在内在的必然因果联系，论证过程是否正确、充分等。

2. 对调查报告的学术价值的评估

对调查报告的学术价值进行评估包括：①理论价值。调查报告提出或发展了哪些具有启发性的见解、理论观点及学说等。②方法价值。调查报告应用、提出或创造了哪些新的方法，从而推动了调查研究方法的突破性进展。③论证价值。调查报告作出了哪些新的论证，提出了哪些新的论证模式。④资料分析价值。调查报告对原有历史或现实资料从哪些新的角度进行了分析研究。⑤描述概括价值。调查报告在哪些重要领域或重要问题上作出了新的系统描述、分析和概括，等等。

3. 对调查报告的社会作用的评估

对社会调查的社会作用进行评估主要包括：①发表情况。调查报告是公开发表还是内部发表，是在什么样的级别、层次和范围内发表。②转载引用情况。调查报告有多少报刊、书籍、论文转载或引用，是在什么样的级别、层次和范围内转载或引用。③采纳应用情况。调查报告的结论或对策性建议有多少被采纳或应用，是在什么样的级别、层次和范围内被采纳或应用。④获奖情况。调查报告获得了哪些奖励，是在什么样的级别、层次和范围内获得奖励，等等。

二、社会调查工作的总结

社会调查工作的总结包括社会调查的工作总结和调查人员的个人总结。

（一）社会调查的工作总结

社会调查的工作总结，是在对社会调查各个阶段、各个环节、各个方面工作全面回顾的基础上，以原定调查方案为主要依据，对调查方案主要内容的成败得失所作出的反思、评价和结论。根据社会调查的阶段不同，社会调查工作总结的内容一般包括以下内容：

1. 社会调查准备阶段的工作回顾

对社会调查准备阶段的工作回顾，主要内容是：①调查课题的选择是否正确，是否符合需要，是否符合科学性、创造性和可行性原则。从社会调查的实际情况来看调查课题的内容应该做哪些调整或修改。②调查目标的确定是否符合实际，原定的研究成果、成果形式和社会作用等的目标，哪些得到了实现，哪些没有实现，或没有完全实现，其原因何在。从社会调查的实际情况来看原定目标存在着哪些问题。③研究假设的形成是否符合科学假设的基本要求，研究假设中，有哪些部分已被证实，哪些部分已被证伪，哪些部分已被修改、补充或删除，哪些部分还待进一步论证。④调查人员的选择是否恰当，调查队伍的整体结构是否合理，调查培训工作是否及时和充分，经过调查实践的检验调查队伍的组建和调查人员的培训还存在着哪些问题，应该如何改进。⑤调查经费的筹措是否得力，是否符合有关规定。经费使用是否合理、节省，是否做到了用最少的花费取得最大的调查成果，等等。

2. 社会调查调查阶段的工作回顾

对社会调查调查阶段的工作回顾，主要内容是：①社会指标的设计和调查指标的操作化，是否具有科学性、完整性、准确性、简明性、可能性原则；是否具有较高的信度和效度。从社会调查的实际情况来看它们还存在着哪些缺点和问题。②调查工具的制作是否科学、合理、实用，特别是调查问卷和各种量表的设计是否符合实际、简明、适用。通过实际调查的检验调查工具的设计和制作还存在着哪些缺点和问题。③调查地域的选择、调查范围的确定和调查时间的安排，是否有利于调查工作的顺利开展和完成，是否有利于节约人力、物力、财力和时间，等等。

3. 社会调查研究阶段的工作回顾

社会调查研究阶段的工作回顾一般包括：①调查对象的确定是否正确，抽样调查中调查对象的抽取是否符合抽样方法的要求，样本规模和抽样误差范围的确定是否科学、合理，在实际抽样过程中曾经出现过哪些问题，是如何解决的。②调查方法的选择是否适用,调查资料的整理是否符合要求,统计分析和软件应用是否科学,理论分析是否符合形式逻辑和唯物辩证法的要求,从社会调研的实际情况来看调研方法还存在着哪些问题,应该如何改进。

4. 社会调查总结阶段的工作回顾

社会调查总结阶段的工作回顾,内容有:①调查报告的评估是否正确,评估的内容是否全面,评估的方法是否恰当,评估的结论是否符合实际。②调查成果的应用是否取得了进展,在应用过程中曾经遇到哪些困难和问题,是如何解决的,当前还存在哪些问题,应该如何解决。③调查工作的安排是否周到、全面、符合实际,调查过程的控制是否及时、有效,社会调查过程中曾经出现过哪些困难和问题,是如何协调、解决的,是否还遗留有后遗症,应该如何解决。④在调查过程中,发现了哪些新情况、新问题,使用了哪些新理论、新方法,还有哪些问题值得进行新的探索和研究,等等。

(二)调查人员的个人总结

调查人员的个人总结,是指参与调查的工作人员在回顾调查过程的基础上,通过反思自己的所做、所见、所闻、所思、所悟、所得,来全面总结自己的成败得失。个人总结一般应包括以下几个方面的内容:①在社会知识方面:通过社会调查获得了哪些历史的和现实的社会知识,搜集了、研究了、积累了哪些文献和资料,初步暴露了自己还存在着哪些知识缺陷或薄弱环节。②在调研方法方面:通过社会调查学会了哪些调查方法和研究方法,特别是在选择调查课题、确定调查目标、制定调查方案、提出研究假设、设计社会指标、设计调查指标及其操作定义以及制作调查工具等方面,有哪些方面已经掌握了,有哪些方面还没有掌握或没有完全掌握。③在学术理论方面:通过社会调查学到了哪些理论观点,加深了对哪些理论观点的理解,概括出了哪些新的理论观点,同时对哪些理论观点产生了新的怀疑或思考,初步发现了自己在理论方面还存在着哪些缺陷。④在实践经验方面:通过社会调查学会了哪些实际工作经验和工作方法,弄清了自己在实际工作方面有哪些长处和短处,特别是在做群众工作方面有哪些长处和短处,今后应该如何扬长避短。⑤在人生观方面:通过社会调查有哪些新的收获和体验,特别是在人生目的、人生价值、人生态度、人生道路、人生理想等方面,有哪些新的体验或感悟,同时发现自己在人生观方面还有哪些弱点或缺陷。⑥在世界观方面:通过社会调查有哪些新的认识或发现,特别是在经济生活、政治生活、文化生活、社会生活及其相互关系等方面,有哪些新的理解和观念,同时,发现自己在世界观方面还有哪些迷惑或疑问。等等。

三、社会调查成果的应用

(一)调查成果应用的意义

调查成果的应用是指社会调查的全部成果应用于实际工作或其他学术研究工作。调查成果的应用,具有多方面意义:①它是促进城市社会发展的客观需要。科学的调查成果是正确制定政策和执行政策、有效管理社会的必要条件。②它是发展城市规划理论的客观需要。社会调查是了解社会真实情况、正确认识社会现象本质及其发展规律的根本方法,也是形成和发展一切城市规划理论的根本方法。③社会调查的应用有利于改造人们的主观世界,有利于改造主观世界同客观世界的关系,有利于提高人们提出问题、认识问题、分析问题和解决问题的能力。

（二）调查成果应用过程的困难

1. 思想认识问题

在学术界内外，都存在着对城市规划社会调查的信任问题。由于有些社会调查违背客观原则，任意剪裁，歪曲客观事实；有些社会调查违背创新性原则，反映的多是人所共知的事实，揭示的多是众所周知的真理，提出的多是一般化的建议。因而，往往无法得到读者的基本信任，很难引起有关方面的兴趣。由于这些方面的原因，致使社会调查成果的应用往往受到各有关方面的冷遇。

2. 学科发展问题

自然科学被人们称为"硬科学"。因为它们的发展比较成熟，它们的理论和方法大都是规范的、可重复的。与自然科学相比较，社会科学则往往被称为"软科学"。因为社会科学大都是幼稚的，不成熟的，它的许多理论和方法缺乏规范性和可重复性，有的甚至因人而异。正因为如此，以社会科学理论为指导的社会调查，其调查成果往往是不成熟的，它的可信程度和有效程度也往往是有限的。

3. 应用条件问题

社会调查成果的应用，一般都需要一定的社会环境和应用条件。有的需要一定人力、财力、物力的投入，有的需要一定党政机构或单位的授权，特别是需要得到调查成果应用单位的积极支持，有的还需要各有关方面的配合。此外，某些敏感性调查成果的应用，还需要社会各界有一定的容忍度。然而，这样的社会环境和应用条件，在现实中往往很难寻觅，这就必然大大限制了调查成果的广泛应用。

4. 评价标准问题

现代社会是一种多元化社会，不同社会群体的利益差异很大，评价社会问题的标准也大不相同。在这种情况下，由于不同利益群体的评价标准不同，往往会对同一社会调查成果做出不同的评价。

（三）调查成果应用条件的创造

要促进调查成果的应用，必须创造良好的社会环境和应用条件。

1. 提高认识

提高思想认识，特别是提高各级党政部门、各类企事业单位和各种社会组织的领导者和工作人员对社会调查重要意义的认识。要使他们认识到，为了应用社会调查的成果，投入一定的人力、财力、物力，不仅是必要的，有价值的，而且在许多情况下还是一种不可推卸的社会责任和义务。

2. "练好内功"

要促进调查成果的应用，关键在于社会调查要加快自身发展，提高成熟程度，即尽快提高社会调查理论、方法和过程的科学性、规范性，社会调查的可信程度和有效程度。"加快学科发展"、提高社会调查学的成熟程度，是促进调查成果应用的内部条件。如果调查成果缺乏客观性、科学性、适用性和创新性，那么无论外部条件如何好，如何优越，调查成果仍然是不可能得到应用的。

3. 沟通渠道

社会调查的承担者，特别是高等院校、科研院所、党校干校的社会调查承担者，应该采取多种联系方式，努力开辟与各级党政部门、各类企事业单位和各种社会组织的沟通渠道。

4. 创造条件

为了促进社会调查成果的广泛应用，应该努力创造必要的社会环境和社会条件：①增加资金投入。提高各种城市规划科学基金资助的力度，即不仅把调查研究费用列入资助范围，而且把调查成果应用的部分经费也列入资助范围。②改革调研体制。鼓励在一定级别的党政部门、一定规模的企事业单位和一定层次的社会组织，建立或健全调研机构，号召在有城市规划专业的高等院校、科研院所、一定层次的党校干校建立或健全社会调查基地。③改善舆论环境。认真贯彻"百花齐放、百家争鸣"的方针，不断提高社会各界、特别是各级党政领导干部对各种观点的承受能力和宽容程度。④开放对外合作。国家应该制定学术调研方面对外合作的法律或法规，明确规定学术调研对外合作的目的、原则、对象、范围、审批手续等等，从而为社会调查及其成果应用创造一个良好的对外开放环境。

下 篇
城市规划社会调查实例评析

实例一 对三峡库区"棚户现象"的调查[1]

第一部分 调查报告(摘要)

目 录

1 引言——"棚户现象" ……………………………………………………………… 253
2 三峡库区"棚户现象"的调查 …………………………………………………… 254
  2.1 忠县棚户聚居区 ……………………………………………………………… 254
  2.2 涪陵区棚户聚居区 …………………………………………………………… 255
  2.3 其他城市的棚户聚居现象 …………………………………………………… 256
  2.4 调查总结 ……………………………………………………………………… 256
3 "棚户现象"的成因及其特征分析 ……………………………………………… 258
  3.1 "棚户现象"的形成原因 ……………………………………………………… 258
  3.2 "棚户现象"的社会分析 ……………………………………………………… 258
  3.3 "棚户现象"的区位特征 ……………………………………………………… 260
  3.4 "棚户现象"的建筑特点 ……………………………………………………… 260
4 "棚户现象"调查研究的启示 …………………………………………………… 262
  4.1 城市规划学启示 ……………………………………………………………… 262
  4.2 社会学启示 …………………………………………………………………… 263
  4.3 生态学启示 …………………………………………………………………… 263
  4.4 政治经济学启示 ……………………………………………………………… 263

摘 要：三峡库区的"棚户现象"，是近年来城市经济发展，农民到城市来寻求更容易的谋生手段的一种特殊的居民聚居现象。本文通过对三峡库区"棚户现象"的调查，对其成因和构成特征进行了分析，并提出了三峡库区城市(镇)环境可持续发展的系列思考。

关键词：三峡库区；"棚户现象"

1 引言——"棚户现象"

在对三峡库区沿江的城市、镇的实地调研中，笔者观察到一种特殊的人口聚居现象

---

[1] 《"移民者的乐园"——三峡库区"棚户现象"调查研究与城市(镇)迁建、移民问题思考》获得第七届"挑战杯"大学生课外学术科技作品竞赛全国特等奖。作者：李浩，指导教师：赵万民、李和平。

《对三峡库区"棚户现象"的调查研究》获得2001年度全国大学生城市规划专业社会调查报告评优佳作奖(二等奖)。作者：李浩，指导教师：李和平、段炼。

（从20世纪80年代末开始形成），不少的农民家庭，从农村自发地进入城市，聚居在长江岸线区域。他们用木杆、笠席、薄膜、铁皮、石棉瓦等搭建起简易的窝棚，在城市长期"安家落户"，谋求生存。逐渐地他们从农村中脱离出来，成为事实上的城市常住人口。参考有关文献❶，本文将这种以"棚"寄居，自发的移民现象称为"棚户现象"（图1）。

图1　三峡库区"棚户现象"
2001/2/12，涪陵

2　三峡库区"棚户现象"的调查

2.1　忠县棚户聚居区

忠县忠州镇，城区用地高程在140～260m之间，三峡工程建成后，城市将大部分被淹，在县城旧区西端的长江岸边，西山街东头象家咀，聚居着500余户由各区、乡、镇农民进城谋生的"棚户"家庭。

调查之一，2月19日，忠县

户主徐昌奎，54岁，妻子52岁，有25岁的女儿和22岁的儿子。棚的面积为9.1m×5.5m。棚内经营一小饭馆（图2、图3），棚的最里面辟为居室兼堆放杂物。女儿徐建琼原来在丝绸厂上班，现为该饭馆营业执照上的法定经营者（图4），实际上在帮父母经营小饭馆；儿子原来在派出所上班，现在在外自谋职业。有一老母亲80岁，在武陵老家。一家人户口都在忠县八居委，县城内有女儿结婚的住房一套，不在受淹范围。在长江边做生意已有7、8年的光景。长江水一涨，棚就往高处搬，现在的棚只用了3个多月。日常生活所需都可在长江岸边形成的"棚户区"内买到。每年向码管所（码头管理所）交100元地皮税，另外向当地政府交60元工商管理税、50元国税、20元地税、30元卫生税及20元左右的治安管理税，一共有两三百元。只在春节、五一等节假日生意好做，收入要多一点，而平时每天毛收入40元左右，日子过得相当艰苦。

图2　徐氏饭馆的正立面
2001/2/19，忠县

图3　徐氏夫妇正在做饭
2001/2/19，忠县

---

❶　赵万民著. 三峡工程与人居环境建设. 北京：中国建筑工业出版社，1999. P81.

调查之二，2月19日，忠县

户主李广田，31岁，妻子30岁，有一6岁女儿和一9岁儿子。夫妻共同搭建了个棚经营一理发店。另外收了个17岁的男娃做徒弟。女儿和儿子都在忠师附小（忠县师范学院附属小学）读书，一家4口人户口都在忠县三居委。棚子里面留出了较大的空间，一方面堆放杂物，另外摆了两张床，李广田和儿子睡一张，妻子和女儿睡一张（图5、图6），徒弟则睡在外屋的沙发床上。老家就在忠县农村，老父亲在家照看房屋，农忙（春耕、秋收、冬播等）时李广田回家乡帮父母种地。理

图4　徐氏饭馆的营业执照
2001/2/19，忠县

发店处于忠县码头区地势较高的地方，已有10来年光景，每年7、8月长江涨大水时，棚子被迫搬迁。李广田的棚一次性向码管所上交240元地皮税（当时是按照每平方米收取的），而平时每年要向政府管理部门上交30～40元营业税、45元管理税以及20元卫生税，每个月收入有400元左右。

图5　理发店内部的居室
2001/2/19，忠县

图6　笔者在对李氏的访谈中
2001/2/19，忠县

2.2 涪陵区棚户聚居区

涪陵区城市用地高程在144～380m之间，三峡工程建成后城市将部分受淹。在乌江与长江交汇处，城市北部靠近长江的码头区，全国重点文物保护单位、涪陵白鹤梁枯水题刻的附近，聚居着近300户20世纪80年代以来农民进城谋生的"棚户家庭"（图7）。现在随着涪陵区长防大堤沿长江岸线的由西向东进展，这里的棚户区正在东移，而且逐步减少。棚户区的统一管理部门是成立于1999年7月的涪陵区堤防工程建设开发有限责任公司，棚户的主人只要每个月向堤防公司上交一定额度的地皮税就获得了对"棚户"的经营使用权。

调查之三，2月13日，涪陵

户主胡随祥，31岁，妻子30岁，13岁的儿子在涪陵第15中学读书。胡随祥老家在长寿农村，土地现在已转让给邻居去种。胡随祥的棚在九码头第三家（图8），面积6m×8.3m。原来胡随祥在五码头有一棚，由于长防大堤的修建，地方被占，五码头生意难做，

就在7、8个月以前在九码头又建了一个棚,经营小茶馆兼小件存放,旅客可在棚内边饮茶边看录像或者唱卡拉OK(图9)。平时妻子照看棚店,胡随祥则在码头搞搬运,每天收入20~30元。胡随祥的棚每个月要向防洪指挥部(堤防公司)上交30元地皮税。水涨船高,洪水季节就往上搬。谈起三峡大坝修好之后的打算,胡随祥说,很希望能够在城内买到房子,就不再回长寿老家了。

图7 涪陵棚户区与城市的关系
2001/2/12,涪陵

图8 胡氏的茶馆在码头第3家
2001/2/13,涪陵

2.3 其他城市的棚户聚居现象

忠县、涪陵所反映出的这种"棚户聚居"现象,三峡库区的其他市、县、镇都不同程度的存在。笔者在其他地方也做了这方面的调查(图10)。

图9 胡氏的茶馆所提供的娱乐场所
2001/2/13,涪陵

图10 三峡库区"棚户现象"
2001/2/23,高家镇

2.4 调查总结

"棚户聚居"现象,三峡库区的市、县、镇都不同程度的存在,并且大部分是聚集在长江岸边的空地上,水陆交通相联系的地带。这种聚居形式,是自发进城的农民逐步转变为城市居民的主要途径。农民的生活习惯和生活方式,在城市谋求生存中逐渐演化成市民生活方式。

万州区"棚户现象"居民问卷调查表(部分摘录)　　　　　表1

编　号	1	2	3	4	5	6
户主姓名	曹为民	任伟	康力平	孙玉明	赵波	王宇才
年　龄	41岁	37岁	53岁	33岁	42岁	48岁

续表

编　号	1	2	3	4	5	6
文化程度	初中	小学	小学	高中	小学	初中
人口/总人口	3人/5人	3人/3人	4人/6人	4人/4人	3人/3人	3人/5人
户口所在地	武陵/农村	龙宝/农村	太安/农村	响水/农村	万州/城市	高粱/农村
子女教育	初二中学	电报路小学	自谋职业	电报路小学	万县二职中	大学二初中
居住时间	7年	6年	11年	8年	4年	3年
棚的面积	5.4m×9.1m	4.8m×8.8m	6.0m×9.2m	5.5m×8.6m	5.1m×9.1m	4.9m×8.9m
使用性质	茶馆居住	做服装居住	开饭馆居住	副食品居住	理发店居住	修车居住
税收总费	360元/年	320元/年	410元/年	340元/年	350元/年	300元/年
月收入(纯)	300～400元	300元左右	800～900元	300～600元	500元左右	300元左右
居住舒适度	舒适	一般	基本舒适	基本舒适	舒适	一般
邻里关系	很和睦	和睦	很和睦	和睦	和睦	和睦
今后的打算	在新城买房	在新城买房	无	买新城户口	维持现状	在新城买房
其　他	农忙时回家		兼营副食品	租的棚子		

说明：1. "人口/总人口"指"棚内居住人口"与家庭总人口。
2. 本问卷调查时间为2001年2月26日，地点为万州沙嘴河坝。

三峡库区"棚户现象"居民问卷调查统计表　　　表2

统计类别	城市(镇)	涪陵	丰都	忠县	高家镇	万州	总计
	城市淹没情况	部分受淹	基本全淹	大部分受淹	部分受淹	大部分受淹	
人口	建成区实际居住人口	15万	4.8万	6.9万		25.4万	
	棚户总数(户)	约280	约160	约520	约30	约570	约1560
	总人口数(人)	约900	约600	约1800	约100	约2100	约5500
	户均人口	3.2	3.8	3.5	3.3	3.7	3.5
	结论	棚户区由少到多，已形成一定规模的聚居社区					
年龄构成	老年(55以上)	19.2%	21.4%	23.7%	28%	20.5%	21.6%
	中年(35～55)	42.3%	43.5%	40.5%	36%	41.2%	41.3%
	青年(18～35)	14.6%	15.1%	11.7%	27%	14.5%	13.9%
	幼年(18以下)	23.9%	20%	24.1%	19%	23.8%	23.2%
	结论	构成比例不合理，偏老龄化，年龄层两头大，中间少，缺少有活力的年轻人					
户口	农村	68.3%	58.7%	72.2%	63%	54.4%	63.1%
	城市	31.7%	41.3%	27.8%	37%	45.6%	36.9%
	结论	大多数无城市户籍，由于城市的搬迁不包括新买户口人的赔偿，人们不再热衷于购买城市户口					

续表

统计类别	城市(镇)	涪 陵	丰 都	忠 县	高家镇	万 州	总 计
文化结构	文盲	26.4%	24.3%	23.4%	28%	19.4%	22.5%
	小学	19.3%	26.2%	19.2%	21%	28.3%	23.5%
	中学	51.7%	47.6%	55.2%	49%	49.5%	51.5%
	大专以上	2.6%	1.9%	2.2%	2%	2.8%	2.5%
	结论	整体文化水平偏低，缺乏知识型人才					
居民年收入	2000元以下	8.4%	6.7%	5%	7%	6.4%	6.3%
	2000～5000元	57.1%	49.2%	62.8%	55%	52.9%	56.5%
	5000～1万元	24.3%	31.8%	23.6%	27%	30.4%	27.3%
	1万元以上	9.2%	12.3%	8.6%	11%	10.3%	9.9%
	结论	总体经济收入偏低，人们在回答有关经济问题时有所隐瞒，但整体收入较低的事实，可以从他们的日常生活中反映得出来					
备 注		城 区	县 城	县 城	属丰都县	城 区	

说明：本调查采取抽样调查的统计方法，调查时间为2001年2月10～27日。

3 "棚户现象"的成因及其特征分析

3.1 "棚户现象"的形成原因

三峡库区是经济十分落后的地区，城镇化水平比较低（图11）。1993年以前，一般县城的城镇化水平还不到10%，90%的人口在农村，而地区性的农村经济却又相当落后。近年来，城市的经济发展相对比较快，特别是沿海地区的打工浪潮，吸引了大批农村青壮劳力从农村走出来，进入城市，或流向沿海，加入打工行列，争取多的经济收入。去外地打工的农民，大部分是无多少牵挂的单身农民青年。而有了家庭、老人或是小孩要上学读书的农民，比较多的选择就近地区的城市或自己的县

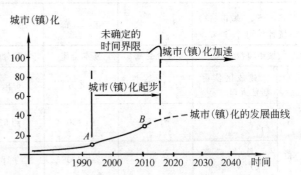

图11 三峡库区城市(镇)化发展阶段示意图

A 点为1993年城市(镇)化平均水平，12.1%左右。
B 点为2010年规划城市(镇)化平均水平，30%～35%。

资料来源：赵万民著. 三峡工程与人居环境建设. 北京：中国建筑工业出版社，1999. P32。

城，以各种方式来挣钱谋生，逐渐地将家庭搬入了城市，建起棚户，作为家庭的居住栖身之所。长江沿线近年来城市建设和交通的逐步发展，旅游业的发展，确实也为流入城市的农民提供了各种就业机会和生存环境。

3.2 "棚户现象"的社会分析

三峡库区城市、镇的"棚户聚居现象"，已成为一种普遍的存在(图12、图13)。各个城市中"棚户聚居"的居民，几乎全都是来自农村的相对剩余劳动力，他们以家庭的形式常住于城市，参与城市的社会劳动，充当起城市正常功能运转的一定角色。他们两栖于城

市生活与农村生活之间，农忙时回去种田耕地，收获播种；农闲时在城市生活居住，谋求生存。但是他们逐渐地以在城市生活居住，谋求生存为主。在棚户区里，基本构成了适合移民们生活习惯和文化氛围的生活环境(图14～图17)，棚户的"居民"生活得和谐而舒适。其实，就物质条件而言，如住房、家具、经济收入、生活水准等，与一般普通的市民相比，还有相当的差距，但是他们已感到满足，自得其乐。因为在城市中所享受的综合生活指标(物质生活、文化生活、子女教育、心态感受等多方面的集合)要比农村好。他们在自发的生活过程中，亦苦亦乐地完成了从农民到市民的转化。

图12 三峡库区"棚户现象"
2001/2/26，万州

图13 来往于"棚户区"街市的人群
2001/2/16，丰都

图14 "棚户区"的街道景观
2001/2/13，涪陵

图15 "棚户"的"建筑材料"市场
2001/2/13，涪陵

图16 "棚户"的集贸市场
2001/2/26，万州

图17 "棚户"的生存环境
2001/2/20，忠县

3.3 "棚户现象"的区位特征

棚户聚居的位置,多在长江边上被水淹的河滩上,或在城区内不能建设的场地上。棚户区与码头、仓库、水陆交通的转换区域紧邻,有就业的场所(图18、图19)。这些区域往往也与旧城商贸和人口密集的区域相靠,便于从长江岸线出来的农副产品贸易。"棚户聚居区"周围形成农民自己的生活和文化环境,有方便的衣、食、住、行,也有适合于"棚户居民"娱乐的场所,例如饭馆、茶馆、录像厅等,是他们喝茶、聊天、午休、娱乐的地方。这样的聚集作用,使棚户区的规模逐步扩大,功能日益齐全。当地政府适当的税收和管理,更使得他们的居住和生活合法化。

图18 "棚户区"与长江的关系
2001/2/19,忠县

图19 "棚户区"与长江的关系
2001/2/16,丰都

3.4 "棚户现象"的建筑特点

三峡库区长江沿岸农民自发搭建的"棚户",具有典型的建筑特点:
(1) 建筑材料上的简易性与经济性;
(2) 建筑风格上的地方性与个性化;
(3) 由于地形变化、季节变化而在使用行为上所体现出的对环境的适应能力;
(4) 随市场需求变化而在使用功能上体现出的灵活性与多样性。

"棚户"建筑大多采用地方材料,例如竹子、石棉瓦、木杆、笪席、薄膜、铁皮等,有的就是居民自己家中的一些备用物品,能够很好地满足居民的经济承受能力(图20)。"棚户"大多为双坡或者单坡屋顶,有方便的排水,同时在建筑风格上具有"巴渝文化"特点(图21~图23)。"棚户"直接对街道开放,正门的"棚子"在白天用竹竿支起成为遮阳设施,晚间把竹竿放下又可以封闭室内,而演变成防御设施(图24、图25)。"棚子"大多都有后门,有的"棚子"还有侧门,内部居室有方便的交通。"棚子"由竹子、笪席等材料建成,具有便利的通风条件。"棚子"的简易更使得其能够适应地形的高低坡度变化,并且可以随着长江洪水季节的到来而灵活地搬迁,从而具有对地形、气候等外部自然环境的适应能力(图26、图27)。在使用功能上,"棚户"居民所从事的多种职业:开饭馆的、理发的、打米磨面的(农民从乡下拿来谷子、麦子,在此加工成米、面)、修车的、收废品的、打铁的、卖陶瓷的、做服装的、磨豆腐的、搞搬运的、拾垃圾的等等,更满足了人们的各种需求(图28~图31)。

图 20 "棚户"的建筑材料
2001/2/13，涪陵

图 21 "棚户"的建筑风格体现
吊脚楼，2001/2/26，万州

图 22 "棚户"的屋顶形态
2001/2/19，忠县

图 23 "棚户"的造型艺术体现
"船"，2001/2/17，丰都

图 24 "棚户"的入口遮阳
2001/2/13，涪陵

图 25 关闭的"棚户"入口
2001/2/13，涪陵

图 26 "棚户"的环境适应性
2001/2/13,涪陵

图 27 "棚户"的环境适应性
2001/2/19,忠县

图 28 "棚户"的功用
电话亭,2001/2/26,万州

图 29 "棚户"的功用
收购猪鬃,2001/2/26,万州

图 30 "棚户"的功用
收费厕所,2001/2/26,万州

图 31 "棚户"的功用
购销旧家电,2001/2/26,万州

4 "棚户现象"调查研究的启示

4.1 城市规划学启示

三峡库区移民迁建安置工作已进入了攻坚阶段(三峡工程淹没农村人口 33.26 万人,占移民线以下总人口的 46%),围绕移民工作"搬得出,稳得住,逐步能致富"的目标,合理选择农村移民迁建安置方式成为顺利实现目标至为关键的一环。考虑到三峡库区特殊的自然、人文和区位环境，农村移民不可能整齐划一地推进某种迁建安置模式，而应该针对具体情况选择不同的安置方式和发展方向。其中，农村移民进入城市，以一种"棚户聚居"的现象存在于城市的周边地区，逐步完成从农村生活形态向城市的过渡，是解决三峡移民在一个时期之内安居，并建立起与之相适应的生活方式的有效途径。在城市(镇)搬迁、建设中，可以有计划、有步骤地在建设区域和各组团之间，留出适当面积的场地，让农村移民们以"棚户聚居"的形式居住生活，配合就业等的规划安排，先居住下来，并使移民在可能条件之下"乐业"。有意识地用城市规划和建筑设计可能使用的技术方法，来处理好"棚户聚居"形式，使其功能合理、经济实用，并且形象美观。随着城市建设逐步发展，有计划地使"棚户聚居区域"逐渐减少，进而融于城市，最终由城市建设区所取代。在这一过程中，"移民们"从物质内容、生活习性、文化环境等诸多方面，慢慢地逐步完成"农民→半农民→市民"的转变。

4.2　社会学启示

三峡库区农村移民和城市迁建的"二次移民"，都将有大量的农业人口进入城市，转化成为市民。在城市运营功能的非正常时期，要在一个短时间内，按照正常的居住形式和就业手续，安置这一部分"新"城市人口，是一件比较困难的事。另一方面，大量的农村人口移居城市，必须有与之相适应的聚居环境，使他们能逐步地过渡为城市的市民。这一工作，需要城市的政府部门来组织这些"新"城市人口的就业方式、居住形式、文化生活、社会福利、医疗卫生、子女教育等问题。这是一项综合的系统工程，也就是"开发性移民"所包括的重要内容之一。"棚户聚居"现象，是地道的农民向往城市生活而自发产生的移民方式，从乡村来到城市，聚居到一起，逐渐地完成"农民→半农民→市民"的转变。这一形式，带有客观性与自发性，并具有相当程度的实用性与可操作性。研究这一形式，并有计划地组织、引导它的健康发展，对于三峡库区农村大移民，以及实施国家"开发性移民"的政策，具有相当的实用价值与借鉴意义。

4.3　生态学启示

三峡百万移民是跨世纪的人类大型迁移活动，必须从可持续发展的高度予以研究。在城市(镇)迁建与移民工作中，遵循自然生态学规律，运用生态的法则与方法来调查和观测"棚户现象"的形成和发展特点，对于"棚户"的构成形式、建造手段、聚居规模、存在时间长短等问题进行探索与研究，并根据各个城市的不同情况而进行不同的具体安排与实施，在管理政策上进行正确的引导，使这种"棚户聚居现象"遵循其自身发展的科学规律，自然产生，自然消失。从而体现生态学中自然、有机、和谐、统一的法则。

4.4　政治经济学启示

"棚户现象"有其自发形成的必然性，但是，从城市长远发展的角度来看，其对于三峡库区城市形象与社会生态环境却有着一定的危害性。表现在：(1)结构简陋，抗灾性能差(抗震、防火、防洪性差)；(2)居住条件差，无给排水系统，无供气供热系统等；(3)环境差，缺少绿化；(4)道路条件差；(5)污染较大，产生粪便、垃圾等的无序排放与堆积，甚至污染长江水域。由于长江水域是展示库区城市风貌、旅游资源、生态环境等的重要载体，这种情况的无序存在，对于三峡库区的城市形象造成破坏。针对这种情况，政府及城市管理部门必须加强管理，主要是进行城市化发展的宏观调控与适宜的政策引导。通过制定相关政策法规，防止"城市病"的产生与控制其发展。同时，政府行为的介入，对"棚户现象"进行合理的专项规划与引导，对环境、基础设施、配套功能、延长建筑寿命、社区安全管理等方面进行规范，从而改善城市形象，创造三峡库区良好的旅游、投资、生态环境、人居环境，提高城市建设水平与居民生活水平。

社会调查小档案：
- 调研时间：2001年2月10日～2月27日
- 调研地点：涪陵、丰都、忠县、高家镇、万州
- 调查方式：文献调查、实地观察、访问调查等
  抽样调查、定性分析与定量分析相结合
- 完成时间：2001年3月28日

参考文献：

[1] 涪陵区移民局，《三峡工程涪陵库区城镇移民迁建情况汇报》，2000年11月22日

[2] 四川省政府移民办、四川省建委文件，《关于三峡工程四川库区城镇规划有关问题的通知》，川建委发(1994)规034号

[3] 水利部长江水利委员会，《长江三峡工程水库淹没处理及移民安置规划大纲》，1995年1月

[4] 长江三峡工程论证移民专家组，《长江三峡工程移民专题论证文集》，1988年12月

[5] 《四川省人大代表团在八届全国人大二次会议上关于三峡库区移民迁建有关问题的议案》

[6] 《丰都县城总体规划》(1995年编)

[7] 三峡库区文物保护规划组，《三峡工程淹没区文物保护规划大纲》(要点)，1995年2月

[8] 赵万民，《三峡工程与人居环境建设》，中国建筑工业出版社，1999年，北京

[9] 《丰都县志》

[10] 《涪陵市城市建设志》

[11] 《忠县城市建设志》

[12] 江地，《三峡百万移民出路何在？——来自库区的长篇报告》，重庆大学出版社，1992年，重庆

第二部分 评 析

对三峡库区棚户现象的调查研究是作者第一次开展的社会调查活动。作者根据不同内容，从不同角度，以不同题目分别参加第七届"挑战杯"全国大学生课外学术科技作品竞赛和2001年度全国大学生城市规划专业社会调查报告评优竞赛，均取得了较理想的成绩：作品《"移民者的乐园"——三峡库区"棚户现象"调查研究与城市(镇)迁建、移民问题思考》(社会科学类社会调查报告和学术论文)获得了"挑战杯"竞赛全国特等奖，既是重庆大学建筑城规学院的学生首次在"挑战杯"竞赛中获奖，也是全国城市规划专业学生参加"挑战杯"竞赛首次取得最高奖项；《对三峡库区"棚户现象"的调查研究》(社会综合实践调查报告)获得了城市规划社会调查报告评优竞赛活动的佳作奖(二等奖)，是重庆大学建筑城规学院的学生首次在全国大学生城市规划专业社会调查报告评优竞赛中获奖。作者对三峡库区棚户现象的调查研究在社会上引起了较大反响，中央电视台一套12演播室栏目为此还专门对作者进行了采访[1]。竞赛获奖既使学校获得了荣誉，也使作者本人萌发了对于社会调查活动的浓厚兴趣，近年来继续开展了不少城市规划社会调查活动，同时对于重庆大学建筑城规学院的课程教育起到了推动作用(重庆大学建筑城规学院此前未开设社会调查方面的教学课程，自2002年度开始开设"城市规划社会调查"本科课程，进行专门教育)，因此在某种程度上具有一定的开创意义。这里对该项调查进行一些简要的评论和分析。

一、值得肯定的地方

（一）精神可嘉

作者是在没有任何学校教育教学要求的情况下，自发地、独自一人深入三峡库区的社会实际而进行社会调查的，学习研究的预见力和自觉性应予肯定，这是国家多年来大力推进素质教育在作者身上取得成效的具体体现。大学生已经不再惟学校教育是从，惟书本是从，而是把目光投向社会，开始从宽广的社会舞台和社会教育中吸取营养。

由于作者此前尚未接受过专门的社会调查理论与方法的专门教育，完全是通过自学和实践摸索经验，在社会调查工作过程中曾遇到过相当大的困难。作为特困生，通过借钱的方式，行走于三峡库区的多个城市(镇)，坐散席(最廉价的船票，无座)，忍饥饿，可谓千辛万苦。然而正是通过这种特殊经历和磨炼，才切实培养起了作者对社会底层劳苦大众的深厚情感，从而激发作者更深入地了解社会现实，更切实地提高为人民服务的思想价值和振兴中华的责任感，这其中也包括了作者对于城市规划理论知识联系社会实际问题的深入领会和理解。

（二）选题引人

长江三峡工程是一项举世瞩目的世界工程，朱镕基总理曾指出"三峡工程是'千年大

---

[1] 《李浩：三峡行》，节目播出时间：2002年2月20日(农历正月初九)，2月25日重播。

计、国运所系'"❶，自 1919 年孙中山先生在《建国方略之二——实业计划》中谈及对长江上游水路的改良，"改良此上游一段，当以水闸堰其水，使舟得溯流以行，而又可资其水力"，最早提出建设三峡工程的设想；到 1956 年毛泽东主席畅游长江后写下"更立西江石壁，截断巫山云雨，高峡出平湖"的著名诗篇；到 1992 年 4 月 3 日七届全国人大第五次会议以 1767 票赞成、177 票反对、664 票弃权、25 人未按表决器通过《关于兴建长江三峡工程的决议》；到 1994 年 12 月 14 日国务院总理李鹏宣布三峡工程正式开工……长久以来，三峡工程一直牵动着全体中国人民乃至世界人民的心。三峡库区的移民和城市（镇）迁建问题是三峡工程建设的重中之重。作者选择三峡库区"棚户现象"进行调查研究，瞄准了社会公众关心和熟悉的热点问题，是较好的切入点。调查研究报告"以小见大"、"大中有小"，具有较强的现实针对性和一定的社会意义。

（三）时间恰当

三峡库区的"棚户现象"是三峡工程建设的特殊历史背景条件下诞生的一种自然现象。作者开始社会调查是在 2001 年 2 月，而三峡工程必须要在 2003 年 6 月实现二期蓄水和首批机组发电之前，完成 145m 水位以下的城市（镇）迁建与移民安置。也就是说，作者社会调查时，三峡库区城市（镇）正处于城市迁建与移民工作的第二阶段。由于"三峡棚户"大都在二期蓄水线以下，作者去社会调查的时间很及时，如果是 2003 年 6 月以后再去调查，这些棚户也许就已经不复存在了。作者以独到的眼光，抓住了"三峡棚户"这一独特事物，社会调查的视角比较独特、生动和有趣，对广大读者有较强的吸引力。

（四）立场正确

三峡工程经过多年的策划、设计、论证和实施过程，各种大众传播媒介都有相当充分的介绍和报道，各阶层民众对其都有相当程度的关心和了解，也都有自己的预期和忧虑。"棚户现象"作为一个特殊事物的出现，文中并没作简单的肯定或否定判断，而是结合自己所学知识，辩证地、客观地、多角度地进行了分析和评述。这一方面体现出作者社会调查研究的科学态度，同时也避免了引起读者及社会公众的反感。

（五）方法规范

作者虽然是第一次进行社会调查工作，但能够通过社会调查前期阶段的自学提高，认真地采取了文献调查、实地观察、访问调查等多种调查方法，抽样调查的选取方法也比较恰当，统计分析比较全面，获得的大量第一手资料真实可信，有较强的说服力。同时，调查报告的写作也比较通俗易懂，以简明的手法成功地表达了社会调查的价值和意义所在。

二、存在的不足

现在反过头来，对三峡库区棚户现象的调查研究工作进行回顾，比较遗憾和不足的几个问题在于：

（一）社会调查研究的深度受到局限

调查报告虽然比较全面、具体地反映了三峡库区的棚户现象，但总体的感觉是以对表层现象的描述为主，且比较肤浅，"棚户现象"的社会深层次矛盾反映较缺乏，造成了社

---

❶ 来源：Sina 新闻中心. 北京问题：三峡工程大事回放。http://news.sina.com.cn/c/2002-11-04/1540795195.html。

会调查研究的深度受到局限。究其原因，主要在于客观条件的制约，表现在：由于作者孤身一人前去三峡库区开展社会调查，社会调查的工作精力有限；由于三峡库区的城市（镇）分布比较分散，且各有不同，社会调查的行程和空间跨度比较大；由于作者进行社会调查没有受到任何资助，对社会调查的时间和经费开支都形成制约；由于"棚户现象"的社会敏感度较高，社会调查的取证工作较为困难；等等。

（二）社会调查研究的结论部分较弱

社会调查研究报告可分为三大板块：发现问题、分析问题和解决问题。本文发现问题和分析问题的部分都还可以，比较具体深入，美中不足的是解决问题的结论部分，也就是说作者仅仅就"棚户现象"问题进行了城市规划学、社会学、生态学、政治经济学等的多学科思考，并没能够提出针对"棚户现象"所存在的问题的具有可操作性的具体解决办法。这里的原因是，一方面是由于调查研究的深度有限，作者在正式社会调查之前也并没有提出比较规范的研究假设；另一方面则在于作者作为大学本科学生的身份，在所学知识、分析能力和研究经验等主观能力和研究条件有限。

（三）未能进行追踪调查与持续研究

三峡库区"棚户现象"是一个相当不错的研究题目，其研究意义不仅在于对历史的一种记录，更具有广泛而深刻的社会影响。从这一层意义上来讲，非常有必要开展对三峡库区"棚户现象"的追踪性调查和持续性研究，从而思考和把握三峡库区"棚户现象"作为一种特殊时期的特殊事物的自然产生、自愿聚集、自发成长，直至最终自然消失的整个过程。但是，作者在2001年对其进行为期近20天的社会调查以后，虽然非常愿意进行第二次、第三次等的追踪调查，然而由于种种原因一直未能如愿，这也是作者深感惭愧的地方。因为想到去做的、应该去做的却没有去做，正是懒惰的表现。当然，这里面也有一个很重要的原因就是，作者去三峡库区进行社会调查的主要目的是为了学习社会调查的方法，主要目标是在于个人社会调查意识的加强和社会调查能力的提高，甚至根本就不是为了参加竞赛或者是为了解决"棚户现象"的社会问题等，现在回想起来，感觉有深深的遗憾。但也好，在对三峡库区"棚户现象"的调查之后，作者又对国有破产企业土地处置情况等问题进行了调查，因为作者进行社会调查的步伐并没有停歇，内心也就有所安慰。

实例二 对重庆国有破产企业土地处置情况的调查[1]

第一部分 调查报告（摘要）

目 录

1 前言 ………………………………………………………………………… 269
2 社会调查的基本情况 ……………………………………………………… 270
3 当前国有破产企业土地处置过程中存在的问题 ………………………… 270
   3.1 社会稳定问题 ………………………………………………………… 270
   3.2 破产效率问题 ………………………………………………………… 270
   3.3 城市规划目标实施难 ………………………………………………… 271
   3.4 国有资产流失问题 …………………………………………………… 271
   3.5 可持续发展问题 ……………………………………………………… 271
   3.6 历史文化遗产保护问题 ……………………………………………… 271
4 国有破产企业土地处置问题的根源 ……………………………………… 272
   4.1 认识分歧 ……………………………………………………………… 272
   4.2 法律盲点 ……………………………………………………………… 272
5 改革指导思想 ……………………………………………………………… 273
   5.1 "国土国有"——国有企业土地使用权与土地变现收益无必然联系，职工安置补偿应与国有企业土地拍卖脱钩 ………… 273
   5.2 国有企业破产改革应"一盘棋"——国有企业改革的系统工程性 … 273
   5.3 国企改革过程中地方政府的有效作用 ……………………………… 274
   5.4 国企改革过程中政府干预城市土地资本市场的范围界定 ………… 274
6 改革建议 …………………………………………………………………… 275
   6.1 加强规划调控 ………………………………………………………… 275
   6.2 实施储备经营 ………………………………………………………… 275
   6.3 统一政策标准 ………………………………………………………… 276
   6.4 创建"土地银行" …………………………………………………… 277
   6.5 改进管理机制 ………………………………………………………… 277
   6.6 立法建议 ……………………………………………………………… 277
   6.7 科学研究与人才教育 ………………………………………………… 277

---

[1] 《"寸土·寸金"——对国有破产企业土地处置情况调查引发的思考》获得第八届"挑战杯"大学生课外学术科技作品竞赛全国三等奖。作者：李浩，指导教师：黄光宇、蒋勇。
《老工业基地城市国有破产企业土地处置的问题与对策——以重庆为例》，中国科协2003年学术年会中国城市科学研究会（第30）分会场学术报告，作者：李浩，2003.9.15，沈阳。

| 7 | 对策建议的推广应用 | 277 |
| 8 | 展望 | 277 |

摘　要：作者选择我国重要的老工业基地城市之一——重庆，对国有破产企业土地处置过程中所存在的一些问题进行了调查研究，提出了城市政府运用"加强规划调控、实施储备经营"的思想和方法，旨在加强对国有企业破产后国有土地资源优化配置和国有土地资产合理再分配的系列政策导向性改革建议。

关键词：国有破产企业；土地处置；改革

1 前言

工业基地是指一个国家或地区的工业聚集地。老工业基地是指较早建立的工业聚集地。在我国，老工业基地主要是指计划经济时期，依靠国家投资建设形成的门类比较齐全、布局相对集中的工业区域或城市（表1）。从工业化、现代化的发展历史来看，老工业基地对所在国家的国民经济发展起到了至关重要的作用，但也大都经历了从起步到鼎盛、从衰退再到重振的生命周期。如英国的曼彻斯特和德国的鲁尔等。伴随社会主义市场经济体制的建立和完善，我国老工业基地的问题和困难日益凸现。由于老企业众多、困难企业众多、下岗职工众多，尤其是东北三省和西南重庆等重化工地区，成为当前我国老工业基地改造工作的重点。

我国老工业基地一览表　　表1

	名　称	基　本　特　点
1	东北老工业基地	以沈阳、长春、哈尔滨为中心，沈阳（辽宁）为基础工业基地，长春（吉林）为交通工业基地，哈尔滨（黑龙江）为重型机械工业基地
2	西南老工业基地	以重庆为中心，以兵工、化工、机械、钢铁、纺织、食品等为支柱，重工业远大于轻工业
3	西北老工业基地	以西安为中心
4	华中老工业基地	以武汉为中心
5	上海老工业基地	以上海为中心

老工业基地改造工作的重点和核心是国有企业改革。一般来讲，结构调整、制度创新和技术改造等被认为是国有企业改革工作的主要内容。但由于我国特殊的国情，国有企业改革必须要支付巨大的成本，在国家和政府不可能给企业付出巨大的改革成本的情况下，也由于当前我国城市化迅猛发展及土地制度改革等因素的影响，企业所占有的土地成了其主要的甚至是惟一的"财产"。在这种情况下，土地处置也成为国有企业改革的重要方面。然而在国有企业改革的理论研究与实践中，土地处置的问题尚没有引起人们普遍的、足够的重视，也是土地管理法律制度方面的一个空白点。因此，从国有企业改革可持续化发展的角度出发，适时对其涉及的土地处置行为进行综合的社会调查，发现问题，科学改进与推进土地处置的政策、制度建设及法律完善，是老工业基地改造工作的重要内容之一。

国有企业改革涉及的土地处置问题主要体现在国有企业的破产或者产业结构调整搬迁过程中。本文通过对我国重要的老工业基地之一——重庆市的国有破产企业的土地处置情况进行综合社会调查，试就我国老工业基地国有破产企业的土地处置工作提出改革建议，也可为产业结构调整搬迁企业的土地处置提供借鉴。

2 社会调查的基本情况

2002年6月～2003年4月,作者利用近1年的时间对重庆市国有企业破产及其土地处置情况进行了社会调查。调查对象包括典型的国有破产企业,如重庆木材综合工厂、国营重庆无线电厂(716厂)等。其直属管理部门——重庆机电、化医、轻纺三大国有工业控股(集团)公司,及市经委、国土局、规划局等政府管理部门,法院、体改办、土地整治储备中心等相关单位。调查方法主要包括走访踏勘、问卷调查、人员介绍、政府文件等。对企业的调查主要针对濒临破产(或已经破产)的国有大中型企业进行,行业界定以工业为主,地域界定在重庆市主城区范围内。

3 当前国有破产企业土地处置过程中存在的问题

3.1 社会稳定问题

国有企业破产过程中矛盾集中的首要问题、处理难点在于社会稳定问题,而社会不稳定的原因在很大程度上是国有企业职工的生活困难以及对其安置补偿费发放标准的不统一。由于职工安置补偿费的发放主要来自于国有企业破产后对土地进行拍卖的变现收益,因此可以认为,社会不稳定的根源在很大程度上是由于国有企业职工安置补偿费较低引发生活困难、不同国有企业的土地资产变现价值不等以及破产方案不一致性所引致的职工"攀比情绪"和"不平等心理"。

3.2 破产效率问题

土地市场价格存在波动,由企业的破产清算组来分别组织土地处置与拍卖,滋生其"消极等待"心理,价格过低则不愿意达成出售协议,许多企业往往把紧缺的财力用于"坐吃山空"的活动,或者任凭土地等资源和资产继续处于闲置状态。破产周期延长和破产成本增加形成恶性循环(表2)。

国有企业破产成本随时间的变化关系　　　　表2

成本分类	成本内容	成本随时间增加的变化情况
固定成本	职工安置费	不变
	欠职工的工资	不变
	集资款	不变
	土地拍卖费	不变
成长成本	合同制职工的经济补偿费	增加
	医疗费	增加
	养老保险	增加
	登记评估费	增加
	审计费	增加
	法院诉讼费	增加
	清算组办公费用	增加
恶性成本	长期维持破产的费用	恶性增加
	政府给职工发放的生活费	恶性增加
	破产企业留守人员的工资	恶性增加
	清算组人员的加班工资	恶性增加
	职工重病或突发事故等的费用支出	恶性增加

3.3 城市规划目标实施难

国有企业占地面积较大,一般都在几百亩左右,多数开发单位及个人"购买力有限",无法将其土地一次性全部购买,不得已情况之下,多采取了"分割拍卖"的处置方式,即把土地分成多个地块后再拍卖。但是由于规划部门的介入程序滞后与程度有限,土地利用及边界划分等问题的处理,主要是企业的"个人行为",这直接导致了土地资源的分散使用,用地布局结构"畸形",使用性质混杂,城市土地资源配置低效,用地功能置换、结构调整能力微弱,城市规划目标难以实现。

3.4 国有资产流失问题

资产评估尚不规范,国有土地资产存在被转移和流失的危险。对于国有企业的经理和所有者代表来讲,"破产已经不再是威胁,而是一种诱惑。"一方面,土地处置过程中,由于政府和企业心急,处理资产要求快速变现,而市场购买力又太弱,经常导致土地拍卖价格远低于市场实际价值。另一方面,土地拍卖时甚至出现了有些国有企业将土地使用性质改变(如将工业用地转化为综合用地),增加容积率、建筑密度等规划指标调整,从而实现土地增值以后,再进行拍卖处置。这样做的好处是变现价值高,容易实现破产计划及对职工安置补偿。而实际上,这是个人或企业的一种"寻租"行为,使得由国家投资产生的、本该归属于国家的大量城市土地增值收益"量化至个人",国家利益无从体现;部分国有破产企业土地拍卖后的变现收益除了用于职工安置补偿外,还出现用于偿还企业债务等的"分红现象"……土地分割处置时部分地块会卖得较高的价格,但国有企业土地总的变现收益却远低于"整体出售"的方式。

3.5 可持续发展问题

由于缺乏必要的统管与协调,以及统一的政策,政府将面临持续、有效推进破产工作的潜在危机。目前情况下顺利推进破产计划的国有企业,大都是占地面积较大或区位较好,因此土地拍卖后变现收益较大,能够对职工进行安置补偿。但是已经引起政府头痛,问题也将愈发突出的是,今后会有越来越多的国有企业由于土地面积较小或区位较差,而职工人数和安置费用则庞大,将难以推进其必要的破产计划(比如国有企业用地在城市规划中为绿化用地,仅有生态效益,没有经济效益,则土地无法拍卖,按照目前的政策将无法破产)。许多国有企业的土地"肥肉"(好的地块)让人"叼走","残局"还得政府自己收拾(如重庆木材综合工厂进行4次拍卖后剩下的土地再也无人问津,只好由政府接管)。

土地拍卖的买家"过户"难,甚至出现"买家不敢买"的现象。由于国有企业负债情况普遍严重,"行政划拨"的土地使用权证大都被抵押在债权银行(以4大国有商业银行为主),实施破产时,必须对其进行"解押"处理。原来的土地使用权证只有一个,破产后则要求将生产用地同职工宿舍和办社会物产等的用地分割开来,即要分成多个权证,再将生产区的土地使用权进行拍卖。土地拍卖后,债权银行认为"吃亏太大",往往不愿意交出旧的权证,但国土部门规定土地出让必须交出旧的权证,买家便无法"过户"及办理相关手续,开发建设便无从谈起。

3.6 历史文化遗产保护问题

不少企业或个人购买国有破产企业的土地以后,一般情况下都是采取"推倒重来"的利用方式,缺少对房屋建筑的有效再利用,国有企业的影子顷刻之间"荡然无存",历史文化传统丧失。凝聚着国有企业成长历史的机器设备等也未能得到有效再利用。

总之,国有企业破产后的土地处置状况体现出"零"的特征。这种特征表现在:"零乱混杂的布局结构、个别分散的处理模式"及"天女散花"式的利用状况等。它使得,土地作为一种国家资源,却未能得到集约化利用;土地作为一种国有资产,却逐渐地被转移和流失。对土地的处置方式更多地体现出"企业的独裁"及"政府的软弱",从而导致城市土地市场失灵和政府管理失控(图1)。

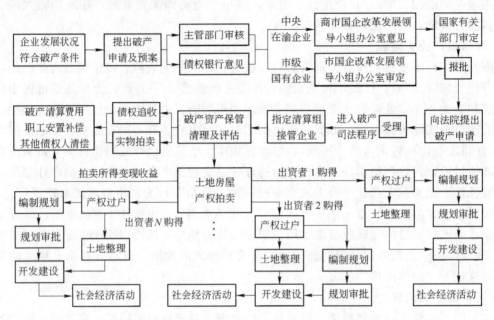

图1 重庆市国有企业破产之土地处置机制(现状)

特征:"零"——分散管理、分割处置。原因:缺乏政府必要的统管调控。
后果:土地资源低效利用、土地资产被转移和流失,土地市场失灵和政府管理失控。

4 国有破产企业土地处置问题的根源

4.1 认识分歧

《国务院关于在若干城市试行国有企业破产有关问题的通知》(国发[1994]59号,1994年10月25日发布)对国有破产企业土地使用权的处置作出规定:"企业破产时,企业依法取得的土地使用权,应当以拍卖或者招标方式为主依法转让,转让所得首先用于破产企业职工的安置;安置破产企业职工后有剩余的,剩余部分与其他破产财产统一列入破产财产分配方案"。许多单位和个人以此为依据,认为企业的土地属于他们个人的财产,如何拍卖变现是他们自己的事情,他人或者政府无权干涉。为了实现拍卖变现资金的最大化,甚至普遍赞同将土地改变规划条件等等增值处理以后再进行拍卖。而实际上,国发[1994]59号仅适用于进行企业优化资本结构试点的111个试点城市,并不对所有的国有企业破产有效。

4.2 法律盲点

许多法律和制度框架是为了满足需求和解决问题而发展的。据统计,我国直接或间接涉及破产、重组和合并的单行规范性文件已有60多部,国发[1994]59号文对国有破产企业土地使用权的处置也进行了规定。但是对国有企业的土地如何处置,更深入、更具体、更具操作性的法律规定目前尚缺乏，致使政府有关部门在实施对破产企业的相关管理时，不少问题的解决无法可依，有很大的灵活性，也给少数不法分子留下了可乘之机，同时造成了社会舆论的混乱。

5 改革指导思想

经过 10 余年的发展（重庆的首例国有企业破产案例是 1992 年重庆针织总厂的破产），我国国有企业破产工作取得实质性进展。广大群众和领导对国有企业的破产普遍持可接受的态度；政府部门、法院、评估及拍卖机构等积累了较丰富的处理经验；大量国有企业破产所引发的重大社会后果也促进了政府职能的转变、社会保障体系的完善、土地有偿使用改革和城市社区的发展等。政府对于国有企业破产的关注应该从重视减少亏损国有企业数量（如"三年脱困"）的短期目标转移到根本性的企业改革、金融改革、分配制度改革乃至社会变革等的长远目标上来。

本文改革建议基于以下理论认识与分析（限于篇幅，本文从简）：

5.1 "国土国有"——国有企业土地使用权与土地变现收益无必然联系，职工安置补偿应与国有企业土地拍卖脱钩

行政划拨土地使用权是属于国家所有的资产，是我国政府给予国有企业的一项长期无偿使用的许可，它无须缴纳任何使用费，只可能被征收小额的税金，但划拨土地使用权可以被政府随时收回。行政划拨土地使用权应由政府代表国家行使所有权，不能认为因国有企业具有对土地的使用权故而应拥有土地变现收益的支配权。

周边环境设施条件改善引发土地增值，或随时间推移、人口的增加和社会经济发展引发土地增值，或规划条件改变引发土地增值收益。其收益的分配问题，是因为垄断了其他单位和部门不能具有的"自然力"，是社会历史形成的财富，或者是一定区域内的社会投资甚至是国家投资导致，这些土地增值收益都应当归社会或国家所有，应当由政府代表国家获取并进行分配调节。

职工安置补偿是国有企业改革过程中，职工从全民所有制工人（国家人员身份）向普通市民身份转变时，国家对其所支付的各项补助费用。国有企业行政划拨的土地使用权属于国家所有的资产，如果用来安置职工，就出现了国有土地资产量化至个人的问题。一方面，土地处置的"暗箱操作"容易产生分配的不公平，另一方面，不少职工"拿钱走人"、自谋出路，有些职工重新组合，成立新的经济实体，也有些职工进入非国有的接收企业，由全民工、集体工变为合同工……显然这导致了部分国有土地资产变为了私人财产。

5.2 国有企业破产改革应"一盘棋"——国有企业改革的系统工程性

5.2.1 国有企业改革同城市化发展、土地制度改革、分配制度改革及社会保障体系等改革的系统关联性

国有企业改革是一项社会系统工程，内容不仅包括产业结构调整、制度创新、技术改造和人力资源重组，同时涉及城市化发展、土地使用制度改革、收入分配制度改革和社会保障体系改革等众多内容，各要素之间存在着复杂的社会系统关联性，因此要用系统工程的思想和方法，综合处理各种矛盾，使其获得协调发展。

5.2.2 老工业基地的"国有企业个体改革"与"整体推进"的系统关联性

老工业基地是一个群体概念,其不同国有企业之间也存在社会系统关联性,应进行统筹考虑,这就不能"挑肥拣瘦"、"吃软怕硬"。对老工业基地的改造应有一个"整体推进"的原则、要求、目标和计划。政府应有效对不同个体进行调剂,比如建立互助体系,将容易实现改革的国有企业同"劣势企业"进行适度、有效"捆绑",以体现国有企业改革的社会公正与制度公平。

5.3 国企改革过程中地方政府的有效作用

5.3.1 策动作用
在政资分离的原则下,政府不再是国有资产的直接运作者,而主要是发挥其策动作用,比如构建新型的资产运作体系:从制度上分离政府对国有资产的管理职能,构造国有资产的新型运营形式,如建立国有资产监督管理机构,实现出资者到位;在市场方面规范运行环境,建立公开、公平、公正的产权交易场所等。

5.3.2 协调作用
政府应运用其服务职能发挥协调作用,实现政府与企业主管部门在认识目标上的协调,政府的财政、税务、地产管理等职能部门之间在扶持政策上的协调以及政府与社会各部门在职工安置、再就业上的协调等。

5.3.3 监管作用
法律监管,即地方政府根据中央关于国有企业改革的政策、法规及相关配套措施,结合当地实际,制定实施细则,依法对国有企业改革活动的全过程进行监管。环境监管,即政令统一,为国有企业改革创造一个良好的运作环境。

5.4 国企改革过程中政府干预城市土地资本市场的范围界定

5.4.1 运用城市规划的手段优化土地资源配置
城市规划是对城市各项用地及建设进行合理组织与协调的行为。它主要通过对土地用途及利用强度(如用地性质、容积率、建筑密度、建筑高度等)的控制来解决已固着和将要固着在特定区位、有限面积的土地上的建筑物之间及其环境之间的关系。运用城市规划的手段优化城市土地资源配置要做到:城市规划必须结合城市功能定位和社会、经济、环境的发展,要按照级差地租原理,合理安排利用城市土地;城市规划必须适度超前,应起到对城市土地资源配置的先行指导作用;城市规划必须要有法律效力,必须能够实施。

5.4.2 政府垄断土地一级市场,强化宏观调控
城市政府应该对土地一级市场进行垄断,以保障土地利用规划和城市规划目标的实现,同时有利于进行土地整理,有利于城市土地的集中、优化利用,也有利于规范土地市场,减少炒卖地皮现象。

5.4.3 建立公正、公开、公平的土地有形市场
政府必须对土地市场进行宏观调控,在此基础上强化市场的配置能力。应该公开市场信息,土地交易以招标、拍卖等市场化方式进行。应该定期公布土地出让年度计划,以供各方面参考。在土地出让、出租之前,应在媒体上公开发布招标、拍卖通告。

5.4.4 强化对于国有土地资产的监督管理力度,促进其保值增值
地方政府不仅具有维护国有土地资产安全运行的职责,而且可以通过国有土地资产的

高效运作，促进地区经济的增长，从而具有推动经济增长和实行中观层次调控的双重主体功能。

6 改革建议

6.1 加强规划调控

6.1.1 研究、编制"国有企业用地结构调整专项规划"，对不同用地条件之下的国有企业破产计划进行统筹调控，做到"国有企业破产一盘棋"。

鉴于国有企业的土地是一种特殊、稀缺、宝贵的国家资源，借国有企业改革的大好时机，应切实加强政府的宏观调控，实现其资源的优化配置。建议结合城市发展、产业结构调整和国有企业改革等的目标和要求，政府组织有关人员研究、编制"国有企业用地结构调整专项规划"，用于对国有企业的土地进行集约化综合再利用及规划管理，指导具体的用地置换和规划调整工作，更好地促进城市规划目标的实现。

6.1.2 土地处置的经济效益、社会效益和生态效益相统一。

关注"以地生财"同关注城市功能提升和老工业基地生态条件改善等多个目标统一起来。加强对国有破产企业土地进行集约化、综合利用的科学管理，应由规划部门会同其他单位意见，区别开发经营性用地、公共设施用地及生态绿化用地等不同的利用及管理方式，兼顾土地处置的社会效益、经济效益及生态环境效益。对其经营性用地，规划部门应通过具体的规划手段进行规划增值调整，提高其集约化利用程度，并对土地进行初级整治开发，如"七通一平"等，变"毛地"为"净地"，使土地实现增值后再进行招标拍卖，增加土地收益，减少企业或个人的"寻租行为"，提高政府经营土地资本的水平和能力。

6.1.3 加强对国有破产企业的土地和房屋建筑等历史资源与文化资产进行综合再利用和保护再开发。

我国计划经济条件下诞生的大量国有企业，在长期的发展过程中已经形成了一定程度的企业历史和文化传统，这种历史和文化同时具有一定的特色与价值，并凝聚和体现在老工业基地的城市环境及房屋建筑上。在国有企业破产时，应对其具有重要历史文化价值的城市区域和重点建筑进行保护或者开发再利用。比如建设"国有企业历史文化陈列馆"、"山城摩托车文化精品荟萃"等富于特色的展览建筑，同时将国有破产企业不同历史阶段的、实用或拍卖价值不高的产品、机器设备等，集中起来用于这种特殊的博物馆、陈列馆的收藏及陈列。另外，也可以结合城市社区建设，将建筑质量或文化价值较高的车间、厂房等改建为图书馆、文化馆、医疗站、室内体育场馆或者集贸市场等，从而发挥和体现其特殊价值和历史意义。

6.2 实施储备经营

6.2.1 将国有破产企业行政划拨的土地使用权收回，纳入政府土地整治储备计划。

鉴于国有企业行政划拨的土地使用权是一种国家所有的重要资产，同时国有企业的破产过程中，安置职工所需的费用与出售国有企业土地使用权的变现收益，二者之间并没有什么必然的本质联系。建议在国有企业破产时，政府对于行政划拨的土地使用权进行收回，纳入政府的土地整治储备工作，从根源上消除由于对土地分割拍卖、分散使用所带来的资源浪费和资产流失(图2)。

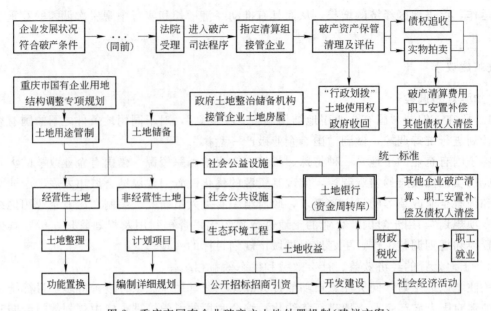

图 2　重庆市国有企业破产之土地处置机制（建议方案）
措施："整"——实施整治储备，构筑土地银行；制定统一规划，统一补偿标准。
目标：土地资源集约化再利用，土地资产合理化再分配，社会安定团结，生态环境改善，城市规划目标实现，城市社会经济活动得以健康发展。

6.2.2 "政府引导"和"市场配置"相结合。

加强政府对城市土地一级市场的垄断和控制能力的前提下，加快建立、完善"土地交易（二级）市场"，使土地交易公开、公正、公平，促进土地市场健康发育。

6.2.3 在可能的情况下，对所有以"行政划拨"方式获得土地使用权的国有企业的土地政策进行调整，促进"划拨"向"出让"的转变，或者征收较高的划拨土地使用税或年度使用费。

这样做的意义并不在于使城市政府增加了一条财政渠道，而是在市场经济条件下对企业的一种激励措施，促进国有企业更加有效地使用宝贵的城镇土地资源，更加准确地在财务报表上反映其真实的经营效率；同时减少土地寻租，增加财务收入，增加的土地收益还可以用来支付其未来条件下可能发生破产时所将要发生的职工安置补偿、社会保障等的破产成本。

6.3　统一政策标准

6.3.1 国有企业破产的职工安置补偿标准应同对其土地拍卖等经营活动"脱钩"，采用统一、公平、公正的安置补偿标准。

对不同用地条件下国有破产企业的职工，采用统一、公平、公正的安置补偿标准，消除其待遇差别所诱发的社会不稳定因素，并尽可能切实提高现有的安置补偿标准。根据我国国有企业分级管理的现状，应由中央、省、市、县等各级政府根据实际情况分别制定统一的安置补偿政策、标准及管理实施办法。

6.3.2 国有破产企业土地经营收益的分配应体现国家、集体和个人三者利益的统一，做到公平、公正。

其应首先，并且主要用于国有破产企业的职工安置补偿、破产清算、土地整治储备开发成本和必要的管理费用，以及弥补非经营性用地情况下国有企业破产过程中的职工安置补偿费用缺口。在资金"盈余"的情况下，可用于帮助职工再就业、完善社会保障体系、提高社区服务水平及城市基础设施的配套建设等社会公共设施、公益工程。十分重要的一点，必须明确并通过具体的监管措施，保证国有破产企业的土地经营收益不得挪作他用，特别是不能用于偿还国有企业（除职工外）的其他债务。

6.4 创建"土地银行"

构筑"土地银行"，即国有企业破产的"资金周转库"。这样，国有企业经批准进入破产司法程序的初始阶段即可按规定领取资金，迅速对职工进行安置补偿，从而提高破产工作效率，降低破产周期过长所引发的成本浪费，这也有助于政府及时处理破产过程中的突发事件。而构筑"土地银行"所必需的"启动资金"，可由政府通过贷款等方式解决。要"劫富济贫"，将区位好、土地价值高的国有企业破产后的土地经营收益，投入区位较差、土地价值不高的国有企业，帮助其必须的破产计划得以实现。

6.5 改进管理机制

建议在国务院成立国有资产监督管理委员会的有利时机下，成立城市政府国有资产监督管理的地方机构，行使国有土地资产"责、权、利"的主体地位。国有企业的土地资源优化配置的主体应由规划部门担任，土地整治储备机构则应代表政府成为城市土地资本经营的市场运作主体。

6.6 立法建议

我国已经加入WTO，政府职能必将产生重大转变，将由管理型政府向服务型政府转变，由"人治"向"法治"转变。建议国家组织有关人员，对国有企业的土地处置情况进行更广泛、深入的调查，研究，设立国有企业土地处置法，并予以颁布实施，确保此项改革的顺利实施。

6.7 科学研究与人才教育

对于政府推进国有企业破产的社会系统工程中所涉及的诸多问题，应该引导高等院校、科研院所等加强其教学力度和研究水平。如对高校中的法律、金融、企业、城市规划及管理等专业学生的学习和研究，特别是对大学生毕业论文的选题等进行合理引导，可以做到为政府决策服务，也有利于多出实践性强的优秀学术成果，进而推动理论研究，并形成互动，为学科发展和地方建设做出贡献。同时应该创造条件，鼓励青年大学生在学成毕业后参与政府的各项实际管理工作。

7 对策建议的推广应用

由于作者所提出的改革建议中，国有企业破产和土地处置方式这两者之间并没有必然的联系，因此可以将其扩展应用至对于产业结构调整搬迁国有企业的土地处置工作当中，见图3、图4的分析。

8 展望

重庆是我国重要的老工业基地城市之一，作者社会调查梳理的问题具有一定的典型性和代表性，所提出的政策导向性改革建议对于重庆市和国内其他城市，尤其是老工业基地的国有企业改革、国有资产监督管理和老工业基地改造等实际工作具有重要的参考借鉴价值和一定的推广应用前景。

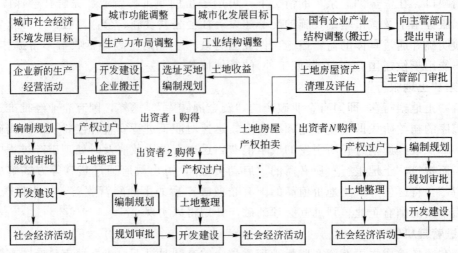

图 3 重庆市产业结构调整搬迁国有企业之土地处置机制（现状）

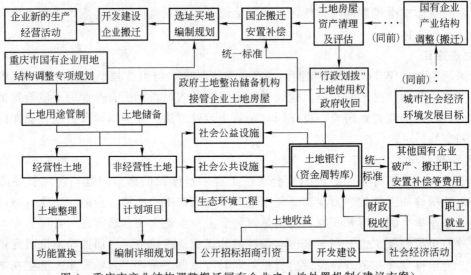

图 4 重庆市产业结构调整搬迁国有企业之土地处置机制（建议方案）

社会调查小档案：
- 调查时间：2002 年 6 月 25 日～2003 年 4 月 18 日
- 调查地点：重庆市主城区
- 调查对象：国有大中型工业（破产）企业
- 调查方式：文献、走访、问卷、会议等，以典型调查、定性调查为主

参考文献：

[1] 世界银行东亚太平洋地区私营部门发展局. 中国国有企业的破产研究——改革破产制度的必要性和途径 [M]. 北京：中国财政经济出版社，2001

[2] 刘世锦. 中国"十五"产业发展大思路 [M]. 北京：中国经济出版社，2000

[3] 严春. 浅谈破产企业的土地处置 [J]. 中国土地科学，1996，10，P92～P94

[4] 彭正银，颜一青. 国有企业资产重组中的政府作用与企业行为 [J]. 现代财经，1998，(3)：P20～P25

第二部分 评 析

我国高等院校的城市规划专业教育，除了同济大学之外，目前大都还是在建筑学的传统框架下，以土木建筑、工程技术等为主。然而城市规划管理是城市规划工作中的重中之重，在城市规划界普遍有"三分规划、七分管理"之说。本项社会调查的动机，是作者在本科毕业、推荐免试攻读硕士研究生之后，认识到城市规划管理的重要性，并选择国有企业在实施破产计划之后的土地处置问题作为社会调查课题，以此为切入点进行城市规划管理的理论与实践的调查研究。由于所研究问题比较复杂，撰写的调查报告篇幅较长，本书仅摘录了主要的分析和结论部分。

本调查报告做得比较成功的地方以及存在的不足和遗憾在于以下几个方面：

一、值得肯定的地方

（一）选题内容具有前瞻性

作者社会调查所针对的是国有企业破产之后的土地处置问题，这是我国在建立和完善社会主义市场经济体制的过程中，国有企业改革和土地制度改革的重要内容。我国的国有企业改革和土地制度改革受到特殊的国情所制约，具有自身的特点和困难，历史上和国际上可以借鉴的案例、经验较少，这就需要我们不断地参照社会中的实际情况，及时地分析研究问题，提出改革方案，并在实践应用中予以完善。因此，关于国有破产企业土地处置问题的研究，是摆在我国新的社会发展阶段面前的特殊性问题，选题内容对于未来的社会改革和发展具有前瞻意义。

对于国有企业破产之后的土地处置问题，我国集中地体现在国有企业比较集中的东北三省和西南重庆等老工业基地，因此对这一问题的调查研究，又是我国政府从2003年起开始重点推进"老工业基地改造"战略的重要组成部分和工作内容。作者在2002年开始进行的、针对国有破产企业土地处置问题的调查研究，提前预见了重大的、深刻的社会形势变化，起到了重大社会改革之前对改革理论"先锋"和改革政策"先导"等的预测和参考借鉴价值，因此具有一定的前瞻性和重大的社会意义。

（二）调查任务具有挑战性

国有企业土地处置和国有企业改革是一项系统工程，所涉及的利益和矛盾众多，其中既包含国有企业及其职工的安置问题，也包含着政府和国家的利益问题；既有历史的遗留问题，也有现实的生存问题，更有长远的发展问题……各种关系相互交织，难以较清晰地把握。因此，对于国有破产企业土地处置问题的研究，需要从历史、现实、未来，理论、实际、改革，社会、经济、管理和法律等多层面、多角度、多学科地分析和思考。

作者作为城市规划专业的硕士研究生，只有在广泛的知识学习和深入的文献调查的基础上，才能谈得上去社会实际的调查采访。因此，整个社会调查活动的工作任务，具有相当的挑战性，其不仅属于调查者个人能力的挑战，更在于这次社会调查对于城市规划管理工作的创新突破，也即城市规划管理科学发展的挑战。

（三）对策建议具有现实操作性

作者在对于国有破产企业土地处置问题的调查研究中，受到了重庆市规划局的大力支持与协助，社会调查活动得以顺利开展。作者不仅获取了大量的第一手资料，深刻分析了各层次和各方面的矛盾和问题，而且结合城市规划学科知识和我国城市经营理论和实践的发展，提出了有现实针对性的、可操作的系列对策建议，这就使社会调查活动的社会价值与现实作用的发挥成为可能。作者完成报告以后，还向重庆市的有关领导递交了政策建议书，重庆市规划局等有关政府职能部门也认真地讨论和研究了对国有破产企业土地处置的规划管理改革方案。此外，作者还被邀请参加了中国科协 2003 年学术年会及中国城市规划学会 2004 年学术年会等，并针对老工业基地国有破产企业土地处置问题作了学术报告，使得社会调查的研究成果得到了进一步宣传和推广。

二、存在的不足

（一）定量研究较少

对于国有破产企业土地处置情况的调查，作者主要采取的是典型调查和定性研究为主的方式，定量分析的内容较少。究其原因，主要是由于国有破产企业土地处置问题是现实社会中的焦点问题，在社会调查中，很多人对作者的调查活动非常敏感，即使是得到了重庆市规划局的大力支持（重庆市规划局也为作者开具了介绍信），大家在接受调查访问时还是相当慎重，有的是故意回避，或者大多数都回答不知道，想要获取定量研究的数据等相当不易。

（二）跟踪研究不足

对于国有破产企业土地处置情况的调查，如果能够对比较典型的企业的整个改革过程作跟踪调查是再好不过了，但是国有企业的破产过程一般都比较长，都是几年时间左右，在社会调查的时间上不太允许。另外，由于作者的学生身份，即使有跟踪调查的时间，可能还是没有跟踪调查的可能，因为其中要涉及到的很多保密问题，是不会轻易让学生较多地接触的。这些问题，最好的解决办法就是城市政府支持调查研究工作，并且国有破产企业土地处置的具体管理部门的人员参与课题的调查和研究，由此来发挥各自的理论、实践、经验等的综合优势，共同把国有破产企业土地处置问题的社会调查研究工作搞好。

实例三 对北京虎坊路社区老年人生活状况的调查[1]

第一部分 调查报告(摘要)

目 录

1 虎坊路社区老年人的基本情况 ……………………………………… 281
  1.1 虎坊路社区概况 ………………………………………………… 282
  1.2 社区老年人的基本情况 ………………………………………… 282
2 虎坊路社区老龄工作的一些成功经验 ………………………………… 283
  2.1 社区居住条件方面 ……………………………………………… 283
  2.2 社区老年设施方面 ……………………………………………… 284
  2.3 社区为老年人服务方面 ………………………………………… 285
3 虎坊路社区老龄工作还存在的问题 …………………………………… 287
  3.1 老年人居住条件差 ……………………………………………… 287
  3.2 社区老年设施不完善 …………………………………………… 290
  3.3 社区为老年人服务体系不健全 ………………………………… 290
4 思考与建议 ……………………………………………………………… 291
  4.1 我国老年人养老道路的选择 …………………………………… 292
  4.2 为老年人创造舒适的居住环境 ………………………………… 292
  4.3 完善社区老年设施和为老年人服务体系 ……………………… 293

    进入 21 世纪,人口老龄化已经成为人类社会的一个重大社会问题。目前,我国 60 岁及以上的人口已经超过了 10%,65 岁及以上的人口有 9000 万人左右,占总人口的 6.96%。这些数字表明我国已经进入了老年型国家的行列。由于各方面因素的共同作用,我国人口老龄化发展速度将继续加快。到 2020 年,65 岁及以上的人口将超过总人口的 10%,2040 年将超过总人口的 25%[2]。然而,面对我国人口老龄化迅速地、大规模地到来,老年人所居住的社区是否已经作好准备,老年人的各种需求是否得到满足了呢?笔者带着这个问题对北京虎坊路社区进行了调查。

1 虎坊路社区老年人的基本情况

    虎坊路社区是一个老年人口较多的社区。众所周知,经济发达地区的老龄化问题比落

---

[1] 《关爱老人从社区做起——北京虎坊路社区老年人生活状况调查报告》获得 2002 年度全国大学生城市规划专业调查报告作业评优佳作奖。作者:郭亮,指导教师:李和平。
[2] 中国老龄协会. 全国老龄工作,2001(5)。

后地区严重；大城市旧城区内的老龄化问题比新城区严重。虎坊路社区地处北京的老城区内，社区内老年人口占的比重大，老龄化现象具有典型性(图1)。社区内老年人的生活状况应引起我们的关注。

1.1 虎坊路社区概况

笔者在虎坊路社区居委会了解到，该社区是北京1957年建成的老社区，位于北京市宣武区，距市中心天安门广场仅1km多(图2)。虎坊路社区占地15hm^2，居住人口2902人，其中577人是老年人(表1)。社区老年人口占总人口的比例高达近20%，这一方面是人口自然变化的原因，另一方面也是由于近年实行了新的房改政策，许多年轻人都买新房搬出了社区，这样就使虎坊路社区中的老年人比例逐年升高，已经成为北京典型的老年型社区。

图1 虎坊路社区的老年人

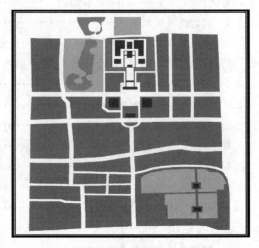

图2 虎坊路社区区位图
其中红色地块为虎坊路社区位置

虎坊路社区人口统计表 表1

序 号	类 别		人 数（人）
1	总 户 数		1084户
2	其 中	总 人 数	2902
		老年人口数	577
		青少年人口数	222

资料来源：虎坊路社区居委会提供，统计时间：2002年1月。

1.2 社区老年人的基本情况

调查表明，虎坊路社区老年人的基本特征是"两多一少"。两多即文化程度低的老年人多，离退休老年人多；一少即身体完全健康的老年人少。在30名被调查的老年人中，初中及其以下文化程度的老年人有22人，占73.3%；离、退休老年人有23人，占76.7%。这些离、退休老年人有稳定的离、退休金作为他们的基本生活保障。值得注意的是，认为自己身体完全健康的老年人仅有8人，占26.7%，而认为自己身体不健康,需要经常看病的老年人有 10 人,占 33.3%,其余 12 人认为自己健康状况一般(表 2~表 4)。

老年人文化程度调查表(笔者调查统计) 表 2

序号	老年人文化程度	老年人数(人)	百分比
1	文盲	4	13.3%
2	小学	5	16.7%
3	初中	13	43.3%
4	高中及以上	8	26.7%
	合计调查人数	30	100%

老年人生活经济来源调查表(笔者调查统计) 表 3

序号	老年人生活经济来源	老年人数(人)	百分比
1	离、退休金	23	76.7%
2	子女赡养	5	16.7%
3	政府补贴	0	0%
4	低保	2	6.7%
	合计调查人数	30	100%

老年人自评身体健康状况调查表(笔者调查统计) 表 4

序号	自评健康状况	老年人数(人)	百分比
1	很差	3	10%
2	较差	7	23.3%
3	一般	12	40%
4	健康	8	26.7%
	合计调查人数	30	100%

2 虎坊路社区老龄工作的一些成功经验

笔者从虎坊路社区居委会张彦霞主任处了解到,居委会坚持把老年工作作为日常工作的重点,认真贯彻江总书记三个代表的思想和《中国老龄事业发展"十五"纲要》的要求,社区的老龄工作取得了一定的成绩(图 3)。

2.1 社区居住条件方面

虎坊路社区大力改善社区居民的居住条件。居委会结合有关部门对社区内私搭乱建的行为进行了治理,并且把社区内的老旧住宅楼全部粉刷一新。为防止老年人摔倒,社区内的便道上铺有防滑地砖。社区还不断加强绿化工作,美化社区环境(图 4)。

图3　虎坊路社区委员会　　　　　　　图4　社区内的组团绿地

2.2　社区老年设施方面

虎坊路社区建立了老年人活动中心(图5)。它包括老年人健身房(图6)、健身娱乐室(图7)和托老室(图8)。老年人活动中心配有彩电、空调、影碟机等设备，供老年人使用。为了方便老年人晨练，社区还建了老年人健身乐园(图9)。

图5　社区老年人活动中心——星光老年人之家　　　　　图6　老年人健身房

图7　老年人娱乐室　　　　　　　　图8　托老室

图9 老年健身乐园

图10 为老年人服务一条街

2.3 社区为老年人服务方面

社区在生活、医疗保健、文体娱乐和维护权益等方面为老年人也做了许多卓有成效的工作，受到了老人们的欢迎（表5）。

虎坊路社区为老年人开展的服务活动（笔者调查统计）　　　　表5

序号	服务类别	社区为老年人开展的服务活动
1	生活方面	社区开展一帮一活动，帮助生活有困难的老年人
		居委会给社区中的老年人发放便民卡
		在社区开展为民服务一条街活动，免费为老年人理发、体检，优惠老年人购物（图10）
		居委会的工作人员积极联系辖区内各单位、企业为老年人提供各种优惠的服务
		在春节期间，社区组织联欢会，使那些孤寡老人们也感受到了家的温暖（图11）
2	医疗保健方面	社区委员会每周二请友谊医院的大夫到社区中心为老年人义务看病
		居委会不定期地举办健康讲座，为老年人提供医疗保健的咨询（图12）
3	文体娱乐活动方面	组织成立了老年合唱团，参加宣武区的老年歌唱比赛
		利用小区内有限的场地，组织老年人学习打太极拳
		成立老年学校，组织老年人学习英语
		建立法制图书角，对老年人进行普法宣传
		在小区内举办老年人运动会
		居委会组织一些企业免费提供车辆，组织老人春游踏青，曾经去过北京植物园、青龙湖、亚运村等等地方
4	维护权益方面	社区充分发挥居委会的调节组织作用，妥善处理多起涉老纠纷
		社区中心为老年人提供《老年人保障法》的咨询，提高老人的法律意识。

图 11　孤寡老人联欢　　　　　　　　　　　图 12　健康讲座

虎坊路社区组织居民作为志愿者为老年人义务服务。调查显示，在这些志愿者中，60岁以上的老年人占了 62.4%。可见，老年人在参加社会公益活动方面是有很大潜力的。社区还可以组织老年人参与居委会、维护社区治安等工作，发挥老年人的余热。这样既可以满足老年人"老有所为"的愿望，在经济上也可以节约老龄工作费用的开支（表6、图13）。

虎坊路小区注册志愿者　　　　　　　　　表 6

序号	年龄范围	志愿者（人）	比例
1	60 岁以上	78 人	62.4%
2	30 至 60 岁	38 人	30.4%
3	30 岁以下	9 人	7.2%
4	总　　计	125 人	100%

资料来源：笔者根据社区居委会提供社区志愿者人名册进行归纳统计。

居委会的工作人员辛勤工作，积极想办法，做好为老年人的各项服务工作。社区成立了三个老年人社团，组织老人健身、学习、参与社会活动，丰富了老年人的生活（表7）。

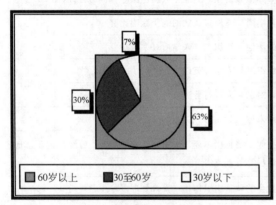 

图 13　志愿者人员构成比例　　　　　　　　图 14　老年合唱队

虎坊路小区老年社团调查表（笔者调查统计）　　　　表7

序号	社团名称	老年人数	活动时间	活动地点
1	老年合唱队(图14)	30人	每周一下午	老年活动中心
2	老年太极拳队(图15)	25人	每周三、五早晨	15号楼前绿地
3	老年英语学习班(图16)	10人	每周四下午	老年活动中心

图15　老年太极拳队

图16　老年英语学习班

3　虎坊路社区老龄工作还存在的问题

几年来，虎坊路社区老龄工作发展很快，在老年设施建设和为老服务方面取得了一定的成绩。但根据这次的调查结果来看，若要使社区作为老年人养老的主要载体，满足广大老年人的需求还存在以下几个方面的问题。

3.1　老年人居住条件差

老年人生活的大部分时间是在自己居住的社区环境内度过的(图17)。因此，老年人的居住条件的优劣就直接影响到老年人居家养老的质量。调查显示，虎坊路社区老年人居住环境和住宅条件还存在着不同程度的问题。

3.1.1　社区老年人生活环境差

通过对30位老年人的抽样调查，有19位老年人对社区内的环境表示不太满意。作为老社区，由于没有封闭式的小区物业管理，社区以外的人员可以在社区内任意穿行，小商贩进入社区叫卖以及无业人员在社区内滞留。这些使原本宁静的社区环境变得脏乱、吵闹，同时也导致了社区内不安全因素的增多，给老年人的生活造成不便。社区内道路没有实现人车分离，机动车在社区内随意地行驶，而且乱停车现象随处可见(图

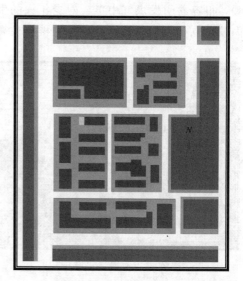

图17　社区总平面图
资料来源：笔者根据居委会提供的总平面展板改绘。

18),这对社区中的老年人构成了许多安全隐患。

3.1.2 老年人居住条件差

虎坊路社区内的居住建筑多为解放初期建的砖结构多层楼房,其常见的户型为"两居室"(图19),每套住宅的建筑面积在 $40m^2$ 左右。这些住宅结构老化、设施陈旧、户型设计不合理,已经不能满足现代人生活的需求。有6位老人在调查中反映,由于家中人口较多,房间面积又小,住在一起十分拥挤;而若与子女分居,则老年人的生活照料又很成问题。

图18 社区内乱停车现象严重

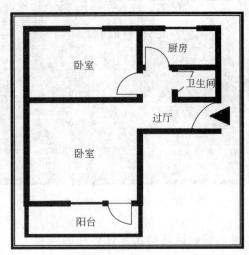

图19 两居室户型

调查发现,在社区23栋居民楼中,只有9栋在两年前加装了暖气供暖系统。社区中没有暖气的住宅占全部住宅的60%还多。这些住宅中的老年人在冬天还只能靠火炉来取暖,很容易引发煤气中毒,对老年人的生命安全构成威胁(图20、图21)。另外,居民楼内没有电梯,老人表示由于住的楼层较高,平时很少甚至不下楼活动。

图20 没有暖气供暖的住宅

图21 没有供暖设施的住宅

总的来看,虎坊路社区作为北京的老社区,其居住条件距离老年人实际生活的需求还是有很大差距的,影响了老年人生活的质量。因此,要充分考虑到老年人在生活中的特殊需要和可能遇到的困难，改善和创造优良的老年人居住条件，这是实现老年人家居养老的最基本条件。

3.2 社区老年设施不完善

老年设施是指根据老年人生理、心理特点设计，专为老年人提供服务的设施。它由社区老年人公共活动设施和老年养老设施两部分组成。

3.2.1 老年人公共活动设施缺乏

作为老人，他们在离退休以后，生活的习惯与方式起了转折性的变化，在生理、心理等诸多方面产生了不适应。对健康和比较健康的老年人而言，他们的老年生活除具有良好的物质条件之外，对精神文化方面还有需求。笔者在调查中看到了这么一幕：老人们三五成群地在路边，有的在小三轮车旁，有的在地上铺一张报纸，大家围成一圈，有说有笑地打着牌(图22)。

在30名被调查的老年人中，有19位老年人每天进行健身锻炼，占65%。这些老人相对身体健康，有自理能力，希望参与社会活动。然而在这方面社区为这些老年人提供的公共活动设施显然还是远远不够的，无论从数量上还是种类上都还没有满足老年人的需求(图23、图24)。

图22 老人们没有固定的娱乐场所

图23 老人们露天打牌

3.2.2 老年人养老设施缺乏

目前虎坊路社区的养老设施建设速度远远滞后于社区老龄化发展的速度，社区养老体系尚未建立起来。在调查中了解到，社区中只有一间带有两张床位的托老室。这与社区老年人越来越多的养老需求相距甚远，而且人口高龄化是今后社区发展的必然趋势。因此，在社区中建立为老年人提供全面照料服务的养老设施体系已经到了刻不容缓的地步。

3.2.3 老年设施的管理有待加强

社区中已有的老年设施缺乏相应的管理和及时的维护。据一位姓高的老人向笔者反映，他家楼前的健身乐园由于缺少对健身器械使用方法的介绍，

图24 缺乏足够的健身场所

许多人包括一些老人、年轻人和小孩都在不正确地使用健身器械。"一个人玩的变成了三个人玩，健身器能不坏吗？"老人气愤地说。而且，健身器械损坏后也没有得到及时的维修，造成了许多老年人晨练的不便。所以在完善硬件设施的同时，还应不忘对其加以维护和管理，正确引导人们使用这些设施。

3.3 社区为老年人服务体系不健全

人到老年以后，不仅衣食住行等方面的需求发生了变化，而且对医疗保健、生活照料、精神慰藉等方面的需求也明显增加。

3.3.1 老年人医疗保健服务方面

老年人退出工作岗位后，最关心的就是自己的健康问题。但随着老年人年龄的提高，人口老龄化的不断加快，老年人的就医问题日渐突出。调查显示，大多数老年人都认为看病或多或少有些困难（表8）。其主要原因是老年人普遍行动不便，尤其对于那些生活没有自理能力的老人来说去医院看病就更加困难了。另外，在医院看病手续繁琐，排队等候时间过长。许多老年人为了避免麻烦，经常自己去药店买药吃，而不去医院就诊。

老年人在看病过程中感到的最大困难　　　　　　　　表8

序 号	看病过程中感到的最大困难	老年人人数	百 分 比
1	经济困难	7	35%
2	行动不便	5	25%
3	交通不便	0	0
4	手续烦琐	3	15%
5	无人陪同	2	10
6	服务质量差	0	0
7	其他	0	0
8	没有困难	3	15%
	合计调查人数	20	100%

可见，老年人对医疗保健服务措施完善的需求是强烈的。老年人普遍认为"老年人看病优先"是非常必要的。而高龄老人和无自理能力的老年人由于行动不便，在社区开设家庭病床，提供送医、送药上门服务是他们最大的愿望。

3.3.2 在老年人生活照料方面

随着人口老龄化和高龄化的到来，老年人尤其是高龄老人和生活不能自理的老年人在日常生活方面非常需要他人照料（表9）。调查表明，家人仍是老年人的主要照料者（表10），这从一个侧面说明，社区对老年人的生活照料服务还是远远不够的。在现实生活中，完全由家庭成员来承担照料老年人的任务已经难以实现。因为随着老年人口不断增多，以及"四、二、一"家庭供养关系的不断上升，导致了中青年夫妇既要赡养老人，又要抚养孩子，同时面对工作、学习的压力，照料老人显然力不从心。因此，社区应建立多层次的服务网络，兴办各种家庭服务项目。在实际操作中，可以由社区出面组织一些志愿者、固定可靠的小时工，在老人需要的时候，上门为他们服务，解决老人们生活上的困难，如洗衣服、收拾屋子，为老人理发、洗澡，还可以开办老年饭桌或送饭上门，解决老年人吃饭难的问题。

老人生活自理状况调查表 表 9

序 号	自评自理状况	人 数	百 分 比
1	不能自理	3	15%
2	半自理	7	35%
3	能自理	11	55%
	合计调查人数	20	100%

老年人生活照料情况调查表 表 10

序 号	老年人生活照料	人 数	百 分 比
1	老年人自己	2	10%
2	老年人的配偶	4	20%
3	老年人的子女	12	60%
4	保姆、小时工	2	10%
5	其他	0	0%
	合计调查人数	20	100%

3.3.3 在老年人精神慰藉方面

老年人不仅仅需要经济上的保障，更需要来自子女和社会的精神慰藉。在这个问题上，以空巢老人表现最为突出。随着住房条件的改善以及独生子女家长逐渐步入老年，必将导致了空巢老人的大量增加（表11）。许多空巢老人退休后呆在家里，子女不在身边，而社区的老年文化生活又比较少，老年人的生活非常单调。空巢老人精神上得不到关怀，很容易感到寂寞。许多老年人都表达了希望儿女多回家看望的愿望，特别是高龄或身体不好的空巢老人。因此，使空巢老人多参与社会活动，志愿者上门和老人聊天，社区工作人员和邻居对空巢老人多一些关心，这都是对空巢老人的一种精神上的慰藉。

空巢老人子女居住地统计表 表 11

序 号	子女居住区域	空巢老人数
1	国 外	4
2	港澳台	0
3	外省市	2
4	本 市	102
5	本区县	38
6	本街区	17
7	本小区	6
	合计调查人数	169

资料来源：社区居委会提供。

4 思考与建议

经过在虎坊路社区的调查，笔者深刻体会到老龄问题的严重性与迫切性。老龄问题，涉及到政治、经济、文化、社会生活等诸多领域，是关系国家长治久安、国计民生、人民安居乐业的重大社会问题。

4.1 我国老年人养老道路的选择

走家庭养老和社区养老相结合的居家养老道路，通过社区建立与完善社会养老服务。社区养老是家庭养老的重要补充，是社会养老和家庭养老的最佳结合，也是从我国的经济发展水平出发又符合老年人传统家庭文化观念的养老模式。

4.1.1 走居家养老道路是由我国国情决定的

我国是发展中国家，经济不发达且不均衡，"未富先老"是我国老龄化进程中的显著特征。从我国目前的实际情况来看，虽然人民生活水平有了很大提高，但如果全部采用社会化养老，老年人从经济上还是接受不了的。另外，老年设施的建设不是一朝一夕就可以完善的，而是一个不断发展完善的过程。这样就决定了我国老年人必然走居家养老的道路。

4.1.2 居家养老也是大多数老年人的愿望

从老人的实际情况来看，社区是老年人多年生活的地方。他们大多不愿意离开他们熟悉的环境和多年相处的老邻居们。走居家养老的道路也是顺应了老年人的意愿。

可见，我国老年人走居家养老的道路自然就离不开他们所居住的社区，所以要在社区创造适合老年人生活、养老的居住环境，完善社区老年设施和为老服务体系，提高老年人的生命、生活质量。

4.2 为老年人创造舒适的居住环境

创造适宜老年人生活、养老的居住环境是实现老年人家居养老的最基本条件。针对其自身特点，以人为本，营造良好的老年人居住生活环境，满足老年人生理、心理各方面的需求。

4.2.1 老年社区环境的规划

在老年社区环境的规划上，开辟和扩大户外活动空间，增加绿地面积，为老年人提供更多的健身、娱乐、休憩和交往的绿色空间。同时还要注重社区内设施的方便性、安全性和舒适性，达到无障碍的要求。另外，实现人车分流，集中布置停车场，有条件的社区应采取地下集中停车的方式。实行封闭式的社区物业管理，为老年人创造安全、宁静、优美的社区环境。

4.2.2 老年设施在社区中的规划

在规划中应充分考虑到当前与未来老龄化的发展形势，对老年设施场所合理规划和布局，优化社区综合养老环境，在一定范围内形成网络、形成规模。社区规划应把各类老年人设施列入规划项目，以老年服务设施为中心来发展社区空间结构(图25)。

4.2.3 实现老年人社区生活的多样性

老年人社区的规划不仅仅是一个

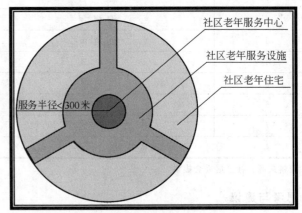

图25 老年社区空间结构图

规划问题,还需要多种学科共同研究。在城市规划与设计中,要考虑到老年人心理、行为因素对其在社区中生活的影响,不能忽略人与空间的微妙关系,把复杂的问题简单化处理,造成社区老年人的生活枯燥乏味。这一点尤其在旧城改造和新区开发的规划中值得我们注意。实现社区与城市的融合,便利社区内老年人与邻里的交往、与不同年龄层人群的交往,使社区老年人的生活具有多样性,提高老年人生活的质量。

4.2.4 老年住宅的设计

在老年人住宅的设计上,除了完善住宅内的设施及设施的无障碍设计外,还要多一些不同模式的老年住宅。由于大多数老年人还是希望和儿女住在一起的,儿女们也希望能为老人们多尽些孝心,所以在住宅设计上应多一些二代居、三代居模式的住宅,以方便儿女们照料老年人的生活(图26)。

由图26我们可以看到,图A为完全同居型,这种户型适合子女照顾高龄和丧偶的老年人;图B为半同居型,这种户型适合三代同居的家庭;图C为半邻居型,他们之间相对独立,具有一定的私秘性,同时又可以相互照顾;图D为完全邻居型,适合家中老年人身体健康,生活自主性强的老年人家庭。为老年人创造适合他们生活方式的居住空间还需要相关的设计人员加强研究。

4.3 完善社区老年设施和为老年人服务体系

优良的老年人居住生活环境不仅包括老年人居住环境,还要进一步地完善社区老年设施和为老年人服务,满足老年人生理、心理各方面的需求(图27)。

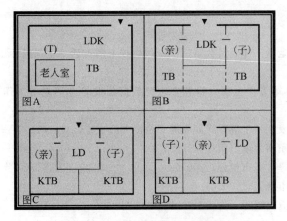

图26 多代同居家庭居住基本模式
参考胡仁禄:老年居住环境设计绘制

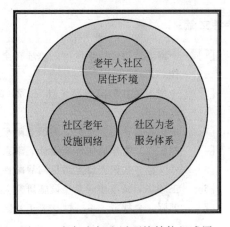

图27 老年良好生活环境结构组成图

4.3.1 老龄工作的重点在社区

李岚清副总理在全国老龄工作委员会第三次会议上明确指出:"老龄工作的重点在社区,在基层。"因此,要加速社区老年设施的配套建设,尤其要加强老年养老设施的建设。在社区为老服务工作方面,建立专职为老服务者的队伍,长期稳定地在社区开展为老服务活动,满足老年人的各种需求。特别是提供为老年人的上门服务,为社区中越来越多的高龄老人和生活缺乏自理能力的老人解除生活中的后顾之忧,支持老年人家居养老。

4.3.2 完善社区老年设施和为老年人服务体系需要走社会化的发展道路

在调查中发现,人力、物力、财力的欠缺是制约社区老年设施建设和开展为老年人服务的主要问题。因此，走社会化的发展道路，通过全社会的共同努力，是解决这一问题的有效方法。

第一、改造原有设施，整合社区资源，实现社区资源共享。在社区中已建成的很多设施并没有发挥其最大作用，重复建设、设施闲置等浪费现象时有发生。大力整合社区资源，统筹兼顾，达到设施效用的最大化。各个部门、单位打破行业界限，相互协作，优势互补，采取设施改建、合并等措施，使有限的社区老年设施资源最大程度满足老年人口的需求。

另外，鼓励、支持社会力量兴办老年设施，发展为老年人服务的行业。老年设施的建设需要引入市场竞争机制，吸引民间资本到社区开设老年服务性机构，按照社会主义市场经济的要求积极发展老年服务业，使老年设施建设走上社会化的发展道路。

老年问题是社会问题。随着人口老龄化程度进一步加深，许多老年问题也将不断地暴露出来，还需要不断地探讨与研究。关爱老人从社区做起，从一点一滴做起，以人为本，为老年人们创造社区居住条件优良、养老设施完善、为老年人服务周到的社区，使他们能够安享晚年。

社会调查小档案：
- ■ 调查时间：2002年3月14日～4月26日
- ■ 调查地点：北京市宣武区虎坊路社区
- ■ 调查方式：专业考察、入户调查、问卷调查等综合方式
- ■ 抽样调查人数：社区内30名不同类型的老年人

参考文献：

[1] 中国老龄协会.李岚清副总理在全国老龄工作委员会第三次全体会议上的讲话.全国老龄工作，2001(5)

[2] 中华人民共和国国家统计局.2000年第五次全国人口普查主要数据公报.全国老龄工作，2001(5)

[3] 中国国家计划委员会.中国老龄事业发展"十五"计划纲要.全国老龄工作，2001(9)

[4] 胡仁禄.老年居住环境设计.南京：东南大学出版社，1995，12

[5] 张文范.我国人口老龄化与战略性选择.城市规划，2002(2)

[6] 王玮华.城市住区老年设施研究.城市规划，2002(3)

[7] 邹强，金秋野.单一性"老年社区"应当缓行.住区，2001(3)

第二部分 评 析

《关爱老人从社区做起——北京虎坊路社区老年人生活状况调查报告》是一份比较成功的城市规划社会调查报告，它在几个方面值得肯定。

一、值得肯定的地方

（一）选题具有重大现实意义

进入新的世纪，我国迈入老年社会，在未来若干年内老龄化的问题将继续突出，对此如果不及时调查研究，提出解决之道，并予以实施，老龄化问题所暴露出来的矛盾将成为重大的社会问题，甚至将危及社会稳定及改革发展，因此这一问题也是党和国家高度重视的问题。"老龄工作的重点在社区，在基层"，作者从社区规划建设和管理着手开展社会调查，具有重大的现实意义。作者从自身所学城市规划专业的角度，针对老年人的居住环境、物质设施、精神生活等多方面展开调查，提出了一系列具有重大参考价值的成功经验，同时对于目前仍存在的一些问题也提出了有针对性的对策和建议。这些经验和建议是非常宝贵的，值得进一步深入思考和推广。

（二）调查内容比较全面、深入

作者对老年人生活状况的调查，并非泛泛而谈，而是巧妙地选取了北京市虎坊路社区进行典型案例的调查研究，这样就可以集中有限的人力、物力和时间等，开展较为广泛、全面、深入的调查。调查内容不仅有生活环境、社区服务等大的方面，也有老年人的生活交往、医疗保健和精神慰藉等较细小的层面内容，使得调查报告给人丰富、具体、生动的印象。

二、存在的不足

（一）思考问题的角度比较单一

作者对老年人生活状况的调查，较多地是从老年人自己的角度，或者是社区管理的角度去思考，这样思考问题的角度就比较单一。因为老龄问题是一重大的社会问题，是一个社会系统工程，因此老龄问题的解决需要全社会的共同努力。老年人的各种愿望和需求是至关重要的，但其往往是较主观的想法，这些想法只有在社会大的环境氛围的客观条件当中得以实现。比如除了老年人以外的其他社会群体对老龄化问题的认识程度如何，对老年人的关心和关爱如何；比如老年人是否应是单一群体的生活更为方便，还是应与其他如青少年和中青年人群等共同交融生活；比如老年人的生活保障等是否可能在管理制度和法律法规等的层面上去加以解决；等等，这些问题也是至关重要的，作者在社会调查当中可以进行更多角度、更广泛的深入调查，从而提出一套从道德教育、科普宣传、舆论引导、制度健全、法律保障等全方位努力的解决方案。即使说作者是从事城市规划的专业调查，但是这些多角度的思考也是有必要的，因为城市规划本身就具有多学科、综合性的特点。

（二）调查方法有一定局限性

我们在认识一个问题的时候，既要看到一个一个的"点"，又要分析作为整体的一个

"面",在社会调查中既需要本文中的典型案例调查,也需要全社会整体状况的全面掌握。因为这些典型个案的调查,其所存在的问题及提出的对策建议往往具有一对一的针对性或称片面性,对于其他地区和其他社区或者根本不适用。比如文中所反映的情况可能在其他地方是不现实的,或者其他地区的社区发展与成熟阶段与北京虎坊路社区相差甚远。简言之,北京虎坊路社区老年人生活状况并非一定就具有典型性和代表性。这种情况下,就应当对调查对象的典型性作出说明,或者对社会调查报告对策建议的适用范围作出界定。

附 录

附录一 随机数表

10 09 73 25 33	76 52 01 35 86	34 67 35 48 76	80 95 90 91 17	39 29 27 49 45
37 54 20 48 05	64 89 47 42 96	24 80 52 40 37	20 63 61 04 02	00 82 29 16 65
08 42 26 89 53	19 64 50 93 03	23 20 90 25 60	15 95 33 47 64	35 08 03 36 06
99 01 90 25 29	09 37 67 07 15	38 31 13 11 65	88 67 67 43 97	04 43 62 76 59
12 80 79 99 70	80 15 73 61 47	64 03 23 66 53	98 95 11 68 77	12 17 17 68 33
66 06 57 47 17	34 07 27 68 50	36 69 73 61 70	65 81 33 98 85	11 19 92 91 70
31 06 01 08 05	45 57 18 24 06	35 30 34 26 14	86 79 99 74 39	23 40 30 97 32
85 26 97 76 02	02 05 16 56 92	68 66 57 48 18	73 05 38 52 47	18 62 38 85 79
63 57 33 21 35	05 32 54 70 48	90 55 35 75 48	28 46 82 87 09	83 49 12 56 24
73 79 64 57 53	03 52 96 47 78	35 80 83 42 82	60 93 52 03 44	35 27 38 84 35
98 52 01 77 67	14 90 56 86 07	22 10 94 05 58	60 97 09 34 33	50 50 07 39 98
11 80 50 54 31	39 80 82 77 32	50 72 56 32 48	29 40 52 42 01	52 77 56 78 51
83 45 29 96 34	06 28 89 80 83	13 74 67 00 78	18 47 54 06 10	68 71 17 78 17
88 68 54 02 00	86 50 75 34 01	36 76 66 79 51	90 36 47 64 93	29 60 91 10 62
99 59 46 73 48	37 51 76 49 69	91 82 60 89 28	93 78 56 13 68	23 47 83 41 13
65 48 11 76 74	17 46 85 09 50	58 04 77 69 74	73 03 95 71 86	40 21 81 65 44
80 12 43 56 35	17 72 70 80 15	45 31 32 23 74	21 11 57 82 53	14 38 55 37 63
74 35 09 98 17	77 40 27 72 14	43 23 60 02 10	45 52 16 42 37	96 28 60 26 55
69 91 62 68 03	66 25 22 91 48	36 93 68 72 03	76 62 11 39 90	94 40 05 64 18
09 89 32 05 05	14 22 56 85 14	46 42 75 67 88	96 29 77 88 22	54 38 21 45 98
91 49 91 45 23	68 47 92 76 86	46 16 23 35 54	94 75 08 99 23	37 03 92 00 48
80 33 69 45 98	26 94 03 63 58	70 29 73 41 35	53 14 03 33 40	42 05 08 23 41
44 10 48 19 49	85 15 74 79 54	32 97 92 65 75	57 60 04 08 81	22 22 20 64 13
12 55 07 37 42	11 10 00 20 40	12 86 07 46 97	96 64 48 94 39	28 70 72 58 15
63 60 64 93 29	16 50 53 44 84	40 21 95 25 63	43 80 00 93 51	07 20 73 17 90
07 63 87 79 29	03 06 11 80 72	96 20 74 41 56	23 32 19 95 38	04 71 36 69 94
60 52 88 34 41	07 95 41 98 14	59 17 52 06 95	05 53 35 21 39	61 21 20 64 55
83 59 63 56 55	06 95 89 29 83	05 12 80 97 19	77 43 35 37 83	92 30 15 04 98
10 85 06 27 46	99 59 91 05 07	13 49 90 63 19	53 07 57 18 39	06 41 01 93 62
39 82 09 89 52	43 62 26 31 47	64 42 18 08 14	43 80 00 93 51	31 02 47 31 67
59 58 00 64 78	75 56 97 88 00	88 83 55 44 86	23 76 80 61 56	04 11 10 84 08
38 50 80 73 41	23 79 34 87 63	90 82 29 70 22	17 71 90 42 07	95 95 44 99 53
30 69 27 06 68	94 68 81 61 27	56 19 68 00 91	82 06 76 34 00	05 46 26 92 00
65 44 39 56 59	18 28 82 74 37	49 63 22 40 41	08 33 76 56 76	96 29 99 08 36
27 26 75 02 64	13 19 27 22 94	07 47 74 45 06	17 98 54 89 11	97 34 13 03 58

91 30 70 69 91	19 07 22 42 10	36 69 95 37 28	28 82 53 57 93	28 97 66 62 52
68 43 49 46 88	84 47 31 36 22	62 12 69 84 08	12 84 38 25 90	09 81 59 31 46
48 90 81 58 77	54 74 52 45 91	35 70 00 47 54	83 82 45 26 92	54 13 05 51 60
06 91 34 51 97	42 67 27 86 01	11 88 30 95 28	63 01 19 89 01	14 97 44 03 44
10 45 51 60 19	14 21 03 37 12	91 34 23 78 21	88 32 58 08 51	43 66 77 08 83
12 88 39 73 43	65 02 76 11 84	04 28 50 13 92	17 97 41 50 77	90 71 22 67 69
21 77 83 09 76	38 80 73 69 61	31 64 94 20 96	63 28 10 20 23	08 81 64 74 49
19 52 35 95 15	65 12 25 96 59	86 28 36 82 58	69 57 21 37 98	16 43 59 15 29
67 24 55 26 70	42 67 27 86 01	79 24 68 66 86	76 46 33 42 22	26 65 59 08 02
60 58 44 73 77	14 21 03 37 12	45 13 42 65 29	26 76 08 36 37	41 32 64 43 44
53 85 34 13 77	36 06 69 48 50	58 83 87 38 59	49 36 47 33 31	96 24 04 36 42
24 63 73 87 36	74 38 48 93 42	52 62 30 79 92	12 36 91 86 01	03 74 28 38 73
83 08 01 24 51	38 99 22 28 15	07 75 95 17 77	97 37 72 75 85	51 97 23 78 67
16 44 42 43 34	36 15 19 90 73	27 49 37 09 39	85 13 03 25 52	54 84 65 47 59
60 79 01 81 57	57 17 86 57 62	11 16 17 85 76	45 81 95 29 79	65 13 00 48 60
03 99 11 04 61	93 71 61 68 94	66 08 32 46 53	84 60 95 82 32	88 61 81 91 61
38 55 59 55 54	32 88 65 97 80	08 35 56 08 60	29 73 54 77 62	71 29 92 38 53
17 54 67 37 04	92 05 24 62 15	55 12 12 92 81	59 07 60 79 36	27 95 45 89 09
32 64 35 28 61	95 81 90 68 31	00 91 19 89 36	76 35 59 37 79	80 86 30 05 14
69 57 26 87 77	39 51 03 59 05	14 06 04 06 19	29 54 96 96 16	33 56 46 07 80
24 12 26 65 91	27 69 90 64 94	14 84 54 66 72	61 95 87 71 00	90 89 97 57 54
61 19 63 02 31	92 96 26 17 73	41 83 95 53 82	17 26 77 09 43	78 03 87 02 67
30 53 22 17 04	10 27 41 22 02	39 68 52 37 09	10 06 16 88 29	55 98 66 64 85
03 78 89 75 99	75 86 72 07 17	74 41 65 31 66	35 20 83 33 74	87 53 90 88 23
48 22 86 33 79	85 78 34 76 19	53 15 26 74 33	35 66 35 29 72	16 81 86 03 11
60 36 59 46 53	35 07 53 39 49	42 61 42 92 97	01 91 82 83 16	98 95 37 32 31
83 79 94 24 02	56 62 33 44 42	34 99 44 13 74	70 07 11 47 36	09 95 81 80 65
32 96 00 74 05	36 40 98 32 32	99 38 54 16 00	11 13 30 75 86	15 91 70 62 53
19 32 25 38 45	57 62 05 26 06	66 49 76 86 46	78 13 86 65 59	19 64 09 94 13
11 22 09 47 47	07 39 93 74 08	48 50 92 39 29	27 48 24 54 76	85 24 43 51 59
31 75 15 72 60	68 98 00 53 39	15 47 04 83 55	88 65 12 25 96	03 15 21 92 21
88 49 29 93 82	14 45 40 45 04	20 09 49 89 77	74 84 39 34 13	22 10 97 85 08
30 93 44 77 44	07 48 18 38 28	73 78 80 65 33	28 59 72 04 05	94 20 52 03 80
22 88 84 88 93	27 49 99 87 48	60 53 04 51 28	74 02 28 46 17	82 03 71 02 68
78 21 21 69 93	35 90 29 13 86	44 37 21 54 86	65 74 11 40 14	87 48 13 72 20
41 84 98 45 47	46 85 05 23 26	34 67 75 83 00	74 91 06 43 45	19 32 58 15 49
46 35 23 30 49	69 24 89 34 60	45 30 50 75 21	61 31 83 18 55	14 41 34 09 51
11 08 79 62 94	14 01 33 17 92	59 74 76 72 77	76 50 33 45 13	39 66 37 75 44
52 70 10 83 37	56 30 38 73 15	16 52 06 96 76	11 65 49 98 93	02 18 16 81 61
57 27 53 68 98	81 30 44 85 85	68 65 22 73 76	92 85 25 58 66	88 44 80 35 84

20 85 77 31 56	70 28 42 43 26	79 37 59 52 20	01 15 96 32 67	10 62 24 83 91
15 63 38 49 24	90 41 59 36 14	33 52 12 66 65	55 82 34 76 41	86 22 53 17 04
92 69 44 82 97	39 90 40 21 15	59 58 94 90 67	66 82 14 15 75	49 76 70 40 37
77 61 31 90 19	88 15 20 00 80	20 55 49 14 09	96 27 74 82 57	50 81 69 76 16
38 68 83 24 86	45 13 46 35 45	59 40 47 20 59	43 94 75 16 80	43 85 25 96 93
25 16 30 18 89	70 01 41 50 21	41 29 06 73 12	71 85 71 59 57	68 97 11 14 03
65 25 10 76 29	37 23 93 32 95	05 87 00 11 19	92 78 42 63 40	18 47 76 56 22
36 81 54 36 25	18 63 73 75 09	82 44 49 90 05	04 92 17 37 01	14 70 79 39 97
64 39 71 16 92	05 32 78 21 62	20 24 78 17 59	45 19 72 53 32	83 74 52 25 67
04 51 52 56 24	95 09 66 79 46	48 46 08 55 58	15 19 11 87 82	16 93 03 33 61
83 76 16 08 73	43 25 38 41 45	60 83 32 59 83	01 29 14 13 49	20 36 80 71 26
14 38 70 63 45	80 85 40 92 79	43 52 90 63 18	38 38 47 47 61	41 19 63 74 80
51 32 19 22 46	80 08 87 70 74	88 72 25 67 36	66 16 44 94 31	66 91 93 16 78
72 47 20 00 08	80 89 01 80 02	94 81 33 19 00	54 15 58 35 36	35 35 25 41 31
05 46 65 53 06	93 12 81 84 64	74 45 79 05 61	72 84 81 18 34	79 98 26 84 16
39 52 87 24 84	82 47 42 55 93	48 54 53 52 47	18 61 91 36 74	18 61 11 92 41
81 61 61 87 11	53 34 24 42 76	75 12 21 17 24	74 62 77 37 07	58 31 91 59 97
07 58 61 61 20	82 64 12 28 20	92 90 41 31 41	32 39 21 97 63	61 19 96 79 40
90 76 70 42 35	13 57 41 72 00	69 90 26 37 42	78 26 42 25 01	18 62 79 08 72
40 18 82 81 93	29 59 38 86 27	94 97 21 15 98	62 09 53 67 87	00 44 15 89 97
34 41 48 21 57	86 88 75 50 87	19 15 20 00 23	12 30 28 07 83	32 62 46 86 91
63 43 97 53 63	44 98 91 68 22	36 02 40 09 67	76 37 84 16 05	65 96 17 34 88
67 04 90 90 70	93 39 94 55 47	94 45 87 42 84	05 04 14 98 07	20 28 83 40 60
79 49 50 41 46	52 16 29 02 86	54 15 83 42 43	46 97 83 54 82	59 36 29 59 38
91 70 43 05 52	04 73 72 10 31	75 05 19 30 29	47 66 56 43 82	99 78 29 34 78

资料来源：The RAND Corporation. A Million Random Dights. Glencoe：Free Press，1955。

附录二 标准正态分布表

(正态曲线的各部分面积，Z＝标准值)

Z	0.00	0.01	0.02	0.03	0.04	0.05	0.06	0.07	0.08	0.09
0.0	0.0000	0.0040	0.0080	0.0120	0.0159	0.0199	0.0239	0.0279	0.0319	0.0359
0.1	0.0398	0.0438	0.0478	0.0517	0.0557	0.0596	0.0636	0.0675	0.0714	0.0753
0.2	0.0793	0.0832	0.0871	0.0910	0.0948	0.0987	0.1026	0.1064	0.1103	0.1141
0.3	0.1179	0.1217	0.1255	0.1293	0.1331	0.1368	0.1406	0.1443	0.1480	0.1517
0.4	0.1554	0.1591	0.1628	0.1664	0.1700	0.1736	0.1772	0.1808	0.1844	0.1879
0.5	0.1915	0.1950	0.1985	0.2019	0.2054	0.2088	0.2123	0.2157	0.2190	0.2224
0.6	0.2257	0.2291	0.2324	0.2357	0.2389	0.2422	0.2454	0.2486	0.2518	0.2549
0.7	0.2580	0.2612	0.2642	0.2673	0.2704	0.2734	0.2764	0.2794	0.2823	0.2852
0.8	0.2831	0.2910	0.2939	0.2967	0.2995	0.3023	0.3051	0.3078	0.3106	0.3133
0.9	0.3159	0.3186	0.3212	0.3238	0.3264	0.3289	0.3315	0.3340	0.3365	0.3389
1.0	0.3413	0.3438	0.3461	0.3485	0.3508	0.3531	0.3554	0.3577	0.3599	0.3621
1.1	0.3643	0.3665	0.3686	0.3718	0.3729	0.3749	0.3770	0.3790	0.3810	0.3830
1.2	0.3849	0.3869	0.3888	0.3907	0.3925	0.3944	0.3962	0.3980	0.3997	0.4015
1.3	0.4032	0.4049	0.4066	0.4083	0.4099	0.4115	0.4131	0.4147	0.4162	0.4177
1.4	0.4192	0.4207	0.4222	0.4236	0.4251	0.4265	0.4279	0.4292	0.4306	0.4319
1.5	0.4332	0.4345	0.4357	0.4370	0.4382	0.4394	0.4406	0.4418	0.4430	0.4141
1.6	0.4452	0.4463	0.4474	0.4485	0.4495	0.4505	0.4515	0.4525	0.4535	0.4545
1.7	0.4554	0.4564	0.4573	0.4582	0.4591	0.4599	0.4608	0.4616	0.4625	0.4633
1.8	0.4641	0.4649	0.4656	0.4664	0.4671	0.4678	0.4686	0.4693	0.4699	0.4706
1.9	0.4713	0.4719	0.4726	0.4732	0.4738	0.4744	0.4750	0.4758	0.4762	0.4767
2.0	0.4772	0.4778	0.4783	0.4788	0.4793	0.4798	0.4803	0.4808	0.4812	0.4817
2.1	0.4821	0.4826	0.4830	0.4834	0.4838	0.4842	0.4846	0.4850	0.4854	0.4857
2.2	0.4861	0.4865	0.4868	0.4871	0.4875	0.4878	0.4881	0.4884	0.4887	0.4890
2.3	0.4893	0.4896	0.4898	0.4901	0.4904	0.4906	0.4909	0.4911	0.4913	0.4916
2.4	0.4918	0.4920	0.4922	0.4925	0.4927	0.4929	0.4931	0.4932	0.4934	0.4936
2.5	0.4938	0.4940	0.4941	0.4943	0.4945	0.4946	0.4948	0.4949	0.4951	0.4952
2.6	0.4953	0.4955	0.4956	0.4957	0.4959	0.4960	0.4961	0.4962	0.4963	0.4964
2.7	0.4965	0.4966	0.4967	0.4968	0.4969	0.4970	0.4971	0.4972	0.4973	0.4974
2.8	0.4974	0.4975	0.4976	0.4977	0.4977	0.4978	0.4949	0.4980	0.4980	0.4981
2.9	0.4981	0.4982	0.4983	0.4984	0.4984	0.4984	0.4985	0.4985	0.4986	0.4986
3.0	0.49865	0.4987	0.4987	0.4988	0.4988	0.4988	0.4989	0.4989	0.4989	0.4990
3.1	0.49903	0.4991	0.4991	0.4991	0.4992	0.4992	0.4992	0.4992	0.4993	0.4993
4.0	0.49997									

资料来源：H. Arkin and R. R. Colton. Tables for Statisticians, 2nd edition, Harper & Row, 1963。

附录三 工人调查表

卡尔·马克思

一

（1）你在哪一个工业部门工作？

（2）你工作的企业属于谁？属于私人资本家，还是属于股份公司？私人企业主或公司经理姓什么？

（3）请说明有多少职工。

（4）请说明他们的性别和年龄。

（5）招收的童工（男孩和女孩）最小是几岁？

（6）请说明监工和不是一般雇员的其他职员有多少。

（7）有没有学徒？有多少？

（8）除了固定的和经常有工作的工人以外，是不是在一定季节还从外面招收另外的工人？

（9）你的老板的企业是全部或主要为当地用户生产的呢，还是为整个国内市场或为了向其他国家出口而生产的？

（10）你在什么地方工作，在农村还是在城市？

（11）如果你工作的企业在农村，那末你的工作是不是你生活的主要来源？还是作为从事农业的补充收入，还是两者相结合呢？

（12）干活是完全用手工方式，还是主要用手工方式，还是用机器？

（13）请讲一下你工作的企业的分工情况。

（14）用不用蒸汽作动力？

（15）请说明生产各个过程的工作场所的数目。谈谈你所从事的那部分生产过程，不仅从技术方面，而且从它所引起的肌肉和神经的紧张程度以及对工人健康的一般影响的观点来谈。

（16）请谈谈工作场所的卫生状况：面积大小（划给每个工人的地方）、通风、温度、粉刷、厕所、一般卫生、机器噪声、尘埃、湿度等等。

（17）政府或地方机关对工作场所的卫生状况有没有某种监督？

（18）在你的企业里有没有引起工人特殊疾病的特别有害的因素？

（19）工作场所是不是摆满了机器？

（20）有没有采取防护措施来防止工人的肉体受到发动机、传动装置和工作机械的伤害？

（21）请讲讲在你工作以来发生过的造成工人残废或死亡的最严重的不幸事故。

（22）如果你在矿上工作，请说明你的企业主为保证通风、防止爆炸和其他危险事故，采取了怎样的防护措施?

（23）如果你在冶金或化学生产部门，在铁路或其他特别危险的生产部门工作，请说明你的企业主有没有采取防护措施?

（24）你的工作场所使用的是煤气灯、煤油灯还是其他照明设备?

（25）在工作场所内外有没有足够的消防器材?

（26）企业主根据法律是不是必须付给不幸事故的受害者或他的家庭以抚恤金?

（27）如果不是，那末企业主是不是用某种方式给那些为他发财致富而在工作时受伤害的人以赔偿?

（28）在你的企业里有没有某种医疗设施?

（29）如果你在家中工作，请谈谈你的工作场所的状况；你用的只是一些普通工具呢，还是也有小机器? 你是不是利用你妻子和孩子们的劳动以及其他辅助工人（成年工或童工，男工或女工）的劳动？你是为私人主顾干活，还是为"企业主"干活？你怎样同他们联系，是直接联系还是经过中间人?

二

（1）请说明工作日一般有多长，一星期一般有几个工作日。

（2）请说明一年有几个假日。

（3）在一个工作日内有哪些休息时间?

（4）有没有规定一定的吃饭时间，或吃饭是不定时的❶。

（5）在吃饭时间干不干活?

（6）如果用蒸汽，请说明实际的开关时间。

（7）开不开夜工?

（8）请说明童工和16岁以下的少年工人的工作时间。

（9）在一个工作日内，童工和少年工人是不是换班?

（10）政府有没有通过控制童工劳动的法令？企业主是不是严格遵守这些法令?

（11）有没有为在你的工业部门劳动的童工和少年工人设立学校？如果有，那末一天中哪些时间孩子们是在学校度过的？他们学习些什么?

（12）在生产日夜进行的地方，采用怎样的换班制度，是不是由一班工人换另一班工人?

（13）在生产繁忙时期，工作日通常延长多久?

（14）机器是专门雇工人来擦拭的呢，还是由使用机器的工人在工作日内无报酬地擦拭的?

（15）采用哪些规则和处分来保证工人在工作日开始时和午休后准时上工?

（16）你每天从家里到工作地点以及工作后回家要花多少时间?

三

（1）你的老板规定了怎样的雇佣制度？你是按日、按周、按月雇佣的呢，还是按其他

---

❶ 沙·龙格对调查表的这一项作了下述补充："在哪里吃饭，室内还是室外?"——《马克思恩格斯全集》。编者注。

办法雇佣的？

（2）规定解雇或离职要在多长时间以前通知？

（3）如果由于企业主的过错而违反了合同，是不是追究他的责任，什么责任？

（4）要是工人违反合同，会遭到怎样的处罚？

（5）要是使用学徒劳动，那末和他们订的合同有哪些条件？

（6）你的工作是固定的还是不固定的？

（7）你的企业主要是在一定的季节进行生产呢，还是通常相当均衡地全年进行生产？如果你的工作是有季节性的，那末在其他时间你靠什么收入生活？

（8）你的工资是怎么计算的？是计时还是计件？

（9）如果是计时，那末怎样同你结算？是按钟点还是按整个工作日？

（10）加班是不是补发工资？

（11）如果你的工资是计件的，请说明是怎么计算的？如果在你工作的生产部门里完成的工作是用尺量或过磅计算的（如煤矿），那末，你的老板或他的帮手是不是用欺诈手段剥夺你的部分工资？

（12）如果你的工资是计件的，那有没有拿产品质量作为欺诈的借口，来克扣工资呢？

（13）不论是计时工资还是计件工资，你过多长时间领工资？换句话说，在你领取已经完成的工作的工资以前，你给老板的贷款有多长时间？什么时候发工资：一星期以后，一个月以后，或还要长？

（14）你是不是感到：这样拖延发工资，就迫使你经常跑当铺，付出高额利息，同时使你失去你所需要的物品，或者迫使你向小铺老板借钱，变成他们的债户，成为他们的牺牲品？

（15）工资是由"老板"直接发给，还是经过中间人或"包工头"等等？

（16）如果工资是经过"包工头"或其他中间人付给的，请列举你的合同条件。

（17）请说明你一天或一周工资有多少。

（18）请说明和你在同一工场工作的女工和童工在上述时间内的规定工资。

（19）请说明最近一个月内最高和最低的日工资。

（20）请说明最近一个月内最高和最低的计件工资。

（21）请说明在上述时间内你的实际工资；如果你有家，也请说明你妻子和孩子的工资。

（22）工资是付给现金，还是一部分付给别的东西？

（23）如果你向你的企业主租房屋，请说明有哪些条件。企业主是不是从你的工资中扣除房租？

（24）请说明下列日用必需品的价格：❶

（a）房租和租房条件。有几个房间，多少人住，房屋修缮和保险，家具购置和修理，寄宿，取暖、照明和用水等等。

（b）食品：面包、肉类、蔬菜（马铃薯等）；乳制品、鸡蛋、鱼；黄油、植物油、脂肪；糖、盐、调味香料、咖啡、茶叶、菊苣；啤酒、西得尔酒、葡萄酒等；烟草。

---

❶ 由此以下至第25项马克思是用法文写的，以后仍用英文——《马克思恩格斯全集》。编者注。

(c) 衣服(父母和孩子的);洗衣;卫生用品,洗澡,肥皂等等。

(d) 其他开支:如邮资,还债和付给当铺的保管费;孩子在学校学习的各种开支,学费,买报,买书等等。交给互助会、罢工基金会、各种联合会、工会等等的会费。

(e) 和你从事的职业有关的开支(如有这种开支)。

(f) 捐税。

(25) 请尽量算出你每周和一年的收入(如果你有家,也请算出家庭的收入)以及每周和一年的支出。

(26) 根据你个人的经验,你是不是觉得日用必需品的价格(如房租、食品价格等等)比工资提高得更快?

(27) 请说明你所记得的历次工资变动情况。

(28) 请介绍一下在萧条或危机时期工资降低的情况。

(29) 请提供在所谓繁荣时期工资提高的情况。

(30) 请介绍一下产品式样改变以及局部或普遍的危机所造成的生产停顿的情况。

(31) 请对照地谈谈你生产的产品价格或你提供的服务的价格改变情况和工资同时改变或不变的情况。

(32) 在你工作以来是不是有过由于采用机器或其他改进而解雇工人的情况?

(33) 由于机器生产的发展和劳动生产率的提高,劳动强度和劳动时间是减少了还是增加了?

(34) 你是不是知道,什么时候有过由于生产改进而提高工资的情况?

(35) 你是不是知道,有哪个普通工人在年满50岁时可以脱离工作而靠他做雇佣工人时挣的钱过活?

(36) 在你的生产部门里一个中等健康水平的工人可以工作多少年?

四

(1) 在你的行业中有没有工会?他们是怎样活动的?

(2) 在你工作以来你们行业的工人举行过几次罢工?

(3) 这些罢工的时间有多长?

(4) 是局部罢工还是总罢工?

(5) 罢工的目的是不是提高工资,或是反对降低工资的做法,或是关于工作日的长短,或是由于其他原因?

(6) 罢工的结果怎样?

(7) 你们行业的工人是不是支持其他行业工人的罢工?

(8) 请谈谈你的老板为了管理他的雇佣工人而规定的规章以及违反规章的处分。❶

(9) 企业主有没有结成联合会,以便强迫工人接受降低工资,延长工作日,干涉罢工,总之,是要把自己的意志强加于工人阶级。

(10) 在你工作以来,你是不是知道有政府方面滥用国家权力来帮助老板反对工人的

---

❶ 在手稿上删去了下列字句:"自然,在他的工厂里,他把最高的立法权、审判权和行政权都集中在自己手里"——《马克思恩格斯全集》。编者注。

情况？

(11) 在你工作以来，这个政府是不是曾经帮助过工人反对企业主的勒索和非法的欺诈手段？

(12) 这个政府是不是要求不顾老板的利益贯彻执行工厂法（如果有这样的工厂法）？工厂视察员（如果有这样的视察员）是不是严格履行自己的职责？

(13) 在你的企业或你的行业中有没有对不幸事故——疾病、死亡、短期丧失劳动力、年老等等进行互助的团体？

(14) 加入这些团体是自愿的还是强迫的？这些团体的基金是不是完全受工人监督？

(15) 如果缴纳会费是强迫的并且是受企业主监督的，企业主是不是从工资中扣除这些会费？他是不是支付这笔款项的利息？被解雇或辞职的工人，能不能收回自己所交的钱？

(16) 在你的生产部门有没有工人合作企业？它们是怎样管理的？它们是不是也像资本家那样从外面雇用雇佣工人？

(17) 在你的生产部门里有没有这样一种企业，在这种企业中，付给工人的报酬一部分是工资，另一部分则是所谓分红？请把这些工人的总收入和没有所谓分红的工人的收入作一比较。这种制度下的工人有些什么义务？是不是容许他们参加罢工等活动，还是只许他们做老板的忠实奴仆？

(18) 在你的生产部门里的工人（男工和女工）一般的体力、智力和精神状况怎样？

卡尔·马克思起草于1880年4月上半月

载于1880年4月20日"社会主义评论"杂志第4期

本文转引自：吴增基等主编．现代社会调查方法．上海：上海人民出版社，1998，P388～395。

附录四 反对本本主义[1]

毛泽东
1930年5月

一、没有调查，没有发言权[2]

你对于某个问题没有调查，就停止你对于某个问题的发言权。这不太野蛮了吗？一点也不野蛮，你对那个问题的现实情况和历史情况既然没有调查，不知底里，对于那个问题的发言便一定是瞎说一顿。瞎说一顿之不能解决问题是大家明了的，那末，停止你的发言权有什么不公道呢？许多的同志都成天地闭着眼睛在那里瞎说，这是共产党员的耻辱，岂有共产党员而可以闭着眼睛瞎说一顿的吗？

要不得！

要不得！

注重调查！

反对瞎说！

二、调查就是解决问题

你对于那个问题不能解决吗？那末，你就去调查那个问题的现状和它的历史吧！你完完全全调查明白了，你对那个问题就有解决的办法了。一切结论产生于调查情况的末尾，而不是在它的先头。只有蠢人，才是他一个人，或者邀集一堆人，不作调查，而只是冥思苦索地"想办法"，"打主意"。须知这是一定不能想出什么好办法，打出什么好主意的。换一句话说，他一定要产生错办法和错主意。

许多巡视员，许多游击队的领导者，许多新接任的工作干部，喜欢一到就宣布政见，看到一点表面，一个枝节，就指手画脚地说这也不对，那也错误。这种纯主观地"瞎说一顿"，实在是最可恶没有的。他一定要弄坏事情，一定要失掉群众，一定不能解决问题。

许多做领导工作的人，遇到困难问题，只是叹气，不能解决。他恼火，请求调动工作，理由是"才力小，干不下"。这是懦夫讲的话。迈开你的两脚，到你的工作范围的各部分各地方去走走。学个孔夫子的"每事问"[3]，任凭什么才力小也能解决问题，因为你未出门时脑子是空的，归来时脑子已经不是空的了，已经载来了解决问题的各种必要材

---

[1] 1930年5月，毛泽东撰写了《调查工作》一文，后经毛泽东亲自审订，《调查工作》以《反对本本主义》为名在1964年出版的《毛泽东著作选读》中公开发表。毛泽东的这篇文章是为了反对当时红军中的教条主义思想而写的，那时没有用"教条主义"这个名称，而把它叫做"本本主义"。

[2] 1931年4月2日毛泽东在《总政治部关于调查人口和土地状况的通知》中，对"没有调查，没有发言权"的论断作了补充和发展，提出"我们的口号是：一，不做调查没有发言权。二，不做正确的调查同样没有发言权"。

[3] 见《论语·八佾》。原文是："子入太庙，每事问"。

料，问题就是这样子解决了。一定要出门吗？也不一定，可以召集那些明了情况的人来开个调查会，把你所谓困难问题的"来源"找到手，"现状"弄明白，你的这个困难问题也就容易解决了。

调查就像"十月怀胎"，解决问题就像"一朝分娩"。调查就是解决问题。

三、反对本本主义

以为上了书的就是对的，文化落后的中国农民至今还存着这种心理。不谓共产党内讨论问题，也还有人开口闭口"拿本本来"。我们说上级领导机关的指示是正确的，决不单是因为它出于"上级领导机关"，而是因为它的内容是适合于斗争中客观和主观情势的，是斗争所需要的。不根据实际情况进行讨论和审察，一味盲目执行，这种单纯建立在"上级"观念上的形式主义的态度是很不对的。为什么党的策略路线总是不能深入群众，就是这种形式主义在那里作怪。盲目地表面上完全无异议地执行上级的指示，这不是真正在执行上级的指示，这是反对上级指示或者对上级指示怠工的最妙方法。

本本主义的社会科学研究法也同样是最危险的，甚至可能走上反革命的道路，中国有许多专门从书本上讨生活的从事社会科学研究的共产党员，不是一批一批地成了反革命吗？就是明显的证据。我们说马克思主义是对的，决不是因为马克思这个人是什么"先哲"，而是因为他的理论，在我们的实践中，在我们的斗争中，证明了是对的。我们的斗争需要马克思主义。我们欢迎这个理论，丝毫不存什么"先哲"一类的形式的甚至神秘的念头在里面。读过马克思主义"本本"的许多人，成了革命叛徒，那些不识字的工人常常能够很好地掌握马克思主义，马克思主义的"本本"是要学习的，但是必须同我国的实际情况相结合。我们需要"本本"，但是一定要纠正脱离实际情况的本本主义。

怎样纠正这种本本主义？只有向实际情况作调查。

四、离开实际调查就要产生唯心的阶级估量和唯心的工作指导，那末，它的结果，不是机会主义，便是盲动主义

你不相信这个结论吗？事实要强迫你信。你试试离开实际调查去估量政治形势，去指导斗争工作，是不是空洞的唯心的呢？这种空洞的唯心的政治估量和工作指导，是不是要产生机会主义错误，或者盲动主义错误呢？一定要弄出错误。这并不是他在行动之前不留心计划，而是他于计划之前不留心了解社会实际情况，这是红军游击队里时常遇见的。那些李逵❶式的官长，看见弟兄们犯事，就懵懵懂懂地乱处置一顿。结果，犯事人不服，闹出许多纠纷，领导者的威信也丧失干净，这不是红军里常见的吗？

必须洗刷唯心精神，防止一切机会主义盲动主义错误出现，才能完成争取群众战胜敌人的任务，必须努力作实际调查，才能洗刷唯心精神。

五、社会经济调查，是为了得到正确的阶级估量，接着定出正确的斗争策略

为什么要作社会经济调查？我们就是这样回答。因此，作为我们社会经济调查的对象

---

❶ 李逵是《水浒传》中的一个英雄人物。他朴直豪爽，对农民革命事业很忠诚，但是处事鲁莽。

是社会的各阶级,而不是各种片断的社会现象。近来红军第四军的同志们一般的都注意调查工作了❶,但是很多人的调查方法是错误的。调查的结果就像挂了一篇狗肉账,像乡下人上街听了许多新奇故事,又像站在高山顶上观察人民城郭。这种调查用处不大,不能达到我们的主要目的。我们的主要目的,是要明了社会各阶级的政治经济情况。我们调查所要得到的结论,是各阶级现在的以及历史的盛衰荣辱的情况。举例来说,我们调查农民成分时;不但要知道自耕农,半自耕农,佃农,这些以租佃关系区别的各种农民的数目有多少,我们尤其要知道富农,中农,贫农,这些以阶级区别阶层区别的各种农民的数目有多少。我们调查商人成分,不但要知道粮食业、衣服业、药材业等行业的人数各有多少,尤其要调查小商人、中等商人、大商人各有多少。我们不仅要调查各业的情况,尤其要调查各业内部的阶级情况。我们不仅要调查各业之间的相互关系,尤其要调查各阶级之间的相互关系。我们调查工作的主要方法是解剖各种社会阶级,我们的终极目的是要明了各种阶级的相互关系,得到正确的阶级估量,然后定出我们正确的斗争策略,确定哪些阶级是革命斗争的主力,哪些阶级是我们应当争取的同盟者,哪些阶级是要打倒的。我们的目的完全在这里。

什么是调查时要注意的社会阶级?下面那些就是:

工业无产阶级

手工业工人

雇农

贫农

城市贫民

游民

手工业者

小商人

中农

富农

地主阶级

商业资产阶级

工业资产阶级

这些阶级(有的是阶层)的状况,都是我们调查时要注意的。在我们暂时的工作区域中所没有的,只是工业无产阶级和工业资产阶级,其余都是经常碰见的。我们的斗争策略就是对这许多阶级阶层的策略。

我们从前的调查还有一个极大的缺点,就是偏于农村而不注意城市,以致许多同志对城市贫民和商业资产阶级这二者的策略始终模糊。斗争的发展使我们离开山头跑向平地了❷,我们

---

❶ 毛泽东历来重视调查工作,把进行社会调查作为领导工作的首要任务和决定政策的基础,在毛泽东的倡导下,红军第四军的调查工作逐渐地开展起来。毛泽东还把进行社会调查规定为工作制度,红军政治部制订了详细的调查表,包括群众斗争状况、反动派状况、经济生活情况和农村各阶级占有土地的情况等项目。红军每到一个地方,都首先要弄清当地的阶级关系状况,然后再提出切合群众需要的口号。

❷ 这里所说的山头指江西、湖南边界的井冈山地区,平地指江西南部福建西部地区。1929年1月,毛泽东、朱德率领红军第四军的主力,自井冈山出发,向江西南部、福建西部进军,开辟赣南、闽西两大革命根据地。

的身子早已下山了,但是我们的思想依然还在山上。我们要了解农村,也要了解城市,否则将不能适应革命斗争的需要。

六、中国革命斗争的胜利要靠中国同志了解中国情况

我们的斗争目的是要从民权主义转变到社会主义。我们的任务第一步是,争取工人阶级的大多数,发动农民群众和城市贫民,打倒地主阶级,打倒帝国主义,打倒国民党政权,完成民权主义革命,由这种斗争的发展,跟着就要执行社会主义革命的任务。这些伟大的革命任务的完成不是简单容易的,它全靠无产阶级政党的斗争策略的正确和坚决。倘若无产阶级政党的斗争策略是错误的,或者是动摇犹豫的,那末,革命就非走向暂时的失败不可,须知资产阶级政党也是天天在那里讨论斗争策略的,他们的问题是怎样在工人阶级中传播改良主义影响,使工人阶级受他们的欺骗,而脱离共产党的领导,怎样争取富农去消灭贫农的暴动,怎样组织流氓去镇压革命等等。在这样日益走向尖锐的短兵相接的阶级斗争的形势之下,无产阶级要取得胜利,就完全要靠他的政党——共产党的斗争策略的正确和坚决。共产党的正确而不动摇的斗争策略,决不是少数人坐在房子里能够产生的,它是要在群众的斗争过程中才能产生的,这就是说要在实际经验中才能产生。因此,我们需要时时了解社会情况,时时进行实际调查。那些具有一成不变的保守的形式的空洞乐观的头脑的同志们,以为现在的斗争策略已经是再好没有了,党的第六次全国代表大会的"本本"❶保障了永久的胜利,只要遵守既定办法就无往而不胜利。这些想法是完全错误的,完全不是共产党人从斗争中创造新局面的思想路线,完全是一种保守路线。这种保守路线如不根本丢掉,将会给革命造成很大损失,也会害了这些同志自己。红军中显然有一部分同志是安于现状,不求甚解,空洞乐观,提倡所谓"无产阶级就是这样"的错误思想,饱食终日,坐在机关里面打瞌睡,从不肯伸只脚到社会群众中去调查调查。对人讲话一向是那几句老生常谈,使人厌听。我们要大声疾呼,唤醒这些同志:

速速改变保守思想!

换取共产党人的进步的斗争思想!

到斗争中去!

到群众中作实际调查去!

七、调查的技术

(1) 要开调查会作讨论式的调查

只有这样才能近于正确,才能抽出结论。那种不开调查会,不作讨论式的调查,只凭一个人讲他的经验的方法,是容易犯错误的。那种只随便问一下子,不提出中心问题在会议席上经过辩论的方法,是不能抽出近于正确的结论的。

(2) 调查会到些什么人?

要是能深切明了社会经济情况的人。以年龄说,老年人最好,因为他们有丰富的经验,不但懂得现状,而且明白因果。有斗争经验的青年人也要,因为他们有进步的思想,

---

❶ 指1928年6~7月召开的中国共产党第六次全国代表大会通过的各项决议案。1929年初,红军第四军前敌委员会曾经把这些决议案汇集印成单行本,发给红军和地方的党组织。

有锐利的观察。以职业说，工人也要，农民也要，商人也要，知识分子也要，有时兵士也要，流氓也要。自然，调查某个问题时，和那个问题无关的人不必在座，如调查商业时，工农学各业不必在座。

(3) 开调查会人多好还是人少好？

看调查人的指挥能力。那种善于指挥的，可以多到十几个人或者二十几个人。人多有人多的好处，就是在做统计时（如征询贫农占农民总数的百分之几），在做结论时（如征询土地分配平均分好还是差别分好），能得到比较正确的回答，自然人多也有人多的坏处，指挥能力欠缺的人会无法使会场得到安静。究竟人多人少，要依调查人的情况决定。但是至少需要三人，不然会囿于见闻，不符合真实情况。

(4) 要定调查纲目

纲目要事先准备，调查人按照纲目发问，会众口说。不明了的，有疑义的，提起辩论。所谓"调查纲目"，要有大纲，还要有细目，如"商业"是个大纲，"布匹"、"粮食"、"杂货"、"药材"都是细目，布匹下再分"洋布"、"土布"、"绸缎"各项细目。

(5) 要亲身出马

凡担负指导工作的人，从乡政府主席到全国中央政府主席，从大队长到总司令，从支部书记到总书记，一定都要亲身从事社会经济的实际调查，不能单靠书面报告，因为二者是两回事。

(6) 要深入

初次从事调查工作的人，要作一两回深入的调查工作，就是要了解一处地方（例如一个农村、一个城市），或者一个问题（例如粮食问题、货币问题）的底里。深切地了解一处地方或者一个问题了。往后调查别处地方、别个问题，便容易找到门路了。

(7) 要自己做记录

调查不但要自己当主席，适当地指挥调查会的到会人，而且要自己做记录，把调查的结果记下来。假手于人是不行的。

资料来源：http://www.yksy.cn/ldjh/viewnews.asp? id=82。

附录五　武汉市居民生活质量调查问卷

区　　编号

属于私人、家庭的单项调查资料，非经本人同意，不得泄露。

——摘自《中华人民共和国统计法》

居民同志：

您好！

我们是华中理工大学社会调查中心的调查员，为了全面地了解我市广大居民的生活质量，及时向市政府及有关部门反映我市居民日常生活中存在的主要困难和问题，并就如何进一步提高我市居民的生活质量向市政府及有关部门提出建议，我们组织了这次对武汉市1000户居民的大型调查。希望能够得到您的支持和协助。

本次调查严格按照《统计法》的要求进行，不用填写姓名，所有回答只用于统计分析。您只须根据自己的实际情况，在每个问题所给出的几个答案中选择一个合适的答案打勾，或者在_____中填写。您的回答将代表众多和您一样的武汉居民，并将对改善我市居民的生活质量提供帮助。

衷心感谢您的支持和协助！

祝你们全家生活越来越好！

华中理工大学社会调查中心
1995 年 12 月

单位地址：武昌关山口　华中理工大学东七楼 425
单位电话：87543152　　　邮政编码：430074
单位负责人：风笑天教授　刘欣副教授
调查员：_____
调查时间：1995 年 12 月_____日

一、个人及家庭特征

A1　你的性别：　　1 男　　　2 女　　　　　　　　　　　6 _____
A2　你的年龄：_____岁　　　　　　　　　　　　　　　7~8 _____
A3　你的文化程度　　　　　　　　　　　　　　　　　　　9 _____
　　1 小学及以下　　2 初中
　　3 高中及中专　　4 大专以上
A4　你的职业属于下列哪一类　　　　　　　　　　　　　10 _____
　　1 生产、运输工人和有关人员

    2　党政企事业单位负责人
    3　党政企事业单位一般工作人员
    4　各类专业技术人员
    5　商业人员
    6　服务业人员
    7　个体经营人员
    8　离、退休人员
    9　其他职业人员（请写明）_____

A5　您的婚姻状况　　　　　　　　　　　　　　　　　　　　11 _____
    1　未婚　2　已婚　3　丧偶　4　离婚　5　其他

A6　(此题未婚者和无孩子者不填)　　　　　　　　　　　　　12 _____
    请问你有几个孩子：_____个
    其中有几个和你住在一起：_____个　　　　　　　　　　　13 _____

A7　你们家住在一起的有几口人：_____口人　　　　　　　　14 _____
    总共是几代人：_____代人　　　　　　　　　　　　　　　15 _____

A8　你每月的收入(包括工资、奖金、补贴等)总共有_____元　16～19 _____

A9　你们全家一个月的总收入大约是_____元　　　　　　　　20～23 _____

二、居住情况

B1　你们在这里住了几年：_____年　　　　　　　　　　　　24～25 _____

B2　你们住的是什么类型的房子　　　　　　　　　　　　　　26 _____
    1　单元楼房　　2　平杂房　　3　筒子楼　　4　其他房子

B3　你们住的房子使用面积有多大：_____平米　　　　　　　27～29 _____
    (不算厨房和厕所)共有几间：_____间　　　　　　　　　　30 _____

B4　你觉得你们家的住房状况如何　　　　　　　　　　　　　31 _____
    1　很宽敞　　2　比较宽敞　　3　一般　　4　比较拥挤　　5　很拥挤

B5　你们家是否存在下列住房困难情况　　　　　　　　　　　32 _____
    1　12岁以上的子女与父母同住一室
    2　老少三代同住一室
    3　12岁以上的异性子女同住一室
    4　有的床晚上架起白天拆掉
    5　已婚子女与父母同住一室
    6　客厅里也架了睡觉的床
    7　其他困难情况(请写明)_____
    8　没有上述情况

B6　与大部分居民家庭相比，你觉得你们家的住房情况属于哪个等级　33 _____
    1　上等　　2　中等偏上　　3　中等　　4　中等偏下　　5　下等

B7　你们家的厨房是下列哪种情况
    1　自家单独厨房　　　2　几家共用厨房　　　3　无厨房　　　4　其他情况

B8 你们家的厕所是下列哪种情况 35 ____
    1 自家单独厕所   2 楼内共用厕所   3 户外公共厕所
B9 你们家的自来水情况属于下列哪种 36 ____
    1 在自己家里   2 楼内共用   3 楼外共用   4 其他情况
B10 你们家主要使用什么燃料烧火做饭 37 ____
    1 管道煤气   2 罐装液化气   3 煤炭   4 电   5 其他
B11 总的来说,你对目前你们家的住房情况满意程度如何 38 ____
    1 很满意   2 比较满意   3 一般   4 不太满意   5 很不满意

三、邻里关系

C1 你对隔壁(或对门)邻居家里的下列情况清楚吗(每行选一个格打勾)

	完全清楚	大部分清楚	小部分清楚	不清楚	
1 共有几个人					39 ____
2 叫什么名字					40 ____
3 在哪里工作					41 ____
4 各人性格特点					42 ____

C2 你们家的人常到隔壁(或对门)邻居家里串门、谈天或娱乐吗 43 ____
    1 大约每两周一次   2 大约每月一两次   3 半年一两次
    4 一年一两次   5 从来不去
C3 你们找隔壁(或对门)邻居家里借过东西吗 44 ____
    1 借过   2 没借过
C4 你们家里有人生病时,隔壁(或对门)邻居表示过关心或问候吗 45 ____
    1 表示过   2 没有表示过
C5 日常生活中你们遇到困难或麻烦时,常找隔壁(或对门)邻居帮忙吗 46 ____
    1 经常找   2 有时找   3 很少找   4 从不找
C6 最近半年来,你们同隔壁左右、楼上楼下的邻居发生过矛盾吗 47 ____
    1 没有发生过   2 发生过____次
C7 总的来说,你觉得你们与隔壁(或对门)邻居的关系如何 48 ____
    1 很好   2 比较好   3 一般   4 比较差   5 很差

四、交通状况

D1 你一般采用哪种交通方式上下班 49 ____
    1 步行   2 骑自行车   3 乘公共汽车
    4 单位交通车   5 其他方式
D2 采取这种方式上下班单程需要多少时间:____分钟 50~52 ____
D3 步行到你们常去的下列地方各需要多少时间
    1 菜市场:____分钟 53~54 ____
    2 公共汽车站:____分钟 55~56 ____

  3 百货商店：_____分钟   57～58 _____
  4 饮食店(餐馆)：_____分钟   59～60 _____
  5 副食店：_____分钟   61～62 _____
  6 医院(卫生站)：_____分钟   63～64 _____
  7 储蓄所：_____分钟   65～66 _____
  8 邮局(邮政所)：_____分钟   67～68 _____
  9 理发店：_____分钟   69～70 _____
  10 孩子的学校(幼儿园)：_____分钟 71～72 _____

D4 你觉得在武汉乘出租车是否方便   73 _____
  1 很方便 2 比较方便 3 不太方便 4 很不方便

D5 你认为目前武汉市出租车的价格如何   74 _____
  1 太贵了 2 比较贵 3 合适 4 比较便宜 5 很便宜

D6 你在武汉市内做过出租车吗   75 _____
  1 坐过 2 没有坐过

D7 你觉得武汉市的公共汽车是否拥挤   76 _____
  1 十分拥挤 2 比较拥挤 3 不拥挤

D8 你觉得武汉市的公共交通秩序如何   77 _____
  1 很有秩序 2 比较有秩序 3 比较混乱 4 十分混乱

D9 你觉得武汉市内的公共交通是否方便   78 _____
  1 十分方便 2 比较方便 3 不太方便 4 很不方便

D10 你认为目前武汉市公共交通方面存在的最大问题是什么 79 _____
  1 汽车太少 2 汽车太多 3 管理不好 4 道路不够
  5 价格太高 6 其他(请写明)_____

五、家庭生活

E1 你们家每月用于吃伙食的费用(包括粮油、蔬菜、副食品等)大约是多少元：____元
                  80～82 _____

E2 下列物品中，你们家有哪几件(在你们家有的物品上打勾)
  1 彩色电视   83 _____
  2 黑白电视   84 _____
  3 电冰箱   85 _____
  4 洗衣机   86 _____
  5 抽油烟机   87 _____
  6 热水器   88 _____
  7 自行车   89 _____
  8 电暖器   90 _____
  9 游戏机   91 _____
  10 录像机   92 _____
  11 收录机   93 _____

12	音响	94 ___
13	照相机	95 ___
14	空调	96 ___
15	电话	97 ___
16	微波炉	98 ___
17	卡拉OK机	99 ___
18	计算机	100 ___

E3 你觉得你们家的生活水平属于哪个等级　　　　　　　　　　101 ___
　　1 上等水平　　2 中等偏上　　3 中等水平
　　4 中等偏下　　5 中等水平

E4 与前两年相比，你们家的生活有什么变化　　　　　　　　　102 ___
　　1 过得更好了　　2 和原来差不多　　3 比原来更差了

E5 你对你目前的家庭生活是否满意　　　　　　　　　　　　　103 ___
　　1 很满意　　2 比较满意　　3 一般　　4 不太满意　　5 很不满意
（未婚者请从下面的"六、休闲娱乐"部分接着回答）

E6 请问你们结婚是，双方的年龄是多大
　　男方_____岁　　　　　　　　　　　　　　　　　　　　　104～105 ___
　　女方_____岁　　　　　　　　　　　　　　　　　　　　　106～107 ___

E7 日常生活中，你和你爱人常为家里怎样用钱而闹意见吗　　　108 ___
　　1 经常发生　　2 有时发生　　3 较少发生　　4 从没发生

E8 总的来说，你们家里比较重大的事情多按谁的意见办　　　　109 ___
　　1 较多的情况是按丈夫的意见办
　　2 较多的情况是按妻子的意见办
　　3 较多的情况是按老人的意见办
　　4 较多的情况是按孩子的意见办

E9 你们家里的家务事主要由谁做　　　　　　　　　　　　　　110 ___
　　1 基本上全由丈夫做
　　2 基本上全由妻子做
　　3 夫妻共同做，以丈夫为主
　　4 夫妻共同做，以妻子为主
　　5 夫妻两人做得差不多
　　6 主要由其他人做

E10 下面一些具体事情谁做得多一些（每行选一个格打勾）

	丈夫	妻子	老人	孩子	其他人	
1 买菜						111 ___
2 做饭						112 ___
3 洗衣服						113 ___
4 管理孩子						114 ___

E11　你觉得你们夫妻之间相互理解的情况怎样　　　　　　　　　　　　115 _____
　　　　1　很好　　2　比较好　　3　一般　　4　比较差　　5　很差

E12　从总体上说，你对自己的婚姻生活满意程度如何　　　　　　　　　116 _____
　　　　1　很满意　　2　比较满意　　3　一般　　4　不太满意
　　　　5　很不满意

六、休闲娱乐

F1　你们家一共订了_____份报纸和_____份杂志　　　　　　　　　117～118 _____

F2　一般情况下，你每天有多少时间用语看电视：_____小时　　　　119 _____
　　　　_____分钟　　　　　　　　　　　　　　　　　　　　　　　120～122 _____
　　　周末或节日，你每天有多少时间用于看电视：_____小时
　　　　_____分钟　　　　　　　　　　　　　　　　　　　　　　　123～125 _____

F3　在日常空闲生活中，你最经常进行的良种娱乐活动是什么(勾两项)　126 _____
　　　　1　种花养草　　2　打麻将　　3　唱卡拉OK　　4　打牌下棋
　　　　5　看书看报　　6　看电视　　7　听广播　　8　其他

F4　上个星期六和星期天你最主要的3项活动是什么(请勾最主要的3个)　127 _____
　　　　1　逛商店　　2　做家务　　3　看电视　　4　打麻将　　　　128 _____
　　　　5　去公园　　6　回父母家　　7　走亲戚　　8　访朋友　　　129 _____
　　　　9　其他(请自填)

F5　现在每周有两天休息时间，你觉得着两天过得怎样　　　　　　　　130 _____
　　　　1　还是有做不完的家务事
　　　　2　除了做家务，总算有一些休息和娱乐时间了
　　　　3　可以经常从事各种娱乐活动了
　　　　4　时间是多了，但没什么好玩的

F6　你每天花在做家务上的时间大约有多少：_____小时_____分钟　131～133 _____

F7　你觉得每天的生活是否紧张　　　　　　　　　　　　　　　　　　134 _____
　　　　1　很紧张　　2　比较紧张　　3　一般　　4　比较轻松　　5　很轻松

F8　你目前的生活感受与下面哪一种最接近　　　　　　　　　　　　　135 _____
　　　　1　活得很累　　2　生活很艰难　　3　日子过得轻松愉快
　　　　4　生活过得平平淡淡　　5　日子越来越好　　6　每天有做不完的事

F9　在日常生活中，和你来往最多的人是　　　　　　　　　　　　　　136～137 _____
　　　　1　你的父母　　2　你爱人的父母　　3　你的兄弟姐妹
　　　　4　你爱人的兄弟姐妹　　5　你的单位同事　　6　你的朋友、同学
　　　　7　你家的邻居、街坊　　8　你家的亲戚　　9　你的儿子、媳妇
　　　　10　你的女儿、女婿　　11　其他人_____

F10　生活上遇到困难或麻烦时，你经常找谁帮忙　　　　　　　　　　138 _____
　　　　1　父母　　2　兄弟姐妹　　3　亲戚　　4　好朋友
　　　　5　邻居　　6　单位同事　　7　子女　　8　其他人

F11　你觉得你们家里的人相互之间关系好吗　　　　　　　　　　　　139 _____

1 很好　　2 比较好　　3 一般　　4 不太好　　5 很不好

七、工作和职业

G1　你对自己目前所从事的职业是否满意　　　　　　　　　　140 ＿＿＿
　　1 很满意　　2 比较满意　　3 一般　　4 不太满意　　5 很不满意
G2　你认为目前哪种职业最吃香　　　　　　　　　　　　141～142 ＿＿＿
　　1　党政企事业单位的领导干部　　　　2　教师
　　3　行政机关的一般工作人员　　　　　4　商业贸易人员
　　5　外资、合资企业人员　　　　　　　6　个体经营者
　　7　银行、工商、税务人员　　　　　　8　科技人员
　　9　旅游、饭店等服务业人员　　　　 10　医生
　 11　公安、检察院、法院人员　　　　 12　司机
　 13　文艺、影视、体育业人员　　　　 14　其他（请写明）＿＿＿＿
G3　这种职业吃香的最主要原因是什么　　　　　　　　　　　143 ＿＿＿
　　1　收入高　　2　地位高　　3　名声好　　4　权力大
　　5　福利好　　6　受尊重　　7　其他（请写明）＿＿＿＿
G4　如果让你重新选择职业，你会选择上面哪一种职业（填代码）144～145 ＿＿＿
G5　你对自己目前的工作单位是否满意　　　　　　　　　　　146 ＿＿＿
　　1 很满意　　2 比较满意　　3 一般　　4 不太满意　　5 很不满意
G6　你的工作单位属于下列哪一类　　　　　　　　　　　　　147 ＿＿＿
　　1　国家事业单位　　2　国营企业　　3　集体企业
　　4　外资、合资企业　　5　私营企业　　6　其他＿＿＿＿
G7　你是否调动过工作单位　　　　　　　　　　　　　　　　148 ＿＿＿
　　1　没有调动过　　2　调动过＿＿＿次
G8　请对与你目前工作有关的下列方面作一评价
　　工作地点离家　1 很近　2 较近　3 一般　4 较远　5 很远　149 ＿＿＿
　　工作环境条件　1 很好　2 较好　3 一般　4 较差　5 很差　150 ＿＿＿
　　工资收入　　　1 很高　2 较高　3 一般　4 较低　5 很低　151 ＿＿＿
　　福利待遇　　　1 很好　2 较好　3 一般　4 较差　5 很差　152 ＿＿＿
　　提升机会　　　1 很多　2 较多　3 一般　4 较少　5 很少　153 ＿＿＿
　　与同事关系　　1 很好　2 较好　3 一般　4 较差　5 很差　154 ＿＿＿
　　与领导关系　　1 很好　2 较好　3 一般　4 较差　5 很差　155 ＿＿＿

八、环境评价

H1　据你了解，目前武汉市居民日常生活中面临的最主要困难或问题是什么　156 ＿＿＿
　　1　就业困难　　2　单位效益差、收入低　　3　社会秩序不稳定
　　4　物价上涨　　5　家庭矛盾增加　　6　其他（请写明）＿＿＿＿
H2　你觉得下列环境问题在武汉市的情况怎么样（每行选一个格打勾）

	不严重	不太严重	比较严重	很严重	不清楚	
噪 音						157 _____
烟 尘						158 _____
污 水						159 _____
垃 圾						160 _____

H3 你们这里是否经常停电　　　　　　　　　　　　　　　　　　161 _____
    1 经常停　　　2 很少停　　　3 从不停

H4 你们这里是否经常停水　　　　　　　　　　　　　　　　　　162 _____
    1 经常停　　　2 很少停　　　3 从不停

H5 在武汉市目前的社会治安状况下,你觉得居民的人身财产是否安全　　163 _____
    1 非常安全　　　2 比较安全　　　3 不太安全　　　4 很不安全

H6 请根据你的印象,给武汉市下列各个方面打分(每项最高 10 分)
    1 城市建设_____分　　　　　　　　　　　　　　　　　　164 _____
    2 环境卫生_____分　　　　　　　　　　　　　　　　　　165 _____
    3 社会治安_____分　　　　　　　　　　　　　　　　　　166 _____
    4 市场物价_____分　　　　　　　　　　　　　　　　　　167 _____
    5 开放程度_____分　　　　　　　　　　　　　　　　　　168 _____
    6 商业服务_____分　　　　　　　　　　　　　　　　　　169 _____
    7 教育事业_____分　　　　　　　　　　　　　　　　　　170 _____
    8 文化娱乐_____分　　　　　　　　　　　　　　　　　　171 _____
    9 交通状况_____分　　　　　　　　　　　　　　　　　　172 _____
    10 社会风尚_____分　　　　　　　　　　　　　　　　　173 _____
    11 经济发展_____分　　　　　　　　　　　　　　　　　174 _____
    12 政府工作_____分　　　　　　　　　　　　　　　　　175 _____

H7 请对市政府近两年来下列几方面的工作进行评价打分(每项最高 10 分)
    1 思想解放程度_____分　　　　　　　　　　　　　　　　176 _____
    2 党风廉政建设_____分　　　　　　　　　　　　　　　　177 _____
    3 为民办事精神_____分　　　　　　　　　　　　　　　　178 _____
    4 领导管理水平_____分　　　　　　　　　　　　　　　　179 _____

H8 你希望市政府在新的一年里首先抓好哪两件事
    第一件:_____　　　　　　　　　　　　　　　　　　　　180 _____
    第二件:_____　　　　　　　　　　　　　　　　　　　　181 _____

    我们的调查结束了,再次向您表示感谢!您对我们的调查有什么建议、意见和要求,欢迎写在下面。

    资料来源:风笑天著.现代社会调查方法.武汉:华中科技大学出版社,2001.P245~254。

图 表 索 引[1]

图 1	城市规划社会调查方法研究框架	13
图 2	第一章框架图	3
图 3	社会调查方法建构着城市规划理论与实践沟通的重要桥梁	16
图 4	城市科学与社会科学的重要重叠与交叉发展	18
图 5	社会调查的产生过程	20
图 6	社会调查学的萌芽阶段	21
图 7	社会调查学的发展成熟	21
图 8	城市规划社会调查的发展预测	21
图 9	第二章框架图	22
图 10	第三章框架图	32
图 11	城市规划社会调查研究的方法体系	36
图 12	城市规划社会调查的一般程序	41
图 13	第四章框架图	42
图 14	成年男子身高测量的正态分布情况	55
图 15	正态分布图	55
图 16	抽样的分类	57
图 17	滚雪球抽样示意图	65
图 18	第五章框架图	67
图 19	第六章框架图	87
图 20	2000~2003年全国大学生城市规划调查报告评优获奖作品选题情况累计	94
图 21	第七章框架图	101
图 22	调查指标的设计方法示意	106
图 23	河北省张北县可持续发展指标体系设计过程	107
图 24	第八章框架图	118
图 25	调查图示示例之一	135
图 26	调查图示示例之二	135
图 27	调查图示示例之三	136
图 28	调查图示示例之四	136
图 29	调查图示示例之五	136
图 30	调查图示示例之六	137

---

[1] 本索引未包含下篇《城市规划社会调查实例评析》中的图表内容。

图31	调查图示示例之七	137
图32	调查图示示例之八	138
图33	调查图示示例之九	139
图34	调查图示示例之十	140
图35	调查图示示例之十一	141
图36	调查图示示例之十二	142
图37	调查图示示例之十三	142
图38	生动地记录三峡库区"棚户现象"及其历史时间的照片	142
图39	真实地记录城市广场人群聚集及活动状况的照片	143
图40	艾宾浩斯遗忘曲线图	160
图41	重庆市规划局通过网络调查征求市民对交通秩序的解决意见	174
图42	上海市规划局通过网络调查征求市民意见	174
图43	第九章框架图	190
图44	交互分类表示意图	205
图45	"工具"菜单内没有"数据分析"命令	209
图46	点击"加载宏"安装"分析工具库"	210
图47	安装成功后出现"数据分析"功能	210
图48	"数据分析"具有16种主要的统计分析方法	211
图49	Excel 统计图——柱形图	213
图50	Excel 统计图——条形图	213
图51	Excel 统计图——折线图	214
图52	Excel 统计图——饼图	214
图53	Excel 统计图——XY 散点图	214
图54	Excel 统计图——面积图	215
图55	Excel 统计图——圆环图和雷达图	215
图56	Excel 统计图——曲面图和气泡图	216
图57	Excel 统计图——股价图和圆柱图	216
图58	Excel 统计图——圆锥图和棱锥图	216
图59	Excel 统计图——20种自定义类型	217
图60	第十章框架图	225
图61	人们的阅读习惯	241
表1	城市社会学与各分科社会学的分类关系表	6
表2	典型调查、重点调查和个案调查的比较	51
表3	随机数表的使用示例	58
表4	随机抽样方法优缺点比较	60
表5	Kish 选择表	61
表6	"Kish 选择法"家庭内成年人排序表	63
表7	用 PPS 方法抽取第一阶段样本示例	64
表8	经验确定样本数的大致范围表	66

表 9	四个社会测量层次的比较表	70
表 10	生态城市的综合指标体系	72
表 11	中国的社会指标体系	74
表 12	城市流动指标（居住者的旅程）及其评价	76
表 13	英国可持续发展指标体系主要指标的发展评价	77
表 14	南京市城市生态系统可持续发展指标体系	78
表 15	南京市城市可持续发展指标评价结果	79
表 16	两项式总加量表示例	82
表 17	多项式总加量表示例	82
表 18	正负混合式总加量表示例	82
表 19	鲍格达斯社会距离量表示例之一	83
表 20	鲍格达斯社会距离量表示例之二	84
表 21	语义差异量表示例	84
表 22	全国大学生城市规划专业社会调查报告评优获奖作品选题情况	92
表 23	德国可持续发展指标体系及其指标解释	109
表 24	领导干部工作能力测量表	112
表 25	国家社会科学基金项目同行评议意见表	112
表 26	中国图书馆图书分类法简表（第四版）	121
表 27	文献调查法示例之一（古籍调查研究）	126
表 28	某道路交通量观察记录表	133
表 29	某花园人群活动及使用情况观察卡片	134
表 30	集体访谈法与访问调查法异同点比较	167
表 31	问卷调查与访问调查比较	173
表 32	各种问卷调查方式优缺点比较	175
表 33	问卷调查方式回复率经验比较	185
表 34	中国最适合居住的前十位城市调查结果	199
表 35	2001年全国城市按市辖区总人口分组表	199
表 36	二分变量关系示意表	205
表 37	SPSS、SAS与URPMS功能比较表	208
表 38	Excel的统计分析功能一览表	212

主题索引[1]

比较法(Compare,第九章,P218)[①]
编码(Coding,第八章,P184)
变量(Variable,第四章,P53)
标题(Title,第十章,P228)
标准差(Standard Deviation,第九章,P203)
不完全参与观察(Incomplete-join Observe,第八章,P130)
参数值(Parameter,第四章,P54)
操作定义(Operation Definition,第七章,P107)
操作化(Operationalize,第七章,P106)
测量(Measure,第五章,P68)
测量规则(Measure Rule,第五章,P68)
测量客体(Measure Object,第五章,P68)
测量内容(Measure Content,第五章,P68)
城市规划(Urban Planning,第二章,P23)
城市规划社会调查(Urban Planning Survey Research,第二章,P23)
城市规划社会调查学(the Subject of Urban Planning Survey Research,第一章,P20)
城市社会学(Urban Sociology,第一章,P5)
抽象定义(Abstract Definition,第七章,P106)
抽样(Sampling,第四章,P53)
抽样单位(Sampling Unit,第四章,P53)
抽样分布(Sample Distributing,第四章,P54)

抽样框(Sampling Frame,第四章,P53)
初步探索(Initiatory Explore,第六章,P94)
等级相关(Grade Relevancy,第九章,P206)
等距随机抽样(Isometry Random Sampling,第四章,P58)
典型调查(Typical Research,第四章,P47)
调查报告(Research Report,第十章,P226)
调查对象(Object,第七章,P102)
调查工具(Tool,第七章,P104)
调查过程(Process,第三章,P33)
调查客体(Object,第三章,P33)
调查目标(Aim,第七章,P102)
调查内容(Content,第七章,P103)
调查图示(Observe Drawing,第八章,P135)
调查指标(Index,第七章,P105)
调查主体(Inquirer,第三章,P33)
定比测量(Ratio Measure,第五章,P70)
定距测量(Internal Measure,第五章,P70)
定类测量(Nominal Measure,第五章,P69)
定性分析(Qualitative Analysis,第九章,P217)
定序测量(Ordinal Measure,第五章,P69)
多段随机抽样(Multistage Random Sam-

---

❶ 本索引按主题的汉语拼音排序,括号内依次为英文主题、所在章节、页码。

pling，第四章，P60）
方法论（Methodology，第三章，P35）
访问调查法（Visit Research，第八章，P151）
非参与观察（Outlier Observe，第八章，P131）
非随机抽样（Non-random Sampling，第四章，P64）
非语言信息（Non-lingual Information，第八章，P159）
分类（Sort，第九章，P192）
分类法（Taxonomy，第九章，P219）
分类途径（Sort Means，第八章，P121）
分析法（Analysis，第九章，P220）
分组（Grouping，第九章，P193）
分组标志（Grouping Standard，第九章，P193）
分组界限（Grouping Ambit，第九章，P193）
附录（Addendum，第十章，P233）
复本信度（Parallel-forms Reliability，第七章，P113）
复查信度（Test-retest Reliability，第七章，P113）
个案（Individual Cases，第四章，P49）
个案调查（Individual Research，第四章，P49）
个性心理（Individuality Psychology，第八章，P152）
观察（Observe，第八章，P129）
观察卡片（Observe Register，第八章，P133）
观察误差（Observe Error，第八章，P143）
归纳（Induce，第三章，P37）
滚雪球抽样（Snowball Sampling，第四章，P65）
后编码（Coding Finally，第九章，P194）
后记（Postscript，第十章，P233）
户内抽样（Sampling within Household，第四章，P61）
回归分析（Regression Analysis，第九章，P206）
汇编（Compile，第九章，P192）
汇总（Gather，第九章，P194）
会议控制（Conference Control，第八章，P169）
集体访谈法（Conference Research，第八章，P167）
假设（Tentative，第六章，P95）
假设检验（Tentative Verify，第九章，P203）
间接观察（Indirect Observe，第八章，P130）
检索（Searching，第八章，P119）
检验（Checkout，第九章，P192）
简单随机抽样（Simple Random Sampling，第四章，P57）
简介（Brief Introduction，第十章，P229）
建构效度（Construct Validity，第七章，P114）
交互分类表（Contingency Table，第九章，P204）
结构—功能分析法（Structure-function Analysis，第九章，P223）
结构观察（Strict Observe，第八章，P131）
结束语（Tag，第十章，P232）
卷首语（Recommendation，第八章，P176）
均值（Mean，第九章，P200）
可行性研究（Possibility Study，第七章，P116）
课题（Topic，第六章，P88）
类型随机抽样（Type Random Sampling，第四章，P59）
离散系数（Coefficient of Variation，第九章，P203）
理论分析（Theoretics Analysis，第九章，P217）
理论基础（Theories foundation，第三章，

P33)
良好心理状态(Good Psychology,第八章,P153)
论题(Theme,第六章,P88)
逻辑方法(Logic method,第三章,P38)
矛盾分析法(Conflict Analysis,第九章,P220)
描述统计(Delineative Statistics,第九章,P198)
目录(Catalog,第八章,P120)
内容效度(Content Validity,第七章,P114)
偶遇抽样(Accidental Convenience Sampling,第四章,P64)
判断抽样(Judgmental or Purposive Sampling,第四章,P64)
配额抽样(Quota sampling,第四章,P65)
PPS抽样(Sampling with Probability Proportional to Size,第四章,P63)
频率分布(Percentage Distribution,第九章,P199)
频数分布(Frequence Distribution,第九章,P198)
普遍调查(General Research,第四章,P45)
前言(Foreword,第十章,P230)
情感(Emotion,第二章,P29)
区间估计(Interval Estimate,第九章,P203)
全距(Range,第九章,P202)
权重(Degree,第七章,P112)
群众路线(Mass Course,第三章,P34)
群众心理(Mass Psychology,第八章,P152)
认识论(Epistemology,第三章,P33)
社会(Community,第一章,P4)
社会测量(Social Survey,第五章,P68)
社会调查(Survey Research,第一章,P8)
社会调查学(the Subject Of Survey Research,第一章,P19)
社会距离量表(Social Distance Scale,第五章,P83)
社会现象(Social Phenomenon,第一章,P4)
社会学(Sociology,第一章,P5)
社会研究(Social Research,第一章,P7)
社会指标(Social indicators,第五章,P70)
社会指标体系(System of Social indicators,第五章,P72)
审查(Censor,第九章,P192)
实地观察法(Local Observe,第八章,P129)
实事求是(Practical and Realistic,第三章,P34)
视觉心理(Vision Psychology,第十章,P241)
试验调查(Test Research,第七章,P117)
四分位差(Quartile Range,第九章,P202)
随机抽样(Random Sampling,第四章,P57)
索引(Index,第八章,P120)
题名途径(Superscription Means,第八章,P121)
题目(Title,第六章,P88)
统计表(Statistics,第九章,P194)
统计分析(Statistics Analysis,第九章,P195)
统计图(Statistical Chart,第九章,P194)
统计值(Statistic,第四章,P54)
推断统计(Deduce Statistics,第九章,P198)
完全参与观察(Complete-join Observe,第八章,P130)
文献(Literature,第八章,P119)
文献调查法(Literature Research,第八章,P119)

文献检索工具（Literature Searching Means，第八章，P120）
文献信息分析（Literature Information Analysis，第八章，P125）
文摘（Tabloid，第八章，P120）
问卷调查法（Questionnaire Research，第八章，P173）
无回答（Answer Absence，第八章，P186）
无结构观察（Free Observe，第八章，P131）
无效回答（Useless Answer，第八章，P186）
无意注意（Involuntary Attention，第八章，P159）
系统分析法（Systems Analysis，第九章，P222）
相关关系（Correlation，第九章，P204）
相关系数（Relation Coefficient，第九章，P206）
效度（Validity，第七章，P113）
写作提纲（Syllabus，第十章，P234）
信度（Reliability，第七章，P113）
信息敏感（Information Sensitive，第二章，P28）
序号途径（Number Means，第八章，P122）
演绎（Deduce，第三章，P38）
样本（Sample，第四章，P53）
样本规模（Sample Size，第四章，P65）
样本误差（Sample Error，第四章，P66）
异众比率（Variation Ratio，第九章，P202）
因果关系分析法（Consequence Analysis，第九章，P222）

引导（Lead，第八章，P155）
有效范围（AvailableIn，第九章，P195）
有意注意（Intent Attention，第八章，P159）
语义差异量表（Semantic Differential Scale，第五章，P84）
原始心理状态（Primordial Psychology，第八章，P152）
再次访问（Visit Again，第八章，P157）
折半信度（Split-half Reliability，第七章，P113）
整群随机抽样（Cluster Random Sampling，第四章，P59）
直接观察（Direct Observe，第八章，P130）
置信度（Confidence Level，第四章，P54）
置信区间（Confidence Interval，第四章，P54）
中位数（Median，第九章，P200）
众数（Mode，第九章，P200）
重点调查（Pivotal Research，第四章，P51）
主观社会指标（Subjective Social indicators，第五章，P80）
主题途径（Motif Means，第八章，P122）
主体（Body，第十章，P231）
著者途径（Author Means，第八章，P122）
追问（Chase Ask，第八章，P156）
准则效度（Criterion Validity，第七章，P114）
综合法（Synthesis，第九章，P220）
总加量表（Summates Rating Scales，第五章，P81）
总体（Population，第四章，P53）

主要参考文献

1. 中共中央马克思恩格斯列宁斯大林著作编译局编译. 马克思恩格斯全集. 北京：人民出版社，1963
2. 中共中央马克思恩格斯列宁斯大林著作编译局编译. 马克思恩格斯选集. 北京：人民出版社，1995
3. 中共中央马克思恩格斯列宁斯大林著作编译局编译. 列宁选集. 北京：人民出版社，1995
4. 恩格斯著. 自然辩证法. 北京：人民出版社，1971
5. 吴元梁著. 科学方法论基础. 北京：中国社会科学出版社，1999
6. 陈波主编. 社会科学方法论. 北京：中国人民大学出版社，1989
7. 北京大学社会学系《社会学教程》编写组编著. 社会学教程. 北京：北京大学出版社，1987
8. 吴增基等主编. 现代社会学. 上海：上海人民出版社，1997
9. 顾朝林编著. 城市社会学. 南京：东南大学出版社，2002
10. 许英编著. 城市社会学. 济南：齐鲁书社，2002
11. ［英］邓肯·米切尔主编. 新社会学辞典. 蔡振扬等译. 上海：上海译文出版社，1987
12. ［美］肯尼斯·D·贝利著. 现代社会研究方法. 许真译. 上海：上海人民出版社，1986
13. ［美］D·K·贝利著. 社会研究的方法. 余炳辉等译. 杭州：浙江人民出版社，1986
14. ［美］艾尔·巴比著. 社会研究方法. 邱泽奇译. 第八版. 北京：华夏出版社，2000
15. 袁方主编. 社会研究方法教程. 北京：北京大学出版社，1997
16. 风笑天著. 社会学研究方法. 北京：中国人民大学出版社，2001
17. 高燕，王毅杰编著. 社会研究方法. 北京：中国物价出版社，2002
18. 范伟达编著. 现代社会研究方法. 上海：复旦大学出版社，2001
19. ［日］福武直等著. 社会调查方法. 王康乐编译. 长沙：湖南大学出版社，1986
20. 水延凯等编著. 社会调查教程. 北京：中国人民大学出版社，2003
21. 水延凯等编著. 专题调查及实例评析. 北京：中国人民大学出版社，2003
22. 宋林飞编著. 社会调查研究方法. 上海：上海人民出版社，1990
23. 苏驼主编. 社会调查研究方法. 天津：天津人民出版社，1993
24. 袁方主编. 社会调查原理与方法. 北京：高等教育出版社，2000
25. 吴增基等主编. 现代社会调查方法. 上海：上海人民出版社，2003
26. 李晶主编. 社会调查方法. 北京：中国人民大学出版社，2003
27. 余邦宏，魏南滨主编. 社会调查研究方法. 南昌：江西人民出版社，1993
28. 风笑天著. 现代社会调查方法. 武汉：华中科技大学出版社，2001
29. 李莉主编. 实用社会调查方法. 广州：暨南大学出版社，2000
30. 程建平主编. 社会调查原理与方法. 北京：中国人事出版社，1999
31. 袁亚愚主编. 社会调查的理论与方法. 成都：成都科技大学出版社，1993
32. 高凤歧，陆军恒编著. 调查研究理论与艺术. 北京：中国政法大学出版社，1987
33. 郭强主编. 调查实战指南. 北京：中国时代经济出版社，2004
34. 毛泽东农村调查文集. 北京：人民出版社，1982
35. 毛泽东选集. 第二版. 北京：人民出版社，1991
36. 毛泽东著作选读. 北京：人民出版社，1986

37	李锐著．毛泽东的早期革命活动．长沙：湖南人民出版社，1980
38	孙克信等编著．毛泽东调查研究活动简史．北京：中国社会科学出版社，1984
39	费孝通著．内地农村．上海：商务印书馆，1946
40	费孝通著．小城镇 新开拓．南京：江苏人民出版社，1986
41	费孝通著．社会调查自白．北京：知识出版社，1985
42	费孝通，张子毅著．云南三村．天津：天津人民出版社，1990
43	郭志刚等编著．社会调查研究中的量化方法．北京：中国人民大学出版社，1989
44	李哲夫等著．社会调查与统计分析．北京：人民出版社，1989
45	柯惠新等著．调查研究中的统计分析法．北京：北京广播学院出版社，1992
46	吴寒光编著．社会统计学．北京：工商出版社，1986
47	李沛良著．社会研究中的统计分析．武汉：湖北人民出版社，1987
48	林杰斌，刘明德编著．SPSS10.0与统计模式建构．北京：科学出版社，2002
49	王文中编著．Excel在统计分析中的应用．北京：中国铁道出版社，2003
50	2002中国统计年鉴．北京：中国统计出版社，2002
51	2003中国统计年鉴．北京：中国统计出版社，2003
52	国际社会学百科全书．成都：四川人民出版社，1989
53	新民学会资料．北京：人民出版社，1980
54	爱因斯坦著．物理学的进化论．上海：上海科学技术出版社，1962
55	时蓉华著．现代社会心理学．华东师范大学出版社，2000
56	熊高著．采访行为学概论．北京：人民出版社，2000
57	张骏德，刘海贵著．新闻心理学．上海：复旦大学出版社，1997
58	朱羽君，雷蔚真著．电视采访学．北京：中国人民大学出版社，1999
59	贾刚为著．新闻采访技巧．北京：人民日报出版社，2003
60	刘刚著．新闻价值判断与表现．北京：新华出版社，2003
61	常书智主编．文献资源建设工作．北京：北京图书馆出版社，2000
62	彭香萍著．文献资源利用通论．长沙：湖南大学出版社，2003
63	赵仲才著．诗词写作概论．上海：上海古籍出版社，2002
64	徐融、张韩正编著．毕业论文写作．北京：中国商业出版社，2004
65	［美］克莱尔·库珀·马库斯等编著．人性场所——城市开放空间设计导则．俞孔坚等译．北京：中国建筑工业出版社，2001
66	［美］凯文·林奇著．城市意象．方益萍等译．北京：华夏出版社，2001
67	［美］约翰·M·利维著．现代城市规划．孙景秋等译．北京：中国人民大学出版社，2003
68	［丹麦］杨·盖尔著．交往与空间．何人可译．北京：中国建筑工业出版社，2002
69	吴良镛著．人居环境科学导论．北京：中国建筑工业出版社，2002
70	李德华主编．城市规划原理．第三版．北京：中国建筑工业出版社，2001
71	邹德慈主编．城市规划导论．北京：中国建筑工业出版社，2002
72	黄光宇，陈勇著．生态城市理论与规划设计方法．北京：科学出版社，2002
73	黄光宇著．山地城市学．北京：中国建筑工业出版社，2002
74	赵万民著．三峡工程与人居环境建设．北京：中国建筑工业出版社，1999
75	龙彬著．中国古代山水城市营建思想研究．南昌：江西科学技术出版社，2001
76	耿毓修主编．城市规划管理．上海：上海科学技术文献出版社，1997
77	耿毓修等主编．城市规划行政与法制．上海：上海科学技术文献出版社，2002
78	周一星著．城市地理学．北京：商务印书馆，1995

79　陈秉钊著．城市规划系统工程学．上海：同济大学出版社，1991
80　陈秉钊著．当代城市规划导论．北京：中国建筑工业出版社，2003
81　张兵著．城市规划实效论．北京：中国人民大学出版社，1998
82　雷翔著．走向制度化的城市规划决策．北京：中国建筑工业出版社，2003
83　赵民，赵蔚编著．社区发展规划——理论与实践．北京：中国建筑工业出版社，2003. P87
84　张鸿雁著．城市形象与城市文化资本论——中外城市形象比较的社会学研究．南京：东南大学出版社，2002
85　潘海啸著．城市系统．上海：同济大学出版社，2004
86　中国城市规划学会，中国市长培训中心编著．城市规划读本．北京：中国建筑工业出版社，2002
87　中国城市规划学会秘书处编印．中国城市规划学会2002年年会论文集，2003
88　邓伟志主编．当代城市病．北京：中国青年出版社，2003
89　高等学校土建学科教学指导委员会城市规划专业指导委员编．全国高等学校土建类专业本科教育培养目标和培养方案及主干课程教学基本要求——城市规划专业．北京：中国建筑工业出版社，2004
90　中华人民共和国建设部．GB/T50280-98 城市规划基本术语标准．北京：中国建筑工业出版社，1998
91　中国城市科学研究会编．中国城市科学研究．贵阳：贵州人民出版社，1986
92　傅崇兰等著．中国城市发展问题报告．北京：中国社会科学出版社，2003
93　连玉明主编．中国城市蓝皮书．北京：中国时代经济出版社，2003
94　连玉明主编．中国数字黄皮书．北京：中国时代经济出版社，2003
95　中国21世纪议程管理中心，中国科学院地理科学与资源研究所编著．可持续发展指标体系的理论与实践．北京：社会科学文献出版社，2004
96　邹德慈．论城市规划的科学性和科学的城市规划．城市规划，2003(2)：77～79
97　陈秉钊．城市规划科学性的再认识．城市规划，2003(2)：81
98　陈秉钊．世纪之交对中国城市规划学科及规划教育的回顾和展望．城市规划汇刊，1999(1)：1～4
99　石楠．城市规划科学性源于科学的规划实践．城市规划，2003(2)：82～83
100　段进．回归本体　加强城市规划的科学性．城市规划，2003(2)：83
101　李刚等．南京城市生态系统可持续发展指标体系与评价．南京林业大学学报（自然科学版），2002(1)：22～26
102　李浩．"寸土·寸金"——对国有破产企业土地处置情况的调查与思考．第八届"挑战杯"全国大学生课外学术科技作品竞赛参赛作品．重庆：重庆大学，2003
103　李浩．"移民者的乐园"——三峡库区"棚户现象"调查研究与城市（镇）迁建、移民问题思考．第七届"挑战杯"全国大学生课外学术科技作品竞赛参赛作品．重庆：重庆大学，2001
104　郭亮．关爱老人从社区做起——北京虎坊路社区老年人生活状况调查报告．2002年度全国大学生城市规划专业调查报告评优作业．重庆：重庆大学，2002

《城市规划社会调查方法》

读者反馈卡

编号：

尊敬的读者：

《城市规划社会调查方法》的编写目的是为了帮助读者学习和应用城市规划社会调查的知识和技术。由于这是国内第一本城市规划社会调查课程的专门教材，带有初步探索的性质。为了集思广益，也为了将来再版时更好地进行修改、完善，希望您在阅读这本读物之后填写此卡，提出您的宝贵意见或建议。

1. 您所在的单位的行业是：
   - ☐ 高等城市规划院校　　　　☐ 城市规划行政机关
   - ☐ 城市规划设计单位　　　　☐ 房地产开发公司
   - ☐ 其他建筑行业　　　　　　☐ 非规划与建筑的其他行业

2. 您获得这本书的途径是：
   - ☐ 学校教材　　☐ 图书馆借阅　　☐ 自己购买　　☐ 其他

3. 您阅读本书的主要目的是：
   - ☐ 指定教材　　☐ 选修课教材　　☐ 工作需要
   - ☐ 自学兴趣　　☐ 其他

4. 您对本书比较满意的部分是：
   A.＿＿＿＿＿＿＿＿　B.＿＿＿＿＿＿＿＿　C.＿＿＿＿＿＿＿＿

5. 您对本书不满意或不太满意的部分是：
   A.＿＿＿＿＿＿＿＿　B.＿＿＿＿＿＿＿＿　C.＿＿＿＿＿＿＿＿

6. 您对本书再版时增加、删除内容等修订意见或建议是：
   A.＿＿＿＿＿＿＿＿　B.＿＿＿＿＿＿＿＿　C.＿＿＿＿＿＿＿＿

您所在单位的地址是：＿＿＿＿＿＿＿＿　邮编：＿＿＿＿＿＿＿＿

请您将此反馈卡寄至：

重庆沙坪坝重庆大学B区建筑城规学院　　李和平或李浩收（400044）

电话号码：023-65120701　　　传真号码：023-65126323

E-mail：jianzu50@163.com 或 heping0701@sina.com